保护油气层技术

(第五版)

徐同台　张　洁　游利军　等编著

石油工业出版社

内 容 提 要

本书系统介绍了保护油气层技术的概念和方法，阐述了保护油气层的重要性、必要性和紧迫性，重点突出保护油气层技术的研究思路和方法要点，总结了近几年国内外技术研究的最新进展。第五版增加了致密油气藏、页岩油气藏、煤层气藏和深层超深层高温高压油气藏保护油气层技术。

本书是一本推广保护油气层系列技术的科普读物，既可作为从事油气勘探、钻井、完井、开发、开采、井下作业等技术人员的自学参考书，也可作为石油院校相关专业学生的教材。

图书在版编目(CIP)数据

保护油气层技术／徐同台等编著.
—5 版. --北京：石油工业出版社，2024. 9.
-- ISBN 978-7-5183-6971-3

Ⅰ. TE258

中国国家版本馆 CIP 数据核字第 2024EX4689 号

出版发行：石油工业出版社
　　　　（北京安定门外安华里 2 区 1 号楼　100011）
　　　网　　址：www.petropub.com
　　　编辑部：(010)64523687　图书营销中心：(010)64523633
经　　销：全国新华书店
印　　刷：北京中石油彩色印刷有限责任公司

2024 年 9 月第 5 版　2024 年 9 月第 1 次印刷
710×1000 毫米　开本：1/16　印张：20
字数：360 千字

定价：65.00 元
（如出现印装质量问题，我社图书营销中心负责调换）
版权所有，翻印必究

推广保护油气层系列技术提高勘探开发综合经济效益

一九九五年三月

王涛

前　言

根据中国石油天然气集团公司领导关于加快推广应用保护油气层技术的指示精神，集团公司原钻井工程局、人事教育局、新技术推广中心、开发生产局、勘探局、科技发展局等单位共同组织编写了《保护油气层技术》一书，于1995年4月出版。随着保护油气层技术的进展，进行了多次修订再版，第二版于2003年3月出版，第三版于2010年11月出版，第四版于2016年12月出版。本书出版以来，深受石油系统从事油气田勘探、钻井、完井、井下作业及开发开采的工程技术人员以及研究院所的研究人员和石油院校的师生等广大读者的普遍认同。本书的出版对强化各级领导和专业技术人员保护油气层的理念、对持续发展保护油气层理论和技术、对加快我国保护油气层技术大规模推广应用都作出了巨大的贡献。目前，各油田领导和技术人员能够主动结合生产实际，推广应用和完善保护油气层技术，保护油气层技术已经成为提高我国石油工业经济效益的重要技术措施之一。

第四版出版至今已经近8年了，这些年中，致密油气藏、页岩油气藏、煤层气等非常规油气藏及深层超深层高温高压油气藏等勘探开发日益增长，特殊轨迹井、控压钻井、酸化压裂、提高采收率等新技术不断发展，国内外在这些领域中保护油气层新技术又有新进展。为了提高勘探开发综合效益，需加速推广这些新技术，因此有必要对此书进行修订，出版第五版。

本书第一版由赵敏、徐同台负责组织编写。第一章由徐同台、罗平亚编写，万仁溥、杨贤友、张绍槐审定；第二章由康毅力编写，沈明道审定；第三章由熊友明编写，杨贤友、赵敏审定；第四章由吴志均、杨贤友编写，徐同台审定；第五章由汪建军、答同台、郭晓阳编写，罗平亚、杨贤友、李章亚审定；第六章由潘迎德编写，李章亚、徐同台、高锡伍审定；第七章第一、二、三、四节由赵敏编写，第五节由杨普华编写，刘万赋、吴奇、魏顶民、赵忠杨审定；第八章第一、二节由段永刚、万文江、孟维宏编写，高锡伍、郑新权审定；第三节由陆大卫、曹嘉猷编写；第九章由徐同台、樊世忠编写。

本书第二版由徐同台、赵敏、熊友明负责组织修订。第一章由徐同台、罗平亚编写；第二章由康毅力编写；第三章由熊友明编写；第四章由杨贤友编写；第五章由徐同台、邓民毅、赵忠举编写；第六章由熊友明编写；第七章由赵敏编写；第八章由段永刚编写；第九章由徐同台、樊世忠、徐云英编写，由鄢捷年审定。全书由徐同台、赵敏、熊友明审核定稿。

本书第三版由徐同台、熊友明、康毅力负责组织编写。第一章由徐同台、康毅力、罗平亚编写；第二章由康毅力编写；第三章由熊友明、周理志、袁学芳等编写；第四章由康毅力、游利军编写；第五章由徐同台、邓明毅、郭小阳、李早元编写；第六章由熊友明编写；第七章由李洪建、熊友明编写；第八章由段永刚编写；第九章由王富华、李军、徐同台、刘阿妮编写。最后，由徐同台、熊友明、康毅力对全书进行审定。

本书第四版由徐同台、熊友明负责组织编写并统稿。第一章由罗平亚编写，徐同台审定；第二章由康毅力、李相臣编写，唐洪明、熊友明、徐同台审定；第三章由熊友明、刘理明、潘倩、沈玉琳、郑文龙编写，唐洪明审定；第四章由康毅力、游利军编写，唐洪明、赵敏审定；第五章由邓民毅、孟英峰、郭晓阳、李早元、刘厚斌、李进编写，徐同台、蒲晓林审定；第六章由熊友明、刘理明、潘倩、郑文龙、沈玉琳编写，潘迎德审定；第七章由李洪建编写，刘同斌、徐永高、赵敏审定；第八章由段永刚、刘向君、梁利喜、魏明强编写，徐永高、熊友明审定；第九章由王富华、耿娇娇、徐同台、潘倩、熊友明、刘理明编写，徐同台、熊友明审定。

本书第五版由徐同台、张洁、游利军负责组织修订。第一章由罗平亚、徐同台修订；第二章由康毅力、游利军修订，徐同台审定；第三章由游利军修订，徐同台、张洁审定；第四章由康毅力、游利军修订，徐同台、张洁审定；第五章第一节由张洁修改，徐同台审定，第二节由张洁、李龙、王涛修订，徐同台审定，第三节由李皋、付加胜修订，徐同台、张洁审定，第四节张兴国修订，齐奉忠、郭小阳审定；第六章由刘理明、崔明月、张杨、张世岭、任源峰修订，崔明月、徐同台、熊友明、徐佳年审定；第七章由游利军、张瀚奭、樊松林修订，赵敏、徐同台审定；第八章由魏明强、梁利喜修订，段永刚、刘向君审定；第九章第一节由王双威编写，第二节由王双威、魏明强编写，第三节由王双威、张瀚奭、郭建华、夏连彬编写，第四节由魏明强和梁利喜编写，全章张洁审定。全书由徐同台、张洁、游利军统稿与最终审定。

在《保护油气层技术》第五版的编写出版过程中，得到了中国石油天然气集团有限公司科技管理部及中国石油集团工程技术研究院有限公司、西南石油大学、石油工业出版社的大力支持和帮助；耿铁、邹建龙、李家学、赵志良、张蝶等提供了部分相关资料，在此表示由衷的感谢。

保护油气层技术是一项涉及多学科、多专业、多部门并贯穿整个油气生产过程的系统工程。此项技术涉及地质、钻井、测井、完井、试油、开发、采油、井下作业等多个专业部门，为了编写好本书，我们组织长期从事保护油气层研究工作的各专业教师和技术人员共同参与编写和审定。本书既适合技术培训，又可以作为石油院校的本科、专科生教材。由于我们水平有限，如有错误和不妥之处，恳请广大读者批评指正。

编著者
2024 年 8 月 26 日

目 录

第一章 绪论 ……………………………………………………………（ 1 ）
  第一节 保护油气层的重要性及主要内容 …………………………（ 2 ）
  第二节 保护油气层技术的特点与思路 ……………………………（ 6 ）

第二章 岩心分析 ………………………………………………………（ 12 ）
  第一节 岩心分析概述 ………………………………………………（ 12 ）
  第二节 岩心分析技术及应用 ………………………………………（ 15 ）
  第三节 油气层潜在损害因素分析 …………………………………（ 27 ）
  第四节 煤岩/页岩及致密岩石分析 ………………………………（ 34 ）

第三章 油气层损害室内评价 …………………………………………（ 37 ）
  第一节 油气层损害室内评价实验流程 ……………………………（ 37 ）
  第二节 油气层敏感性评价 …………………………………………（ 38 ）
  第三节 低渗透—致密油气层敏感性与水相圈闭损害评价 ………（ 49 ）
  第四节 工作液对油气层的损害评价 ………………………………（ 52 ）
  参考文献 ……………………………………………………………（ 55 ）

第四章 油气层损害机理 ………………………………………………（ 56 ）
  第一节 油气层损害类型 ……………………………………………（ 56 ）
  第二节 不同类型油气藏的损害特点 ………………………………（ 67 ）
  第三节 油气层损害机理诊断 ………………………………………（ 74 ）
  参考文献 ……………………………………………………………（ 78 ）

第五章 钻井过程保护油气层技术 ……………………………………（ 79 ）
  第一节 钻井过程油气层损害因素分析 ……………………………（ 79 ）
  第二节 保护油气层的钻井液技术 …………………………………（ 83 ）
  第三节 保护油气层的钻井工艺技术 ………………………………（106）

  第四节 固井作业中的保护油气层技术 ……………………………… (124)

  参考文献 ……………………………………………………………… (139)

第六章 完井过程保护油气层技术 …………………………………… (140)

  第一节 完井工程概述 ……………………………………………… (140)

  第二节 射孔完井保护油气层技术 ………………………………… (146)

  第三节 防砂完井保护油气层技术 ………………………………… (155)

  第四节 储层改造过程保护油气层技术 …………………………… (168)

  第五节 试油过程保护油气层技术 ………………………………… (184)

  第六节 特殊完井保护油气层技术 ………………………………… (194)

  参考文献 ……………………………………………………………… (203)

第七章 开发生产过程保护油气层技术 …………………………………… (205)

  第一节 概述 …………………………………………………………… (205)

  第二节 采油采气过程保护油气层技术 …………………………… (208)

  第三节 注水过程保护油层技术 …………………………………… (214)

  第四节 修井过程保护油气层技术 ………………………………… (229)

  第五节 提高采收率过程保护油层技术 …………………………… (235)

  参考文献 ……………………………………………………………… (246)

第八章 油气层损害的矿场评价技术 ……………………………………… (247)

  第一节 油气层损害测试评价方法及评价指标 ………………… (247)

  第二节 油气层损害的测井评价 …………………………………… (262)

  参考文献 ……………………………………………………………… (272)

第九章 保护储层技术新进展 ……………………………………………… (273)

  第一节 储层损害机理研究新进展 ………………………………… (273)

  第二节 储层保护评价方法研究新进展 …………………………… (276)

  第三节 保护储层新技术与新工艺 ………………………………… (283)

  第四节 保护储层效果矿场评价新技术 …………………………… (302)

  参考文献 ……………………………………………………………… (309)

第一章 绪 论

油气层保护技术就是防止和消除"油气层损害"的技术。在油气钻井、完井、修井、增产改造及开发生产过程中，造成油气产出和驱替液注入能力下降的现象称为"油气层损害"。常用损害后油气层渗透率（相对渗透率和绝对渗透率）降低的百分比来表示。油气层损害的实质是造成了油气层流体（油、气、水）通道堵塞而引起其渗透率下降，它是一个连续而复杂的过程，具有以下基本特点：

（1）从钻井、完井到原油生产完成全过程中任一作业环节都可能对油气层造成损害，这种损害具有叠加性，即上一过程对油气层的损害必然带入下一过程，而下一过程对油气层的损害必然叠加在上一过程对油气层损害结果之上。生产全过程对油气层的损害等于各过程损害之和。例如，钻井对油气层的损害使地层渗透率下降30%，而固井在此基础上对油气层的损害使地层渗透率下降20%，则固井后油气层损害已达50%。

（2）任何油气层都可能发生损害，不同油气层发生损害的机理不完全相同，其损害程度及其对产能的影响不同。同类油气层渗透率越低越易造成损害，且对油气井生产的影响越大。对油气层的各种损害都有可能防止或大幅度减小，但损害一旦造成则不易消除（特别是油气层深部的损害）。因此油气层保护技术必须把防止损害放在首位。

（3）绝大多数油气层损害都与所使用的油井工作液密切相关，工作液是造成油气层损害普遍而主要的原因，但油气层保护通常又必须通过工作液来实施和完成。保护油气层的工作液技术是保护油气层技术的关键与核心组成部分。

由于油气层损害严重影响油气勘探成果和开发效果，因此保护油气层技术是石油工程领域的一项关键技术，一直受到石油工程界的高度重视。国外早在20世纪50年代，便从岩心分析入手，深入研究油气层的水敏损害、微粒运移机理与防治措施。特别是70年代中期以来，连续召开的油气层损害防治国际性专题学术会议，推动了油气层保护理论与技术的传播、交流与发展，迅速将实验研究成果应用于油气钻井、完井和开发方案的设计与生产实践中，形成了保护油气层系列技术，并融入各个具体的作业环节中，有效地防止和消除油气层损害，大大提高了油气勘探效果和开发生产水平。

我国早在20世纪50年代就开始注意到油气层损害问题。50年代川中石油会战时就提出钻井液、完井液密度不能过高，以免压死油气层。60年代大庆石油会战时，为了减少对近井地带油气层的损害，对钻开油气层的钻井液密度和滤失量也提出了严格要求。长庆油田在70年代也开始把岩心分析和油气层损害敏感性分析用于保护油气层中。80年代中期，在引进国外保护油气层新理念、新技术的基础上，我国全面开展了保护油气层的攻关研究工作，并将"保护油气层、防止损害的钻井完井技术"列为"七五"国家重点攻关项目，原石油工业部科技司、钻井司、开发司共同组织辽河、华北、长庆、四川、中原5个油田和石油大学、西南石油学院、江汉石油学院、中国石油勘探开发研究院、中国石油集团工程技术研究院等单位共同攻关，使我国保护油气层理论与技术得到较大发展，形成了具有我国特色的"保护油气层的钻井完井系列技术"，在生产中广泛应用并取得良好效果，达到同期国际先进水平。

20世纪90年代受全球油价低迷的影响，油气层保护技术的研究受到更多关注，特别是在油气层损害机理研究、油气层损害计算机模拟研究等方面取得重大进展。我国则基本未受油价不利因素的干扰，油气层保护技术研究更加深入进行，且重点在勘探、开发生产实用技术方面取得重大进展。在探井油气层保护技术、气体钻井、欠平衡钻井油气层保护技术、裂缝性致密砂岩油气层保护技术、增产改造油气层保护技术、采油生产及提高采收率油气层保护技术、特低渗透和超低渗透油气层保护技术等领域取得重大进展，形成了油气勘探开发全过程保护油气层的系列配套技术，开创了油气层保护技术发展的新局面。标志着我国油气层保护技术已经实现了从孔隙性油气层向裂缝性油气层，从常规油气层向非常规油气层，从钻井完井向采油、储层改造、提高采收率等生产全过程的全面跨越，并形成了发展油气层保护技术的自主创新和研发能力。

第一节　保护油气层的重要性及主要内容

一、保护油气层的重要性

保护油气层是石油勘探开发过程中的重要技术措施之一，此项工作的质量直接关系到勘探、开发的效果。保护油气层的重要性有以下几方面：

（1）勘探过程中，必须采用有效的保护油气层技术才能及时、不漏地发现油气层、准确评价油气层，直接关系到勘探目标能否准确实现。

一方面，探井钻井完井过程中，如没有采取有效的保护油气层措施，油气层就可能受到严重损害，大幅度降低近井带油气层渗透率，从而明显减弱甚至阻止了钻井过程中的油气显示,并大大降低(甚至完全失去)油气层的产出能力,使中途测试和完井测试得出令人失望的结果。同时,由于油气层严重损害将明显改变其电学、声学和力学性质,导致测井解释出现偏差,从而使钻遇的一些油气层被漏掉,而一些有希望的油气层被误判为干层或不具有工业价值,延误新的油气田或油气层的发现。例如辽河荣兴油田,1980年之前先后钻了9口探井,均因油气层受到损害而误判为没有工业价值;1989年,重新钻探此构造,采用保护油气层配套技术,所钻17口井均获得工业油流,钻探结果新增含油气面积18.5km^2,新增探明原油储量上千万吨,新增天然气储量几十亿立方米。

另一方面,在钻井完井过程中,如果钻井完井液中的水相与固相大量侵入油气层,会严重影响测井资料与试油结果对油气层渗透率、孔隙度、油水饱和度等参数的正确解释,从而影响油气层的识别与判断,有时误把油气层判断为水层,从而影响油气储量的正确计算。例如华北油田岔37井,该井的16层,井深2689.2~2695m,电测解释为水层。射孔试油过程中排出钻井完井液滤液59m^{3}后才产出纯油,试油结果日产油16.5t。该井的第19层,井深2801~2810m,电测解释也是水层。射孔试油过程中排出钻井完井液滤液37m^{3}后产出纯油,日产油11.7t、水1.4m^3,结论为含水油气层。又如新疆夏子街油田,勘探初期采用普通钻井液钻进,油井产量较低,仅3~6t/d。该油田投入开发时,油气层采用与油气层特性相匹配的低密度两性离子聚合物水包油屏蔽暂堵钻井液,完井后采用压裂投产,日产油一般为8~9t,最高达24t/d。

近十多年来,冀东、华北、吉林、大港、大庆油田外围地区以及中国海洋石油天津分公司、南海西部公司,都发现了以前没有认识到的低阻油气层,而且油气层厚度不薄,储量可观。大港油田张海501井、港深61-1井通过MTD测试,发现测井解释为水层的大段地层实际为油气层。在鄂尔多斯盆地大牛地气田,采用常规钻井完井液打开目的层,资料解释从来未认为盒2+3段是气层;采用保护油气层钻井完井液技术后,大15井、大16井的盒2+3段呈现出优质气层的特征,自然伽马值降低、自然电位大段偏负、电阻率和声波时差显著增大,射孔、压裂完井获得高产气流,并于2005年7月建成10×10^{8}m^3/a产能,实现当年向北京供气。

黄骅坳陷千米桥古潜山,自1964年开始的30多年内,一直以潜山带西高点奥陶系为重要勘探对象,以寻找潜山油气藏为目标所钻探的36口探井始终没有大的突破。直到1998年,在板深7井首次采用保护油气层的欠平衡钻井技术,成功地发现了古潜山高产油气层。在四川盆地邛西构造,2002年中国石油西南油气田公司在邛西3井实施全过程欠平衡作业,打开了须家河组致密碎屑岩气层勘探的新局面,欠平衡钻井技术在随后的川中、川西油气勘探新发现中发挥出了关键作用。

总之，由于探井油气层保护技术的要求和水平不断提高，使我国某些原来勘探无果的地区重新发现有价值油气田的事例早已屡见不鲜，而我国油气勘探的发现率、成功率和准确性也因之而不断提高。探井油气层保护技术已成为我国油气勘探工程必须严格采用的重要技术之一。

(2) 在开发过程中，实施保护油气层的钻井完井技术大幅度提高单井产量，有利于充分解放油气层生产能力，有利于提高油气田开发经济效益。

国内外的理论与实践表明保护油气层的钻井完井技术可以大幅度提高单井产量。有资料表明对高渗透油气层可增产0%~20%；对中低渗透油气层可增产10%~100%；对薄油气层可增产10%~300%。

保护油气层配套技术应用在开发井钻井完井中，减少油气层损害，从而大幅度提高油气井初始产量，解放了油气层生产能力已成为不争的事实。"七五"期间，我国在中原、辽河、华北、长庆等13个油田试验此项配套技术，油气井产量普遍有所提高。仅据1998年统计，屏蔽暂堵钻井完井液技术在中国陆上多数油区推广应用，井数超过10000口，油井产量平均提高10%~20%。

对于一个新投产的油田，进行开发钻井、完井与采油方案总体设计时，能否按系统工程配套地应用保护油气层技术，直接影响该油田的经济效益。例如，吐哈盆地温米油田是一个低渗透油田，依据开发方案设计，完井后需采用压裂投产。但该油田所钻的167口开发井，从钻井到完井投产，全面推广应用与该油田油气层特性相适应的保护油气层的屏蔽暂堵技术，油井射孔后全部自喷投产，单井产量比原开发方案中设计产量提高20%~30%。

老油田钻调整井，采用保护油气层技术，同样可以收到较好的效果。例如采用注水开发的辽河沈95块是低渗透油田，对该区块需要新钻27口调整井，辽河油田按照保护油气层系统工程要求，优选与油气层相匹配的各项保护油气层技术，顺利钻穿了沙三段目的层。油井投产后平均日产油达14t，比该区老井平均日产油8t提高了81.25%。

(3) 在油气田开发生产各项作业中，必须搞好油气层保护才能充分发挥其效率，并有利于油气井生产或注入能力的长期高位保持和长寿命安全运行。

在油气开采的漫长过程中，各项生产作业对油气层都可能造成损害。例如，北美洲阿拉斯加普鲁德霍湾油田，投产后6个月发现部分油井的年产量以50%~70%的速率快速递减，分析其原因是射孔和修井时采用了氯化钙盐水作为射孔液和压井液，由于氯化钙与油气层中的地层水发生作用，形成无机垢堵塞油气层，引起油井产量急剧下降。我国部分油田在开采过程中也出现过油井产量在压井作业后下降，表皮系数上升的现象。例如，某井在完井测试时表皮系数为1.78；

再次进行井下作业时，采用盐水压井，然后再次测试，表皮系数增加为5.72。

油气层改造的目的是扩大油气流动通道从而增加油气单井产量，但它同样有可能造成油气层内原有通道和新产生的通道的堵塞，从而部分抵销或全部抵销油气层改造的效果，甚至产生负面效应。因此油气层改造过程中的有效保护是油气层改造能否充分发挥其效率的必要保证。

在长期的生产过程中，油气层的损害常常发生在油气层深部而且具有累积效果，它不仅直接对注入和产出造成阻碍，而且其累积的结果将使油田生产寿命大幅度降低，因此为保证油气层能长期保持高的注入能力和长期稳产，必须高度重视一次采油、二次（注水）采油、三次采油（气驱、化学驱、蒸气驱等）过程中的油气层保护。

总之，在油田开发生产的每一项作业中，搞好保护油气层工作是有利于油气井稳产和高产，延长油田使用寿命，最终实现"少投入、多产出，显著提高经济效益"的必要保证。

（4）全过程油气层保护是超低渗透、特低渗透及致密油气层、页岩油气、煤层气等非常规油气资源经济有效开发的必要条件。

目前，我国超低渗透、特低渗透油气层的开发正逐渐成为我国油气生产不可缺少的部分，而非常规油气资源经济有效开发也成为必然趋势。

任何油气层都会受到损害，油气层渗透率越低，越易受到损害，且损害程度越严重，越直接影响油气层的生存与开采价值。超低渗透、特低渗透及致密油气层、页岩油气、煤层气等非常规油气层对损害的敏感性更为突出，油气层保护对于它们能否有效开发更显必要。近年来，我国对于超低渗透、特低渗透及致密油气层成功开发的事例充分说明这个问题。例如川西致密砂岩气藏必须采用水平井再压裂才能有产量。有一种观点认为因为是致密油气层而且必须要压裂，所以钻井、固井过程没有进行保护的必要。但实验和生产实践证明钻井、固井过程是否进行有效保护，其单井产量差别巨大。例如川西地区 J_2s 层钻井、固井过程不进行有效保护的井，完井压裂后其平均无阻流量为 $2.95×10^4 m^3/d$，而有效实施屏蔽暂堵技术的实验井，完井压裂后平均无阻流量为 $11.7×10^4 m^3/d$，同一地区 J_2p 层钻井、固井过程不进行有效保护其平均无阻流量为 $0.91×10^4 m^3/d$，而有效实施屏蔽暂堵技术的实验井，平均无阻流量为 $9.7×10^4 m^3/d$。这充分说明对于超低渗透、特低渗透以及致密油气层钻完井过程中系统的油气层保护技术对于提高单井产能的重要性和必要性。

二、保护油气层技术的主要内容

油气层保护技术是建立在对油气层损害机理认识的基础上，每个作业环节油气层损害与保护和各种相关工作液技术密切相关，而且每个作业环节油

气层损害与保护彼此相互关联。因此,保护油气层技术主要包括八方面内容:

(1) 岩心分析技术,了解、掌握油气层发生损害的潜在因素,即引发油气层损害产生的内因;

(2) 油气层敏感性评价,包括各种因素对油气层造成损害的评价方法、评价标准及其对损害敏感程度的评价;

(3) 油气层损害机理研究,包括油气层各种敏感性的机理以及油气层损害共性机理和各个作业环节(钻井、完井、修井、采油采气、增产改造,注水驱油、化学驱油……)对不同油气层具体的损害机理研究;

(4) 保护油气层的工艺技术(核心是工作液技术)研究,包括保护油气层技术的共同要求和各个作业环节具体的保护油气层技术研究;

(5) 保护油气层的评价技术,包括各项油气层保护技术的室内评价方法与评价标准、矿场评价方法与技术;

(6) 保护油气层技术的配套和系列化,按系统工程要求对各个作业环节的保护技术进行系统优化和系列配套;

(7) 保护油气层技术的经济评价,对保护技术的投入与产出进行全面综合评价;

(8) 保护油气层的计算机模拟技术,对以上各项技术进行计算机模拟。

上述八方面的内容既相对独立,又彼此紧密关联。其中前3项是基础研究,在各作业环节的油气层保护技术研究和实施方案设计中均是必要的组成部分。

第二节 保护油气层技术的特点与思路

一、保护油气层技术的特点

1. 保护油气层技术是一项涉及多学科、多专业、多部门并贯穿整个油气生产过程的系统工程

油气层保护技术贯穿了从钻井、完井、采油(生产)、改造(增产)、提高采收率等从油气开始生产一直到油气充分采"完"为止的全过程,而且都是以同一油气藏为对象,以最大限度地提高油气产量和油气层采收率为目的,打破过去和现在石油工业传统的钻井、采油、油藏等专业的界限,使原有的各专业相互交叉、渗透,并与岩矿学、化学、现代测试技术等综合应用而产生的一项新兴系列技术。

由于石油工程的任一作业环节都可能对油气层产生损害,对油气层的这种损害必将带入下一作业环节,而任一作业环节对油气层的损害必将叠加到前面损害的基础上。而且在石油工程全过程的每一作业的对象都是同一油气层,因此,如果后一项作业没搞好保护油气层工作,就有可能使前面各项作业中的保护油气层所获得的成效部分或全部丧失。因此，保护油气层技术是一项贯穿于石油生产全过程的系统工程，此项工程涉及地质、钻井、测井、试油、采油、井下作业等多个部门，只有这些部门密切配合，协同工作，正确对待投入与产出，才能收到良好效果。

凡讨论任一作业环节的损害问题，都必须全过程系统考虑，进行优化组合形成最佳系列配套技术。例如，在钻井完井过程中通常必须充分考虑钻井、固井、射孔和压井等各个过程的油气层保护而形成一个复杂的油气层保护系列技术。

在实际生产应用中常把油气层保护分为两大部分：保护油气层的钻井与完井技术和油气田开发生产过程中的油气层保护技术。这两部分有很大区别，前者主要发生在近井壁地带，作用时间较短，损害严重但比较容易解除；后者主要发生在油气层内部，作用时间长，有累积效应，且不易消除。因此，它们的侧重点和研究方法也有所不同。

从保护油气层技术所包含的内容不难看出，要开展此项系统工程中各项技术的研究，必然涉及矿物学、岩相学、地质学、油层物理、钻井工程、试油工程、开发工程、采油工程、测井、油田化学和计算机等多种学科专业，只有充分运用这些学科的相关知识与最新研究成果，才能形成高水平的保护油气层配套技术。

2. 保护油气层技术具有很强的针对性

保护油气层技术的研究对象是油气层，油气层的组成、结构特性是研究此项技术的基础。油气层组成、结构的特征不同，则其损害机理不同。因此从油气层组成、结构特性出发，研究出的保护油气层技术才能取得预期的效果。因此任何一项油气层保护技术都具有很强的针对性。

具体而言，尽管同一类型油气藏的工程地质特性存在一些共同点，其损害机理与防治措施也有共性之处，但是同一油气藏中的不同油气层的特性又有许多差别。即使同一个油气层，处于不同开发阶段，其油气层特性参数也会不断发生变化，同一油气层不同空间位置的特性参数也会不同。此外，相同作业在不同工况下所诱发的油气层损害也不完全相同。因此，在确定每项作业的保护油气层技术措施时，应依据所研究的油气层处于开发阶段的特性来确定，切莫生搬硬套别处一些成功的经验，否则会事倍功半，严重者会适得其反。例如，清洁盐水是一种很好的射孔液和压井液，但是某油田在试油中采用密度为 $1.17g/cm^3$ 的工业盐和烧碱配制成 pH 值为 12 的盐水作为压井液，压井过程中漏失 $110m^3$ 盐水工作液。由于该组油层属于强碱敏油层（室内实验结果表明，使用 pH 值为 12 的碱性盐水工作液，其渗透率恢复值仅为 36%～49%），漏入油层的高 pH 值碱性盐水工作液使油层受到严重损害，表皮系数从压井前-1.35 增为 12.12，原油产量从 837m³/d 降为 110m³/d，气产量从 5852m³/d 降为 778m³/d。假如该井依据油层特性采用水合肼作为防腐剂的清洁盐水作为压井液（室内实验表明其渗透率恢复值可高达 97%~99.8%），油气层损害程度就有可能大幅减轻。

3. 保护油气层技术在研究方法上采用三个结合

保护油气层技术研究应采用三个结合：理论研究与技术应用相结合、微观研究与宏观研究相结合、室内研究与现场实践相结合。

油气层损害的本质是油气层的组成与结构发生了物理的、化学的以及物理化学的变化而造成对油气层流体流动通道的堵塞，这主要属于微观领域的问题（例如油气层潜在损害因素分析研究、损害机理研究、保护机理研究等）。而针对这种变化制订的油气层保护技术是典型的宏观领域的问题。因此，这类研究必须微观研究与宏观研究紧密结合。

而所有微观研究及相关的物理模型与数学模型研究、工作液体系及应用技术研究与评价都必须在室内进行实验研究方能形成可实用的技术方案，而所有方案都必须在现场检验和应用。因此，这类研究必须室内研究与现场实践紧密结合。

油气层损害机理是油气层保护技术的基础，而油气层损害机理是对室内微观、宏观实验研究结果的理论分析，从而指导应用技术的建立和效果分析，因此，这类研究必须理论研究与技术应用紧密结合。

二、保护油气层系统工程的技术思路

1. 保护油气层技术的基本要求

保护油气层技术的基本要求主要有以下几点：

（1）必须树立任何油气层的任何作业环节都必须要进行保护的观念；

（2）不该进入油气层的工作液（各种井筒工作液）的液相、固相组分尽量不进入油气层，必须进入油气层的工作液（压裂液、酸液、各种驱替液）必须与油气层组成结构相配伍；

（3）以预防为主，但相应的解堵技术还是必要的；

（4）条件允许时，则尽可能采用暂堵技术；

（5）必须让保护油气层的各种技术措施与原作业环节的技术要求协调一致；

（6）各项保护油气层技术应系统优化形成系列；

（7）避免井下事故与各种复杂情况发生，否则前功尽弃。

2. 保护油气层系统工程的主要技术路线

保护油气层系统工程的主要技术路线（图 1-1）如下：

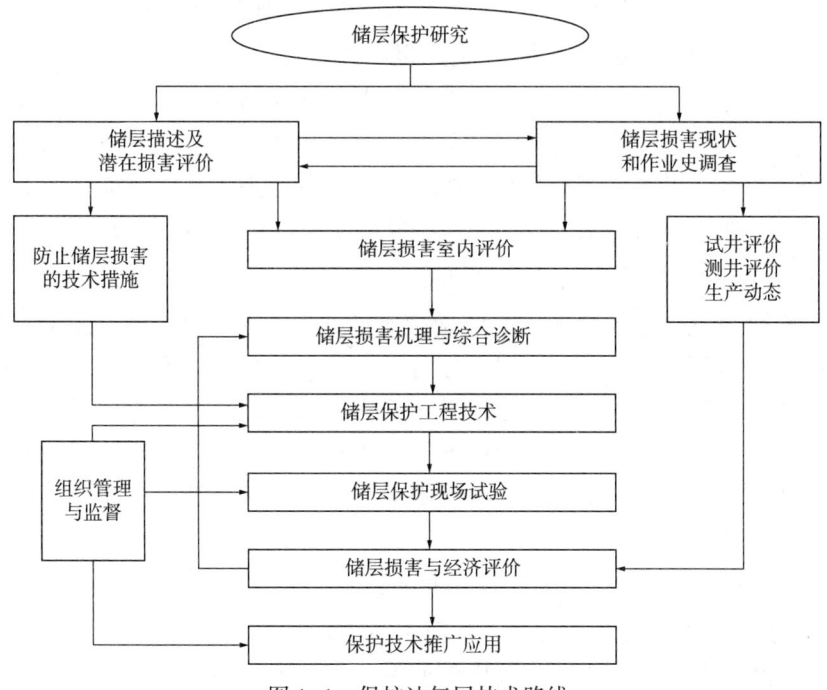

图 1-1 保护油气层技术路线

（1）分析油气层特性。

（2）按油气层敏感性评价方法与标准评价研究油气层的各种敏感性。

（3）根据油气藏工程地质特征、储层敏感性实验结果及油气层损害现状，研究该油气层潜在损害类型及损害机理。

（4）收集现场资料，调查油气井作业史，针对性地开展室内评价，研究、评价在各种作业中油气层实际损害程度及损害机理。

（5）根据油气层实际损害机理，按照相关油气层保护的理论设计出针对性的保护油气层方案(工作液体系及相应的施工工艺及配套措施)，并在室内进行全面评价。

（6）进行现场试验与矿场评价，检验、改进、完善所研发的油气层保护技术。

（7）按照系统工程要求研究评价各项作业中所选择的保护油气层技术措施的可行性与经济上的合理性。

（8）通过综合研究配套形成系列技术，纳入钻井、完井与开发方案设计及每一项作业的具体设计中。

（9）加强组织管理与监督。这是甲乙方市场化运作形势下，油气层保护技术顺利、有效实施的重要保证。应该像重视地质监督那样，重视对油气层保护技术执行情况的监督，建立健全质量评价指标体系，规范运作。

三、保护油气层技术的发展方向

虽然保护油气层技术已成为油气勘探开发不可或缺的重要技术，并取得重大进展，但仍然还有一些技术难题没有完全解决。而且随着油气勘探开发领域的不断扩大和非常规油气资源的开发利用的迅速发展，对油气层保护技术提出了更新更高的要求，促使油气层保护技术必须进一步深入发展。

1. 复杂地层探井油气层保护研究

对于探井油气层保护我们已经做过大量工作，而且取得重大成果，在油气勘探中发挥了重要作用。但是由于探井地层三个压力情况不清，油气层的组成、结构无法准确预测，钻进中井下各种复杂情况在所难免，因此无法针对性准确实施油气层保护，而且通常探井大都采用正压差钻开油气层，钻井液、完井液进入油气层造成损害无法避免，所以探井的油气层保护常常不能尽如人意，还需进一步研究和发展。

2. 储层改造过程中的油气层保护研究

随着储层改造（压裂、酸化、酸压……）技术在油气田勘探开发中的作用和意义逐渐增加，储层改造过程中的储层保护技术已不能很好满足油气勘探开发的需要。储层改造过程中储层损害的类型繁多，包括针对人工裂缝中支撑剂填充后形成孔隙的堵塞而引起其导流能力的大幅度降低，对缝面孔、缝口的堵塞及对储层基岩各种类型的损害。其损害机理也十分复杂多样，包括水敏、酸敏、压力敏感、处理剂残渣堵塞等各种损害均可发生。对油气层产能与产量的损失也可能十分严重。目前，对其作用机理、评价装置、评价方法与标准都未完全建立，针对性的保护方法与保护剂尚不完善，严重降低了储层改造的效果，必须充分重视，加强攻关研究，在深入研究其作用机理的基础上，建立针对性的评价方法，形成实用而有效的保护技术、确保储层改造技术充分发挥应有的效果。

3. 超低渗透、特低渗透及致密油气层全过程油气层保护技术

超低渗透、特低渗透及致密油气层的经济有效开发已成必然趋势，而油气层保护对它们能否经济有效开发至关重要，但现在成熟的油气层保护技术对它们并不完全适用，首先由于油气层渗透率太低，以驱替为基础的现有的评价方法与评价标准对它们基本无法使用，从而使其保护技术无法准确建立与应用。

4. 非常规油气经济有效开发的油气层保护技术

由于非常规油气有效开发的原理与常规油气有很大不同，且开采方法也

有较大差异，因此其油气层损害与保护机理也大有不同。而且国内外至今尚无可以准确评价非常规油气层损害与保护情况的方法与标准。所以创新性地建立非常规油气（页岩油气、煤层气、致密油气）有效开发的油气层保护技术已成当务之急。

5. 气体钻井、欠平衡钻井打开油气层后保护油气层的系列配套技术

目前气体钻井、欠平衡钻井打开油气层的技术已趋成熟，能够很好地保护所钻油气层，但之后的压井、固井、测试等作业的油气层保护没能系列配套，而使前面气体钻井、欠平衡钻井对油气层保护的成果部分或完全丧失。因此气体钻井、欠平衡钻井打开油气层后保护油气层的系列配套技术的建立，对于油气层保护技术的发展有重要意义。

6. 储层损害与保护计算机模拟、大数据、人工智能技术

近10多年来，面对更为复杂的储层条件，已有的理论与技术已不能满足需要，急需突破性发展，但其难度很大，一直未能突破，主要难题是：

结构复杂的储层（裂缝性储层、超低渗透储层、致密储层、页岩油气层、煤层……）的敏感性评价方法，损害评价方法，保护作用准确、有效评价方法无法建立。重点是岩心驱替实验难以准确可靠地进行，储层损害与保护过程无法很好模拟。因此使其机理研究、应用技术研究都无法很好进行。

随着信息技术、大数据、人工智能技术的发展给突破这些难题提供了希望。

用数字岩心技术认识、描述地层矿物组成、产状与孔隙结构。

用计算机模拟技术、大数据技术来替代模拟岩心流动实验及储层损害敏感性评价实验。

用人工智能技术研究储层损害机理及保护技术的建立与评价，并发展储层保护理论与技术。

同时，为做好针对性的储层保护必须在储层组成、结构分析，敏感性评价分析、现场工作液损害评价分析测试等基础上，应用储层损害与保护原理进行分析和推理，这需大量实验数据，其过程繁杂、准确性也与研究人员的理论水平与经验有关。因此，应用计算机模拟技术、大数据技术、人工智能技术研究来解决这个问题是必然趋势。

另外，注水过程、化学驱油过程、气驱过程等的油气层保护也有待加强。总之，油气层保护是油气勘探开发中永恒不变的要求，而油气层保护技术的发展将永无止境。

第二章 岩心分析

岩心分析是认识油气层地质特征的必要手段，油气层敏感性评价、损害因素分析、损害机理综合诊断、保护油气层技术方案的设计都必须建立在岩心分析的基础之上。所以，岩心分析是保护油气层技术系列中不可缺少的重要组成部分，也是保护油气层技术这一系统工程的起始点。

第一节 岩心分析概述

岩心分析是指利用各种仪器设备来观测和分析岩心一切特性的系列技术。从技术发展和应用范围来讲，包括常规岩心分析和特殊岩心分析两大类。通常岩心分析覆盖下列几个方面：

(1) 岩相学分析，或岩石学分析；
(2) 岩石物性、孔隙结构和界面性质分析；
(3) 岩石声、电、磁、放射性分析；
(4) 岩石力学参数、强度性质测试；
(5) 岩石对环境变化的响应分析，如温度、压力、动高压(冲击)；
(6) 岩石与工作液接触所发生的变化分析。

其中，(1)(2)项是本章讨论的内容；(3)项为地球物理测井研究的问题；(4)项为岩石力学关注的方面；(5)(6)项属于第三章论述的内容。

一、岩心分析的目的意义

1. 岩心分析的目的

岩心分析目的有三点：

(1) 全面认识油气层的岩石物理性质及岩石中敏感性矿物的类型、产状、含量及分布特点；
(2) 确定油气层潜在损害类型、程度及原因；
(3) 为各项作业中保护油气层技术方案设计提供依据和建议。

2. 岩心分析的意义

保护油气层技术的研究与实践表明，油气藏地质研究是保护油气层技术的基础工作，而岩心分析在油气地质研究中具有重要作用。

油气藏地质研究的目的是，准确地认识油气层的初始状态及钻开油气层后对作业环境变化的响应，即油气层潜在损害类型及程度。研究内容包括6个方面：

（1）矿物性质，特别是敏感性矿物的类型、产状和含量；

（2）渗流多孔介质的性质，如孔隙度、渗透率、裂隙发育程度、孔隙及喉道的大小、形态、分布和连通性；

（3）岩石表面性质，如比表面、润湿性等；

（4）地层流体性质，包括油、气、水的组成，高压物性、析蜡点、凝固点、原油酸值等；

（5）油气层所处环境，考虑内部环境和外部环境两个方面；

（6）矿物、渗流介质、地层流体对环境变化的敏感性及可能的损害趋势和后果。

其中，矿物性质及渗流多孔介质的特性主要是通过岩心分析获得，从而体现了岩心分析在油气藏地质研究中的核心作用。图2-1说明了6项内容之间的相互联系，最终应指明潜在油气层损害因素、预测敏感性，并有针对性地提出施工建议。

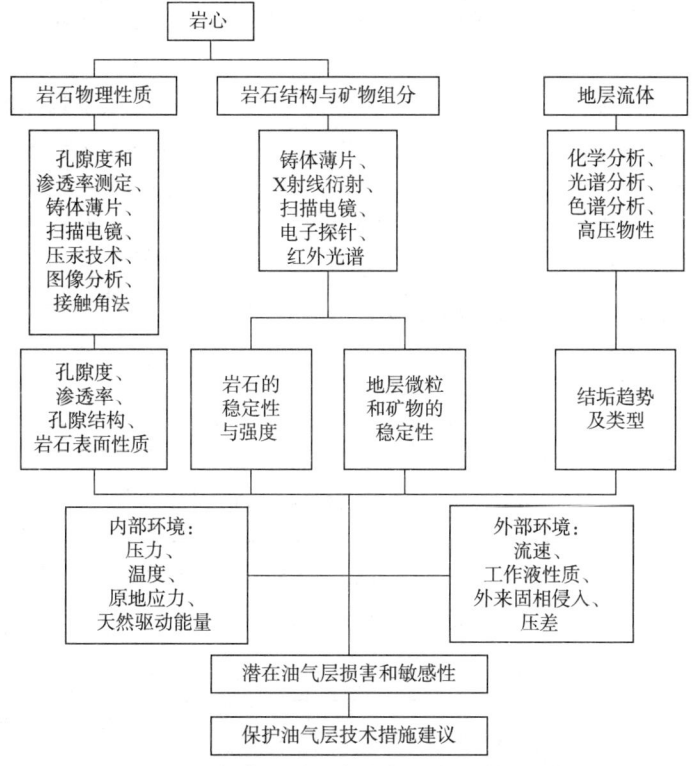

图2-1 油气藏地质研究内容及岩心分析的作用

还应指出，室内敏感性评价和工作液筛选使用的岩心数量有限，不可能考虑全部油气层物性及敏感性矿物所表现出来的各种复杂情况，岩心分析则能够确定某一块实验岩样在整个油气层中的代表性，进而可通过为数不多的实验结果，建立油气层敏感性的整体轮廓，指导保护油气层工作液的研制和优选。

二、岩心分析的内容

岩心是地下岩石(层)的一部分，所以岩心分析是获取地下岩石信息的十分重要的手段。表2-1给出了保护油气层研究中岩心分析的内容及相应的技术方法。应用中要根据具体的油气层的特点进行选择分析，做到既能抓住主要矛盾，解决实际问题，又要经济实用，注意发挥不同技术的优点，配套实施。

表2-1　岩心分析揭示的内容及所用的方法

内　容			方　法
岩石物理性质	常规物性	孔隙度	
		常规条件：总孔隙度、连通孔隙度	气测法、煤油饱和法、孔隙度仪
		模拟围压：总孔隙度	CMS-300全自动岩心分析仪
		渗透率：空气渗透率、煤油渗透率、地层水渗透率；水平渗透率、垂直渗透率、径向渗透率、全直径岩心渗透率；模拟围压渗透率	渗透率仪 CMS-300全自动岩心分析仪
		比表面	压汞或气体等温吸附法
		相对渗透率：气—水、油—水、气—油—水	稳态法、不稳态法
		润湿性：油湿、水湿、中间润湿	接触角测量、阿莫特(自吸入)法、离心机法、毛细管压力曲线测定
	孔隙结构	孔隙—喉道：类型、大小、形态、连通性、分布	铸体薄片、图像分析、SEM、X射线CT扫描、NMR、恒速压汞
		孔喉：大小、分布、进汞饱和度	高压或恒速压汞法、离心机法毛管压力曲线测定
岩石结构与矿物	骨架颗粒	石英、长石、岩屑、云母：粒度大小、分布	筛析法、薄片粒度图像分析
		接触关系、成分、含量、成岩变化	铸体薄片、阴极发光、XRD全岩分析、红外光谱
	填隙物	黏土矿物：产状	铸体薄片、SEM
		黏土矿物：类型、成分、含量	铸体薄片、XRD、红外光谱、沉降分离法、电子探针或能谱
		非黏土矿物：产状	岩石薄片、SEM
		非黏土矿物：类型、成分、含量	薄片染色、XRD全岩分析、红外光谱、碳酸盐含量测定

三、取样要求

岩心分析的样品可以来自全尺寸成形的岩心，也可以是井壁取心或钻屑。经验表明，钻屑的代表性很差，故通常在有条件的情况下尽量使用成形岩心。使用成形的完整岩心确保多个实验项目能够进行配套分析，尤其是非均质较强的储层，便于找出岩石各种参数之间的内在联系。

岩石结构与矿物分析、孔隙结构的测定要在了解油气层岩性、物性、电性、含油气性的基础上，有重点地进行选样分析。

铸体薄片的样品应能包括油气层剖面上所有岩石性质的极端情况，如粒度、颜色、胶结程度、结核、裂缝、孔洞、含油级别等，样品间距1~5块/m，必要时加密。X射线衍射（XRD）和扫描电镜（SEM）分析样品密度大约为铸体薄片的1/3~1/2，对油气层要加密，水层及夹层进行控制性分析。压汞分析的岩样，对于一个油组（或厚油层），每个渗透率级别至少有3~5条毛细管压力曲线，最后可根据物性分布求取该油组的平均毛细管压力曲线。

如图2-2所示，最好在同一段岩心上取足配套分析的柱塞。铸体薄片、扫描电镜、压汞分样须在同一柱塞上进行，这有利于建立孔隙分布与孔喉分布参数间的关系，以及孔隙结构与岩性、物性、黏土矿物含量之间的联系。XRD分析可以用碎样，但应清除被钻井液损害的部分，否则会干扰实验结果。电子探针分析可用其他柱塞端部。这样在所有分析项目完成后，就能指出潜在的损害类型及原因，预测不同渗透率级别（或储集岩类型）油气层的敏感程度，正确解释敏感性评价实验结果。

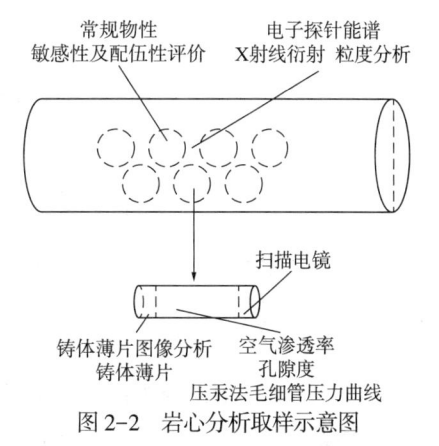

图2-2 岩心分析取样示意图

应该特别指出的是，近年来随着油气勘探开发越来越向深层挺进，研究的对象多为低渗透油藏、致密砂岩气藏、泥页岩气藏、缝洞性碳酸盐岩油气藏、火山岩气藏等，对天然裂缝的精细描述及敏感性特征研究变得十分必要，需要加强对天然裂缝重要作用的关注，并对其环境响应行为进行重点研究。

第二节 岩心分析技术及应用

一、X射线衍射

1. X射线衍射分析技术

全岩矿物组分和黏土矿物可用X射线衍射（XRD）迅速而准确地测定。

XRD分析借助于X射线衍射仪来实现，它主要由光源、测角仪、X射线检测和记录仪构成(图2-3)。

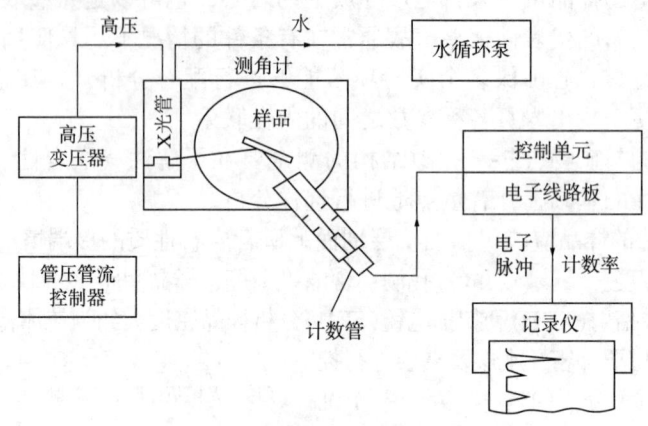

图2-3 X射线衍射仪的基本结构图

由于储层岩石黏土矿物含量较低，砂岩中一般3%~15%。这时，X射线衍射全岩分析不能准确地反映黏土矿物类型与相对含量，需要把黏土矿物与其他组分分离，分别加以分析。

首先将岩样抽提干净，然后碎样，用蒸馏水浸泡，最好湿式研磨，并用超声波振荡加速黏土从岩石颗粒上脱落，提取粒径小于2μm(泥、页岩)或小于5μm(砂岩)的部分，沉降分离、烘干、计算其占岩样的质量百分比。

黏土矿物的XRD分析使用定向片，包括自然干燥的定向片(N片)、经乙二醇饱和的定向片(再加热至550℃)，或盐酸处理之后的自然干燥定向片。粒径大于2μm或5μm的部分则研磨至粒径小于40μm的粉末，用压片法制片，上机分析。此外还可以直接进行薄片的XRD分析，它对于鉴定疑难矿物十分方便，并可与薄片中矿物的光性特征对照，进行综合分析。

2. X射线衍射在保护油气层中的应用

1) 地层微粒分析

地层微粒指粒径小于37μm(或44μm)即能通过美国400目(或325目)筛的细粒物质，它是砂岩中重要的损害因素，砂岩中与矿物有关的油气层损害都与其有密切的联系。地层微粒分析为矿物微粒稳定剂的筛选、解堵措施的优化提供依据。除黏土矿物外，常见的其他地层微粒有长石、石英、云母、菱铁矿、方解石、白云石、石膏等。

2) 全岩分析

对粒径大于5μm的非黏土矿物部分进行XRD分析，可以获得诸如云母、碳酸盐矿物、黄铁矿、长石的相对含量，对酸敏(HF、HCl)性研究和酸化设计有帮助。长石含量高的砂岩，当酸液浓度和处理规模过大时，会削弱岩石结构的完整性，并且存在着酸化后的二次沉淀问题，可能导致土酸酸化失败。

3）黏土矿物类型鉴定和含量计算

利用黏土矿物特征峰的d_{001}值鉴定黏土矿物类型，表2-2列出了各族主要黏土矿物的d_{001}值。根据出现的矿物对应衍射峰的强度（峰面积或峰高度），依据SY/T 5163—2018《沉积岩中黏土矿物和常见非黏土矿物 X 射线衍射分析方法》中"用 X 射线衍射仪测定沉积岩黏土矿物的定量分析方法"求出黏土矿物相对含量。

表2-2 各族主要黏土矿物的d_{001}X 射线衍射特征　　单位：10^{-1}nm

矿物	d_{001}	d_{002}	d_{003}	d_{004}	d_{005}
蒙皂石	12~15	—	4~5	—	2.4~3
绿泥石	14.2	7.1	4.7	3.53	2.8
蛭石	14.2	7.1	4.7	3.53	2.8
伊利石	10.0	5.0	3.33	2.5	—
高岭石	7.15	3.58	2.37		

4）间层矿物鉴定和间层比计算

油气层中常见的间层矿物（俗称混层黏土矿物）大多数是由膨胀层与非膨胀层单元相间构成。表2-3列出了间层矿物的类型，其中伊利石/蒙皂石间层矿物、绿泥石/蒙皂石间层矿物较常见。

表2-3 主要间层黏土矿物类型（Wilson Nadeau，1985）

有序度	不同非膨胀组分对应的间层矿物类型				
	伊利石（云母）		绿泥石		高岭石
	二八面体	三八面体	二八面体	三八面体	
近程有序	钠板石 累托石 伊利石/蒙皂石 云母/蛭石	水黑云母 云母/蛭石	苏托石 （羟硅铝石） （Di-Ch）/S	柯绿泥石 （Tri-Ch）/Ve （Tri-Ch）/S	—
长程有序	伊利石/蒙皂石	云母/蛭石	—	—	
无序	伊利石/蒙皂石	云母/蛭石 （伊利石/蒙皂石）	绿泥石/蒙皂石 （绿泥石/蛭石）	绿泥石/蒙皂石 （绿泥石/蛭石）	高岭石/蒙皂石

注：Di—二八面体；Tri—三八面体；Ch—绿泥石；S—蒙皂石；Ve—蛭石；Bi—黑云母。

间层比是指膨胀性单元层在间层矿物中所占比例，通常以蒙皂石层的百分含量表示。由衍射峰的特征，依据SY/T 5163—2018《沉积岩中黏土矿物和常见非黏土矿物X射线衍射分析方法》求出间层矿物的间层比及间层类型（绿泥石/蒙皂石间层矿物间层比的标准化计算方法待定）。对间层矿物的间层类型、间层比和有序度的研究有助于揭示油气层中黏土矿物水化、膨胀、分散的特性。应该指出，XRD分析不能给出敏感性矿物产状，所以必须与薄片、扫描电镜技术配套使用，才能全面揭示敏感性矿物的特征。

5）无机垢分析

XRD分析技术鉴定矿物的能力在油气层损害研究中还有广泛的应用。油气井见水后，可能会有无机盐类沉积在射孔孔眼和油管中，利用XRD分析技术就可以识别矿物的类型，为预防和解除结垢堵塞提供依据。如大庆油田聚合物驱采油中，生产井油管中无机垢沉积，经XRD鉴定存在$BaSO_4$。

此外，XRD分析还用于注入和产出流体中的固相分析，明确矿物成分和相对含量，对于选择解堵工艺措施很有帮助。

二、扫描电镜

1. 扫描电镜分析技术

扫描电镜（SEM）分析能提供孔隙内充填物的矿物类型、产状的直观资料，同时也是研究孔隙结构的重要手段。扫描电镜通常由电子系统、扫描系统、信息检测系统、真空系统和电源系统五大部分构成（图2-4），它是利用类似电视摄影显像的方式，用细聚焦电子束在样品表面上逐点进行扫描，激发产生能够反映样品表面特征的信息来调制成像。有些扫描电镜配有X射线能谱分析仪，因此能进行微区元素分析。

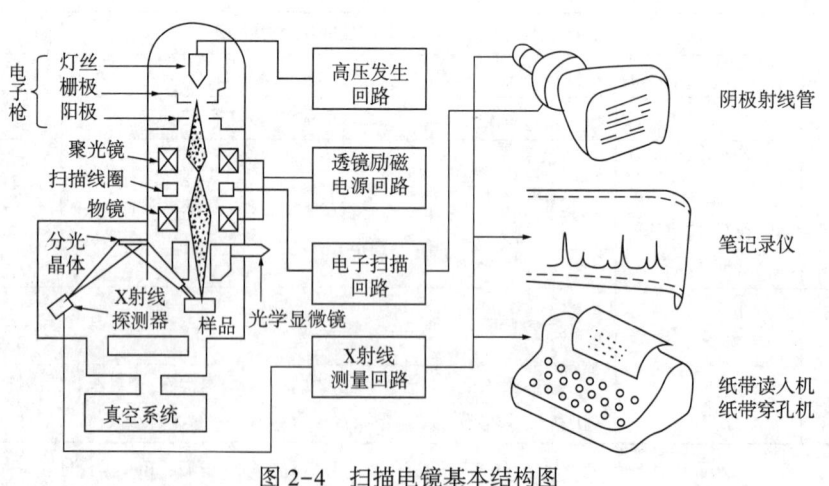

图2-4 扫描电镜基本结构图

扫描电镜分析具有制样简单、分析快速的特点。分析前要将岩样抽提清洗干净，然后加工出新鲜面作为观察面，用导电胶固定样品于桩上，自然晾干，最后在真空镀膜机上镀金(或碳)，样品直径一般不超过 1cm。

近年来，在扫描电镜样品制备方面取得了显著的进展。临界点干燥法可以详细地观察原状黏土矿物的显微结构，背散射电子图像的使用能够在同一视域中直接识别不同化学成分的各种矿物。

2. 扫描电镜在保护油气层中的应用

1) 油气层中地层微粒的观察

扫描电镜分析能给出孔隙系统中微粒的类型、大小、含量和共生关系的资料。越靠近孔隙、喉道中央的微粒，在外来流体和地层流体作用下越容易失稳。测定微粒的尺寸分布及在孔喉中的位置，能有效地估计临界流速和速敏程度，便于有针对性地采取措施防止或解除因微粒分散、运移造成的油气层损害。

2) 黏土矿物的观测

黏土矿物有其特殊的形态(表 2-4)，借此可确定黏土矿物的类型、产状和含量。如孔喉桥接状、分散质点状黏土矿物易与流体作用。对于间层黏土矿物，通过形态可以大致估计间层比范围，准确分析还必须采用 XRD。

表 2-4 主要黏土矿物及其在扫描电镜下的特征

构造类型	族	矿物	化学式	d_{001} 10^{-1}nm	单体形态	集合体形态
1:1 (TO)	高岭石	高岭石 地开石	$Al_4(Si_4O_{10})(OH)_8$	7.1~7.2, 3.58	假六方板状、鳞片状、板条状	书页状、蠕虫状、手风琴状、塔晶
	埃洛石	埃洛石	$Al_4(Si_4O_{10})(OH)_8$	10.05	针管状	细微棒状、巢状
2:1 (TOT)	蒙皂石	蒙脱石 皂石	$R_x(AlMg)_2(Si_4O_{10})$ $(OH)_2 4H_2O$	Na: 12.99 Ca: 15.50	弯片状、皱皮鳞片状	蜂窝状、絮团状
	伊利石	伊利石 海绿石 蛭石	$KAl((AlSi_3)O_{10})$ $(OH)_2 \cdot mH_2O$	10	鳞片状、碎片状、毛发状	蜂窝状、丝缕状
2:1:1 (TOT.O)	绿泥石	各种绿泥石	FeMgAl 的层状硅酸盐，同形置换普遍	14.2, 7.14, 4.72, 3.55	薄片状、鳞片状、针叶片状	玫瑰花状、绒球状、叠片状
2:1 (TOT) 层链状	海泡石	山软木	$Mg_2Al_2(Si_8O_{20})(OH)_2$ $\cdot m(H_2O)_4$	10.40, 3.14, 2.59	棕丝状	丝状、纤维状

注：T—Si—O 四面体片；O—Al—O 八面体片。

3) 油气层孔喉的观测

由扫描电镜获得的资料立体感强，更适于观察喉道的形态、直径及与孔隙的连通关系。对孔喉表面的粗糙度、弯曲度、孔喉尺寸的观测能揭示微粒捕集、拦截的位置及难易程度，对研究微粒运移和外来固相侵入很有意义。

4) 含铁矿物的检测

当扫描电镜配有 X 射线能谱仪时，能对矿物提供半定量的元素分析，常用于检测铁元素，如含铁碳酸盐矿物、不同产状绿泥石的含铁量。含铁矿物在盐酸酸化时很容易形成二次沉淀，造成油气层的损害，这是部分砂岩油气层酸化减产的原因之一。

5) 油气层损害的监测

利用背散射电子图像，岩心可以不必镀金和镀碳就能测定，在敏感性（或工作液损害）评价实验前后都可以进行直观分析。对于无机和有机垢的晶体形态、排布关系的观察，还可以为抑制结垢、清除结垢、筛选处理剂、优化工艺措施提供依据。

三、薄片技术

1. 薄片分析技术

薄片分析技术是保护油气层的岩相学分析三大常规技术之一，也是最基础的一项分析。应用光学显微镜观察薄片，由铸体薄片获得的资料比较可靠。制作铸体薄片的样品最好是成形岩心，不推荐使用钻屑。薄片厚度为 0.03mm，面积不小于 15mm×15mm。未取心的情况除外，建议少用或不用钻屑薄片，因为岩石总是趋于沿弱连接处破裂，胶结致密的岩块则能保持较大的尺寸，这样会对孔隙发育及胶结状况得出错误的认识。

2. 薄片分析技术在保护油气层中的应用

1) 岩石的结构与构造

薄片粒度分析给出的粒度分布参数可供设计防砂方案时参考，当然应以筛析法和激光粒度分析获得的数据为主要依据。研究颗粒间接触关系、胶结类型及胶结物的结构可以估计岩石的强度，预测出砂趋势。对砂岩中泥质纹层、生物搅动对原生层理的破坏也可观察，当用土酸酸化时，这些黏土的溶解会使岩石结构稳定性降低，诱发油气层出砂。

2) 骨架颗粒的成分及成岩作用

沉积作用、压实作用、胶结作用和溶解作用强烈地影响着油气层的储集性及敏感性。了解成岩变化及自生矿物的晶出顺序对测井解释、敏感性预测、钻井完井液设计、增产措施选择、注水水质控制十分有利。

3）孔隙特征

铸体薄片分析获得孔隙成因、大小、形态、分布资料，用于计算面孔率及微孔隙率。研究地层微粒及敏感性矿物在孔隙和喉道中的位置、微粒粒径与孔喉尺寸的匹配关系，从而可以判断油气层损害原因，并用于综合分析潜在的油气层损害，提出防治措施。例如，低渗透—致密油气层使用高分子有机阳离子聚合物黏土稳定剂时，虽可有效地稳定黏土矿物，但由于孔喉细小，处理剂分子尺寸较大，它同时又降低了油气层渗透率。

4）不同产状黏土矿物含量的估计

XRD 和红外光谱均不能给出黏土矿物的产状及成因，薄片分析则可说明同一种类型黏土矿物的几种产状(成因)的相对比例。这一点很重要，因为只有位于孔喉流动系统中的黏土矿物才对外来工作液性质最敏感。此外，薄片分析还用于黏土总量的校正，如泥质岩屑的存在可能引起黏土总量的升高，研究中应注意区分。沉降法分离出的黏土矿物受粒径限制，难以反映出较大粒径变化范围($5\sim20\mu m$)时黏土矿物的真实组成。

5）荧光薄片应用

荧光薄片提供油气存在的有效储集和渗流空间的性质，如孔隙、大小、连通性及裂缝隙发育程度，为更好地了解油气层损害创造了条件。

四、压汞法测定岩石毛细管压力曲线

由常规压汞毛细管压力曲线可以获得描述孔喉分布及大小的系列特征参数，确定各孔喉区间对渗透率的贡献。

1. 基本原理

压汞法由于仪器装置固定、测定快速准确，并且压力可以较高，便于更微小的孔喉测量，因而它是目前国内外测定岩石毛细管压力曲线的主要手段。使用压汞仪测定岩样的毛细管压力数据可计算孔喉半径(图 2-5)，原理是汞对大多数造岩矿物为非润湿，对汞施加一定压力后，当进汞的压力和孔喉的毛细管压力相等时，汞就能克服阻力进入特定尺寸的孔喉，计量进汞量和进汞压力，根据进入汞的岩石孔隙体积分数和对应进汞压力就得到毛细管压力曲线。进汞压力和孔喉半径的关系为：

$$p_c = \frac{0.735}{r} \quad \text{或} \quad r = 0.735/p_c \tag{2-1}$$

式中：p_c 为毛细管压力，MPa；r 为毛细管半径，μm。

压汞实验所用岩样一般为直径 2.5cm、长 3.0cm 左右的柱塞，测定前将油清洗干净，测定岩石总体积、氦气法孔隙度(或煤油、酒精法孔隙度)、岩石密度和渗透率。

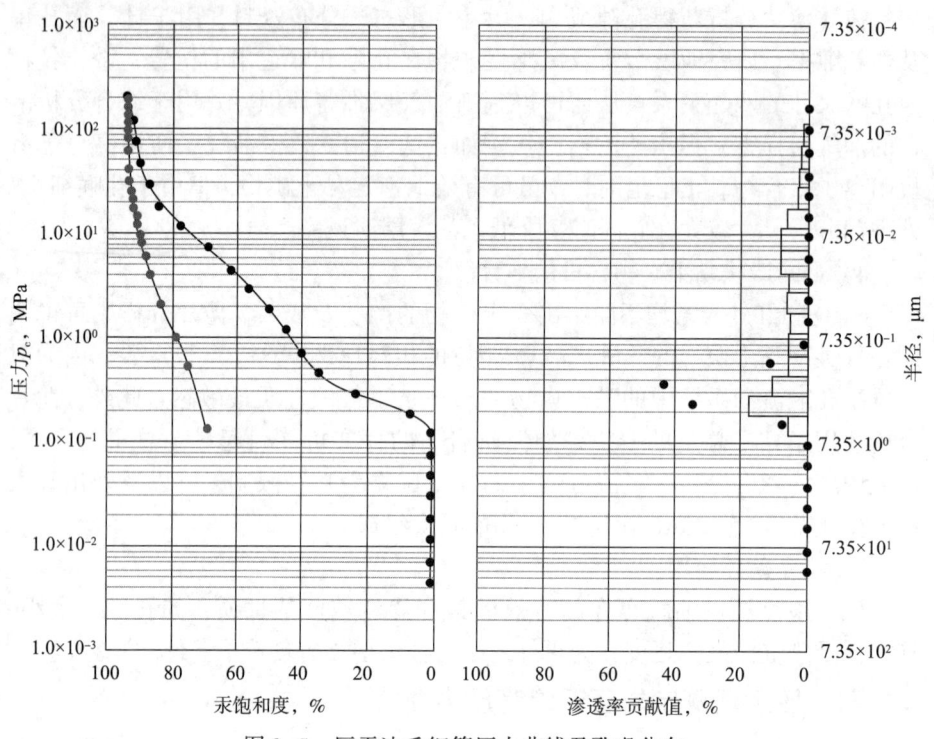

图 2-5 压汞法毛细管压力曲线及孔喉分布

2. 毛细管压力曲线在保护油气层中的应用

1) 储集岩的分类评价

储集岩分类是评价油气层损害的前提，同一损害因素在不同类型的储集岩中的表现存在差异。根据毛细管压力曲线的特征参数，用统计法求特征值，结合岩石孔隙度、渗透率、孔隙类型和岩性等可以对储集岩进行综合分类。

2) 油气层损害机理分析

油气层微粒的粒度分析、微粒在孔隙中的空间分布及与孔喉大小的匹配关系是分析油气层损害的关键。例如相同间层比的伊利石/蒙皂石间层矿物，对细孔喉型油层的水敏损害要比中、粗孔喉型油气层严重。

3) 钻井完井液设计

屏蔽暂堵型钻井完井液技术中架桥粒子的选择，就是依据由压汞毛细管压力曲线获得的孔喉分布。通过对一个油组或油气层不同物性级别岩样的毛细管压力曲线测定，得到平均毛细管压力曲线。架桥粒子即根据平均毛细管压力曲线,考虑到出现的最大孔喉半径,按照2/3架桥原理设计。对于形成屏蔽环所需要的最小压差可以参考毛细管压力曲线数据。此外,暂堵型酸化、压裂过程中,暂堵剂粒度的筛选也可参考孔喉分布数据,这样效果会更好。

4) 入井流体悬浮固相控制

压井液、洗井液、射孔液、修井液、注入水和压裂液等都涉及固相微粒的含量和粒径大小控制问题,而控制标准则视油气层储渗质量、孔喉参数而定。研究表明,当微粒直径大于平均孔喉直径的1/3时,形成外滤饼,1/10~1/3时会侵入孔喉形成内滤饼,小于1/10时微粒能自由在孔喉内长距离移动。

5) 评价和筛选工作液

油气层损害的实质是岩石孔隙结构的改变,通过测定岩石与工作液作用前后的岩样毛细管压力曲线就能对配伍性有明确的认识。应用高速离心机法可以快速测定毛细管压力曲线,了解工作液作用前后储集岩孔喉分布参数和润湿性变化。

6) 工程作业后合理返排压差的确定

根据毛细管压力曲线可以确定某一渗透率级别的油气层,在工程作业完成后促使进入油气层的工作液滤液返排出来的压差。对于特低渗透油气层来说,若返排压差太小,则很可能不足以使多数孔喉内的滤液排出。压差过大,虽然滤液可以返出,但可能会带来应力敏感性损害的问题。

五、岩心分析技术应用展望

尽管用于分析岩心的许多技术早已存在,但石油地质家及石油工程师从未像今天这样共同关心并应用岩心分析技术来深入揭示油气层的微观特性。一些传统技术因使用目的转变,而被赋予新的含义。如铸体薄片技术,从最初便于观察孔隙出发,如今则主要利用其保护黏土矿物不致在制片过程中发生脱落。XRD技术对黏土矿物的研究与认识起到了巨大的推动作用,1985年以前,国内尚无大家接受的黏土矿物含量计算公式,如今从黏土矿物分离提取、数据处理,乃至间层比的计算都已形成行业标准,可以说近40年发生了质的飞跃。

应该指出,扫描电镜等一些先进的分析技术,目前的应用与其所能揭示的大量信息相比,技术潜力还有待充分开发。同时,一些新技术正在不断涌现,及时地引入油气层保护工程领域,解决油气层保护技术问题已成为地质家及石油工程师的共同责任。表2-5将几种常用技术的特点与局限性进行归纳,表明在研究中需要将这些技术组合应用,方能获得岩石性质的全貌。

表2-5 几种主要岩心分析技术的特点及应用

项目	X射线衍射	扫描电镜	铸体薄片	电子探针	压汞毛管压力曲线测定	红外光谱
主要用途及特点	(1)压片法分析迅速、简便；(2)能进行全岩分析；(3)鉴定黏土矿物形态、类型、同层作用、多型、结晶度；(4)黏土混合物的定量或半定量分析	(1)耗样量少，制样简单，不破坏原样；(2)观察视场大，立体感强；(3)对孔隙类型、形态、大小、连通关系进行观测；(4)给出黏土矿物形态、产状及分布不均匀性方面的信息	(1)特别适于孔隙结构的研究，如面孔率、孔隙形态大小、连通性；(2)可以观察岩石类型、显微构造、结构；(3)通过矿物染色，能给出碳酸盐矿物含量的信息；(4)研究矿物的成因、晶出顺序	(1)直接在岩石薄片上对其分析，不用分离和提纯；(2)分析元素范围从B^5到U^{92}，灵敏度高，以氧化物形式给出定位的化学成分；(3)微区范围可达$1\mu m$，与电镜联合可以给出不同产状、形态矿物的化学成分	(1)可以用柱塞，也可以用不规则岩样；(2)与薄片比较，能提供较大体积岩样的孔喉分布情况；(3)结合铸体薄片，能求出图像分析，组描述孔隙结构的特征参数	(1)制样简单，分析快速；(2)能进行全岩分析，结构反应灵敏；(3)对非晶质矿物、黏土矿物的成分、结构反应灵敏；(4)对膨胀性矿物，可获得内部结构中吸附成分，交换性离子、自由水分子和配位水分子及氧化硅表面的相互作用方面的信息；(5)对黏土混合物进行定量、半定量分析
局限性	(1)微量组分不易鉴定出，全岩分析时应加注意；(2)只能提供少量各组分分布的信息，不能给出产状；(3)对无序类型及部分类型同晶替代的反应欠灵敏	(1)不能给出准确的化学成分；(2)对黏土矿物相对含量只能给出大概的比例；(3)多型识别不易；(4)仅根据形态有时会错误判断矿物类型	(1)对微孔隙无能为力；(2)对黏土矿物微结构研究提供极少的资料；(3)同层分析几乎无作用	(1)对微量元素分析精度低；(2)分析费用较高，限制了进行大量样品分析，一般仅用于关键、疑难矿物的鉴定分析	(1)不能直接给出矿物方面的信息；(2)根据微孔隙量可以推测大致的黏土含量，提供很少的成岩作用信息	(1)不能鉴定微量组分，最低检测极限同XRD，即5%；(2)不能给出各组分的产状及分布；(3)不能用于鉴定同层黏土矿物，区分各种类型间层的有序度

— 24 —

新技术的应用主要表现在以下几个方面。

1. 傅里叶变换红外光谱分析

采用傅里叶变换红外光谱仪，测定矿物的基团、官能团来识别和量化常见矿物，分析迅速，精度与 XRD 相似。能定量分析的矿物有石英、斜长石、钾长石、方解石、白云石、菱铁矿、黄铁矿、硬石膏、重晶石、绿泥石、高岭石、伊利石和蒙皂石总和，以及黏土总量。对非晶质物、间层黏土矿物的结构特性分析有独到之处，国外已将其用于井场岩石矿物剖面分析图的快速建立，在国内也逐渐成为分析敏感性矿物，尤其是油气层黏土矿物的有力手段，但由于其对鉴定间层黏土矿物的局限性，要完全代替 XRD 是比较困难的。

2. CT 扫描技术

将医学上应用的 CT 扫描技术引入岩心分析中，主要原理是用 X 射线透过岩心，得到岩心断面上岩石颗粒密度的信息，经计算机处理转换成岩心剖面图，它可以在不改变岩石形态及内部结构的条件下观察岩石的裂缝和孔隙分布。当固相微粒侵入岩心时，能够对固相侵入深度及其在孔喉中的状态进行监测，也可以观察岩样与工作液作用后的孔隙空间变化。目前这项技术主要用于高渗透松砂岩和裂缝性油气层的损害研究中，如出砂机理、稠油冷采蚯蚓孔道的形成、侵入裂缝的固相分布、岩心内滤饼的分布形态等。

3. 核磁共振成像技术

核磁共振成像简称 NMRI，该技术可用于观测孔隙或裂缝中流体分布与流动情况，因此对于流体与流体之间，流体与岩石之间的相互作用，以及润湿性和润湿反转问题的研究有特殊意义，它是研究油气层损害的先进手段之一。核磁共振法是一种评价岩石孔隙结构的间接测量方法，主要测量岩样孔隙水的横向弛豫时间(T_2)分布，通过弛豫时间与孔喉半径之间的转换系数计算得到孔喉半径分布。利用核磁共振磁对比损害前后岩心孔径尺寸及分布，即可判断进入储层流体损害的孔喉尺寸。

4. 扫描电镜技术

扫描电镜技术在制样和配件方面发展较快，在 SEM 上配置能谱仪(EDS)可以对矿物提供半定量元素分析，对敏感性矿物的识别及损害机理研究有很大的帮助。背散射仪的应用免除镀膜对黏土矿物形貌的改变，更宜于实验前后的样品观察。此外，临界点冷冻干燥法，能够揭示黏土矿物在油气层条件下的真实形态。扫描电镜与图像分析仪使用，研究黏土矿物微结构并预测微结构的稳定性。

5. 恒速压汞技术

恒速压汞以极低的速度进汞，如 ASPE-730 型恒速压汞仪注汞速率为

0.00005~1mL/min，如此低的进汞速度保证了准静态进汞过程的发生。在此过程中，界面张力与接触角保持不变；进汞前缘所经历的每一个孔隙形状的变化，都会引起弯月面形状的改变，从而引起系统毛细管压力的改变，图2-6是典型的恒速压汞压力波动曲线。通过恒速压汞实验，可以获得有关孔隙结构方面的丰富信息，如喉道数量、孔喉比、孔喉尺寸等。用恒速压汞法可更好地揭示喉道发育程度、孔隙发育程度及孔隙—喉道体积比分布特征，但是恒速压汞进汞压力较低(低于7MPa)。

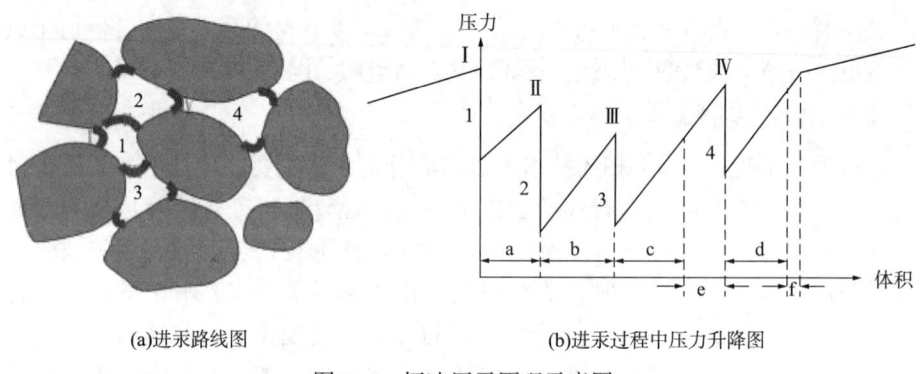

(a)进汞路线图　　　　　(b)进汞过程中压力升降图

图2-6　恒速压汞原理示意图

1~4—孔隙序号；Ⅰ~Ⅳ—喉道序号；a~d—孔隙1~4的体积；e~f—喉道体

6. 非晶态矿物和纳米矿物学研究

油气层中非晶态矿物有蛋白石、水铝英石、伊毛缟石、硅铁石等，还有比黏土矿物微粒更小的纳米级矿物。它们或单独产出，或存在于黏土矿物晶体之间，起到连接微结构的作用，比表面更大，性质更活跃。研究方法主要有化学分析、电子探针、原子力显微镜等。西南石油大学油井完井技术中心对吐哈盆地丘陵油田三间房组砂岩高岭石进行电子探针分析，表明高岭石化学组成很少符合理论组成，SiO_2和Al_2O_3经常过量，这种硅、铝部分以非晶态存在，它们易于溶解并促使高岭石微结构失稳。

7. 环境扫描电镜的应用

一般扫描电镜要求在真空条件下进行实验，而环境扫描电镜则可以在气体、液体介质环境下分析样品。国外已利用此项技术研究膨胀性黏土矿物与工作液作用的机理，分析黏土矿物间层比和遇水膨胀的关系、水化膨胀和脱水过程的差异等。因此，环境扫描电镜是损害机理研究和工作液损害评价的有力手段。

综上所述，岩心分析技术在认识油气层特征、研究油气层损害机理及保护油气层工程设计中具有广泛的应用。每种技术都有优点及局限性，实际工作中应具体问题具体分析，制定一套切实可行的技术路线。各项技术本身在石油工程中的应用还有很大的潜力尚待开发，同时工程实践中也不断提出许多新问题，需要创造性地应用先进技术来解决。

第三节　油气层潜在损害因素分析

岩心分析的直接应用就是油气层潜在损害因素研究。油气层的潜在损害与其储渗空间特性、敏感性矿物、岩石表面性质、地层流体性质有关，同时还受外来流体和环境因素的影响。

一、油气层储渗空间

碎屑岩油气层的储集空间主要是孔隙，渗流通道主要是喉道，碳酸盐岩油气层储集空间包括孔隙、裂缝、溶洞。喉道是指两个颗粒间连通的狭窄部分，是易受损害的敏感部位。孔隙和喉道的几何形态、大小、分布及其连通关系，称为油气层的孔隙结构。对于裂缝型油气层，天然裂缝既是储集空间又是渗流通道。根据基块孔隙和裂缝的渗透率贡献大小，可以划分出一些过渡油气层类型。孔隙结构是从微观角度来描述油气层的储渗特性，而孔隙度与渗透率则是从宏观角度来描述油气层的储渗特性。

1. 孔隙度和渗透率

孔隙度是衡量岩石储集空间多少及储集能力大小的参数，渗透率是衡量油气层岩石渗流能力大小的参数，它们是从宏观上表征油气层特性的两个基本参数。其中与油气层损害关系比较密切的是渗透率，因为它是孔喉的大小、均匀性和连通性三者的共同体现。对于一个渗透性很好的油气层来说，它的孔喉较大并较均匀，连通性好，胶结物含量低，这样它受固相侵入损害的可能性也更大；相反，对于一个低渗透性油气层来说，由于它的孔喉小、连通性差、胶结物含量较高，这样它容易受到黏土矿物水化膨胀、分散运移、水锁和贾敏损害。

2. 油气层孔隙结构

油气层常见孔隙类型有：粒间孔、粒内溶孔、晶间微孔。碎屑岩油气层通常粒间孔的含量越高，油气层物性越好。一般将油气层喉道类型划分为5种(图2-7)，颗粒接触类型和胶结类型决定了喉道几何形态。

孔隙结构参数从定量角度来描述孔喉特征。常用的孔隙结构参数有孔喉尺寸及其分布、喉道弯曲度和孔隙连通性。利用统计分布的方法，可以从毛细管压力曲线和物性参数中求出任一岩样的孔隙结构参数，乃至油层段的孔隙结构参数平均值。

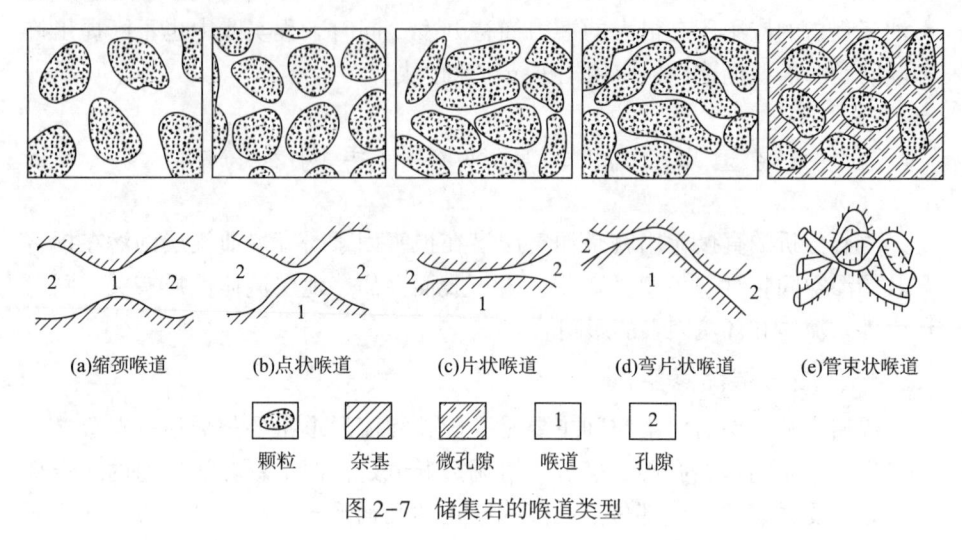

(a)缩颈喉道　(b)点状喉道　(c)片状喉道　(d)弯片状喉道　(e)管束状喉道

颗粒　杂基　微孔隙　喉道　孔隙

图2-7　储集岩的喉道类型

孔隙结构与油气层损害的关系表现为：

(1) 在其他条件相同的情况下，喉道越粗，不匹配的固相颗粒侵入的深度就越大，造成的固相损害程度就越严重。但滤液侵入造成的水锁、贾敏等损害的可能性较小。

(2) 孔喉弯曲程度越大，外来固相颗粒侵入越困难，侵入深度变小；而地层微粒易在喉道中阻卡，微粒分散/运移的损害潜力增加。

(3) 孔隙和喉道尺寸越小且连通性越差，油气层越易受到与流体、界面现象相关的损害，如水锁、贾敏、乳化堵塞、黏土矿物水化膨胀等(表2-6)。

表2-6　喉道类型与油气层损害特点

类　型	主　要　特　征	主要损害方式
缩颈喉道	孔隙大，喉道粗，孔隙与喉道直径比接近于1	固相侵入，出砂和地层坍塌
点状喉道	孔隙较大，喉道略细，孔隙与喉道直径比大	固相侵入，微粒分散/运移，水锁，贾敏
片状和弯片状喉道	孔隙小，喉道细而长，孔隙与喉道直径比中到大	微粒分散/运移，水锁，贾敏，黏土矿物水化膨胀
管束状喉道	孔隙和喉道成为一体，界限不分明，且细小	水锁，贾敏，乳化堵塞，黏土矿物水化膨胀

3. 油气层裂缝

岩石裂缝包括地壳中大小及其成因极为不同的各种断裂变形，是由超过岩石破裂强度的应力引起的不连续性。几乎所有油气藏都会在某种程度上受到天然裂缝的影响，裂缝的影响是不能被忽略的，否则无论在技术还是在经济效益方面都会造成不利影响。大多数非常规油气储层，包括致密油气、页岩油气、煤层气和火山岩储层中，天然裂缝是产能主要影响因素。裂缝基本参数包括裂缝宽度、长度、产状、间距、密度、充填性质、缝面粗糙度等。储层裂缝参数可通过地面露头观察、岩心观察、铸体薄片、测井解释、试井解释等获得。

水力压裂储层改造技术，通过井筒向储层挤注压裂液，压开储层并产生裂缝，沟通天然裂缝，形成油气藏多尺度裂缝系统。

油气藏储层裂缝在完井阶段是钻井液、固井水泥浆等流体侵入等重要通道，增加侵入或损害范围；在采油气阶段，天然裂缝易发生闭合或堵塞，使油气井产能快速降低，但天然裂缝闭合难易程度受到裂缝宽度、充填物性质控制，水力裂缝闭合难易程度受控于裂缝支撑情况、压裂液性质及浸泡时间等。

二、油气层敏感性矿物

1. 敏感性矿物的定义和特点

油气层岩石骨架是由矿物构成的，它们可以是矿屑和岩屑。从沉积物来源上讲，有碎屑成因、化学成因和生物成因之分。油气层中的造岩矿物绝大部分属于化学性质比较稳定的类型，如石英、长石和碳酸盐矿物，不易与工作液发生物理和化学作用，对油气层没有多大损害。成岩过程中形成的自生矿物数量虽少，但易与工作液发生物理和化学作用，导致油气层渗透性显著降低，故这部分矿物多数属于敏感性矿物。它们的特点是粒径很小（$<37\mu m$），比表面大，且多数位于孔喉处，它们优先与外界流体接触充分，作用速度快，易引起油气层损害。

2. 敏感性矿物的类型

根据矿物与流体发生反应造成的油气层损害方式，可以将敏感性矿物分为4类：

（1）水敏和盐敏矿物。与矿化度（或活度）不同于地层水的水基流体作用产生水化膨胀、或分散/运移等，并引起油气层渗透率下降的矿物。主要有蒙皂石、伊/蒙间层矿物和绿/蒙间层矿物。

（2）碱敏矿物。与高pH值工作液作用产生分散/运移，或新的硅酸盐沉淀和硅凝胶体，并引起油气层渗透率下降的矿物。主要有高岭石等各类黏土矿物、长石和微晶石英。

（3）酸敏矿物。与酸液作用产生化学沉淀或酸蚀后释放出微粒，并引起油气层渗透率下降的矿物。酸敏矿物分为盐酸敏感矿物和氢氟酸（HF）敏感矿物。HF敏感的矿物主要有方解石、白云石、长石、微晶石英、沸石、各类黏土矿物和云母；HCl敏感的矿物常见的包括富铁绿泥石、菱铁矿、黄铁矿、赤铁矿、铁方解石、铁白云石、黑云母、磁铁矿等。

(4) 速敏矿物。在高速流体流动作用下发生脱落、分散/运移，并堵塞喉道的微粒矿物。主要有黏土矿物及粒径小于 37μm 的各种非黏土矿物，如微晶石英、菱铁矿、微晶方解石等。

3. 砂岩油气层黏土矿物的产状

一般说来，黏土含量越高，它诱发的油气层损害程度也越大；在其他条件相同的情况下，油气层渗透率越低，黏土矿物对油气层造成损害的可能性就越大。尽管黏土矿物类型与含量影响油气层的损害程度，但黏土矿物产状的作用更明显。

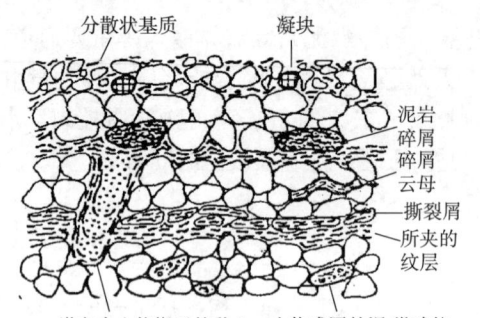

砂岩油气层的黏土矿物分碎屑成因和自生成因两大类。碎屑成因的黏土是与颗粒同时沉积的，或沉积后由生物活动引入的。常见的产状如图 2-8 所示，当埋藏较浅时岩石固结程度差，易于发生微粒运移、出砂。酸化时若黏土溶蚀严重，岩石的结构遭受破坏，容易诱发出砂。与淡水接触，黏土纹层的膨胀会使孔隙缩小、微裂缝闭合。

图 2-8 砂岩中碎屑黏土的产状

砂岩油气层最常见的是自生黏土矿物。根据黏土矿物集合体与颗粒和孔隙的空间关系，并考虑对油气层物性和敏感性的影响，将自生黏土矿物产状归结为 7 类（图 2-9）：

(1) 栉壳式。视黏土矿物集合体包覆颗粒的程度分孔隙衬边和包壳式两

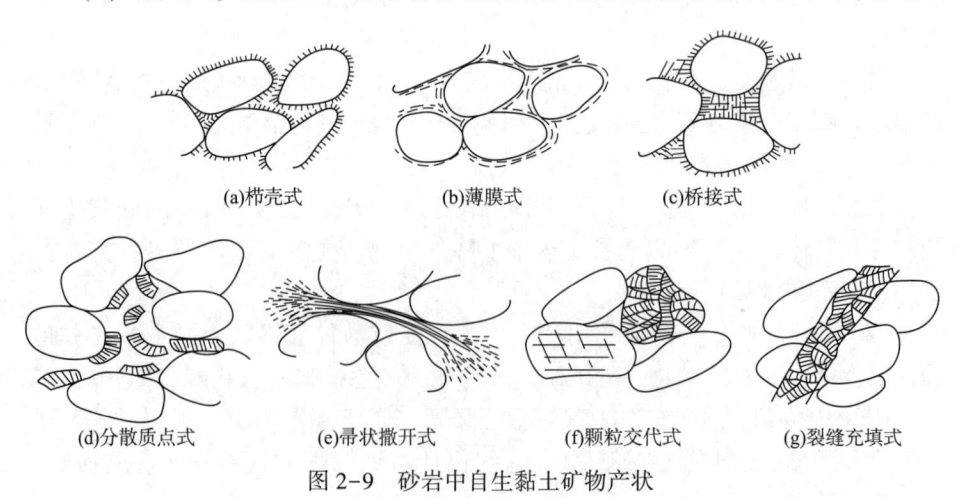

(a) 栉壳式　(b) 薄膜式　(c) 桥接式
(d) 分散质点式　(e) 帚状撒开式　(f) 颗粒交代式　(g) 裂缝充填式

图 2-9 砂岩中自生黏土矿物产状

种。黏土矿物叶片垂直到颗粒表面生长，表面积大，又处于流体通道部位，呈这种产状以蒙皂石、绿泥石为主。流体流经它时阻力大，因此极易受高速流体的冲击，然后破裂形成微粒随流体而运移；若被酸蚀后，形成 $Fe(OH)_3$ 胶凝体和 SiO_2 凝胶体，堵塞孔喉。

（2）薄膜式。黏土矿物平行于骨架颗粒排列，呈部分或全包覆颗粒状，这种产状以蒙皂石和伊利石为主。流体流经它时阻力小，一般不易产生微粒运移，但这类黏土易产生水化膨胀，缩小孔喉。微孔隙发育时，甚至引起水锁损害。

（3）桥接式。由毛发状、纤维状的矿物（如伊利石）搭桥于颗粒之间，流体极易将它冲碎，造成微粒运移。或者由栉壳式的蒙皂石、伊/蒙间层矿物、绿/蒙间层矿物发展而来，有时会在孔喉变窄处相互搭接，水化膨胀和水锁损害潜力很高。

（4）分散质点式。黏土充填在骨架颗粒之间的孔隙中，呈分散状，黏土粒间微孔隙发育。高岭石、绿泥石常呈这种产状，极易在高速流体作用下发生微粒运移。

（5）帚状撒开式。黑云母、白云母水化膨胀、溶蚀、分散，在端部可以形成高岭石、绿泥石、伊利石、伊/蒙间层矿物、蛭石等，这些微粒易于释放，进入孔隙流动系统，发生微粒运移和膨胀损害。

（6）颗粒交代式。长石或不稳定的岩屑在成岩作用过程中向黏土矿物转化，如长石的高岭石化、黑云母的绿泥石化、喷出岩屑的蒙皂石化等。与前面几种产状相比，敏感性损害要弱得多，只是在酸化中表现略明显。

（7）裂缝充填。在裂缝性砂岩、变质岩和岩浆岩油气层中，蒙皂石、高岭石、绿泥石、伊利石等黏土矿物常常部分充填或完全充填裂缝，它们可引起各种与黏土矿物有关的敏感性损害。

三、油气层岩石的润湿性

岩石表面被液体润湿（铺展）的情况称为岩石的润湿性。岩石的润湿性一般可分为亲水性、亲油性和两性润湿三大类。油气层岩石的润湿性取决于矿物的晶体结构、地层流体的活性组分性质，工作液侵入也可以改变岩石的润湿性。润湿性的作用表现为以下几方面：

（1）控制孔隙中油、气、水分布。对于亲水性岩石，水通常吸附于颗粒表面或占据小孔隙角隅，油气则占孔隙中间部位；对于亲油性岩石，刚好出现相反的现象。

（2）决定岩石孔道中毛细管压力的大小和方向。毛细管压力的方向总是指向非润湿相一方。当岩石表面亲水时，毛细管压力是水驱油的动力；当岩石表面亲油时，毛细管力是水驱油的阻力。

(3) 制约微粒运移的损害程度。当油气层中流动的流体润湿微粒时，微粒容易随之运移，否则微粒难以运移。油气层岩石的润湿性的前两个作用，可造成有效渗透率下降和采收率降低，而后一作用对微粒运移有较大影响。

四、油气层流体性质

1. 地层水性质

地层水性质主要指矿化度、离子类型和含量、pH 值和水型等。当油气层压力和温度降低或侵入流体与地层水不配伍时，会生成 $CaCO_3$、$CaSO_4$ 和 $BaSO_4$ 等无机垢；高矿化度地层水还可引起进入油气层的高分子处理剂发生盐析。此外，对于室内实验流体配制、工作液基液的选择、防垢抑垢剂的筛选、除垢工艺的优化，地层水资料都是重要依据。

2. 原油性质

原油性质主要包括黏度、含蜡量、胶质、沥青质、析蜡点和凝固点。原油性质对油气层损害的影响有：(1)石蜡、胶质和沥青质可能形成有机沉淀，堵塞喉道、射孔孔眼、砾石充填层、筛管和油管；(2)原油与入井流体不配伍形成高黏乳状液，胶质沥青质与酸液作用形成酸渣；(3)注水和压裂中的冷却效应还可以导致石蜡、沥青在井间地层中沉积。

3. 天然气性质

与损害有关的天然气性质主要是相态特征和 H_2S、CO_2 腐蚀气体的含量。相态特征主要是针对凝析气藏而言，当开采时压差过大或气藏压力衰竭时，井底压力低于露点压力，此时凝析液在井筒附近积聚，使气相渗透率大大降低，形成油相圈闭。腐蚀性气体的作用是设备腐蚀产生微粒，如 H_2S 在腐蚀过程中形成 FeS 沉淀，造成井下和井口管线的堵塞。

五、油气藏环境

油气层损害是在特定的环境下发生的。内部环境包括油气藏温度、压力、原地应力和天然驱动能量；外部环境条件有工作液的流速、化学性质、固相颗粒分布、压差、流体的温度等。表 2-7 总结了常见的潜在损害方式及预防处理措施，表明只有综合分析岩石物理性质（基块和裂缝储渗性能参数）、岩石学特征、地层流体性质、内部环境和外部环境，才能全面地把握某一油气藏的潜在损害因素，正确指导保护工艺技术的设计。

应当指出，油气层潜在损害因素在某一特定的时间段内是油气层相对固有特性。当油气层被钻开以后，由于受外部环境的影响，它的孔隙结构、敏感性矿物、岩石润湿性和油、气、水性质都会发生变化。因此油气层潜在损害因素在不同的生产作业阶段是动态变化的。

表2-7 油气层损害的类型、损害方式、预防及处理措施

损害类型		敏感性矿物	损害方式	预防及处理措施
水敏		蒙皂石、伊/蒙间层、钠板石、绿/蒙间层、柯绿泥石、伊利石、绿泥石、高岭石、水化云母	晶格水化膨胀分散/运移	(1) 用与地层水和矿物配伍的工作液；(2) 加入黏土稳定剂和防膨剂；(3) 使用惰性流体，如气体为工作流体
盐敏			分散/运移	
酸敏	HCl	绿泥石、黄铁矿、黑云母、菱铁矿、铁方解石、铁白云石、含铁重矿物	$Fe(OH)_3$沉淀、硅胶沉淀、酸蚀后颗粒运移	(1) 酸液中加铁的螯合剂和除氧剂；(2) 用EDTA处理碳酸盐或氟硼酸酸化
	HF	方解石、白云石、各类黏土矿物、长石、部分岩屑、白云母	CaF_2沉淀、硅胶沉淀、氟硅酸盐沉淀、氟铝酸盐沉淀	(1) 加适当的添加剂减少铁的沉淀；(2) 用盐酸或醋酸溶解碳酸盐矿物；(3) 注意控制作业规模
碱敏(pH>9)		各类黏土矿物(尤以高岭石为主)、微晶长石、微晶石英	硅酸盐沉淀、硅胶沉淀、分散/运移、颗粒运移、晶格膨胀	(1) 控制工作液的pH值；(2) 加黏土稳定剂；(3) 减少工作液滤失量
速敏		高岭石、蒙皂石、伊/蒙间层、绿/蒙间层、柯绿泥石、伊利石、绿泥石、微晶石英、水化云母等	分散/运移	(1) 减小压力波动，控制流速；(2) 添加黏土稳定剂；(3) 用氟硼酸处理黏土矿物；(4) 注入非润湿性流体
出砂		碎屑颗粒(石英、长石、岩屑)	弱固结颗粒运移	(1) 降低流速和压力波动；(2) 早期采取有效防砂措施
结垢	无机	碳酸钙、碳酸锶、硫酸钙、硫酸钡	化学沉淀	(1) 控制温度压力变化，工作液的矿化度、组成和pH值；(2) 加防垢剂、抑垢剂；(3) 用盐酸、醋酸处理
	有机	沥青、石蜡	化学沉淀	(1) 控制压力和温度变化幅度；(2) 添加防蜡剂；(3) 采用清蜡防蜡措施
应力敏感		造岩矿物	岩石压实，孔喉压缩，裂缝张开诱致井漏	(1) 避免井底压差、或能量亏空过大；(2) 及时注入流体补充能量；(3) 控制正压差、近平衡作业
固相侵入		钻屑、加重剂、人工钠土、微生物、机械杂质、铁锈等	外来固相在孔喉内沉积	(1) 采用屏蔽暂堵技术；(2) 采用欠平衡作业；(3) 压井液、射孔液、措施流体、注入流体要严格过滤

过去以钻井完井过程油气层损害控制为重点，对于油藏环境因素关注不够。

随着保护油气层技术重点向注水开发、提高采收率过程和非常规及深层油气藏转移，将更多地关注环境因素，如时间(t)、温度(T)、压力(p)或应力(S_1)。开发过程周期长，损害的累积性和叠加性均是时间的反映。温度效应在深井超深井作业和注蒸汽稠油开采中显得特别突出。压力(或应力)的影响在裂缝性油气藏和疏松砂岩油藏表现明显，应力敏感性和油藏压实已经引起重视。

第四节 煤岩/页岩及致密岩石分析

含气煤岩和页岩中，气产自其本身，煤岩/页岩既是烃源岩又是储集岩。天然气可以游离在岩石的孔隙、裂缝或有机质孔隙中，也可以吸附在页岩中有机质的表面，还可以溶解在地层水和有机质中。岩石类型、有机质含量、成熟度、孔隙度、渗透率、含气饱和度及裂缝发育等参数均作为煤层气和页岩气开采目标选择的重要指标。

一、岩石组分及有机质成熟度分析

1. 煤质工业分析

煤质工业分析是指包括煤的水分、灰分、挥发分和固定碳4个分析项目指标测定的总称。煤的工业分析是了解煤质特性的主要指标，也是评价煤质的基本依据。通常煤的水分、灰分、挥发分是直接测出的，而固定碳是用差减法计算出来的。仪器由两部分组成：Ⅰ部分专门测试挥发分，Ⅱ部分测试水分和灰分。两部分同时工作，水分、灰分、挥发分同时测试，过程中间不需要更换坩埚或揭盖，放完煤样，自动得到水分、灰分、挥发分、固定碳的结果。煤质工业分析结果，可以用于分析煤层气吸附能力及赋存机理。

2. 页岩有机碳含量

有机碳是页岩中天然气生成的物质基础，是页岩气层甜点的最重要指标之一。有机质对页岩气形成的作用表现在两个方面：一是有机质是页岩气生成的物质基础，页岩中有机碳含量越高，生烃能力越大；二是有机质是页岩天然气的赋存介质，页岩中部分天然气以吸附态赋存在有机质颗粒表面，页岩有机质含量越高，吸附气含量越高。有机质含量的测量采用高频感应炉加热样品，红外法测定。具体实验过程：样品置于陶瓷坩埚中，在高频炉中燃烧，样品中气体元素以CO和CO_2形式被释放，然后CO氧化成CO_2，通过CO_2红外池测碳含量。

3. 有机质成熟度

页岩中有机质成熟度不仅可以用来预测页岩的生烃能力，还能用来评价高变质地区页岩油气层的潜能，是页岩气聚集形成的重要指标。有机质成熟度的测定通过镜质组反射率测定仪获得，仪器由智能数字式偏光荧光显微镜和光度计两部分组成。具有透射、反射和偏振测量功能，能够进行镜质组反射率测定，能够满足微小镜质组反射率测定的要求。显微分光光度计的光谱范围为200~850nm，可完成吸收或透射光谱、反射光谱、荧光光谱和偏振光谱的采集分析。

二、致密岩石物性及孔隙结构分析

1. 脉冲渗透率测试

对于渗透率大于 $10^{-5}\mu m^2$ 的油气层可用稳流技术，基于达西定理用常规法来测定，但低于 $10^{-5}\mu m^2$ 渗透率的油气层岩石，由于流体流动速率很小，通过岩样的微小流量难以直接测量。瞬时脉冲技术的基本原理是：一个小的压力脉冲信号作用在岩心夹持器样品上游已知压力容器 V_1 上，当孔隙流动介质在孔隙压力和脉冲压力驱动下穿过样品进入下游已知压力容器 V_2 时，样品渗透率便可由样品上游压力容器 V_1 的压力随时间的衰减特性来确定(图2-10)。该方法对于页岩油气层纳达西级渗透率测量较为适用。

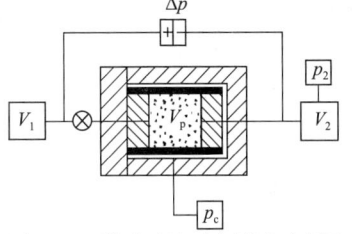

图2-10 脉冲法渗透率测试示意图

2. 氮气吸附法测量孔隙分布

为更好研究煤岩和页岩中微孔和小孔分布特征，采用气体吸附的方法对煤岩和页岩的微观结构进行研究，表征其吸附等温线时常用 Langmuir 模型、BET 模型和 Dubin-bin-Radushkevich 方程等。对于孔径分布的研究主要包括HK法(计算微孔)、BJH(计算中孔)和密度函数分布理论等。氮气吸附/脱附实验采用西南石油大学油气藏地质及开发工程国家重点实验室的NOVA2000e型全自动比表面分析仪进行。通过 N_2 对煤岩和页岩的孔隙体积、比表面及孔径分布进行测定，该仪器能够测量直径 0.35~200nm 的孔隙。

3. CT扫描

CT扫描能够观察到煤岩和页岩中大孔及部分裂隙，通过分析CT图像能够对煤岩中孔隙(裂隙)、矿物的空间分布进行很好地表征。实际处于三维状态煤层和页岩的孔隙和裂隙非均质性极强，这将降低煤岩和页岩的力学强度，使得煤岩和页岩层钻井过程中容易失稳，但由于主要的裂隙往往在某一个方向上比较发育，准确地确定裂隙的方向对设计煤层气井和页岩气井是至关重要的。利用CT扫描技术，能够在无损伤的情况下对煤岩和页岩的裂隙尺寸、方向进行定性表征，并且能够实现三维可视化，这是CT扫描技术的优势所在。

三、致密岩石吸附/解吸及扩散行为

1. 等温吸附

等温吸附实验测试样品在不同气体和不同压力下的吸附体积。通过等温吸附实验获得的等温吸附曲线描述了页岩吸附量与压力的关系，反映了页岩/

煤岩对甲烷气体的吸附能力，由等温吸附曲线得到的气体含量反映了页岩/煤岩油气层所具有的最大容量。

吸附机理是页岩气/煤层气赋存有效的机理。页岩气/煤层气主要以物理吸附形式存在，一般采用Langmuir模型描述其吸附过程。吸附态与游离态的甲烷处于平衡状态，Langmuir等温线就是用来描述某一恒定温度下的这种关系的。等温吸附实验的基本流程是：首先将页岩/煤岩样品粉碎后加热，以排除其所吸附的天然气，然后将岩样放在密闭容器中，在温度恒定的甲烷环境中不断地对其增加压力，测量其所吸附的天然气量（V），最后将结果与Langmuir方程式拟合形成等温和Langmuir压力（p_L）。Langmuir体积描述的是无限大压力下页岩/煤岩吸附气体积，Langmuir压力则为吸附体积等于二分之一Langmuir体积时的压力。

等温吸附实验是页岩/煤岩测试技术中不可缺少的重要组成部分。值得注意的是，吸附作用是在低压（低于6.9MPa）条件下储存天然气非常有效的手段，当油气层压力接近或高于13.8MPa的渐进线时则吸收效率不佳。另外，等温吸附获得的是页岩/煤岩的最大含量，其结果往往比解吸法测得的数值大，因此，等温吸附实验一般只用于评价页岩/煤岩的吸附能力以及确定页岩/煤岩含气饱和度的等级，很少用于求取页岩/煤岩含气量的多少，只有缺少现场解吸实验数据时采用其定性地比较不同页岩/煤岩含气量的多少。

2. 扩散系数测试

页岩气/煤层气解吸后的扩散作用实质上是气体从高分子密度区向低分子密度区的运动，是页岩气/煤层气非常规特性的重要标志之一。页岩/煤岩作为特低孔渗的多孔介质，其扩散系数的量级及获取方式都与常规气藏有所不同。由于纳微米级孔隙中存在吸附层，气体在纳微米级孔隙吸附层的运移和在孔隙内部的运移完全不同。可将气体扩散系数划分为表面扩散系数和体积扩散系数。表面扩散系数是指处于吸附态的气体在吸附层外表面和孔隙内表面上扩散时的扩散系数；体积扩散系数是指游离态的气体在页岩/煤岩纳微米级孔隙中扩散时的扩散系数。体积扩散系数取决于分子平均自由程与孔隙尺寸之间的关系；表面扩散系数受到孔隙表面的热跳跃机理控制。

天然气在岩石中的扩散系数是在实验室内对岩样模拟测试得到，与许多物理量的测定一样，对扩散系数值不能直接测试，而是间接测定，即先测出在一定时间内通过样品的气体扩散量或浓度，再由这些实测值根据费克定律确定或求取天然气的扩散系数。游离烃浓度法测试页岩有效扩散系数，首先需要在岩心两端的扩散室中充入不同类型的气体（甲烷和氮气），并保持两端的气体总压相等（无压差）。在浓度梯度作用下，组分气体将逐渐从岩心一端扩散到另一端。通过监测不同时间段两扩散室中组分气体的浓度变化，代入计算模型即可求取相应的有效扩散系数。

第三章 油气层损害室内评价

油气层损害室内评价是借助于各种仪器设备测定油气层岩石与外来工作液作用前后渗透率的变化，或者测定油气层物化环境发生变化前后渗透率的改变，来认识和评价油气层损害的一种重要手段。它是油气层岩心分析的一部分，其目的是弄清油气层潜在的损害因素和损害程度，并为损害机理分析提供依据，或者在施工之前比较准确地评价工作液对油气层的损害程度，这对于优化后续的各类作业措施和设计保护油气层系统工程技术方案具有非常重要的意义。油气层损害室内评价主要包括两个方面内容：

（1）油气层敏感性评价；
（2）工作液对油气层的损害评价。

第一节 油气层损害室内评价实验流程

为了正确地评价油气层损害，要严格选取岩心来开展实验。用于实验的岩心性质必须能代表所要评价的油气层性质。实验岩心的正确选择要经过以下两个环节：

（1）岩样准备。

从井场取回的岩心，须先进行如下几步准备工作：

① 对井场或库房中保存的岩心进行选取；
② 实验室岩样的交接；
③ 岩样检测，编号登记；
④ 岩样钻取与切割；
⑤ 岩样清洗（洗油、洗盐）；
⑥ 岩样烘干，烘干温度尽量控制在60℃左右；
⑦ 用CMS—300岩心渗透率仪或其他孔渗测定仪，测定各个岩样孔隙度（ϕ）和气体渗透率（K），并求出每块岩心的克氏渗透率K_∞。

（2）岩样选取。

对已测孔隙度ϕ、渗透率K的各个岩样作$K—\phi$关系图，注意渗透率K轴用对数刻度，画出回归曲线，尽量找在回归曲线上或者接近回归曲线岩心样品号码。再根据测井或试井求出的 ϕ、K 值，选出具有代表性的岩心备用，登记好每块岩心的出处(油田、区块、层位、井深)、号码、长度、直径、干重及 ϕ、K 值。

油气层损害的室内评价实验流程框图如图 3-1 所示。

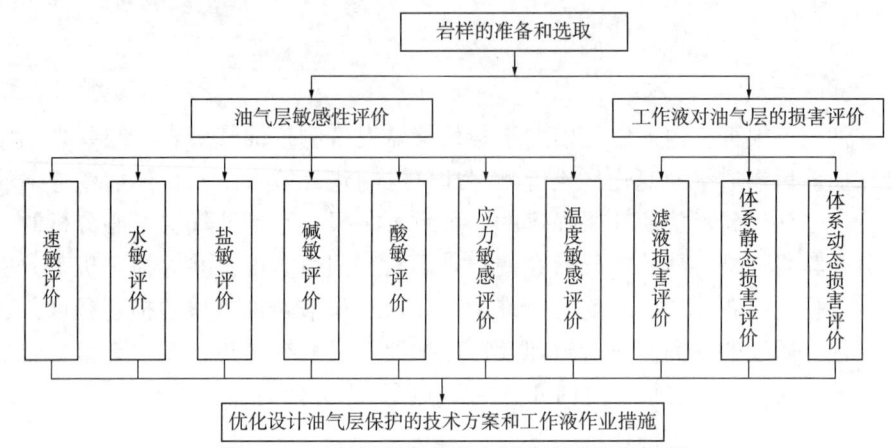

图 3-1 油气层损害的室内评价实验流程框图

第二节 油气层敏感性评价

油气层敏感性评价通常包括速敏、水敏、盐敏、碱敏、酸敏等五敏实验，具体实验方法基本按《储层敏感性流动实验评价方法》(SY/T 5358—2010) 标准执行。随着技术的不断发展和地质对象的变化，应增加应力敏感实验和温度敏感实验，因此，油气层敏感性评价包括速敏、水敏、盐敏、碱敏、酸敏、应力敏感、温度敏感等实验，其目的在于找出油气层发生敏感的条件和由敏感引起的油气层损害程度，为各类工作液的设计、油气层损害机理分析和制定系统的油气层保护技术方案提供科学依据。敏感性实验是评价和诊断油气层损害的最重要的手段之一。油气层敏感性是油气层的重要性质，一般说来，对每一个区块，都应开展速敏、水敏、盐敏、碱敏、酸敏、应力敏感实验，再参照表 3-1 进行保护油气层技术方案的制订，并指导生产。

表 3-1 油气层敏感实验结果的应用

项 目	在保护油气层技术方向的应用
速敏实验 (包括油速敏和水速敏)	(1)确定其他几种敏感性实验(水敏、盐敏、酸敏、碱敏)的实验流速； (2)确定油井不发生速敏损害的临界流量； (3)确定注水外不发生速敏损害的临界注入速率，如果临界注入速率太小，不能满足配注要求，应考虑增注措施

续表

项　目	在保护油气层技术方向的应用
水敏实验	(1) 如无水敏,进入储层的工作液的矿化度只要小于地层水矿化度即可,不作严格要求; (2) 如果有水敏,则必须控制工作液的矿化度大于临界矿化度下限 C_{c1}; (3) 如果水敏性较强,在工作液中要考虑使用黏土稳定剂
盐敏实验(升高矿化度和降低矿化度的实验)	(1) 对于进入储层的各类工作液都必须控制其矿化度在临界矿化度下限和上限之间,即 C_{c1}<工作液矿化度<C_{c2}; (2) 如果是注水开发的油田,当注入水的矿化度比 C_{c1} 要小时,为了避免发生水敏损害,一定要在注入水中加入合适的黏土稳定剂,或对注水井进行周期性的黏土稳定剂处理
碱敏实验	(1) 对于进入储层的各类工作液都必须控制其pH值在临界pH值以下; (2) 如果是强碱敏储层,由于无法控制水泥浆的pH值在临界pH值之下,为了防止油气层损害,建议采用屏蔽式暂堵技术; (3) 对于存在碱敏性的储层,在今后的三次采油作业中,要避免使用强碱性的驱油流体(如碱水驱油)
酸敏实验	(1) 为基质酸化设计提供科学依据; (2) 为确定合理的解堵方法和增产措施提供依据
应力敏实验	(1) 准确地评价油气层,通过模拟围压条件测定孔隙度,可以将常规孔隙度值转换成原地条件,有助于储量评价; (2) 明确岩心在原地条件下渗透率与地面条件下渗透率差异; (3) 为确定合理的生产压差提供依据
温度敏实验	(1) 外来流体对储层的"冷却效应"; (2) 确定温度敏感性的临界温度

注: C_{c1}、C_{c2} 均为临界矿化度。

一、速敏评价实验

1. 速敏概念和实验目的

油气层的速敏性是指在钻井、测试、试油、采油、增产作业、注水等作业或生产过程中,当流体在油气层中流动时,引起油气层中微粒运移并堵塞喉道造成油气层渗透率下降的现象。对于特定的油气层,由油气层中微粒运移造成的损害主要与油气层中流体的流动速度有关,因此速敏评价实验之目的在于:

(1) 找出由于流速作用导致微粒运移从而发生损害的临界流速,以及找出由速度敏感引起的油气层损害程度。

(2) 为后续的水敏、盐敏、碱敏、酸敏、应力敏、温度敏6种实验及其他的各种损害评价实验确定合理的实验流速提供依据。一般来说,由速敏实验求出临界流速后,其他各类评价实验的实验流速不超过0.8倍临界流速,因此速敏评价实验必须要先于其他实验。

（3）为确定合理的注采速度提供科学依据。实验结果的应用见表3-1。因此，速敏评价实验是非常重要的。

2. 原理及做法

以不同的注入速度（从0.1mL/min逐渐递增到6.0mL/min）向岩心中注入实验流体，水速敏用地层水，油速敏用油（煤油或实际储层原油），并测定各个注入速度下岩心的渗透率，从注入速度与渗透率的变化关系上，判断油气层岩心对流速的敏感性，并找出渗透率明显下降的临界流速。如果流量Q_{i-1}对应的渗透率K_{i-1}，与流量Q_i对应的渗透率K_i满足：

$$\frac{|K_{i-1}-K_i|}{K_{i-1}} \times 100\% \geqslant 5\% \tag{3-1}$$

说明已发生速度敏感，岩心渗透率变化率大于20%对应的前一个流量即为临界流量。当流量尚未达到6.0mL/min，压力梯度已经达到3.0MPa/cm，且随着流量增加，渗透率没有明显下降，则认为岩样没有发生速敏。

速敏指数的计算：

$$I_{K1} = \frac{|\bar{K}_0 - K_n|}{\bar{K}_0} \times 100\% \tag{3-2}$$

式中：I_{K1}为速敏指数，即速敏引起的最大渗透率变化率，%；$\bar{K}_0$为岩样初始渗透率，$10^{-3}\mu m^2$；K_n为岩样不同流速下渗透率，$10^{-3}\mu m^2$。

因速敏性引起的渗透率变化率及速敏程度评价标准见表3-2。

表3-2 速敏性评价指标

速敏指数,%	速敏程度	速敏指数,%	速敏程度
$I_V \leqslant 5$	无	$50 < I_V \leqslant 70$	中等偏强
$5 < I_V \leqslant 30$	弱	$I_V > 70$	强
$30 < I_V \leqslant 50$	中等偏弱		

如果已经发生速敏损害，可进行正反向流动实验，即在一定流速下迅速切换流动方向，观察岩心中微粒受流体流动方向的影响及运移产生的渗透率损害情况。

实验中要注意的是：对于采油井，要用煤油作为实验流体，并要求将煤油先经过干燥，再用白土除去其中的极性物质，然后用G5砂心漏斗过滤；对于注水井，应使用经过过滤处理的地层水（或模拟地层水）作为实验流体；对于采气井或注气井，用气体作为实验流体，但要尽量消除气体滑脱效应的影响。

3. 岩心速敏实验实例

某油田岩心速敏实验结果见表3-3。

表3-3 某油田岩心速敏实验结果与分析评价

岩心号	K_0, $10^{-3}\mu m^2$	K_n, $10^{-3}\mu m^2$	I_V,%	速敏程度
1	14.94	10.83	27.51	弱
2	24.12	11.02	54.31	中等偏弱
3	35.12	11.89	66.14	中等偏强

4. 实验结果的应用

实验结果的应用见表3-1。

二、水敏评价实验

1. 水敏概念及实验目的

油气层中的黏土矿物在原始储层条件下处在一定矿化度环境中,当淡水进入储层时,某些黏土矿物就会发生膨胀、分散、运移,从而减小或堵塞储层孔隙和喉道,造成渗透率的降低。油气层的这种遇淡水后渗透率降低的现象,称为水敏。水敏实验的目的是了解黏土矿物遇淡水后的膨胀、分散、运移过程,找出发生水敏的条件及水敏引起的油气层损害程度,为各类工作液的设计提供依据。

2. 原理及评价指标

首先用地层水测定岩心的渗透率K_0,然后用次地层水,即矿化度为地层水矿化度1/2,测定岩心的渗透率,最后用蒸馏水测定岩心的渗透率K_W,从而确定蒸馏水引起岩心中黏土矿物的水化膨胀及造成的损害程度。

水敏指数计算见式(3-3):

$$I_W = \frac{|K_0 - K_W|}{K_0} \times 100\% \qquad (3-3)$$

式中:I_W为水敏指数,%;K_0为地层水测定的岩样渗透率,$10^{-3}\mu m^2$;K_W为蒸馏水测定的岩样渗透率,$10^{-3}\mu m^2$。

水敏性评价指标见表3-4。

表3-4 水敏性评价指标

水敏指数,%	水敏程度	水敏指数,%	水敏程度
$I_W \leq 5$	无	$50 < I_W \leq 70$	中等偏强
$5 < I_W \leq 30$	弱	$70 < I_W \leq 90$	强
$30 < I_W \leq 50$	中等偏弱	$I_W > 90$	极强

3. 岩心水敏实验实例

某油田岩心水敏实验结果见表3-5。

表3-5 某油田岩心水敏实验结果与分析评价

岩心号	K_0,$10^{-3}\mu m^2$	K_W,$10^{-3}\mu m^2$	I_W,%	水敏程度
4	15.98	9.32	41.68	中等偏弱水敏
5	24.01	11.67	51.39	中等偏强水敏
6	32.19	8.56	73.41	强水敏

4. 油气层敏感实验结果的应用

油气层敏感实验结果的应用见表3-1。

三、盐敏评价实验

1. 盐敏概念及实验目的

在钻井、完井及其他作业中，各种工作液具有不同的矿化度，有的低于地层水矿化度，有的高于地层水矿化度。当高于地层水矿化度的工作液滤液进入油气层后，将可能引起黏土的收缩、失稳，脱落；当低于地层水矿化度的工作液滤液进入油气层后，则可能引起黏土的膨胀和分散。这些都将导致油气层孔隙空间和喉道的缩小及堵塞，引起渗透率的下降从而损害油气层。因此，盐敏评价实验的目的是找出盐敏发生的条件，以及由盐敏引起的油气层损害程度，为各类工作液的设计提供依据。

2. 原理及评价指标

通过向岩心注入不同矿化度等级的盐水（按地层水的化学组成配制），并测定各矿化度下岩心对盐水的渗透率，根据渗透率随矿化度的变化来评价盐敏损害程度，找出盐敏损害发生的条件。根据实际情况，一般要做升高矿化度和降低矿化度两种盐敏评价实验。对于升高矿化度的盐敏评价实验，第一级盐水为地层水，将盐水按一定的浓度差逐级升高矿化度，直至找出临界矿化度上限C_{c2}或达到工作液的最高矿化度为止。对于降低矿化度的盐敏评价实验，第一级盐水仍为地层水，将盐水按一定的浓度差逐级降低矿化度，直至注入液的矿化度接近零为止，求出临界矿化度下限为C_{c1}。

如果矿化度C_{i-1}对应的渗透率K_{i-1}与矿化度C_i对应的渗透率K_i之间满足下述关系：

$$\frac{K_{i-1}-K_i}{K_{i-1}}\times100\%\geqslant5\% \tag{3-4}$$

说明已发生盐敏，岩心渗透率变化率大于20%对应的前一个流体矿化度

即为临界矿化度 C_c。按此标准，在升高矿化度实验时可以确定临界矿化度上限 C_{c2}，而在降低矿化度实验时可以确定临界矿化度下限 C_{c1}。

盐敏指数计算见式(3-5)：

$$I_s = \max \frac{|K_0 - K_s|}{K_0} \times 100\% \quad (3-5)$$

式中：I_s 为盐敏指数,%；K_0 为地层水测定的岩样渗透率，$10^{-3} \mu m^2$；K_s 为系列升高或降低矿化度过程岩样渗透率，$10^{-3} \mu m^2$。

盐敏性评价指标见表3-6。

表3-6 盐敏性评价指标

盐敏指数,%	盐敏程度	盐敏指数,%	盐敏程度
$I_s \leq 5$	无	$50 < I_s \leq 70$	中等偏强
$5 < I_s \leq 30$	弱	$70 < I_s \leq 90$	强
$30 < I_s \leq 50$	中等偏弱	$I_s > 90$	极强

该评价方法增加了升高矿化度的盐敏评价过程，但对地层水矿化度较高的油气层，由于工作液的矿化度一般不会超过地层水的矿化度，因此最高矿化度可以设计为地层水矿化度的120%。

3. 岩心盐敏实验实例

某油田岩心盐敏实验结果见表3-7。

表3-7 某油田岩心盐敏实验结果与分析评价

矿化度 10^4 mg/L	渗透率，$10^{-3} \mu m^2$			盐敏程度,%		
	7号岩心	8号岩心	9号岩心	7号岩心	8号岩心	9号岩心
0.4	2.10	3.52	2.07	—	—	—
0.5	1.92	2.49	0.62	8.57	29.26	70.05
0.7	1.50	2.04	0.58	28.57	42.05	71.98
1.0	1.48	1.89	0.54	29.52	46.31	73.91
2.0	1.43	1.84	0.51	31.90	47.73	75.36

从表3-7来看，参考表3-6的评价标准，岩心号7的升高矿化度的盐敏损害程度为中等偏弱，岩心号8的盐敏损害程度为中等偏弱，岩心号9的盐敏损害程度为强。

4. 油气层敏感实验结果的应用

实验结果的应用见表3-1。

四、碱敏评价实验

1. 碱敏概念及实验目的

地层水 pH 值一般呈中性或弱碱性，而大多数钻井液的 pH 值在 8~12 之间，二次采油中的碱水驱也有较高的 pH 值。当高 pH 值流体进入油气层后，将造成油气层中黏土矿物和硅质胶结的结构破坏（主要是黏土矿物解理和胶结物溶解后释放微粒），从而造成油气层的堵塞损害；此外，大量的氢氧根离子与某些二价阳离子结合会生成不溶物，造成油气层的堵塞损害。因此，碱敏评价实验之目的是找出碱敏发生的条件，主要是临界 pH 值，以及由碱敏引起的油气层损害程度，为各类工作液的设计提供依据。实验结果的应用情况见表 3-1。

2. 原理及评价指标

通过注入不同 pH 值的地层水并测定其渗透率，根据渗透率的变化来评价碱敏损害程度，找出碱敏损害发生的条件。

以 pH 值为横坐标、不同 pH 值碱液测定的岩样渗透度为纵坐标，作出渗透率—pH 值曲线，在此曲线上，岩心渗透率变化率大于 20% 对应点的前一个流体 pH 值为临界 pH 值(SY/T 5358—2010)。

pH 值变化产生的碱敏指数计算见式(3-6)，其评价指标见表 3-8。

$$I_b = \frac{|K_0 - K_b|}{K_0} \times 100\% \tag{3-6}$$

式中：I_b 为碱敏指数，%；K_0 为初始地层水测定的岩样渗透率，$10^{-3}\mu m^2$；K_b 为系列碱液测定的岩样渗透率最小值，$10^{-3}\mu m^2$。

表 3-8 碱敏性评价指标

碱敏指数，%	碱敏程度	碱敏指数，%	碱敏程度
$I_b \leq 5$	无	$50 < I_b \leq 70$	中等偏强
$5 < I_b \leq 30$	弱	$I_b > 70$	强
$30 < I_b \leq 50$	中等偏弱		

3. 岩心碱敏实验实例

某油田岩心碱敏实验结果与分析评价见表 3-9。

表 3-9 某油田岩心碱敏实验结果与分析评价

岩心号	K_{W0}, $10^{-3}\mu m^2$	K''_{min}, $10^{-3}\mu m^2$	I_b, %	碱敏程度
10	18.98	14.21	25.13	弱
11	26.12	11.98	54.13	中等偏强
12	35.69	9.34	73.83	强

4. 实验结果的应用

实验结果的应用见表3-1。

五、酸敏评价实验

1. 酸敏概念及实验目的

酸化是油田广泛采用的解堵和增产措施,酸液进入油气层后,一方面可改善油气层的渗透率,另一方面又与油气层中的矿物及储层流体反应产生沉淀,并堵塞油气层孔喉。油气层酸敏性是指油气层与酸作用后引起渗透率降低的现象。因此,酸敏实验的目的是研究各种酸液的酸敏程度,其本质是研究酸液与油气层的配伍性,为油气层基质酸化和酸化解堵设计提供依据,应用情况见表3-1。

2. 原理及评价指标

酸敏实验包括鲜酸(一定浓度的盐酸、土酸)和残酸(可用鲜酸与另一块岩心反应后制备)的敏感实验,现行具体做法是:

(1)正向用地层水测基础渗透率K_0;

(2)反向注入0.5~1.0倍孔隙体积的酸液,关闭阀门反应1~3h;

(3)用地层水正向测出恢复渗透率K_{ad}。

酸敏指数计算见式(3-7),评价指标见表3-10。

$$I_a = \frac{K_0 - K_{ad}}{K_0} \times 100\% \tag{3-7}$$

式中:I_a为酸敏指数,%;K_0为初始地层水测定的岩样渗透度,$10^{-3}\mu m^2$;K_{ad}为酸浸后地层水测定的岩样渗透率,$10^{-3}\mu m^2$。

对于油层,也可按照如下办法进行:

(1)用地层水测基础渗透率,正向用煤油驱替至束缚水饱和度,测出酸作用前的渗透率K_0;

(2)反向注入0.5~1.0倍孔隙体积的酸液;

(3)用煤油正向测出恢复渗透率K_{ad}。

表3-10 酸敏评价指标

SY/T 5358—2010 酸敏指数,%	SY/T 5358—2002 酸敏指数,%	酸敏程度
$I_a \leq 5$	$I_a < 0$	无
$5 < I_a \leq 30$	$I_a \approx 0$	弱
$30 < I_a \leq 50$	$0 < I_a \leq 15$	中等偏弱

续表

SY/T 5358—2010 酸敏指数,%	SY/T 5358—2002 酸敏指数,%	酸敏程度
$50<I_a\leq 70$	$15<I_a\leq 30$	中等偏强
$I_a>70$	$30<I_a\leq 50$	强
—	$I_a>50$	极强

需要注意的是，酸敏评价不同于酸化，酸化时采用的实际酸液的损害评价与本章第四节工作液对油气层的损害评价相同。

3. 岩心酸敏实验实例

某油田岩心酸敏实验结果与分析评价见表3-11。

表3-11 某油田岩心酸敏实验结果与分析评价

岩心号	K_0，$10^{-3}\mu m^2$	K_{ad}，$10^{-3}\mu m^2$	I_a，%	酸敏程度（SY/T 5358—2002）
13	16.12	13.21	18.05	中等偏强
14	24.28	19.45	19.89	中等偏强
15	28.12	15.23	45.84	强

4. 实验结果的应用

实验结果的应用见表3-1。

六、应力敏感评价实验

1. 应力敏感概念及实验目的

前述的速敏、水敏、盐敏、碱敏和酸敏五敏实验主要研究油气层矿物与流体作用的结果。而应力敏感性则考察在施加一定的有效应力时，岩样的物性参数随应力变化而改变的性质。它反映了岩石孔隙几何学及裂缝壁面形态对应力变化的响应。因此，应力敏感评价的目的在于：

（1）准确地评价油气层，通过模拟围压条件测定孔隙度，可以将常规孔隙度值转换成原地条件，有助于储量评价；

（2）求出岩心在原地条件下的岩心渗透率，便于建立岩心渗透率K_c与测试渗透率K_e的关系；

（3）为确定合理的生产压差提供依据。

2. 原理及评价指标

应力敏感性评价的具体方法如下：

（1）选择实验岩心，测量长度、直径等；

（2）选择有效应力实验点σ_i。σ_i选择根据油气层有效应力可能变化范围确定，可选 500psi（1psi = 6894.76Pa）、800psi、1000psi、2000psi、3000psi、4000psi、5000psi、6000psi、7000psi；

（3）在 CMS-300 全自动岩心测试装置上进行，用氮气测出各实验应力值 σ_i 下的渗透率 K_i 和孔隙度。

为了清晰地反映应力敏感性的不同，用无量纲渗透率（K_i/K_0）的立方根与应力的对数作图，可得 $(K_i/K_{\sigma_0})^{1/3}$ 与 $\lg\sigma_i$ 的线性关系：

$$K_i = K_0\left(1 - S_s\lg\frac{\sigma_i}{\sigma_0}\right)^3 \quad (3-8)$$

$$S_s = \frac{1 - \left(\dfrac{K_i}{K_0}\right)^{1/3}}{\lg\dfrac{\sigma_i}{\sigma_0}} \quad (3-9)$$

式中：K_0 为初始应力点 σ_0 所对应的渗透率，$10^{-3}\mu m^2$；S_s 为斜率。

S_s 值的增加，意味着有效应力的影响增大，即岩心的应力敏感性变强，通过 S_s 值可以较直观地说明岩心的应力敏感性强弱。应力敏感性评价标准见表3-12。

表3-12　应力敏感性评价指标

S_s	≤0.3	0.3~0.5	0.5~0.7	0.7~1.0	≥1.0
应力敏感程度	弱	中等偏弱	中等偏强	强	极强

3. 岩心应力敏感实验实例

某油田岩心应力敏感实验结果与分析评价见表3-13。

表3-13　某油田的应力敏感性评价实验结果与分析评价

岩心号	应力6.9MPa下渗透率 $10^{-3}\mu m^2$	应力127.6MPa下渗透率 $10^{-3}\mu m^2$	S_s	应力敏感程度
16	5.11×10⁻²	5.84×10⁻³	0.85	强
17	6.42×10⁻²	1.23×10⁻²	0.70	强
18	8.09×10⁻²	1.47×10⁻²	0.72	强

七、温度敏感评价实验

1. 温度敏感概念及实验目的

五敏实验主要研究油气层矿物与流体作用的结果，而应力敏感性则考察在施加一定的有效应力时，岩样的物性参数随应力变化而改变的性质。在钻井、完井过程中，由于外来流体进入油气层，可使近井筒附近或裂缝附近的储层温度下降，从而对储层产生一定的影响，主要体现在以下几个方面：

（1）由于储层温度下降，导致有机结垢；

（2）由于储层温度下降，导致无机结垢；

（3）由于储层温度下降，导致储层中的某些矿物发生变化。

因此，温度敏感就是指由于外来流体进入储层引起温度下降从而导致储层渗透率发生变化的现象。而实验的目的就在于研究这种温度敏感引起的储层损害程度及产生温度敏感的临界温度。

2. 原理及评价指标

温度敏感性评价比较复杂，整个实验装置都必须在恒温箱内完成。实验流体有两类：一类是用地层水来进行实验，另一类是用储层原油来进行实验。当实验流体为地层水时，其具体方法步骤如下：

（1）选择实验岩心，测量长度、直径等；

（2）选择实验温度点分别为 T_1、T_2、T_3、T_4、T_5 和 T_6；其中，T_1 为储层温度，T_6 为地面温度，每点之间的温差为 $\Delta T = (T_6 - T_1)/5$；

（3）在实验温度点 T_1 时，在低于临界流速的条件下，用地层水测出岩心稳定的渗透率 K_1；

（4）改变实验温度（必须保持恒温 2h 以上），重复第（3）步，直至测出最后一个实验温度点 T_6 所对应的岩心稳定渗透率 K_6。

如果 T_{i-1} 对应的渗透率 K_{i-1} 与 T_i 对应的渗透率 K_i 之间满足式（3-1）的条件，说明已发生温度敏感，则 T_{i-1} 即为临界温度值。损害程度的计算方法与式（3-2）相同，评价指标目前尚无统一的标准，可以用表3-2的标准来评定。

当实验流体为储层原油时，其具体方法如下：

（1）选择实验岩心，测量长度、直径等；

（2）选择实验温度点分别为 T_1、T_2、T_3、T_4、T_5 和 T_6，其中，T_1 为储层温度，T_6 为地面温度，每点之间的温差为 $\Delta T = (T_6 - T_1)/5$；

（3）岩心抽真空饱和地层水；

（4）在实验温度点 T_1 时，在低于临界流速的条件下，用地层原油驱替岩心，建立束缚水饱和度，然后测出原油稳定的有效渗透率 K_1；

（5）改变实验温度（必须保持恒温 2h 以上），重复第（4）步，直至测出最后一个实验温度点 T_6 所对应的原油稳定的有效渗透率 K_6。

如果 T_{i-1} 对应的渗透率 K_{i-1} 与 T_i 对应的渗透率 K_i 之间满足式（3-1）的条件，说明已发生温度敏感，则 T_{i-1} 即为临界温度值。损害程度的计算方法与式(3-2)相同，评价指标也可以用表 3-2 的标准来评定。本项实验主要研究外来流体对储层的"冷却效应"。

第三节　低渗透—致密油气层敏感性与水相圈闭损害评价

一、低渗透—致密岩心流体敏感性评价

压力衰减法（游利军和康毅力等，2009）是在岩心入口端加上一定流压，流体在压力作用下沿着岩心流动，由于流体的流动使入口端压力逐渐减小。由于低渗透—致密储层岩心测量液体渗透率时很难测量流过岩心的流量，可以通过测量岩心流动实验的岩心上流端微小容器压力随时间的衰减关系来评价岩心的渗透性（图 3-2）。在钻井、完井等作业过程中，各种外来工作液可能进入储层。如果岩石存在敏感性或外来工作液与岩石不配伍，则产生储层损害，降低渗透率，岩心中流体的流动速率降低，压力衰减速率也降低。因此，可以通过不同流体与储层岩石接触后，岩心上流端流体压力的衰减情况反映储层渗透率变化，进而评价低渗透储层流体的敏感性。

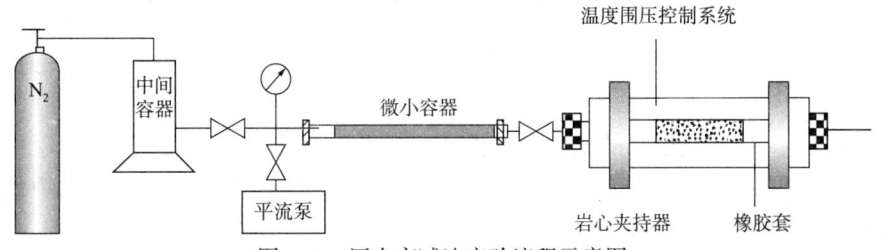

图 3-2　压力衰减法实验流程示意图

页岩油气、致密油气、煤岩气储层岩心渗透率均比较低，损害后渗透率更低，这类储层敏感性及工作液损害评价实验中渗透率均不易测量，均可采用压力衰减法进行评价。

1. 实验步骤

以压力衰减法评价水敏为例，实验步骤如下：
（1）岩心抽真空饱和地层水或标准盐水 48h；
（2）将岩心装入岩心夹持器，加上围压和温度；
（3）用 N_2 驱替中间容器流体或用平流泵泵入流体使岩心上流端压力达到预先设定的初始压力，关闭微小容器和压力表（或压力传感器）前的阀门，采集不同时刻压力数据；
（4）当压力下降到初始压力 1/3 时，停止压力采集；

(5) 用次地层水驱替岩心中地层水，使通过岩心的次地层水体积大于 2PV 后停止驱替，关闭阀门，浸泡 12h；

(6) 用次地层水重复步骤(2)(3)(4)，在步骤(3)中初始压力和地层水压力衰减的初始压力相同；

(7) 用蒸馏水重复步骤(2)(3)(4)(5)，在步骤(3)中初始压力和地层水压力衰减的初始压力相同。

(8) 为了与现用行业标准衔接，本方法对水敏损害的评价标准见表 3-4。

2. 实验数据处理

水敏指数计算公式为：

$$I_W = \frac{|T_0 - T_i|}{T_0} \times 100\% \quad (3-10)$$

式中：I_W 为水敏指数；T_0 为初始地层水的压力半衰期；T_i 为蒸馏水的压力半衰期，min。

由于地层水、次地层水和蒸馏水实验的初始压力相同，初始流体的量也相同，因此压力半衰期和压力衰减指数都可以表明压力衰减的速率，可利用该流体压力衰减一半时的曲线进行拟合获得。水敏指数还可以表示为：

$$I_W = \frac{|E_0 - E_i|}{E_0} \times 100\% \quad (3-11)$$

式中：E_0 为地层水的压力衰减指数；E_i 为蒸馏水的压力衰减指数。

利用压力衰减法评价了鄂尔多斯盆地某区典型低渗透砂岩岩心水敏性，实验结果如图 3-3 所示。

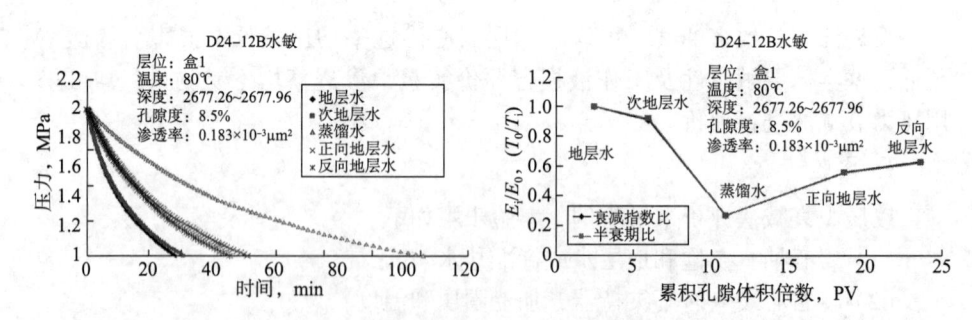

图 3-3 典型低渗岩心压力衰减法实验结果

为了评价该方法的准确性，选取 2 块对比岩心进行水敏损害评价实验，结果见表 3-14。

表 3-14 蒸馏水和 3%KCl 溶液压力衰减实验结果

岩样	衰减指数 蒸馏水	衰减指数 3%KCl	蒸馏水与 3%KCl 衰减指数比	压力半衰期，min 3%KCl	压力半衰期，min 蒸馏水	蒸馏水与 3%KCl 半衰期比	备注
x-4-8	0.0017	0.0023	0.739	275	375	0.733	两块岩心半衰期比相差 2.59%
x-5-4	0.0012	0.0017	0.706	375	525	0.714	

从表 3-13 可以看出，2 块对比岩心的蒸馏水压力衰减指数与 3%KCl 溶液的压力衰减指数比分别为 0.739 和 0.706，半衰期比分别为 0.733 和 0.714，半衰期误差为 2.59%。根据压力衰减指数计算的水敏指数分别为 0.261 和 0.294，根据半衰期计算的水敏指数分别为 0.24 和 0.286。

3. 计算岩心渗透率

可以利用某一种流体压力曲线及仪器参数，可根据式（3-12）计算岩心渗透率：

$$p = p_i e^{-\frac{600KA}{\mu L C_w V_0} t} \tag{3-12}$$

式中：K 为岩心渗透率，μm^2；A 为岩心横截面积，cm^2；L 为岩心长度，cm；μ 为通过岩心的流体黏度，$mPa \cdot s$；C_w 为液体的压缩系数，MPa^{-1}；V_0 为微小容器的体积，cm^3；p_i 为初始时微小容器中的初始压力，MPa；p 为任意时刻微小容器的压力，MPa；t 为衰减时间，min。

二、低渗透—致密岩心水相圈闭损害评价

1. 水相圈闭损害的概念及实验目的

水相圈闭（或水锁）是相圈闭的主要类型，是低渗透—致密油气层最主要损害机理之一。油气井作业过程中，水基工作液侵入滞留或生产中水的聚集，使油气层含水饱和度升高，从而导致油相或气相渗透率降低的作用或现象称为水相圈闭（或水锁）损害。对于气层还能发生油相圈闭损害，油层也能发生气相圈闭损害。水相圈闭损害评价实验目的：一是评价油气层水相圈闭损害程度；二是为工作液优化和水相圈闭损害解除提供依据。

2. 原理与评价方法

（1）选取代表性储层岩心，建立岩心初始含水饱和度；
（2）用煤油或气体正向测出基准渗透率（气体要用克氏渗透率）；
（3）用地层水反向注入岩心；
（4）用煤油或气体正向驱替岩心，使岩心含水饱和度基本不再变化，测出油相或气相渗透率（气体要用克氏渗透率）；

(5) 计算水相圈闭指数，即损害前后油相或气相渗透率变化率。

$$I_\mathrm{p} = \frac{K_0 - K_\mathrm{aq}}{K_0} \times 100\% \tag{3-13}$$

水相圈闭损害评价指标参考水敏评价指标见表3-15。

表3-15 水相圈闭损害评价指标

I_p	≤0.3	0.3~0.5	0.5~0.7	0.7~1.0
水相圈闭程度	弱	中等偏弱	中等偏强	强

注意：气层损害评价测量渗透率时尽量要消除气体滑脱效应的影响。

第四节 工作液对油气层的损害评价

本节所述的工作液包括钻井液、水泥浆、完井液、压井液、洗井液、修井液、射孔液和压裂液等。主要是借助于各种仪器设备，预先在室内评价工作液对油气层的损害程度，达到优选工作液配方和施工工艺参数的目的。

一、工作液的静态损害和滤液损害评价

该法主要利用各种静滤失实验装置测定工作液滤入岩心前后渗透率的变化，来评价工作液对油气层的损害程度并优选工作液配方。实验时，要尽可能模拟储层的温度和压力条件。用式(3-14)来计算工作液的损害程度：

$$R_\mathrm{S} = \left(1 - \frac{K_\mathrm{op}}{K_\mathrm{o}}\right) \times 100\% \tag{3-14}$$

式中：R_S 为损害程度，%；K_op 为损害后岩心的油相有效渗透率，μm^2；K_o 为损害前岩心的油相有效渗透率，μm^2。

R_S 值越大，损害越严重，评价指标同表3-16。

表3-16 工作液损害程度评价指标

R_S	≤0.3	0.3~0.5	0.5~0.7	0.7~0.9	>0.9
损害程度	弱	中等偏弱	中等偏强	强	极强

滤液损害评价和静态损害评价步骤一样，不同的是用工作液经过过滤或压滤获得的滤液来评价，认为滤液是不含固相。滤液损害程度也是工作液类型或体系优选重要指标之一。较好的工作液应是滤液和体系对储层损害程度均较低。

二、工作液的动态损害评价

在尽量模拟储层实际工况条件下，评价工作液对油气层的综合损害（包括液相和固相及添加剂对油气层的损害），为优选损害最小的工作液和最优施工工艺参数提供科学的依据。动态损害评价与静态损害评价相比能更真实地模拟井下实际工况条件下工作液对油气层的损害过程，两者的最大差别在于工作液损害岩心时状态不同。静态评价时，工作液为静止的；而动态评价时，工作液处于循环或搅动的运动状态，工作液对岩心端面有一个剪切作用，其实验结果对现场具有重要指导意义。

钻完井液动态损害评价实验步骤如下：

（1）岩样抽真空，饱和地层水 48h；

（2）测岩样的正向地层水渗透率 K_w；

（3）在储层动态损害评价仪（图 3-4）上，在 3.5MPa 压差下用钻完井液在岩样端面循环 60min（也可根据实验目的进行更长时间循环），并计量不同时间的滤失量；

（4）计算不同时间的岩样渗透率 K_i；

（5）循环结束后，不断增大压差或压力梯度进行返排，测定不同的压差或压力梯度下的岩样正向地层水渗透率 K_{wi}；

（6）计算出不同压差或压力梯度下的最大渗透率恢复值 K_{wi}/K_w。

动态情况下，计算损害程度 $R_S = 1 - K_{wi}/K_w$，评价指标用表 3-16。压裂液损害评价的动态循环时间为 36min。

国内已形成商品的动态损害评价仪有长江大学研制的高温高压动失水仪和西南石油大学研制的 SW—Ⅱ 动态损害评价仪、MFC 多功能储层损害评价仪等。

图 3-4 所示为工作液动态条件下模拟装置示意图。

三、用多点渗透率仪测量损害深度和损害程度

多数工作液损害评价反映了沿整个岩心长度上的平均损害程度，但渗透率降低并不一定在整个岩心长度上，也许只在前面某一段。因此，准确地测出工作液侵入岩心的损害深度，对于指导后续生产具有非常重要的意义。目前，国内外广泛采用多点渗透率仪来测量工作液侵入岩心的损害深度和损害程度，它的工作原理如图 3-5 所示。

将数块岩心装入多点渗透率仪的夹持器内组成长岩心，测量损害前的基线渗透率曲线，然后用工作液损害岩心，再测损害后的恢复渗透率曲线，利用损害前后渗透率曲线对比求损害深度和各段损害程度，如图 3-6 所示。

(a)

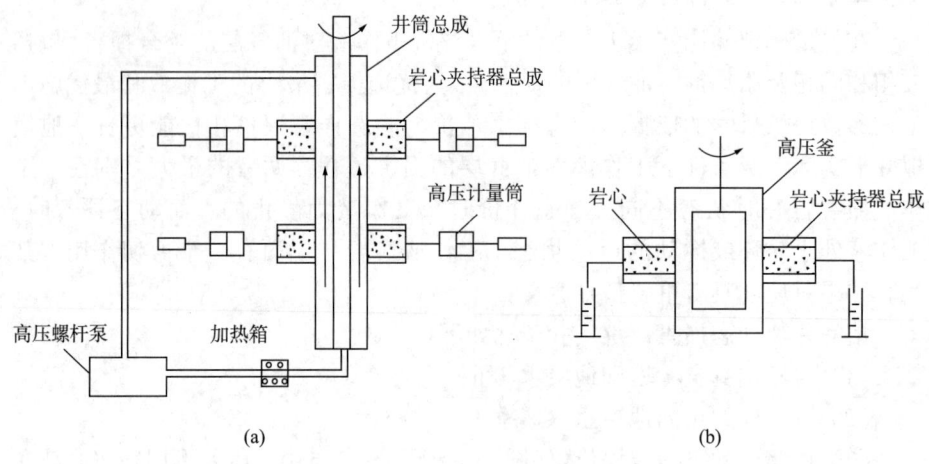

(b)

图 3-4 工作液动态条件下模拟装置

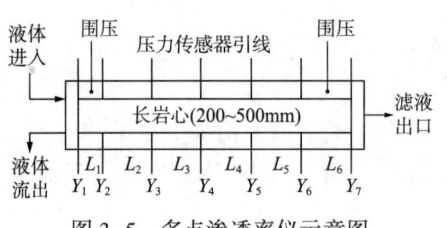

图 3-5 多点渗透率仪示意图
$Y_1 \sim Y_7$：7个压力传感器测点位置；
$L_1 \sim L_6$：6块岩心长度

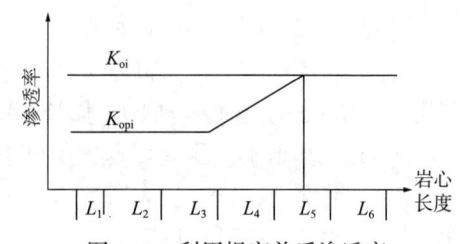

图 3-6 利用损害前后渗透率
曲线对比求损害深度
K_{oi}—损害前基线渗透率曲线；
K_{opi}—损害后恢复渗透率曲线

$$损害深度 = L_1 + L_2 + L_3 + L_4 + 0.5 \times L_5 \quad (3-15)$$

$$分段损害程度 \ R_{si} = \left(1 - \frac{K_{opi}}{K_{oi}}\right) \times 100\% \quad (i = 1, 2, \cdots, 6) \quad (3-16)$$

利用此实验结果与测井、试井数据对比，可以更准确地确定油气层损害深度和损害程度。

四、其他评价实验简介

根据储层损害评价目的的需要，有时还需配套进行正反向流动实验、体积流量评价实验、润湿性实验、相对渗透率实验、系列流体评价实验、离心法测毛细管压力快速评价工作液等实验，这些实验目的及用途见表 3-17。

表 3-17 油气层损害的其他评价实验

实验项目	实验目的及用途
正反向流动实验	观察岩心中微粒受流体流动方向的影响及运移产生的渗透率损害情况
体积流量评价实验	在低于临界流速的情况下，用大量的工作液过岩心，考察岩心胶结的稳定性；用注入水做实验可评价油气层岩心对注入水量的敏感性
系列流体评价实验	了解油气层岩心按实际工程施工顺序与各种外来工作液接触后所造成的总的损害及其程度
酸液评价实验	按酸化施工注液工序向岩心注入酸液，在室内预先评价和筛选保护油气层的酸液配方
润湿性评价实验	通过测定注入工作液前后油气层岩石的润湿性，观察工作液对油气层岩石润湿性的改变情况
相对渗透率曲线评价实验	测定油气层岩石的相对渗透率曲线，观察水相圈闭（或水锁）损害的程度；测定注入工作液前后油气层岩石的相对渗透率曲线，观察工作液对油气层岩石相对渗透率的改变及由此发生的损害程度
膨胀率评价实验	测定工作液进入岩心后的膨胀率，评价工作液与油气层岩石（特别是黏土矿物）的配伍性
离心法测毛管压力快速评价实验	用离心法测定工作液进入油气层岩心前后毛细管压力的变化情况，快速评价油气层的损害

综上所述，油气层损害的室内评价结果可以为各个作业环节保护油气层技术方案的制订提供依据。也就是说，从打开油气层开始到油田开发全过程中的每一个作业环节的油气层保护技术方案的确定都要利用室内评价结果。

随着技术的不断进步，油气层损害室内评价技术也在向前发展，目前已形成了如下几个发展方向：

（1）全模拟实验，模拟井下实际工况，如温度、压力（回压、储层压力）、剪切条件下的油气层损害评价；

（2）多点渗透率仪的应用，由短岩心向长岩心发展；

（3）小尺寸岩心向大尺寸岩心发展；

（4）计算机数学模拟与室内物理模拟的结合；

（5）利用储层实际流体（地层水、储层原油），例如速敏实验中的油速敏，在模拟实际储层温度下，用实际储层原油来进行实验。

（6）完全模拟储层温度、压力条件下的敏感性评价。

参 考 文 献

[1] 游利军，康毅力，杜新龙，等．一种确定致密岩心损害的方法[P]．ZL 2009100582868，2012．

第四章 油气层损害机理

当探井落空、油气井产量快速递减、注入井注入能力下降，人们首先想到的是油气层可能被损害。随着勘探开发的地质对象越来越复杂（规模变小、油气层致密、深层高温高压、老油气田压力严重衰竭），探井成功率降低，开发作业成本增加，使得油气层损害研究备受关注。

油气层被钻开之前，在油气藏温度和压力环境下，岩石矿物和储层流体处于一种物理、化学的平衡状态。钻井、完井、修井、注水和增产等作业或生产过程都能改变原来的环境条件，使平衡状态发生改变，这就可能造成油气井产能下降，导致油气层损害。

为了揭示油气层损害机理，不仅要研究油气层固有的工程地质特征和油气藏环境（损害内因），而且还应研究这些内因在各种作业条件下（损害外因）产生损害的具体过程。损害机理研究以岩心分析、敏感性评价、工作液损害模拟实验和矿场评价为依托，通过综合分析，诊断油气层损害发生的具体环节、主要类型及作用过程，最后要提出有针对性的保护技术和解除损害的措施建议。

第一节 油气层损害类型

油气井生产或注入井注入能力显著下降现象的原因及其作用的物理、化学、生物变化过程称为油气层损害机理。通常所说的油气层损害，其实质就是油气层孔隙结构变化导致的渗透率下降。渗透率下降包括绝对渗透率的下降（即渗流空间的改变，孔隙结构变差）和相对渗透率的下降。外来固相侵入、水敏性损害、酸敏性损害、碱敏性损害、微粒运移、结垢、细菌堵塞和应力敏感损害等都改变渗流空间；引起相对渗透率下降的因素包括水锁（流体饱和度变化）、贾敏、润湿反转和乳化堵塞。油气层损害主要发生在井筒附近区，因为该区是工作液与油气层直接接触带，也是温度、压力、流体流速剧烈变化带。钻井完井过程的损害一般限于井筒附近，而增产改造、开发中的损害可以发生在井间任何部位。

对于某一油气藏和具体作业环节到底如何有效地把握主要的损害呢？大

量研究工作和现有的评价手段已能清楚地说明主要损害原因。目前比较普遍接受的分类方案见表 4-1，首先分成四大类：物理损害、化学损害、生物损害、热力损害，然后再进行细分。表 4-1 的分类体系说明，即使是一种看起来较简单的类型，也包含着多种复杂的作用过程。

表 4-1　油气层损害类型及其分布结构

大类	亚类	三级	四级	作业环节
物理损害	微粒运移			钻井完井、增产改造、修井、注水注气、EOR
	固相侵入	钻井完井液固相		
		注入流体固相		
	相圈闭损害	水基工作液		
		油基工作液		
		泡沫状油		
	机械损害	岩面釉化		气基流体钻井、斜井钻井
		岩粉挤入		
	射孔损害	压实损害		射孔完井
	应力损害	剪切膨胀		钻井、油气生产
		地层压实		
化学损害	岩石—外来流体不配伍	敏感性损害	黏土矿物损害 非黏土矿物损害	钻井完井、增产改造、修井、注水注气、EOR
		处理剂吸附	聚合物、阴离子	
	储层流体—外来流体不配伍	有机垢沉积	石蜡、沥青沉积	
		无机垢沉积	盐类沉积、水合物、类金刚石物	
		乳状液堵塞		
	润湿性反转			
生物损害	分泌聚合物			注水和 EOR 过程为主
	腐蚀损害			
	流体酸性化			
热力损害	矿物溶解			热力采油为主
	矿物转化			
	润湿性变化			

一、物理损害

物理损害指钻井、完井、压井、增产措施中设备和工作液直接与油气层发生物理变化造成的渗透率下降。有时生产中储层流体本身性质的变化也可以发生物理作用损害。

1. 微粒运移

多数油气层都含有一些细小矿物，称为地层微粒。包括黏土矿物、非晶质硅、微晶石英、微晶长石、云母碎片和碳酸盐矿物等，其粒径通常小于 $37\mu m$，是潜在的可运移微粒源。微粒在流体流动作用下首先从孔隙或裂缝壁面脱落、运移，在流动通道变窄或流速减低时，单个或多个微粒在孔喉处发生堵塞，造成油气层渗透率下降，这就是微粒运移损害(图 4-1)。使油气层微粒开始运移的流体速度叫临界流速。只有流速超过临界流速后，众多的微粒才能运移，发生堵塞。由于油气层中流体流速的大小直接受生产压差的影响，即在相同的油气层条件下，一般生产压差越大，相应地流体产出速度就越大。因此，虽然微粒运移是由流速过大引起，但其根源却是生产压差过大。同样，注入井注入压差过大，也会使注入流体的流速超过临界流速而产生微粒运移损害。

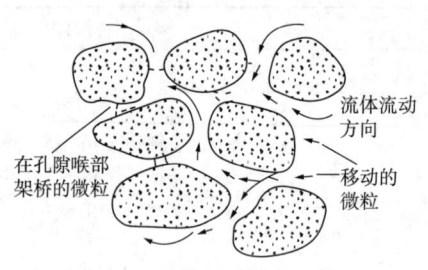

图 4-1 微粒运移堵塞示意图

临界流速与下列因素有关：(1)油气层的固结程度、胶结类型和微粒粒径；(2)孔隙几何形状和流道表面粗糙度；(3)岩石和微粒的润湿性；(4)液体的离子强度和 pH 值；(5)界面张力和流体黏滞力；(6)温度。

影响微粒运移并引起堵塞的因素有：(1)微粒级配和微粒浓度是影响微粒堵塞的主要因素，当微粒尺寸接近于孔喉尺寸的 1/3 或 1/2 时，微粒很容易形成堵塞；微粒浓度越大，越容易形成堵塞；(2)孔壁越粗糙，孔道弯曲越大，微粒碰撞孔壁越易发生，微粒堵塞孔道的可能性越大；(3)流体流速越高，不仅越易发生微粒堵塞，而且形成堵塞的强度越大；(4)流速方向不同，对微粒运移堵塞也有影响。对于生产井来说，由于流体是从油气层往井眼中流动，因此当井壁附近发生微粒运移后，一些微粒可通过流道排到井眼，一些微粒仅在近井地带造成堵塞。注入井情况恰好相反，流体是从井眼往油气层中流动，在井壁附近产生的微粒运移不仅在井壁附近产生堵塞，而且会造成油气层深部微粒的沉积堵塞。

微粒运移是最常见且较严重的损害方式之一。对于有强烈的微粒运移潜在损害的油气藏可采取下列措施：(1)降低产量或注入量，这种做法可以解决问题，但并不是最佳选择；(2)对于射孔完成井，通过高密度射孔增加流动通道面积，降低流速；(3)条件允许时，尽可能采用裸眼完井；(4)应用水平井增大与油气层接触的泄流面积，适当降低流速；(5)采用水力压裂技术；(6)疏松砂岩油气层可采用压裂—砾石充填完井技术；(7)工作液中加入适当的黏防膨剂和地层微粒稳定剂；(8)控制油气井过早见水和含水率。

2. 固相侵入

入井流体常含有两种固相颗粒：一种是为达到工艺性能要求而必须加入的有用颗粒，如钻井完井液中的黏土、加重剂和桥堵剂等；另一种对于油气层而言属有害固相，如钻井完井液中的钻屑和注入流体中的固相杂质。当井眼中液柱压力大于油气层孔隙压力时，固相颗粒就会随流体一起进入油气层，在井眼周围或井间的某些部位沉积下来，从而缩小油气层流道尺寸，甚至完全堵死油气层。

外来固相颗粒对油气层的损害有以下特点：(1)颗粒一般在近井地带造成较严重的损害；(2)颗粒粒径小于孔径的1/10，且浓度较低时，虽然颗粒侵入深度大，但是损害程度可能较低，但此种损害程度会随时间的增加而增加；(3)对中、高渗透率的砂岩油气层来说，尤其是裂缝性油气层，外来固相颗粒侵入油气层的深度和所造成的损害程度相对较大。

控制外来固相颗粒对油气层的损害程度和侵入深度的因素有：(1)固相颗粒粒径与孔喉直径的匹配关系；(2)固相颗粒的浓度；(3)施工作业参数如压差、剪切速率和作业时间。应用辩证的观点，可在一定条件下将固相堵塞这一不利因素转化为有利因素，如当颗粒粒径与孔喉直径匹配较好、浓度适中，且有足够的压差时，固相颗粒仅在井筒附近很小范围形成严重堵塞（即低渗透的内滤饼），这样就限制了固相和液相的侵入量，从而降低损害深度。

当作业的液柱压力太大时，有可能使油气层破裂，或使已有的裂缝开启，导致大量的工作液漏入油气层而产生损害。影响这种损害的主要因素是作业压差和储层的岩石力学性质。

射孔完成或通过压裂投产的油气井，固相侵入损害可以得到一定程度的消除。对于裸眼井或未水泥固井的衬管完成井，固相损害表现十分严重。水平井大部分采用裸眼或衬管完成，所以防止固相侵入损害非常必要。应用屏蔽暂堵原理设计低损害的钻井完井液，或者欠平衡作业是抑制固相侵入损害的有效途径。现场一般通过对压井液、射孔液、修井液、酸液、压裂液、注入流体的严格过滤来避免固相侵入损害。

3. 相圈闭损害

相圈闭与不利的毛细管压力和相对渗透率效应有密切关系。相圈闭的基本表现是，由于某一相流体(气、油、水)饱和度暂时或永久性地增加而造成所希望产出或注入流体相对渗透率的下降。当油基工作液进入气层或者含油污水注入储层中可形成油相圈闭；凝析气藏开发一段时间后，当井底压力低于气藏露点压力时，凝析液在井眼附近聚集形成油相圈闭；黑油油藏若在低于泡点压力下开采，溶解气的溢出使气相饱和度增加，可出现气相圈闭。水基工作液滤液进入油气层后，会增加水相的饱和度，降低油或气的饱和度，增加油气流阻力，导致油气相渗透率降低(图4-2)。

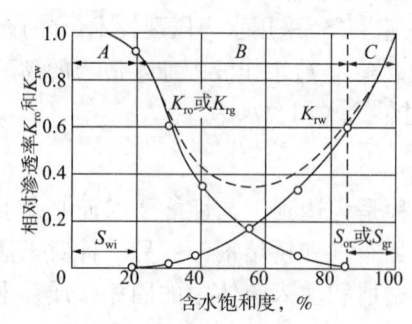

图4-2 含水饱和度与油相渗透率的关系曲线

K_{ro}, K_{rg}—油/气的相对渗透率；K_{rw}—水的相对渗透率；S_{or}, S_{gr}—残余油或气饱和度；S_{wi}—束缚水饱和度；A—单相油或气流区；B—油水同流区或气水同流区；C—纯水流区

在作业引起的相圈闭损害类型中，水相圈闭较常见。根据产生毛细管阻力的方式，可分为水锁损害和贾敏损害。水锁损害是由于非润湿相驱替润湿相而造成的毛细管阻力，从而导致油相渗透率降低。贾敏损害是由于非润湿液滴对润湿相流体流动产生附加阻力，而导致油相渗透率降低。对低渗透油层和致密气层来说，由于初始含水饱和度经常低于束缚水饱和度，且油气层毛细管压力大，水相圈闭损害应引起高度重视(图4-3)。

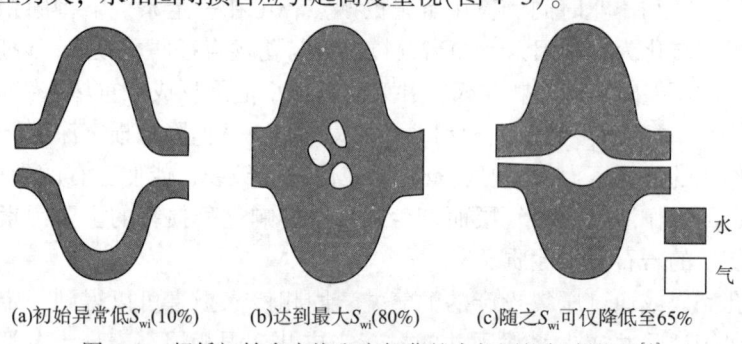

(a)初始异常低S_{wi}(10%)　　(b)达到最大S_{wi}(80%)　　(c)随之S_{wi}可仅降低至65%

图4-3 超低初始含水饱和度气藏的水相圈闭损害机理[1]

影响相圈闭损害的因素包括：引起相圈闭的流体饱和度增加幅度、侵入量(深度)、油气藏压力、岩石的相对渗透率曲线形态和油气层毛细管压力(孔喉半径分布)。防止相圈闭的简单方法就是忌用有潜在相圈闭损害的流体。例如低渗透—致密气藏的钻井完井作业，最好使用屏蔽暂堵技术和气体类型的欠平衡钻井。当然水基工作液欠平衡钻井可以部分抑制水相圈闭损害，但由于毛细管自吸作用的存在，要完全消除水相圈闭损害是不可能的。通过加入表面活性剂、增加油气能量、注入干燥气体、热处理油气层、压裂等措施可以缓解水相圈闭损害的影响。

4. 机械损害

钻头破岩、与岩石摩擦产生热力，在高温作用下使岩石表面熔结、光化的现象称岩面釉化。在井眼中钻具偏心转动、滑动使一些微粒和钻屑被挤入地层的现象称岩粉挤入，这在定向井、水平井钻井作业中表现明显。这种机械损害在室内模拟实验研究比较困难，但通过井壁取心和全尺寸岩心分析可以说明现象的存在。天然气钻井和空气钻井易出现岩面釉化损害，因为与水基工作液相比，气体的传热能力大大降低。增加工作液的润滑性、提高流体的携屑和清洗井眼的能力可减小岩粉挤入损害。

5. 射孔损害

射孔损害主要来自射孔枪弹爆炸的碎片、岩石破碎带、压实带。地层震动后，黏土矿物等微粒更易于失稳进入射孔孔眼（详见第六章）。

6. 应力损害

油气层岩石在地下受到垂向应力（S_V）、侧应力（S_H，S_h）和孔隙流体压力（即储层压力 p_R）的共同作用。上覆岩石产生的垂向应力仅与埋藏深度和岩石的密度有关，对于某点岩石而言，上覆岩石压力可以认为是恒定的。井眼形成后，由于岩石变形和应力的重新分布，井壁岩石的压缩和剪切膨胀可以产生应力损害。损害程度决定于井眼轨迹取向、岩石力学性质和原地应力场参数。

油气层压力则与油气井的开采压差和时间有关。随着开采的进行，油气层压力逐渐下降，这样岩石的有效应力（$\sigma = S_V - p_R$）就增加，使流道被压缩，尤其是裂缝—孔隙型流道更为明显，导致油气层渗透率下降（表4-2）而造成应力敏感性损害，影响应力敏感损害的因素包括压差、油气层自身的能量和油气藏类型。

表4-2 有效应力与渗透率之间关系

样号	井号	层位	不同有效应力下的渗透率，$10^{-3}\mu m^2$					
			7MPa	14MPa	21MPa	28MPa	35MPa	42MPa	49MPa
F51	X136	J_2s	83.4	16.9	5.99	2.65	1.39	0.84	0.56
F60	X136	J_2s	14.3	3.33	1.02	0.69	0.18	0.092	0.055
F59	X136	J_2s	14.2	3.45	1.19	0.54	0.29	0.19	0.13
F97	H127	T_3x^2	4.86	1.36	0.46	0.19	0.289	0.047	0.028
F105	H127	T_3x^2	1.81	0.31	0.093	0.04	0.023	0.015	0.012

当油气层较疏松时，若生产压差太大，可能引起油气层大量出砂，进而造成油气层坍塌，产生严重的损害。此时，一定要采取防砂措施，并控制压力开采。

二、化学损害

化学作用损害包括不利的岩石—外来流体反应和储层流体—外来流体反应造成的油气层损害。

1. 岩石—流体不配伍

1) 水敏性损害

若进入油气层的工作液与油气层中的水敏性矿物(如蒙脱石)不配伍时，将会引起这类矿物水化膨胀或分散/脱落，导致油气层渗透率下降。油气层水敏性损害的规律有：(1)当油气层物性相似时，油气层中水敏性矿物含量越高，水敏性损害程度越大。(2)油气层中常见的黏土矿物对油气层水敏性损害强弱影响顺序为：蒙皂石>伊/蒙间层矿物>伊利石>高岭石、绿泥石。(3)当油气层中水敏性矿物含量及存在状态均相似时，高渗透油气层的水敏性损害比低渗油气层的水敏性损害要低些。(4)工作液的矿化度越低，引起油气层的水敏性损害越强；工作液的矿化度降低速度越大，油气层的水敏性损害越强。(5)工作液矿化度相同的情况下，含高价阳离子的成分越多，引起油气层水敏性损害的程度越弱。

2) 碱敏性损害

高 pH 的工作液侵入油气层时，与其中的碱敏性矿物发生反应造成黏土微粒结构失稳、分散/脱落、新的硅酸盐沉淀和硅凝胶体生成，导致油气层渗透率下降，这就是油气层碱敏性损害。油气层产生碱敏损害的原因为：(1)黏土矿物的铝氧八面体在碱性溶液作用下，使边面的负电荷增多，导致晶体间斥力增大，促进分散；(2)隐晶质石英和蛋白石等较易与氢氧化物反应生成不可溶性硅酸盐，这种硅酸盐可在适当的 pH 范围内形成凝胶而堵塞流道。影响油气层碱敏性损害程度的因素有：碱敏性矿物的含量、工作液 pH 值和侵入量，其中 pH 值起着重要作用，pH 值越大，造成的碱敏性损害越大(表 4-3)。

表 4-3 碱敏性评价结果(塔里木东河塘)

岩样号	层位	K_∞ $10^{-3} \mu m^2$	pH=7 K $10^{-3} \mu m^2$	pH=7 $\Delta K/K_7$ %	pH=8 K $10^{-3} \mu m^2$	pH=8 $\Delta K/K_7$ %	pH=9 K $10^{-3} \mu m^2$	pH=9 $\Delta K/K_7$ %	pH=10 K $10^{-3} \mu m^2$	pH=10 $\Delta K/K_7$ %	pH=12 K $10^{-3} \mu m^2$	pH=12 $\Delta K/K_7$ %
16	C_2	19.40	12.200		10.490	14.41	8.900	26.60	7.380	39.60	4.380	64.10
122	C_3	10.80	10.150		9.440	7.00	8.859	12.41	7.350	27.59	4.990	50.84
172	C_4	27.30	25.450		23.180	8.92	19.790	22.23	15.280	39.96	9.190	63.89

注：ΔK 表示 pH 值为 7 的渗透率与其他 pH 值的渗透率之差。

3) 酸敏性损害

油气层酸化处理后，释放大量微粒，矿物溶解释出的离子还可能再次生成沉淀，这些微粒和沉淀将堵塞油气层的流道，轻者可削弱酸化效果，重者导致酸化失败。酸化后导致油气层渗透率降低的现象就是酸敏性损害。造成酸敏性损害的无机沉淀和凝胶体有：$Fe(OH)_3$、$Fe(OH)_2$、CaF_2、MgF_2、氟硅酸盐、氟铝酸盐沉淀以及硅酸凝胶。这些沉淀和凝胶的形成与酸的浓度有关，其中大部分在酸的浓度很低时才形成沉淀。控制酸敏性损害的因素有：酸液类型和组成、酸敏性矿物含量、酸化后返排酸的时间。

4) 氧敏性损害

在钻井、完井、增产和提高采收率等作业过程中，部分入井流体具有一定氧化性。入井流体通常采用地表水，这些水中溶解有大量氧气；也有一些入井流体要加入氧化性处理剂，如压裂液中加入的氧化破胶剂。这些氧化性流体与还原环境下储层矿物/组分或流体不配伍，改变储层氧化还原环境，使储层渗透率、孔隙结构等发生变化的性质，称为油气储层氧敏性。缺氧沉积常具有黑色页岩、石灰岩、硅质岩和磷灰石等岩性组合，富含有机质、黄铁矿等硫化物、过渡族金属及铀元素等。铁元素对氧化还原环境极为敏感。在还原环境至弱还原环境下，由 Fe^{2+} 构成的矿物主要有黄铁矿等硫化物、菱铁矿等碳酸盐矿物以及部分含铁海绿石、绿泥石等硅酸盐矿物；另外，页岩中有机质也可以被氧化溶蚀。

5) 化学剂吸附

工作液和注入流体中的聚合物及其他高分子处理剂易在岩石基块和裂缝表面的黏土矿物上吸附和滞留，由于它们具有较大的分子尺寸，从而降低了有效的流道空间，导致油气层渗透率下降。对于低渗透—致密油气藏，高分子化学剂吸附损害不可忽视。室内评价实验有助于筛选合适的处理剂，并且当损害发生时采用氧化剂或酶可以解除这种损害。

2. 储层流体—外来流体不配伍

当外来流体的化学组分与储层流体的化学组分不相匹配时，将会在油气层中引起沉积、乳化或促进细菌繁殖等，最终影响油气层渗透性。

1) 无机垢沉积

由于外来流体与油气层流体不配伍，可形成 $CaCO_3$、$CaSO_4$、$BaSO_4$、$SrCO_3$ 和 $SrSO_4$ 等无机垢沉淀。影响无机垢沉淀的因素有：(1)外界液体和油气层液体中盐类的组成及浓度。一般说，当这两种液体中含有高价阳离子(如 Ca^{2+}、Ba^{2+}、Sr^{2+} 等)和高价阴离子(如 SO_4^{2-}、CO_3^{2-} 等)，且其浓度达到或超过形成沉淀的溶度积时，就可能形成无机沉淀。(2)液体的 pH 值。当外来液体的 pH 值较高时，可使 HCO_3^- 转化成 CO_3^{2-} 离子，引起碳酸盐沉淀，同时，还可能引起 $Ca(OH)_2$ 等氢氧化物沉淀形成。

2) 有机垢沉积

外来流体与油气层原油不配伍，可生成有机沉淀。有机沉淀主要指石蜡、沥青质及胶质在井眼附近的油气层中沉积，这样不仅可以堵塞油气层的孔道，而且还可能使油气层的润湿性发生反转，从而导致油气层渗透率下降。影响形成有机垢的因素有：(1)外来液体引起原油 pH 值改变而导致沉淀，高 pH 值的液体可促使沥青絮凝、沉积，一些含沥青的原油与酸反应形成沥青质、树脂、蜡的胶状污泥；(2)气体和低表面张力的流体侵入油气层，可促使有机垢的生成；(3)注入流体的冷却效应，如冬季注水、压裂酸化排量过高可能引起石蜡、沥青沉积。

3) 乳状液堵塞

外来流体常含有许多化学添加剂，这些添加剂进入油气层后，可改变油水界面性能，使外来油与地层水或外来水与油气层中的油相混合，形成油或水作为外相的乳状液。这样的乳状液造成的油气层损害有两方面：一方面是比孔喉尺寸大的乳状液滴堵塞孔喉；另一方面是提高流体的黏度，增加流动阻力。影响乳状液形成的因素有：(1)表面活性剂的性质和浓度；(2)微粒的存在；(3)油气层的润湿性。

3. 储层流体的平衡状态破坏

油气层流体在采出过程中，必须具有一定的生产压差，这就会引起近井地带的储层压力低于油气层的原始储层压力，从而形成无机和有机沉淀物而堵塞油气层，产生结垢损害。此时垢类型可能与流体不配伍时相同，但是成垢机理却不相同。压力降低时的结垢机理为：(1)无机垢的形成，由于油层压力的下降，流体中气体不断脱出，在脱气之前，CO_2 以一定比例分配在油、水两相之中，脱气之后 CO_2 就分配在油、气、水三相中，使得水相中的 CO_2 量大大减小，CO_2 的减少可使地层水的 pH 升高，这将有利于地层水中 HCO_3^- 的解离，使平衡向 CO_3^{2-} 浓度增加的方向移动，促使更多的 $CaCO_3$ 沉淀生成；(2)有机垢生成，油气层压力降低，使原油中的轻质组分和溶解气挥发，石蜡在原油中的溶解度降低，促使石蜡沉积，造成堵塞。

4. 润湿性反转

岩石由水润湿变成油润湿后，造成不利的后果。原油从占据孔隙中央部分变成占据小孔隙角隅或吸附在颗粒表面，大大地减少了油的有效流道；使毛细管力由原来的驱油动力变成驱油阻力。这样不但使采收率下降，而且大大地降低油气有效渗透率。油气层由水润湿转变为油润湿后，可使油相渗透率降低 15%~85%。对润湿性改变起主要作用的是表面活性剂,影响润湿性反转的因素有:pH 值、聚合物处理剂、无机阳离子和温度。

三、生物损害

油气层原有的细菌或者随着外来流体一起进入的细菌,在作业过程中,当油气层的环境变成适宜它们生长时,它们会很快繁殖。油田常见的细菌有硫酸盐还原菌、腐生菌、铁菌等。由于它们的新陈代谢作用,可能在三方面产生油气层损害:(1)它们繁殖很快,常以体积较大的菌落存在,这些菌落可堵塞孔道;(2)腐生菌和铁细菌都能产生聚合物黏液,这些生物聚合物黏液易于吸附并堵塞油气层;(3)细菌代谢产生 CO_2、H_2S、S^{2-} 和 OH^- 等,与井下和地面金属设备表面作用,可引起 FeS_2、$CaCO_3$ 和 $Fe(OH)_2$ 等无机沉淀。影响细菌生长的因素为:环境条件(温度、压力、矿化度和 pH 值)和营养物。防止细菌损害的常用做法是在工作液和注入流体中加入氧化剂和各种杀菌剂。细菌的生物损害比较普遍,而且若发生在井间部位更难于处理,所以必须以预防为主。

四、热力损害

1. 增加损害程度

一般说油气层的温度越高,这种油气层表现出的各种敏感性的损害程度就越强,因为损害反应的速度迅速增加。温度升高,各种工作液的黏度就越低,控制滤失的能力下降,工作液的滤液就更容易进入油气层,从而导致更为严重的损害。

2. 引起结垢损害

温度变化时,也可能引起无机垢和有机垢沉淀,从而造成油气层损害。此时的损害机理为:当温度降低时,使放热沉淀反应生成的沉淀物(如 $BaSO_4$)的溶解度降低,析出无机沉淀,当原油的温度低于石蜡的初凝点时,石蜡将在油气层孔道中沉积,导致有机垢的形成;当温度升高时,使吸热沉淀反应(如生成 $CaCO_3$、$CaSO_4$ 的沉淀反应)更容易发生,从而有可能引起无机垢损害。

3. 注蒸汽和火烧油层过程中的高温热力损害

1) 矿物溶解

一般而言,随温度增加矿物的溶解度增加,只是碳酸盐矿物具有反向溶解性。长期热力开采使一些矿物溶解,原来被这些矿物所包裹的地层微粒就会释放出来。高温流体注入中,温度降低它们又可以再次沉淀析出,释放的地层微粒也能堵塞远离井筒区。

2) 矿物转化

当温度超过180℃，原来的非活跃性黏土矿物可以向活跃性黏土矿物转化，这样油层的敏感性也会强化，膨胀、分散/运移更易于发生。

3) 润湿性变化

室内实验表明，温度升高，油气层倾向于水湿程度增大，使油相渗透率增加，且有利于石油采收率的提高。但由于油藏中一些未被蒸汽作用的部分，仍可维持原来的润湿性，这样不论从宏观还是微观上讲，油藏的润湿性分布的非均质性都将显著增加。注入蒸汽和热水前缘推进不均衡，有可能使一些原油被水分割成孤立的"油区"，而这部分油难以被后续的蒸汽和热水驱替，导致油层的采收率和油相渗透率降低。

还有一种情况，当蒸汽吞吐时，热水驱使油层水湿程度增加，残余油占据孔隙中央，环绕油珠周围是直接与矿物接触的热水；随后蒸汽驱时，热水变成蒸汽，残余油又与矿物直接接触，孔隙表面为油膜覆盖，油层快速地由水湿转变为油湿。润湿性的交替变化降低油相渗透率和采收率。

4) 绝对渗透率降低

在油藏岩石总体积恒定条件下，温度升高矿物颗粒的膨胀程度增加，孔喉必然得到压缩，油气层渗透率下降。热应力作用还可形成破裂，增加地层微粒的活化程度，微粒释放变得更容易。

五、生产或作业时间对油气层损害的影响

生产或作业时间对油气层的损害可能产生如下两方面的影响：（1）生产或作业时间延长，油气层损害的程度增加，如细菌损害的程度随时间的增长而增加，当工作液与油气层不配伍时，损害的程度随时间的延长而加剧；（2）影响损害的深度，如钻井液、压井液等工作液，随着作业时间的延长，滤液侵入量增加，滤液损害的深度加深。

油气层自钻开直至开采枯竭的任何作业中都可能发生损害，且每一种作业的损害原因可能是多种，所以油气层损害原因是非常复杂的，其复杂性表现在以下几个方面：

（1）油气层损害原因的多样性。如华北莫32断块的莫32井，该井的产层为E_{m1}层位的3141.0~3153.0m井段，图4-4为采油曲线。由图4-4可以看出，1988年8月蜡卡洗井前后日产油量明显的异常递减。通过实验和分析，

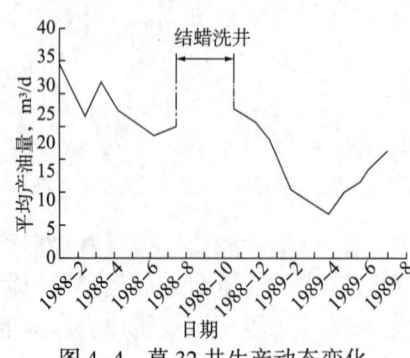

图4-4 莫32井生产动态变化

认为有两个方面的损害：一方面是微粒运移，室内岩心流动实验得到该层的临界流速为1.47m/d，而油井附近的渗流流速达5.69m/d，这样使得油气层内微粒发生运移，并堵塞油气层孔喉；另一方面是石蜡的沉积，由于开采速度快，井底流压大，气体脱出，造成石蜡沉积在油气层孔道中，堵塞油气层。

（2）油气层损害原因的相互联系性。如上海平湖油气田花港组油层，该层岩心的盐水速敏损害程度较强，临界流速大于8.80m/d。但该层岩心与pH>10的盐水接触发生反应后，用地层水以2.93m/d的流速测渗透率，渗透率明显下降。这就说明该层的速敏损害与碱敏损害相互联系。

（3）油气层损害原因具有动态性。油气层在钻开以后到开采枯竭这个时间内它的油气水分布和含量、孔隙结构、敏感性矿物的状态都是在不断变化的，即油气层潜在损害因素是变化的，这样就导致了油气层损害原因具有动态性。

油气层损害原因非常复杂，为了进一步完善油气层损害机理的研究，需要加深水锁、润湿反转、乳化堵塞、应力损害和热力损害等方面的研究。随着油气层损害研究工作的深入，所需数据、资料的量也会显著的增加，这就要求用计算机建立数据库、资料库、知识库，利用专家系统来研究油气层损害的机理。

第二节 不同类型油气藏的损害特点

油气层损害可以发生在各个作业和生产环节，多数是由于油气层内组分（岩石矿物和地层流体）及其与外来流体（含固相）相互作用造成的。不同类型油气藏的岩石组成、孔隙结构、孔隙充填流体和所处的油气藏环境均有明显的差异，虽然同一作业环节的损害具有一定的特殊性，但不同类型油气藏对同一环节的某一损害方式的响应必然不同，即表现在损害程度和对产出或注入能力的降低影响不同。

大量研究表明，在一定的油气藏系统中总以某种损害类型占优势。因此，从油气藏类型出发，可以缩小工作范围，尽快明确主要损害机理，并较方便地设计钻井、完井、增产措施和流体注入中的损害防治技术方案。

一、中低渗透均质孔隙型油气藏

中低渗透均质孔隙型油气藏最常见，占常规油气储量的比重最大。这类油气藏主要损害机理如下。

1. 流体—流体不配伍问题

特别是当砂岩渗透率和孔隙度很低时损害更为严重。

2. 岩石—流体不配伍问题

当使用矿化度（离子浓度）较低的工作液时，且蒙皂石、高岭石等黏土矿物含量较高时更为严重。如果黏土矿物含量低(绝对含量小于2%),岩石—流体不配伍问题可能会少一些。当油气层渗透率超过 $1000×10^{-3}\mu m^2$ 时,砂岩中岩石—流体不匹配问题最少。

3. 固相侵入损害

取决于悬浮固体颗粒的大小、成分、过平衡压力以及目的层中平均孔喉尺寸。一般来说,所考虑的固相颗粒大于孔喉直径的25%~30%,在过平衡压力小于3.5MPa情况下不会严重侵入均质砂岩。而在较高过平衡压力条件下作业可导致携带更多固相的工作液大量侵入油气层。对于粉细砂岩油气层,利用地层中已有固相颗粒和人工暂堵剂完全防止钻井液滤液侵入可能较困难,因为所需暂堵剂粒径分布要与孔喉匹配。这时采用可变形的超细粒子、提高工作液的黏度控制滤失是比较有效的办法。

在选择暂堵剂时,还应考虑可能使用的潜在的完井技术。在砂岩油气层或常规酸化对岩石基质的改造作用最小的情形下,可考虑使用生物降解或可溶性暂堵剂,如纤维素或油溶树脂。如果最终考虑要进行酸化,如在石灰岩油气层或某些白云岩油气层,使用一定量的 $CaCO_3$,这样的酸溶性暂堵剂不失为一种可行的选择。对于预期产水的油气层,饱和盐系统或含有一定量的NaCl的烃基液体也是成功的。图4-5给出固相侵入均质孔隙性储层系统的机制。

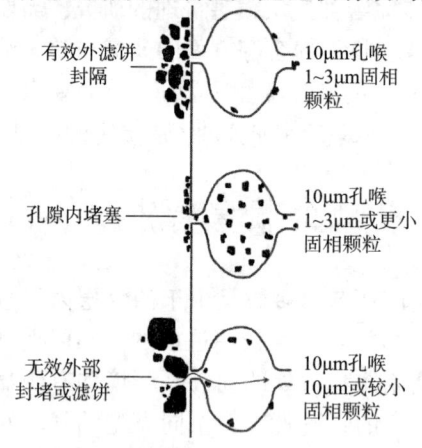

图4-5 固相侵入均质孔隙性储层系统的机制[1]

较高的过平衡压力会严重损害均质砂岩油气层,尤其当滤饼质量较差时,可促进滤液向油气层大量、连续地漏失,导致滤液和固相侵入油气层更深。在渗透率较好的固结砂岩中,当桥堵和高质量的滤饼难以形成时,这种问题经常遇到。

4. 相圈闭损害

低渗透固结砂岩油气层,相圈闭是造成渗透性损害的极为重要的因素之一。无论是低渗透油层还是气层,一般都表现出异常低的初始含水饱和度。相圈闭的严重性受低水饱和度段油或气相相对渗透率曲线形态、初始水饱和度和最终所获得的束缚水饱和度之间的差异影响。在清除水相圈闭损害时,滤液侵入深度和可能的压降梯度是重要考虑因素。

5. 处理剂吸附损害

均质砂岩、特别是含有大量高比表面黏土矿物的砂岩，化学吸附作用在降低渗透率和润湿性反转方面都较敏感。进行详细实验研究有助于评价处理剂吸附损害的程度，特别是对于渗透率低于 $100\times10^{-3}\mu m^2$ 的河流相砂岩油气层。

6. 微粒运移损害

砂岩油气层中微粒运移在下列情况下可能成为严重的潜在问题：（1）大量的（超过岩石总量2%~3%）可运移的地层微粒存在；（2）当平均孔喉尺寸小于微粒尺寸的3~4倍时；（3）侵入液体压力太高或过平衡压力太大引起的高流速启动地层微粒；（4）微粒润湿相流体侵入或润湿相流体饱和度增加。

二、多层非均质砂岩油气藏

多层非均质砂岩油气层的潜在损害机理在流体—流体不配伍、岩石—流体不配伍、相圈闭、化学吸附和微粒运移等方面，与均质孔隙型砂岩油气层类似。

多层非均质砂岩油气层的固相侵入损害比均质孔隙型砂岩更为敏感一些。如果这些层状储层由不稳定的泥页岩或粉砂岩组成，那么钻穿这些储层所产生的微粒往往更小，钻井液中的黏土粒子含量迅速增高，且难以用离心力除去这些微粒，就更加容易侵入，而为油气层所捕获。柴达木盆地第四系浅层气藏就属于这种情况。

层状砂岩油气藏剖面中的高渗透率产层，是最终潜在最大产能的位置，也常常会最大程度地被工作液漏失性侵入所损害。如果高渗透层损害是永久的，且不能在完井过程中消除，那么仅从损害较小、而储渗质量较差的储层所获产能，就会大大低于期望值。如在渤海某油田，DST 测试结果显示，同一口井剖面上渗透率高于 $2000\times10^{-3}\mu m^2$ 的油层，其表皮系数也大于中低渗透油层，表明在相同的条件下渗透率越高，钻井液损害程度越大。

三、高渗透疏松砂岩油气藏

高渗透未固结的砂岩中往往不含或含有很少的膨胀性或可分散黏土矿物，尽管在含有一定量的黏土矿物时，水敏问题依然存在，但在许多情况下，像岩石—流体不配伍的问题相对较少。同样，由于在高渗透孔隙型砂岩，通常毛细管力较低，水相圈闭问题在这类油气藏中一般不严重，除非初始含水饱和度相当低。

由于固相侵入和钻井液漏失而引起的损害问题严重，特别是在较高过平衡压力钻井条件下，由于孔喉粗大，难以建立有效的桥堵滤饼。实践经验表明，含有纤维和油溶性树脂暂堵剂的钻井液体系在防漏治漏中最为成功。如果流体漏失率高，就会出现微粒运移损害。微粒运移损害，在产量高和井筒不稳定生产时发生，还会进一步引发出砂和地层坍塌等问题。

流体—流体不配伍性和化学吸附作用引起的问题与前文所述均质固结砂岩油气层的情况类似。应该指出，对未固结的疏松砂岩来说，由于其固有的极佳孔渗性，这些损害问题一般可以忽略。与储渗质量较差的固结砂岩相比，在未固结高渗透砂岩孔隙流动系统中，等量的吸附或结垢对后者的有效孔隙度和渗透率的降低作用微弱。

四、裂缝性砂岩油气藏

裂缝性砂岩一般可分为两类：（1）基块系统和相互连通的高渗透性裂缝系统对有效产能贡献相近的裂缝性砂岩；（2）基块渗透性极差（可能包括孔隙度），裂缝系统作为流体产出的主要通道的裂缝性砂岩。对于第一种情况，既有对基块的损害，也有对裂缝的损害，因此，在设计工作液体系时，不仅要考虑对基块的保护（与均质和层状砂岩类似），而且还必须考虑对裂缝的保护。对于第二种类型，基块的贡献可以忽略不计，最首要的是把对裂缝本身的侵入损害控制到最低程度。

裂缝类型是多变的，要完全清楚油气层中的裂缝系统在许多情况下是十分困难的。为方便讨论，将裂缝划分为：（1）地层条件下宽度小于 $100\mu m$ 的微裂缝；（2）地层条件下宽度大于 $100\mu m$ 的宏观裂缝（肉眼可辨）。大部分砂岩油气层和泥页岩油气层的地下裂缝宽度小于 $100\mu m$；当存在溶蚀作用时，如一些碳酸盐岩油气层地下裂缝宽度可大于 $100\mu m$，甚至达到数十毫米。

微裂缝和宏观裂缝系统均可因工作液滤失和固相侵入严重损害。由工作液滤失所引起的损害，对宏观裂缝来说，比起对微裂缝要轻，可不予考虑。但是由于宏观裂缝规模大，特别在较高过平衡压力下，侵入的深度和速度可能会很大。当在过平衡压力条件下作业时，控制微裂缝和宏观裂缝系统损害最为关键的措施在于快速建立很稳定的不渗透滤饼，一般通过加入暂堵剂来实现。在大多数情况下，天然钻屑与裂缝的匹配性差，难以形成高质量的滤饼。在某些情况下，需要有较大直径颗粒来对裂缝产生有效封堵，且为了在较大颗粒之间形成封闭网络，仍然需要微小粒子。采用裂缝屏蔽暂堵技术可以有效地防止完井液对微裂缝油气层的损害，这项技术已在川西致密气藏开发中得到推广应用。

微裂缝系统对水相圈闭损害较为敏感，高毛细管力可捕获侵入流体并有效地阻挡油气流动。进入微裂缝的流体可以部分返排，但需要相当长的时间，速度缓慢，且可能大部分被油气层吸收，这取决于裂缝宽度、基块孔喉尺寸、润湿性和流体饱和度。

宏观裂缝系统不会产生严重的毛细管滞留效应，只要侵入流体中的固相未对裂缝初始渗透性造成永久性损害,侵入的滤液就会很快地返排、清除干净。减少正压差在控制宏观裂缝系统中的侵入损害时发挥关键作用。因此,使用低密度工作液,泡沫或气基流体体系具有明显的技术优势。图4-6说明了裂缝系统中的固相侵入损害机制。

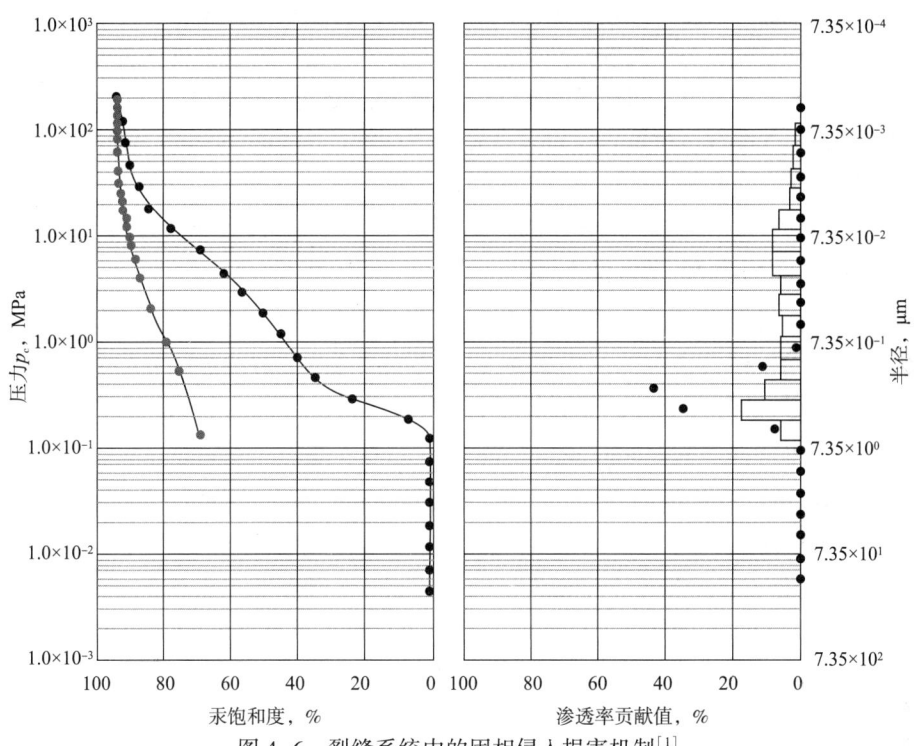

图4-6 裂缝系统中的固相侵入损害机制[1]

五、页岩油气藏

页岩油气层天然裂缝发育,水平井钻完井周期长,造成严重钻完井液漏失损害。钻完井液中固相侵入天然裂缝,造成天然裂缝堵塞,储层渗透率下降。另外,钻井液中的聚合物本身存在吸附作用,容易吸附在页岩中的黏土矿物上,会造成黏土絮凝堵塞。压裂液中一般含有用来增加携砂能力的凝胶,返排时需要对其进行破胶处理,当破胶不完全,就会产生胶体残渣,这些胶体残渣塑性强,在压裂液返排时很容易堵塞储层孔隙。返排过程还会造成支撑剂回流损害,支撑剂充填床与常规砂岩储层结构类似,但是支撑剂充填床没有胶结物固结砂粒,支撑剂粒径和质量非常小,所以在较大压差和破胶不完全的有利胶体条件下易流动,造成储层出砂,导致支撑裂缝内,支撑剂浓度降低,裂缝闭合,从而降低裂缝的导流能力。

虽然采用大规模水力压裂和平台式"工厂化"的增产改造模式,实现了页岩气的经济有效开发，但是，它也导致了页岩气井间压窜损害。首先，井间压窜对页岩储层造成的主要损害为水相圈闭损害；其次，当大量的压裂液涌入生产井周围裂缝，会造成储层裂缝内固相颗粒的紊乱运移和沉降堵塞。暴性水淹还可能降低生产井周围区域温度的下降，从而导致储层中沥青质和石蜡的结垢损害。

随着采油气过程中储层压力的不断下降，岩石所受的有效应力会不断增加，支撑裂缝会逐渐闭合，若支撑剂的硬度大于储层岩石，则支撑剂会嵌入岩石中，减小了有效裂缝宽度，降低了裂缝的导流能力；反之，若支撑剂的硬度小于储层岩石，则支撑剂会被压碎，造成破碎微粒在充填裂缝中的运移、架桥和堵塞损害，同样会降低裂缝的导流能力；过高的流速和压力梯度会引起裂缝壁面上的黏土和页岩粉的启动、运移和沉淀，堵塞支撑剂充填床的孔喉，造成损害。

六、均质碳酸盐岩油气藏

碳酸盐岩对各种成岩变化比较敏感，所以相对均质的碳酸盐岩油气藏比均质砂岩油气藏较为少见，典型的油气层如针孔白云岩、粒间孔发育的鲕粒灰岩油气层。均质碳酸盐岩油气层对类似于均质砂岩的一些损害类型也较为敏感，但也存在一些差异。

1. 流体—流体不配伍性

由于碳酸盐岩油气层的地层水矿化度较高，富含二价阳离子（如 Ca^{2+}、Mg^{2+}），而使流体—流体不配伍性更为严重。碳酸盐矿物的酸溶解度较高，又使酸化成为一种常用的增产措施。但是，一旦出现油—酸或酸—盐水不相容，尤其是在低渗透性的碳酸盐岩油气层，产能不仅不会增加，反而会降低。

2. 岩石—流体不配伍性

大多数碳酸盐岩油气层黏土矿物含量低，且处于被孤立隔绝状态。因此，多数碳酸盐岩不存在像砂岩中常出现的岩石—流体敏感性问题。但在酸化作业中，释放出来的酸不溶残渣大部分为黏土矿物，这些黏土矿物的活化可以引发微粒运移问题。

3. 固相侵入损害

均质碳酸盐岩油气层中也存在工作液和钻屑侵入问题，与均质砂岩油气层情况类似。然而，在碳酸盐岩油气层钻进时所产生的钻屑是酸溶性的，如果侵入深度较小，通过酸洗或酸压的方式，可以比较容易消除固相损害。当在渗透性较高的均质碳酸盐岩系统中钻进时，加入酸溶性屏蔽暂堵剂（如 $CaCO_3$），与钻屑一道用于控制流体滤失。

4. 相圈闭损害

初始含水饱和度较低的致密碳酸盐岩气藏，存在强烈的水相圈闭损害的趋势。此外，绝大多数碳酸盐岩油藏表现为中性到亲油趋势，初始含水饱和度通常也很低，水相圈闭效应同样使这种这类油藏受到损害。

5. 处理剂吸附损害

化学处理剂吸附和润湿反转也会损害碳酸盐岩油气层，但由于活跃性的黏土矿物含量一般很低，且在初始状态下具有向亲油性自然变化的趋势，因此这些因素的影响(与砂岩油气层相比)要弱得多。

6. 微粒运移损害

一般认为大多数碳酸盐岩油气层不含有丰富的黏土矿物或可活化的地层微粒，因此其速敏性相对较弱。不过，也有例外，有时油气层沥青、纤维状石膏、微晶石英、微晶长石、或注入流体引入的就地生长细菌也会存在潜在的微粒运移问题。

七、裂缝/溶蚀孔洞型碳酸盐岩油气藏

绝大部分碳酸盐岩油气层表现为强烈的非均质性。对于裂缝性碳酸盐岩油气层，要像对裂缝性砂岩油气层那样进行评价，确认油气层基块是否对产能有贡献(如果存在，流体设计中就应考虑前文所述的要点)，或者产能是否主要来自裂缝系统。同样由于钻屑的可酸溶性，假如裂缝系统中侵入钻屑的损害只是局部的，且深度范围较小，则碳酸盐岩裂缝系统的损害较砂岩油气层更易于处理。但应该强调的是，非酸溶性工作液成分，如重晶石加重材料、人工钠膨润土或来自井筒上部非碳酸盐岩地层的钻屑，在砂岩储层和碳酸盐岩储层都可能造成损害。

溶蚀孔洞型碳酸盐岩油气层的问题较为复杂。如果孔洞之间未广泛连通，那么各孔洞仅涉及井筒较浅的范围，不是流体设计和选择优先考虑的因素。

具有很好相互连通性的孔洞系统很可能像开启的大裂缝一样发生严重的流体漏失，大量钻井液和固相颗粒向孔洞系统的漏失是损害渗透率的主要潜在因素。某些情况下，如果孔洞之间的相互连通性规模相对较小，一定大小的固相堵漏剂就能有效地阻止大量的漏失。而如果相互连通规模较大，在欠平衡钻进时，仍会有大量流体漏失，此时应当考虑使用超粗粒级的堵漏材料和桥堵剂。缝洞型油气层损害远未认识清楚，特别是漏失损害机理与控制方法是当前研究的前沿问题。

八、裂缝性变质岩/岩浆岩油气藏

变质岩/岩浆岩油气层的形成多与潜山风化壳有关，如酒西盆地鸭儿峡变质岩油藏、辽河大民屯凹陷东胜堡潜山变质岩油藏、济阳坳陷王庄变质岩油藏、二连盆地阿北油田中生界安山岩油藏、大庆徐深火山岩气田。这类油气

层表现出强烈的非均质性，储渗空间以构造成因的裂缝和风化破碎淋溶的孔隙、溶蚀裂缝、溶洞为主。由于岩石性脆，裂缝密度大、组系多，微裂缝发育，各种规模的裂缝相互连通，可以形成较高的储集和渗流能力。

要详细评价油气层基块和裂缝系统对产能的贡献，以制订有针对性的保护措施。与碳酸盐岩油气层不同，变质岩/岩浆岩钻屑的可酸溶性差。若裂缝系统中侵入钻屑、非酸溶性钻井液成分，如重晶石加重材料、膨润土或来自井筒上部碎屑岩的钻屑，都可能造成油气层损害。对于相互独立的裂缝系统，钻井完井液密度控制更加困难，固相和液相侵入损害比较普遍。井漏、或井喷后的压井通常造成最严重的损害。

变质岩/岩浆岩油气层的矿物组成比碳酸盐岩油气层复杂得多。首先是初始矿物组分多，然后在风化过程、再次埋藏过程还要发生一系列的矿物形成和转化。裂缝和孔隙中常有方解石、白云石、高岭石、绿泥石、伊利石、蒙皂石、沸石等自生矿物，从敏感性矿物组分的多样性来说，有时并不亚于砂岩油气层。所以油气层敏感性损害的特点与裂缝性砂岩油气层相似，同时兼具缝洞性碳酸盐岩油气层漏失性损害的特性。

第三节 油气层损害机理诊断

油气层损害机理诊断是油气层保护技术的关键，油气层损害的诊断、预防、处理、改造是一个系统工程，只有准确地诊断油气层损害机理，油气层损害预防与解除措施才能"对症下药"，而不会出现"头疼医头、脚疼医脚""顾头不顾尾"的现象。如果将油气层水相圈闭损害误诊断为是固相堵塞，采取酸化作业，效果将适得其反，不仅不能解除损害，而且可能加剧水相圈闭损害。

一、生产井与注入井损害差异

油气层损害的实质是油气层孔隙结构的改变，导致油气井产出能力或注入能力的下降。油气层损害具有很强的针对性，同样的油气层，在不同作业环节损害机理不同。油气层损害导致生产井产出能力和注入井注入能力下降。由于生产井与注入井流体及流体流动方向不同，油气层损害范围、机理及程度也存在一定差异。

对于生产井来说，由于流体是从油气层往井眼中流动，因此当井壁附近发生微粒运移后，一些微粒可通过流道排到井眼，一些微粒仅在近井地带造成堵塞，损害主要在近井带；流体主要是油气层中油气或地层水，不会出现流体与油气层岩石—流体不配伍、固相损害等，可能出现应力敏感性、相圈闭、出砂、无机垢、润湿性反转、脱气等损害。

注入井情况恰好相反,流体是从井眼往油气层中流动,在井壁附近产生的微粒运移不仅在井壁附近产生堵塞,而且会造成油气层深部微粒的沉积堵塞,损害范围大,流体经过的任何地方均可发生损害。注入流体可能与油气层矿物、流体不配伍产生的流体敏感性、无机垢、有机垢、处理剂吸附滞留及乳状液堵塞损害,也可能发生固相侵入、细菌损害及热力作用损害等。

二、油气层损害机理诊断方法

1. 损害可能存在的标志

(1) 压力与产量关系变化波动很大;

(2) 产量低于经济下限;

(3) 产量要远低于中途测试、岩心分析、测井计算的预测值;

(4) 同一油气藏,油气层物性完全相同,但产量差异很大或水平井产量等于或小于直井产量;

(5) 生产井出砂;

(6) 测试时出现表皮效应;

(7) 有机垢和无机垢沉积;

(8) 注入能力急剧下降,措施或处理周期短;

(9) 在钻井或修完井过程中油气层段出现漏失。

2. 损害机理诊断方法

一般通过现场试验来监测油层损害。Yeager 等[2]指出:"损害机理的判识要求采用系统的方法来研究、规划和评价所有现有信息",在大多数情况下油气层损害的测量与诊断包括试井、测井、历史拟合以及产出流体分析。他推荐三阶段法,即:(1)量化已有的损害程度;(2)诊断已有的井下损害机理;(3)进行室内研究以增加对特殊机理的了解。

为此,油气层损害研究从油气层分类、作业和工艺规程评价开始。在现场进行的典型井下诊断测试包括:(1)定量确定是否存在油气层损害的试井分析;(2)观察井眼和油气层表面的井下电视成像;(3)井下流体和固体物理取样;(4)裸眼井井眼面的旋转式井壁取心,类似于对油气层进行活体解剖。

油气层损害诊断技术主要有 DST 测试分析、测井分析、生产史分析、相邻井产量对比、压力不稳定试井、生产效率剖面分析、岩心实验分析、井下照相分析、井下取样分析及节点分析。通过诊断与测量表皮系数、渗透率变化指数、黏度变化指数、损害比、流动效率以及损害深度等指标判断油气层损害机理及损害程度。

油气层损害诊断技术各有优势与限制条件,要结合油气层工程地质特征,尽量综合各种诊断技术，准确诊断油气层损害机理。例如，通过分析 DST 测试的压力与时间数据计算表皮系数即可半定性地确定损害程度，然而，在 DST 初期评价损害应该慎重，因为压力波动和高压差能诱发微粒运移。因此，油气井作业史调查来分析钻井过程的哪一个环节诱发损害是十分必要的。

三、损害机理诊断案例

1. 高渗透油层水平井损害诊断

某油田三叠系阿克库勒组四段以灰色、褐灰色岩屑长石砂岩为主。取心分析发现，三叠系油气层为中孔隙度、中-高渗透油气层，油层孔隙度主要分布在 22%～28%之间，平均 25.4%；油层渗透率分布范围在 2×10^{-3}～$2048\times10^{-3}\mu m^2$ 之间，大于 $32\times10^{-3}\mu m^2$ 的占 84.7%，主要集中在 512×10^{-3}～$1024\times10^{-3}\mu m^2$ 之间，平均值 $599\times10^{-3}\mu m^2$。压汞资料分析表明，三叠系油层平均最大喉道半径和中值喉道半径相对较大，分别为 $69.40\mu m$ 和 $11.36\mu m$，孔隙结构整体表现为粗孔喉型，孔喉分选较好。XRD 分析结果表明，三叠系油层黏土矿物平均含量为 3.3%，黏土矿物成分以高岭石为主，其次是绿泥石、伊利石和伊/蒙间层矿物。

该区直井日产量平均 20t 左右，后采用水平井开发，但水平井产量和直井产量差不多，完井后表皮系数高，多数井不能自喷，诱喷压力高，表明存在较为严重的油层损害。某井共自喷生产 80d，油压由初期的 9.4MPa 升至目前的 12.0MPa，压力升高了 2.6MPa，表明随着生产时间的延长，井底的损害在逐渐解除，进一步打开了井底与油藏的通道。

通过对该油田三叠系油层地质特征的分析认识、原钻井完井液粒度分析、原钻井完井液的油层保护效果的评价，发现原钻井完井液粒度偏细，对气测渗透率小于 $100\times10^{-3}\mu m^2$ 的油层屏蔽暂堵效果良好，其返排恢复率大于 80%，而对于气测渗透率大于 $600\times10^{-3}\mu m^2$ 的油层效果较差，返排恢复率小于 50%。因此，判断高渗透段油层损害较为严重，主要为钻井、完井过程固相侵入损害，由于地层压力系数降低，侵入的固相不能返排。

2. 裂缝性致密砂岩油藏压窜井损害诊断

鄂尔多斯盆地某区长 8 油藏岩性致密，是典型致密油藏。油层孔隙类型以次生粒间孔和黏土矿物晶间微孔为主，少量粒内溶孔和铸模孔；黏土矿物类型主要有伊利石、高岭石(地开石)、绿泥石、伊/蒙间层矿物(图 4-7)，潜在损害为水相圈闭、流体敏感性及应力敏感性；天然裂缝潜在损害主要为固相侵入、应力敏感损害、水敏、化学剂吸附；基块孔喉潜在损害主要为相圈闭损害、碱敏、化学剂吸附，次为水敏、无机垢等。

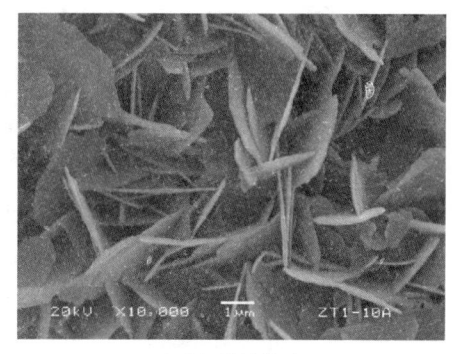

(a)丝缕状伊利石　　　　　　　(b)支架状绿泥石

图4-7　鄂尔多斯盆地延长组典型黏土矿物

该区采用水平井裸眼衬管完井分段压裂方式开发，井距处于300~550m，平均井距420m，平均压裂段数10段，平均入井液量1430m³，平均每段入井液143m³，平均单井加砂186m³，水平井压裂施工压窜邻井的情况逐渐增加。大部分井被邻井压裂施工压窜后产油下降、含水升高，产量及产油量一直恢复不到压窜前水平。因此，认为压裂施工诱发油层损害。

通过分析油藏地质、压窜井与压裂井井史、油井生产动态曲线发现，该区天然裂缝较为发育，压裂液主要是在压裂井进行压裂施工过程中，沿着天然裂缝沟通压窜井，或者通过压裂施工诱发扩展延伸的天然裂缝进入压窜井，导致生产井产量大幅度降低，说明压裂液对油层有损害。

通过压窜井与压裂井井史、油井生产动态曲线综合分析发现了一个重要现象，即由于天然裂缝比较发育，邻井钻井过程中漏失钻井液也进入生产井，影响生产井产量。经统计，压窜井钻井时近一半发生井漏，平均漏失钻井液454m³，压窜井对应压裂井钻井时40%发生井漏，平均漏失钻井液505m³。漏失井漏失量与油井产量关系表明，漏失量越大，油井产量越低，说明钻井完井液对油层损害严重，是导致该区油井产量低的一个重要原因。

敏感性实验、钻井完井液、压裂液损害评价结果揭示出，油层损害降低油井生产能力、严重影响压窜后产量恢复情况，该油藏油气层损害程度依次是钻井完井液漏失、压裂液浸泡油层带来的固相堵塞、水相圈闭、润湿反转、贾敏效应、应力敏感损害、破胶不彻底带来的残渣堵塞损害等；油层物性及压裂施工工程参数对损害程度及压窜后产量恢复程度也有一定影响。

综合分析认为，压窜井可能受到该井钻井完井液损害、压裂液损害及邻井钻井完井液损害、压裂液损害，这些损害叠加导致生产井被压窜后产量显著降低。通过有机酸+表面活性剂+氧化剂的复合解堵措施，解除了钻井完井液滤饼和压裂诱发的水相圈闭损害，效果显著。

参 考 文 献

[1] Bennion D B, Thomas F B, Bietz R F et al. Water and hydrocarbon phase trapping in porous media-diagnosis, Prevention and Treatment[J], Journal of Canadian Petroleum Technology, 1996, 35(10): 29-36.

[2] Yeager V, Shuchart C. In situ gels improve formation acidizing[J]. Oil & Gas Journal, 1997, 95(3): 70-72.

第五章 钻井过程保护油气层技术

钻井完井过程中，降低油气层损害是保护油气层系统工程的首要环节。其目标是交给试油或采油部门一口无损害或低损害、固井质量优良的油气井。油气层损害具有累加性，钻井完井过程中对油气层的损害不仅影响油气层的及时发现和油气井的初期产量，还会对后续各项作业效果带来不利影响。因此，做好钻井完井过程中的保护油气层工作，对提高勘探开发效益至关重要，必须严把这第一关。

第一节 钻井过程油气层损害因素分析

一、钻井过程油气层损害原因分析

钻开油气层的作业尽管是钻井工程的一部分，但该作业又是沟通地层与井筒通道的系列作业过程中的第一个作业环节，也隶属于完井范畴。钻开油气层时所使用的钻井液，有时也称为"钻开液(Drill-in Fluid)"。油气层被钻开时，在正压差和毛细管压力的作用下，组成钻井液的分散相和分散介质将侵入油气层，与油气层孔隙中的流体或构成油气层的岩石发生一系列的物理变化和化学变化，使油气层的有效渗流通道的截面积变小，造成渗透率下降。如固相颗粒对渗流通道的物理堵塞作用、油气层流体压力异常释放对渗流通道的闭合作用、不互溶流体共存于渗流通道对油气渗流的阻滞作用、油气层渗流通道表面的黏土矿物遇水发生的水化作用、水相中不配伍的离子相遇发生的沉淀作用等等。

1. 分散相的堵塞作用

钻井液中分散相(固相粒子或乳化液滴)侵入油气层后，将堵塞油气渗流通道而导致损害的发生，具体表现如下：

1) 固相颗粒堵塞

组成钻井液的分散相可以是多种固相颗粒，如膨润土、加重剂、堵漏剂、暂堵剂、钻屑和处理剂的不溶物等，这些固相颗粒在钻井液有效液柱压力与地层孔隙压力之间形成的压差作用下，能进入油气层孔喉和裂缝中形成堵塞，造成油气层损害。损害程度与固相类型、含量、颗粒尺寸、级配密切相关。

一般情况下，损害的严重程度随钻井液中固相含量的增加、压差增大、侵入深度增大而加剧，特别是分散得十分细小的膨润土影响最大。

2) 乳化液滴堵塞

对于水包油或油包水钻井液，不互溶的油—水或油—气二相在有效液柱压力与孔隙流体压力之间形成的压差作用下，可进入油气层的孔隙空间形成不连续的油—水或油—气段塞，发生贾敏损害；随连续介质一起进入油气层的各种表面活性剂还会导致储层岩心表面发生润湿反转，造成油气层的润湿反转损害。

2. 不合理压差造成渗流通道的堵塞或闭合

中途测试或负压差钻进时，如选用的负压差过大，可诱发油气层速敏，引起油气层出砂。对于裂缝性储层，过大的负压差还可能引起井壁附近的裂缝闭合，产生应力敏感损害。

3. 相圈闭损害

钻井液滤液进入油气层，改变了井壁附近地带的油、气、水分布，对油气渗流产生阻滞作用。对于油层，将导致油相渗透率下降，增加油流阻力；对于气层，液相(油或水)侵入能在气层渗流通道的表面吸附，而减小气体渗流截面积，当气层的渗流通道尺寸小于微米级后，甚至导致气相渗流完全丧失，即导致"液相圈闭"，也叫相圈闭损害。

4. 钻井液与储层流体及岩石不配伍导致的储层损害

不配伍通常所指的是钻井液滤液与油气层岩石不配伍和钻井液滤液与油气层所含的流体之间不配伍两个方面。当水基钻井液滤液侵入油气层后，与油气层岩石不配伍可诱发下列损害。

1) 水敏性损害

当滤液的组成有助于促进黏土矿物水化膨胀及水化分散，如低于地层水矿化度，将诱发水敏损害，导致储层渗透率下降。

2) 盐敏性损害

当滤液矿化度低于盐敏的临界矿化度下限时，可引起黏土矿物水化、膨胀，导致渗流通道变小，渗透率下降，若进一步发生分散形成微粒发生运移，将造成孔喉堵塞；当滤液矿化度高于盐敏的临界矿化度上限时，可引起黏土矿物去水化、收缩破裂或脱落，导致微粒分散运移，造成堵塞。

3) 碱敏性损害

高 pH 值的滤液可能引起碱敏矿物分散、运移或结垢，堵塞渗流通道。

水敏、盐敏和碱敏都与油气层中所含的黏土矿物的水化密切相关，即黏土的水化作用。

4) 润湿反转损害

当进入油气层的滤液含有亲油表面活性剂时，这些表面活性剂吸附在岩石颗粒表面，将亲水岩石表面改变为亲油表面，引起油气层孔喉表面润湿反转，造成储层油相或气相渗透率降低。

5) 处理剂吸附滞留损害

当滤液中所含的部分高分子处理剂被油气层孔喉或裂缝表面吸附后，将导致孔喉或裂缝尺寸的减小，造成油气层渗透率降低。

钻井液滤液侵入油气层后，与油气层流体不配伍也可诱发油气层潜在损害。

6) 无机垢损害

滤液中所含无机离子与地层水中无机离子相互作用形成不溶于水的盐类，例如含有 CO_3^{2-} 离子、HCO_3^- 离子的滤液遇到含钙离子的地层水时，如果 CO_3^{2-} 离子与钙离子的浓度乘积大于地层温度下的碳酸钙溶度积时，就可以形成碳酸钙沉淀。

7) 处理剂不溶物损害

当地层水的矿化度和钙、镁离子浓度超过滤液中处理剂的抗盐和抗钙、镁能力时，处理剂就会盐析出来形成不溶物，或处理剂中的有机酸根与高价金属离子生成沉淀。例如腐殖酸钠遇到地层水中的钙离子，就会形成腐殖酸钙沉淀。

8) 乳化堵塞损害

使用油基钻井液、油包水乳化钻井液、水包油乳化钻井液时，含有多种乳化剂的滤液与地层中原油或水发生乳化作用生成高黏度的乳状液，造成乳化堵塞。

9) 细菌堵塞损害

滤液中所含的细菌进入油气层，如油气层环境适合其繁殖生长，也会因繁殖过程中的排泄物在渗流通道中的堆积而堵塞喉道。

总体上，钻井过程中油气层损害的原因复杂多样，涉及物理堵塞、化学作用以及不合理压差等多个方面。为减轻这些损害，需要采取针对性的措施，如优化钻井液配方、控制作业压差、提高钻井液与油气层的配伍性等。

二、影响油气层损害程度的工程因素

钻井过程中，油气层损害程度与钻井液类型、组分及性能密切相关，尤其在各种特殊轨迹的井眼（定向井、丛式井、水平井、大位移井、多分支井等）的钻井作业中，钻井液的优劣对油气层损害的影响更加显著。而且随钻井液中的固相和液相与岩石、地层流体的作用时间和侵入深度的增加而加剧。而作用时间和侵入深度在很大程度上受工程因素控制。这些因素可归纳为三个方面。

1. 压差

压差是造成油气层损害的主要因素之一。在钻井过程中，钻井液的滤失量随压差的增大而增加，因此，钻井液侵入油气层的深度和损害油气层的严重程度均随正压差的增加而增大（图5-1）。

此外，当钻井液有效液柱压力超过地层破裂压力或钻井液在油气层裂缝中的流动阻力过大时，钻井液就有可能沿裂缝通道漏失至油气层深部，从而加剧对油气层的损害。压差过高对油气层的危害已被国内外许多实例所证实。美国阿拉斯加普鲁德霍湾油田针对油井产量进行过调研，结论是：在钻井过程中，由于超平衡压力条件下钻进，促使固相或液相侵入油气层，使渗透率下降了10%~75%。

负压差在一定程度上可以缓解钻井液侵入油气层的问题，从而减轻对油气层的损害程度。然而，不适当的负压差，特别是负压差过大时，可能会引发一系列问题。具体来说，过大的负压差有可能导致油气层出砂，增加裂缝性地层的应力敏感，以及促进有机垢的形成。这些因素同样会对油气层产生损害，因此在实际操作中需要严格控制负压差的大小，以避免对油气层造成不必要的损害。

2. 浸泡时间

当油气层被钻开时，钻井液固相或滤液在压差作用下侵入油气层，侵入数量、深度及对油气层损害的程度，均随钻井液浸泡时间的增长而增加，因此，浸泡时间对油气层损害程度的影响不可忽视。

3. 环空返速

环空返速是另一个影响油气层损害的重要因素。环空返速越大，钻井液对井壁滤饼的冲蚀就越严重。因此，随着环空返速的增高，钻井液的动滤失量也会增加（图5-2）。这会导致钻井液的固相和滤液侵入油气层的深度增加，损害程度也随之加剧。

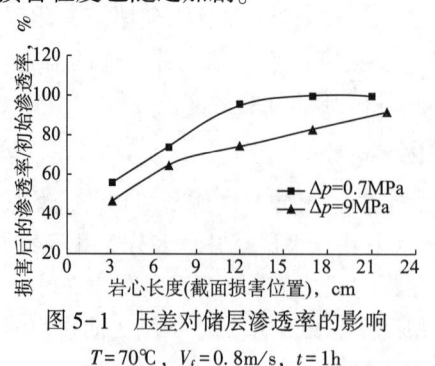

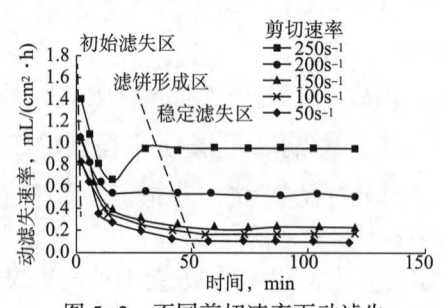

图5-1 压差对储层渗透率的影响
$T=70℃$，$V_f=0.8m/s$，$t=1h$

图5-2 不同剪切速率下动滤失速率与时间的关系

此外，环空返速的增高还会导致钻井液的当量密度增加。这样一来，钻井液对油气层的压差也会随之增高，进一步加剧了对油气层的损害。因此，在实际钻井过程中，需要严格控制环空返速，以降低对油气层的损害程度。

第二节　保护油气层的钻井液技术

钻井液是石油工程中最先与油气层相接触的工作液，保护油气层的钻井液是搞好保护油气层工作的首要技术环节。我国通过"七五"攻关和随后的推广应用与发展，保护油气层的钻井液技术已逐渐形成，并从初级阶段(仅控制进入油气层的钻井液密度、滤失量和浸泡时间)进入到比较高级的阶段(调控钻井液的粒度级配、控制侵入深度)。针对不同类型油气层基本形成了系列的保护油气层钻井液技术。

一、保护油气层对钻井液的要求

钻井液不仅要满足安全、快速、优质、高效的钻井工程施工需要，而且要满足保护油气层的技术要求。总的原则：一是钻井液的各种组分不侵入或少侵入油气层；二是无法避免而侵入油气层的组分与油气层的配伍性好，诱发潜在损害的能力尽可能小。据此可将这些要求归纳为以下几个方面。

1. 钻井液的密度可调

密度可调以满足不同压力油气层欠平衡、近平衡压力钻井的需要，避免钻井液各组分侵入油气层是对油气层最好的保护，对于油气层压力系数从 0.4 到 2.87 这宽的范围，钻井液的密度应该比该范围更宽才能满足从欠平衡钻井到过平衡钻井的要求。因而建立从空气到密度为 3.0g/cm^3 的不同类型钻井液体系才能满足各种需要。

2. 钻井液中的固相颗粒与油气层渗流通道匹配

钻井液中除了保持必需的固体分散相(如膨润土、加重剂、暂堵剂)外，应尽可能降低钻井液中膨润土与无用固相的含量；依据所钻油气层的渗流通道尺寸(孔喉直径或裂缝宽度)，选择尺寸匹配的固相颗粒级配和含量，用以控制固相侵入油气层的深度；还可以根据油气层特性选用合适的暂堵剂材料，在油气井投产时再进行解堵。对于潜在固相颗粒损害严重、且不易解堵的油气层，钻开时应尽可能采用无固相或无膨润土相钻井液。

3. 钻井液中的滤液组分与油气层岩石相配伍

对于中、强水敏性油气层，应采用有效抑制黏土水化膨胀的强抑制性钻井液，例如氯化钾钻井液、钾铵基聚合物钻井液、甲酸盐钻井液、两性离子聚合物钻井液、阳离子聚合物钻井液、正电胶钻井液、油基钻井液和油包水乳化钻井液等；对于盐敏性油气层，钻井液滤液的矿化度应控制在两个临界矿化度之间；对于碱敏性油气层，钻井液滤液的pH值应尽可能控制在7~8；对于非酸敏性的油气层，可选用酸溶性处理剂或暂堵剂；对于速敏性油气层，应尽量降低压差和严防井漏；采用油基或油包水乳化钻井液、水包油乳化钻井液时，乳化剂最好选用非离子型，以免发生润湿反转损害。

4. 钻井液中的滤液组分与油气层中的流体相配伍

确定钻井液配方时，应考虑以下因素：滤液中所含的无机离子和处理剂与地层中流体不发生沉淀反应；滤液与地层流体不发生乳化堵塞作用；滤液表面张力低，以防发生水相圈闭损害；滤液中所含细菌在油气层所处环境中不会繁殖生长；选用油基体系以消除水相中可能诱发的一系列不配伍作用。

5. 钻井液的组分与性能满足保护油气层的需要

所用各种处理剂对油气层渗透率影响小。尽可能降低钻井液处于各种状态下的滤失量及滤饼渗透率，改善流变性，降低当量钻井液密度和起下管柱或开泵时的激动压力。此外，钻井液的组分还必须有效地控制同一裸眼井段中多套压力层系的油气层损害。

二、保护油气层的钻井液类型

为了满足上述对保护油气层的钻井液要求，减少对油气层的损害，通过多年努力，我国已形成三大类用于钻进油气层的钻井液。

1. 水基钻井液

水基钻井液具有成本低、配制处理维护较简单、处理剂来源广、可供选择的类型多、性能容易控制等优点，并具有较好的保护油气层效果，因此是国内外钻开油气层的常用钻井液体系。按其组分与使用范围又可分为9类。

1) 无固相盐水钻井液

无固相盐水钻井液不含膨润土和其他人为加入的固相。其密度可在1.0~2.30g/cm^{3}范围内靠加入不同数量和不同种类的可溶性盐进行调节（表5-1）；加入对油气层无损害（或低损害）的聚合物来控制其滤失量和黏度；为了防腐，应加入对油气层不发生损害或损害程度低的缓蚀剂。

无固相清洁盐水钻井液可以大大降低固相损害和水敏损害，但仅适用于套管下至油气层顶部，油气层为单一压力体系的裂缝性油气层或强水敏油气层。此种钻井液曾在国内长庆、中原、华北、辽河、冀东、渤海、南海、黄海等油田部分井上使用，取得较好效果。由于此种钻井液具有成本高、工艺复杂、对处理剂要求苛刻、对固控设备要求严格、腐蚀较严重（甲酸盐除外）和易发生漏失等问题，故很少用作钻井液，在射孔液与压井液中使用较为广泛。

表 5-1 各类盐的水溶液在 21℃时所能达到的最大密度

盐的种类	盐水的浓度,%(质量分数)	盐水的密度,g/cm³
KCl	26	1.07
NaCl	26	1.17
KBr	39	1.20
HCOONa	45	1.34
CaCl$_2$	38	1.37
NaBr	45	1.39
NaCl/NaBr		1.49
CaCl$_2$/CaBr$_2$	60	1.50
HCOOK	76	1.69
CaBr$_2$	62	1.81
ZnBr$_2$/CaBr$_2$		1.82
CaCl$_2$/CaBr$_2$/ZnBr$_2$	77	2.30
HCOOCs	83	2.37

2）水包油乳化钻井液

水包油乳化钻井液是将一定量油分散于水或不同矿化度盐水中，形成以水为分散介质、油为分散相的无固相水包油乳化钻井液。其组分除油和水外，还有水相增黏剂，主、辅乳化剂。其密度可通过调节油水比和加入不同数量和不同种类的可溶性盐来调节，最低密度可达 0.89g/cm³。水包油乳化钻井液的滤失量和流变性能可通过在油相或水相中加入各种低损害的处理剂来调节，此种钻井液特别适用于技术套管下至油气层顶部的低压、裂缝发育、易发生漏失的油气层。此种钻井液已成功地用于辽河静北古潜山油藏、新疆火烧山油田和夏子街油田及渤中 28-1 等油田。

3）无膨润土暂堵型聚合物钻井液

无膨润土暂堵型聚合物钻井液由水相、聚合物和暂堵剂固相粒子组成。其密度依据油气层孔隙压力，采用不同种类和加量的可溶性盐来调节（但需注意不会诱发盐敏）。其流变性能通过加入低损害聚合物和高价金属离子来调控，滤失量以各种与油气层孔喉直径相匹配的暂堵剂来控制，这些暂堵剂在油气层井壁上形成内外滤饼，阻止钻井液中固相或滤液继续侵入。此种钻井液在使用过程中必须加强固控工作，减少无用固相的含量。

我国现有的暂堵剂按可溶性和作用原理可分为 4 类：

（1）酸溶性暂堵剂。常用的有细目或超细目碳酸钙、碳酸铁等能溶于酸的固相颗粒。油井投产时，可通过酸化消除油气层井壁内外滤饼而解除这种固相堵塞。此类暂堵剂不宜用于酸敏性油气层。

（2）水溶性暂堵剂。常用的有细目或超细目氯化钠和硼酸盐等。它仅适用于加有盐抑制剂与缓蚀剂的饱和盐水体系。所用饱和盐水要根据所配体系的密度大小加以选择。例如，低密度体系用硼酸盐饱和盐水或其他低密度盐水作基液，体系密度为 $1.03 \sim 1.20 \text{g/cm}^3$。氯化钠盐粒加入密度 1.20g/cm^3 饱和盐水中，其密度范围为 $1.20 \sim 1.56 \text{g/cm}^3$。选用高密度体系时，需选用氯化钙、溴化钙和溴化锌饱和盐水，然后再加入氯化钙盐粒，密度可达 $1.50 \sim 2.30 \text{g/cm}^3$。此类暂堵剂可在油井投产时，用低矿化度水溶解各种盐粒解堵。

（3）油溶性暂堵剂。常用的为油溶性树脂，按其作用可分为两类：一类是脆性油溶性树脂，它主要用作架桥粒子。这类树脂有油溶性聚苯乙烯，在邻位或对位上有烷基取代的酚醛树脂、二聚松香酸等。另一类是可塑性油溶性树脂，它的微粒在压差下可以变形，在使用中作为填充粒子。这类油溶性树脂有乙烯—醋酸乙烯树脂，乙烯—丙烯酸酯等。此类暂堵剂可由地层中产出的原油或凝析油溶解而解堵，也可注入柴油或亲油的表面活性剂加以溶解而解堵。

（4）单向压力暂堵剂。常用的有改性纤维素或各种粉碎为极细的改性果壳、改性木屑等。此类暂堵剂在压差作用下进入油气层，以其与油气层孔喉直径相匹配的颗粒堵塞孔喉。当油气井投产时，油气层压力大于井内液柱压力，在反方向压差作用下，将单向压力暂堵剂从孔喉中推出、实现解堵。

上述各类暂堵剂依据油气层特性可以单独使用，也可联合使用；可以在无膨润土暂堵型聚合物钻井液，也可在其他实施暂堵技术要求的钻井液中使用。

无膨润土暂堵型钻井液通常只宜使用在技术套管下至油气层顶部，而且油气层为单一压力系统的井。此种钻井液尽管有许多优点，但成本高，使用条件较苛刻，故在实际钻进过程中使用不多。我国辽河油田稠油先期防砂井、古潜山裂缝性油田和中原与长庆低压低渗透油田应用过此类钻井完井液。

4）无固相/无黏土相弱凝胶钻井液

弱凝胶钻井液是利用改性淀粉和黄胞胶等多糖类物质的协同效应，而不加交联剂，成胶温度和成胶时间要求低，所形成的弱凝胶具有无固相和快速形成弱凝胶的特点。它具有独特的流变性，表观黏度低、动塑比高、低剪切速率黏度高，尤其在井壁附近低剪切状态下形成高黏弹性区域，其黏度高达 $30000 \sim 40000 \text{mPa} \cdot \text{s}$，具有很好的动态悬砂能力。在高剪切作用下表现为黏度下降，但分子结构不变，当剪切作用消失后黏度恢复正常。静切力恢复迅速，无时间依赖性，具有很好的静态悬砂能力，能有效地克服水平井或大斜度井段携砂难、易形成沉砂床等问题，能保证井眼清洁，防止井下复杂事故的发生。同时，该体系低剪切状态下的高黏弹性特性，能防止钻井液对井壁的冲刷，有效地控制固液相对油气层的侵入深度，有利于油气层保护。

近几年发展的弱凝胶钻井液有3种：分别是弱凝胶无固相（或无膨润土相）钻井液、免破胶弱凝胶钻井液及抗高温免破胶弱凝胶钻井液。

弱凝胶无固相（或无膨润土相）钻井液是由抑制剂、增黏剂、降滤失剂、润滑剂、防水锁剂、加重剂等组成。常用的增黏剂为生物聚合物，降滤失剂为改性淀粉类产品，抑制剂采用氯化钾、甲酸钾、聚胺、聚合醇等，加重剂采用氯化钾、甲酸钠、甲酸钾等无机盐或有机盐。中国海油、冀东油田等在水平井中已开始应用，取得较好效果。在完井作业的后期，采用化学破胶技术可解除体系在井壁上形成的滤饼，疏通油流通道，有效保护油气层。

免破胶弱凝胶钻井液体系主要采用可降解生物聚合物、广谱封堵储层的不同粒径级配的超细碳酸钙等配制而成，具有良好的自然降解性和环境友好性；体系具有广谱封堵和承压能力强等特点，能够有效阻止钻井液对储层的损害，完井时滤饼仅需微小的生产压降就能清除，而减少了传统钻开液破胶的程序，具有优异的储层保护效果。主要采用了协同增黏、自动返排、自然降解和高效抑制四大关键技术，通过黄胞胶和淀粉的协同增黏效果形成了具有独特流变性的弱凝胶体系，增强了体系的触变性，有利于水平井携岩和携带；通过相应理想充填软件优选封暂堵材料，使天然聚合物和刚性颗粒形成附着于储层浅表的致密封堵层，减少钻井过程中的滤失，又能够在很低的返排压力下条件下自动解堵，免除了人为的自然破胶；体系不需要破胶或者酸洗，都能够自然降解，避免了井下残余材料对储层的损害；体系采用高矿化度盐水作为基液，又通过加入聚胺类抑制剂提高滤液的抑制性，减少由于滤液侵入储层造成储层中泥质含量膨胀引起的储层渗流通道的堵塞。

抗高温免破胶弱凝胶钻井液体系，通过引入抗温聚合物，配合甲酸钾和球状微锰粉复合加重构建了HTFLOW抗高温钻开液体系。体系主要包括两项核心技术：第一是基于分子模拟技术开发的抗高温高盐的五元超分子聚合物，大幅度提升了钻开液体系的抗温性能，解决了体系的抗温问题；第二是甲酸钾和微锰粉复合加重，解决了体系的高密度和沉降稳定性问题。抗高温免破胶弱凝胶钻井液在210℃条件仍然具备优异的黏度和切力，具有较高的黏度保持率，满足高温井的作业需要。该体系主要适用于：（1）高温高压；（2）定向井、水平井储层钻进以及裸眼完井作业；（3）温度低于240℃的储层；（4）要求使用钻开液密度低于2.2g/cm³的储层。

5）低膨润土聚合物钻井液

膨润土对油气层会带来危害，但它能给钻井液提供所必需的流变性和低的滤失量，并可减少钻井液所需处理剂加量，降低钻井成本。此类钻井液的特点是尽可能降低膨润土的含量,使其既能使钻井液获得安全钻进所必须的性能,又能对油气层不产生较大的损害。钻井液与油气层的配伍性所必须的流变性能、滤失性能,可通过选用不同种类的聚合物和暂堵剂来达到。此类钻井液已在国内华北、二连、中原、长庆、四川、江汉等油田低压低渗透油气层或裂缝性碳酸盐岩油气层的部分井中使用,效果较好。

6) 正电胶钻井液

这是一类用混合金属氢氧化物(Mixed Metal Hydroxide,MMH)处理的钻井液,其保护储层的作用是在生产实践中被发现的,正电胶钻井液保护油气层的机理仅有一些推测,大致上有以下几个方面:

(1) 正电胶钻井液特殊的结构与流变学性质。正电胶钻井液通过正负胶粒极化水分子形成复合体,在毛细管中呈整体流动,像一块"豆腐块",很容易返排出来。它不同于其他钻井液体系,其他体系基本上是通过负电性稳定钻井液,钻井液在流动中,不同粒径的颗粒可进入不同大小的孔喉,直到卡死为止。这样返排起来就很困难,造成渗透率不好恢复。华北油田与塔里木石油勘探开发指挥部都曾测定过钻井液中的粒度分布,最后得出一致的结论,正电胶钻井液中亚微米级粒子很少。一方面可能是抑制性所致,另一方面很有可能是亚微米级粒子在形成复合体的过程中,已无法单独存在。

(2) 正电胶对岩心中黏土微粒膨胀的强烈抑制作用。正电胶具有相当强的抑制黏土膨胀的能力。这有利于稳定岩心中孔喉的形态,有利于液体的排出。

(3) 整个钻井液体系中分散相粒子的负电性减弱。正电胶含量越高,体系越接近中性,惰性增强,有利于岩心中孔喉的稳定。

目前这种钻井液体系已在钻各类水平井、大位移井中应用。从1991年开始,正电胶钻井液已使用于我国各油气田浅井、深井、超深井、直井、斜井、大位移井、水平井等各种类型近千口井的钻井过程中,成本不高,且效果良好。

7) 甲酸盐钻井液

甲酸盐钻井液是指以甲酸钾、甲酸钠、甲酸铯为主要材料所配制的钻井液,其基液的最高密度可达 $2.37g/cm^3$,可根据油气层的压力和钻井液的设计要求予以调节,并且在高密度条件下,可以方便地实现低固相、低黏度。高矿化度的盐水能预防大多数油气层的黏土水化膨胀、分散运移,同时,以甲酸盐配制的盐水不含卤化物,腐蚀速率极低,不需要缓蚀剂。由于能有效地实现低固相、低黏度、低损害、低腐蚀速率和低环境污染,是最近几年发展较快的一种钻井液体系。

8) 聚合醇(多聚醇)钻井液

聚合醇钻井液因体系中使用聚合醇而得名。聚合醇保护油气层的作用机理是：在浊点温度以下，聚合醇与水完全互溶，呈溶解态；当体系温度高于浊点温度时，聚合醇以游离态分散在水中，这种分散相就可作为油溶性可变形粒子起封堵作用。由于聚合醇的浊点温度与体系的矿化度、聚合醇的分子量有关，将浊点温度调节到低于油气层的温度，就可以借助聚合醇在水中有浊点的特点而实现保护油气层。

国外自20世纪80年代开始室内研究，20世纪90年代初投入应用。在我国江汉石油学院于20世纪90年代初开始研究，开发出聚合醇产品和聚合醇钻井液体系，1995年首先在渤海油田得到广泛应用，继之在南海、辽河、江苏、中原、新疆、大庆等油田得到推广应用，均取得了良好的效果。

9）改性钻井液

我国大部分井均采用长段裸眼钻开油气层，技术套管没能封隔油气层以上地层，为了减少对油气层的损害，在钻开油气层之前，对钻井液进行改性，使其与油气层特性相匹配，不诱发或少诱发油气层潜在损害因素，其改性途径为：

（1）降低钻井液中膨润土和无用固相含量，调节固相颗粒级配。

（2）按照所钻油气层特性调整钻井液配方，尽可能提高钻井液与油气层岩石和流体的配伍性。

（3）降低静态、动态及HPHT滤失量，改善流变性与滤饼质量。

（4）采用的暂堵技术控制油气层损害，按暂堵原理选用暂堵剂的颗粒级配组分，尽量选用可酸溶/油溶暂堵剂。

（5）选用可酸溶加重剂，如碳酸钙、钛铁矿、氧化铁、微锰等。

此类钻井液在国内外广泛被用作钻开油气层，因为它的成本低，应用工艺简单，对井身结构和钻井工艺没有特殊要求，油气层损害程度较低。早期在华北油田的岔12与岔39断块、宁50-20与宁50-29区块使用改性钻井完井液，完井后测试结果表明属于轻微损害。目前已在国内各油田广泛使用。

2. 油基钻井液

油基钻井液主要是指以柴油或低毒的矿物油作为连续相的一种钻井液体系，当以水为分散相时，在一定条件下形成的稳定乳状液也叫做油包水（W/O）乳化钻井液，或逆乳化钻井液。油基钻井液包括全油基钻井液、油包水乳化钻井液、油基泡沫钻井液。

油基钻井液的主要优点是其抑制性和润滑性好，携屑能力强，井眼清洁，密度可保持在0.75kg/L左右，维护处理简单。具备钻井工程对钻井完井液所要求的各项性能，是一种较好的钻井液。但由于其成本高、对环境易发生污染、容易发生火灾等原因，在我国现场使用受到比较大的限制。

油基钻井液尽管可以消除液相的不配伍问题，但对油气层仍可能发生以下几方面损害：使油层润湿反转，降低油相渗透率；与地层水形成乳状液堵塞油层；油气层中亲油固相微粒运移和油基钻井液中固相颗粒侵入等。因而在使用油基钻井液时，应通过优选组分来降低上述损害。

1) 全油基钻井液

在全油基钻井液中水的含量一般低于 5%。全油基钻井液在国外应用较多，国内应用相对较少，吐哈油田陵 28 井、新疆柯克亚柯 30 井均应用了全油基钻井液，取得了良好效果。全油基钻井液如果能够多口井重复使用，即可减少由于其成本较高与劳动条件较差所带来的一系列问题。

2) 油包水乳化钻井液

现在使用较多的油基钻井液是油包水乳化钻井液。油包水乳化钻井液中油是基础组分，在钻井液中所占的比例一般大于 80%，水作为必要组分均匀地分散在油中，故也称为油基钻井液。由于这类钻井液以油为连续相，其滤液是油，因此能有效地避免对油气层的水敏损害。与一般的水基钻井液相比，油基钻井液的损害程度比较低。

3) 合成基钻井液

合成基钻井液在组分上与传统的矿物油基钻井液类似，加量也大致相同，它是以人工合成或改性有机物，即合成基液为连续相，盐水为分散相，再加上乳化剂、有机土、石灰等组成的油包水乳化钻井液，根据性能要求加入降滤失剂、流变性调节剂和加重剂等。它在配制工艺和许多性能方面与油基体系相似，但无毒或低毒并容易在海水中降解，因此能被环境所接受。

该类钻井液液相与油气层岩石与原油配伍性较好，密度也比较低，固相侵入，起到保护油气层的目的，但是对于低渗透气层保护仍然要慎重，同时要与屏蔽暂堵技术配合使用，防止固相侵入造成损害。

合成基钻井液的主要优点为：外相不含或含少量芳香烃，对环境无损害；其闪点较矿物油高，发生火灾和爆炸的可能性小；其凝固点比矿物油低，可在寒冷地区使用；其液相黏度比矿物油高；较高的热稳定性，在 200℃ 以下是稳定的，在升温时能满足携带岩屑的需要，低温时仍具有可泵性；易分散于海水中，钻屑清除容易；较强的抑制性和井眼稳定性，较好的润滑性，适用于水平井、大斜度井和多底井；具有较易调控和稳定的常规钻井液性能；节省了应用油基钻井液要处理钻屑和环境污染的费用，也消除了因使用水基钻井液达不到性能要求而损失的钻机时间；保护油层效果良好。

3. 气基类钻井流体

对于低压裂缝油气田、稠油油田、低压强水敏或易发生严重井漏的油气田及枯竭油气田，其油气层压力系数往往低于 0.8，为了降低压差损害，需实现近平衡压力钻进或负压差钻进。但上述两大类钻井完井液密度均难以满足要求。气基类钻井完井流体以气体为主要组分来实现低密度。该类钻井完井流体可分为4种。

1）单一气体类钻井流体

气体钻井的循环流体由空气或天然气、防腐剂、干燥剂等组成。由于空气密度最低，常用来钻已下过技术套管的下部漏失地层，强敏感性油气层和低压油气层。气体密度低、无固相和液相，从而减少对油气层的损害。使用气体钻进，机械钻速高，并能有效预防井漏对油气层的损害。但该类流体的使用受到井壁不稳定、地层出水、含酸性气体、井深等问题的限制。以气体类流体作为钻井循环流体介质，组合系列配套专用设备进行钻进的钻井方式称为气体钻井技术。所采用的气体组分可以是单质（如氮气）或纯净的化合物（如二氧化碳气），还可以是气体混合物（如空气、天然气、柴油机尾气等）。依据所选择的气体组分不同，组合配套的专用设备不尽相同。

空气：经过净化除去悬浮物和水蒸气的空气组成是约78%的氮气、约21%的氧气以及二氧化碳气和氩气、氦气、氖气等气体组成的混合物，在实际气体钻井过程中，还需要向空气中按一定比例添加干燥剂、防腐剂和其他添加剂。以空气为循环介质的气体钻井适用于井壁比较稳定、不容易垮塌、地层孔隙压力和含油气情况明确、产水量小于诱发井壁垮塌、钻头泥包、环空堵塞的地层，从安全角度考虑，自环空返出的混合气体中，常压下的可燃气体含量应小于5%，硫化氢含量小于50mg/L。由于进入油气层后，空气钻井很难满足常压下的可燃气体含量小于5%的要求，所以，在进入油气层时需要将循环流体更换成安全系数更高的空气—氮气混合气体、二氧化碳气或氮气钻井。

氮气：常温常压下氮气是一种无色无味的气体，标准状态下的密度为$1.25kg/m^3$，临界温度为$-147℃$，临界压力为$3.4MPa$。钻井现场施工时，氮气的来源可以是来自远离井场制取的液氮，也可以在井场附近通过低温制氮或滤膜制氮方法获取。滤膜制氮因设备简单轻便、容易运输安装、供气连续而被现场普遍采用。氮气钻井与空气钻井工艺流程大致相同，不同之处是循环介质——即氮气钻井的循环介质是氮气，相应的工艺流程中需要增加一个制氮步骤。以氮气为循环介质的气体钻井除了适用于井壁比较稳定、不容易垮塌、地层孔隙压力和含油气情况明确、产液量小于诱发井壁垮塌、钻头泥包、环空堵塞的地层外，还适用于潜在井漏地层、水敏感性地层、石油天然气丰度较高的储层。

柴油机尾气：柴油机工作时所排放的尾气也可作为气体钻井的循环流体，其主要成分为氮气、二氧化碳气、水气、一氧化碳气以及未燃烧完的氧气，柴油机在非理想条件下，工作室排放的尾气中还可能包含粉尘。与空气钻井或氮气钻井不同的是，当选择现场柴油机直接供给尾气时，在进入气体压缩装置前，尾气应该进行预处理，包括降温、干燥、除尘、过滤等，而尾气中的氧气含量通常都控制在5%~8%，甚至更低，以避免井下燃爆，如果安装了井下灭火阀，则可以实施精确调控的尾气钻井，可以达到10%左右。尾气钻井所适应的地层与空气钻井类似。

天然气：天然气是一种以甲烷为主要成分的混合气体，按其在地下赋存的不同环境，天然气可分为油田气、气田气和凝析气田气。通常情况下，天然气无色、无味、无毒、无腐蚀性，如果伴生有酸性气体(如二氧化碳、硫化氢)，则在潮湿环境中会对金属管道有一定的腐蚀性，硫化氢含量超过一定浓度后对人体及动物有毒性。由于天然气中基本不含氧气，更适合在含有石油天然气的储层钻井，所以具有预防可燃气体在井下发生失火或燃爆等复杂问题。

2) 气—液两相类钻井流体

当地层条件不能满足干气体钻井时(如地层出水)，若需要继续保持无液相固相对含油气地层的侵入，通过在注干气的同时注入含表面活性剂的基液，使钻井用循环流体有原先的单一气相流转化为气—液两相流，并保持欠平衡钻井作业状态。气—液两相类钻井流体包括雾、泡沫(稳定泡沫、硬胶泡沫、微泡沫)和充气流体。

雾：雾是由微小液滴分散悬浮在气体中构成的气溶胶。雾的形成需要具备一定的条件：首先是有足够的水汽含量，通常要大于同温度条件下饱和水蒸气压；其次是有凝结核，使过饱和的水蒸气凝结为水滴。雾是由空气、发泡剂、防腐剂和少量水混合组成的流体，是空气钻井中的一种过渡性工艺。即当钻进时，遇地层流体进入井中(其流量小于$23.85m^3/h$)而不能再继续采用空气作为循环流体时，可向井内注入少量发泡液，使返出钻屑、空气和液体呈雾状，其压力低，对油气层损害程度低。当使用干气体作为循环流体实施气体钻井并钻遇含水地层时，地层水将侵入环空导致干气体钻井系统失效，就需要实施雾化钻井。雾化钻井实际上就是在干气体中加入雾化剂(通常是与发泡剂性质相似的表面活性剂)将侵入环空的少量地层水以小液滴的形式带到地面，雾中液滴的体积分数不超过4%；当液体的体积分数进一步增加，并成为连续相，同时气体成为分散相时，则循环流体就转化为泡沫或充气流体，因此，雾化钻井可以看作是气体钻井与泡沫钻井的过渡体系，但它也与空气一样，使用范围受限制。

泡沫：由不溶性气体分散在液体中所形成的相对比较稳定的分散体系，不溶性气体可以是氮气和空气。稳定泡沫有水、压缩气体、发泡剂、泡沫稳定剂所组成的混合物，其中气体的体积分数可以占到55%~96%，通常把标准状态下的气体体积占整个泡沫体积的比例叫做泡沫数；所得密度范围一般在 0.07~0.85g/cm³，泡沫尺寸一般在毫米级，如果绝大部分泡沫的尺寸小于 1mm，且各个气泡之间基本没有相互接触，则该泡沫体系也叫微泡沫。由于泡沫总是由大大小小的气泡所组成，根据拉普拉斯方程，小气泡中气体压力比大气泡中的大，于是小气泡内的气体就会穿过液膜扩散到大泡中，小气泡消失，大气泡变大，最终泡沫破坏。

泡沫的稳定性是泡沫技术重要组成部分，泡沫的稳定性高低主要受膜的强度、膜的弹性和泡沫基液的黏度所左右，能提高膜的强度、膜的弹性和泡沫基液的黏度的物质都可以作为稳泡剂，如果发泡剂分子所形成的吸附膜排列紧密，表面黏度大，气体分子不易透过，则该发泡剂就是双功能剂——即是发泡剂又是稳泡剂。钻井流体中，把有黏土或其他不溶性固相作为稳泡剂的体系称为硬胶泡沫，而把稳泡剂中不含固相物质的泡沫称为稳定泡沫。硬胶泡沫和微泡沫的半衰期比较长，在常压下就能方便地起泡，因此不需要气体钻井必须配备的气体压缩机，使用常规液体循环系统就可以实现泡沫钻井。

泡沫流体适用于低压易发生漏失、且井壁稳定的油气层。我国新疆、长庆等油田均已成功地使用此类流体。长庆油田在青 1 井首次在 3205~3232m 井段使用泡沫流体取心。但泡沫流体的使用受到许多条件的限制而没有推广应用。

3）微泡钻井液

微泡钻井液是把某些表面活性剂和聚合物结合在一起产生的一种微泡钻井液体系。这种微泡钻井液在开发枯竭油层中起到了重要作用。

微泡不是聚集在一起的单气泡，而是形成了一种可以阻止或延缓钻井液侵入地层的微泡网络，所以微泡钻井液主要用于钻严重滤失的储层。微泡钻井液特有的黏度结构对钻井液侵入和钻井液穿过地层产生了一种阻抗，因此产生了在平衡状态下的无侵入钻井。

微泡钻井液基本上是一种含空气气核的泡沫，是一种由各种组分组成的壳状微泡（图 5-3）。微泡通过加强气核壁的强度提高了气泡的稳定性。这一特点使其与充气钻井液和泡沫的单一壳状气泡效果不同。

当含有密封空气气核的微泡钻井液循环到井下时受压。在液柱压力作用下微泡的内压按一定比例上升。在压力和温度的双重作用下，独立的微泡开始增能。

一旦钻头暴露在枯竭层中，进入低压孔隙中的微泡钻井液立即聚集。储存在微泡中的部分能量开始释放，引起微泡膨胀。在作用于微泡壁上的内压和外压达到平衡之前，微泡将持续膨胀。

当已增能的微泡进入地层的裂隙后，微泡携带的能量等于气泡钻井液在环空中所携带的能量。一旦微泡钻井液进入地层裂隙，外部的拉普拉斯力明显上升，引起钻井液体系的微泡聚集和钻井液体系内相在低剪切速率下的黏度上升。这种现象诱发的微环境有助于减轻钻井液的侵入（图 5-4）。微泡钻井液不仅通过较高的低剪切速率黏度提高了效益,而且还进一步优化了钻井液的性能。

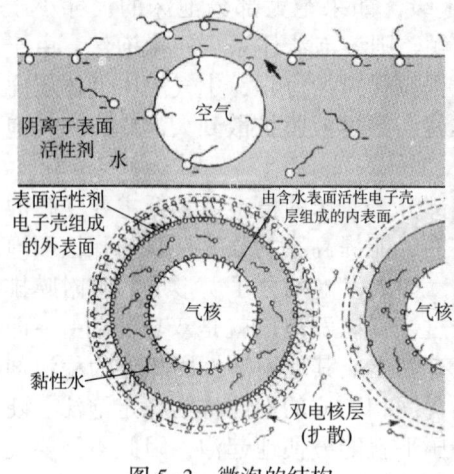

图5-3 微泡的结构

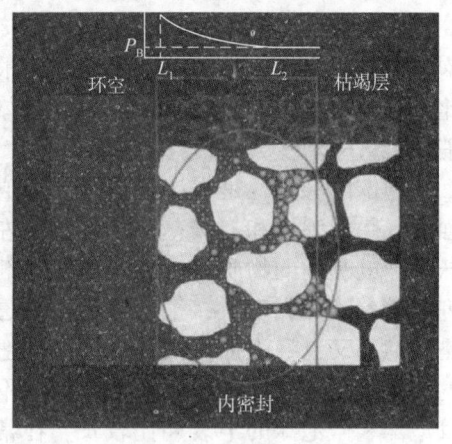

图5-4 微泡产生的内密封防止了钻井液侵入
L_1—微泡产生内密封作用的起点；
L_2—微泡产生内密封作用的终点

微泡钻井液的配制和维护并不复杂。微泡钻井液是由具有高动切力的剪切稀释性聚合物和能产生稳定微泡钻井液的组分复配而成。用独特配方配制的微泡钻井液的微泡体积一般能达到8%~14%。微泡钻井液投入循环后很容易维护,而且具有最佳的井眼清洁和钻屑悬浮效果。

绒囊钻井液是研究和应用石油天然气微泡类钻井液过程中发展起来的一种高效封堵体系。整个球形绒囊的中心包裹着气体,就像绒囊的核,称为气核;在气核外壁聚集着一层表面活性剂,该膜可以降低气液界面张力,使气核聚集能量,因此称为表面张力降低膜;在气核外包裹着一个水层,是由于表面张力降低膜上的表面活性剂亲水端的水化作用以及亲水端间的缔合作用形成的,黏度远远高于连续相,称为高黏水层;高黏水层外表面在极性作用下吸附表面活性剂,形成维持高黏水层高黏状态的表面活性剂膜,称为高黏水层固定膜;高黏水层固定膜外侧的表面活性剂亲油基与其相对应,吸附成膜。由于此膜亲水基团向空间发散,使得绒囊具有良好的水溶性,故称为水溶性改善膜。水溶性改善膜的外侧由聚合物高分子和表面活性剂组成,从膜外侧向连续相浓度逐渐降低,形成没有固定厚度的松散层,称为聚合物高分子和表面活性剂的浓度过渡层,简称浓度过渡层。气核、表面张力降低膜、高黏水层、高黏水层固定膜,在高黏水层的支撑下,一般不受外界干扰,通常以一体的形式出现,此形象地称为气囊。水溶性改善膜、聚合物高分子和表面活性剂的浓度过渡层,与气囊结合力较弱,剪切作用可使其脱离气囊进入体相，可形象地认为是气囊外的绒毛。绒毛和气囊及其生存环境称为绒囊钻井液，室内配制绒囊微观结构如图 5-5 所示。气囊和绒毛在不同的环境下结合和分离，可以自行针对油气漏失通道变形或改变性能，最大限度地占据储层储渗空间或形成黏膜层，封堵地层。

含绒囊结构的水基钻井液由定位剂、成层剂及成膜剂等处理剂配

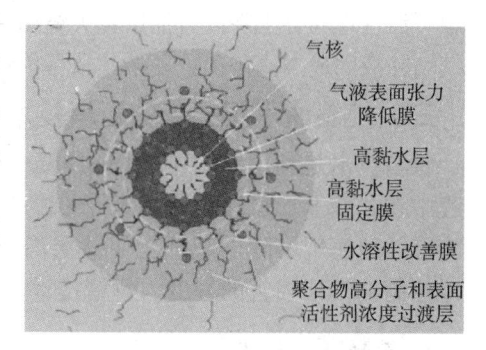

图 5-5 理论绒囊结构微观结构

制而成。含绒囊结构钻井液具有良好的流变性、滤失性、润滑性和强剪切稀释性。绒囊可按漏失通道空间变形或改变性能，含绒囊结构钻井液可利用这种外部为绒毛、内部为气囊、粒径尺寸不等的绒囊，以其低剪切速率、高黏度特性，最大限度地占据漏失通道储集和渗透空间或在井壁内侧形成黏膜层，封堵不同尺寸渗流通道。钻井液出水眼时，绒毛被剪切，流动性好。出水眼后，剪切速率降低，逐渐恢复绒囊完整结构。如遇大漏失通道，绒囊粒径小于地层通道，钻井液流进地层时，压力下降，温度升高，绒囊膨胀，在通道内非均一堆积，呈"躺金字塔"状，内部封堵地层；如遇略小于绒囊的漏失通道，绒囊向低压区移动、堆积，靠近漏失通道的气囊被拉长吸进地层，增加漏失阻力，封堵地层；如遇小于绒囊的漏失通道，含绒囊结构钻井液的低剪切速率下的高黏度特性，使得高分子聚合物在井壁形成薄黏膜，增加流体进入地层时的阻力，封堵漏失。室内封堵实验与现场应用证明，含绒囊结构钻井液能够封堵不同尺寸的渗流通道。在川中 80-C1 井、冀东油田 X2409 井、冀东油田 X60 井使用含绒囊结构钻井液，没有发生漏失现象。

4）充气钻井液

充气钻井液是由不溶性气体分散在液体中所形成的一种极不稳定的分散体系，不同于泡沫的就是充气流体极不稳定，气泡尺寸通常在厘米级以上，流体密度靠注入系统的气液比控制。最大的特点是：流体返到地面后的气液分离非常容易，这就为地面处理泡沫基液带来了方便——脱气后的基液可以使用常规的固控系统进行净化处理，无须复配种类繁多的稳泡剂，使基液的维护工艺更加简便，为基液的长期反复使用提供了基础。

充气钻井完井液以气体为分散相、液体为连续相，并加入稳定剂使之成为气-液混合均匀而相对较稳定的体系，用来进行充气钻进。此种钻井完井液经过地面除气器后，气体从充气钻井完井液中脱出，液相再进入钻井泵继续循环。充气钻井液密度低，最低可达 $0.6g/cm^3$，携砂能力好，可用来钻进低压易发生漏失的油气层，实现近平衡压力钻进，减少压差对油气层的损害。辽河油田与

新疆石油管理局分别在高升油田和火烧山油田使用充气钻井液，见到较好效果。充气钻井液因成本高、工艺复杂，故目前仅在少数特殊情况下使用。

三、控制油气层损害的暂堵技术

暂堵技术是利用钻井中的固相颗粒，在一定的正压差的作用下，钻井的过程中在井壁上形成渗透率接近于 0 的有效屏蔽环，在后续生产过程中可以经济有效地实现解除屏蔽环，使储层渗透率恢复到原始水平的技术，可以有效地控制油气层损害的程度。暂堵技术主要有三种。

1. 屏蔽暂堵技术

屏蔽暂堵技术主要用来解决裸眼井段多压力层系的保护油气层技术难题。利用钻进油气层过程中对油气层发生损害的两个不利因素（压差和钻井完井液中固相颗粒），将其转变为保护油气层的有利因素，使钻井液、压差和浸泡时间等对油气层损害的因素所诱发的油气层损害尽可能小。

屏蔽暂堵技术的思想是：当油气层被钻开时，利用钻井液液柱压力与油气层压力之间形成的压差，在极短时间内，使钻井液中各种类型和尺寸的固相粒子快速进入油气层通道的孔喉处，在井壁附近形成渗透率接近于零的堵塞带。此堵塞带不仅能有效地阻止后续的钻井、固井作业期间钻井液和水泥浆中的固相和滤液继续侵入油气层，而且堵塞带的厚度小于射孔弹穿透深度，故该堵塞带又称为屏蔽暂堵带。

上述思想已被室内实验和现场试验所证实是切实可行的。从表 5-2 的室内实验数据可以看出，粒度分布合理的颗粒，有可能在不同渗透率的油气层中形成渗透率接近于零的屏蔽暂堵带。此带渗透率随压差增加而下降（表 5-3），其厚度小于 30mm，小于射孔弹射入深度。为了进一步检验在实际钻井过程中屏蔽暂堵带形成情况与暂堵深度或屏蔽环厚度，吐哈石油勘探开发指挥部在 L10-18 井使用屏蔽暂堵钻井液钻开油层后，进行了井壁取心。取出岩心的检测结果（表 5-4）表明，屏蔽环的渗透率均小于 $1\times10^{-3}\mu m^2$，暂堵深度均在 5.8~20.9mm 之间，当切除岩心的屏蔽环带后，渗透率就可以恢复。

表 5-2 暂堵效果及暂堵深度

岩心号	K_∞, $10^{-3}\mu m^2$	K_{w1}, $10^{-3}\mu m^2$	K_{w2}, $10^{-3}\mu m^2$	截长, cm	$K_切$, $10^{-3}\mu m^2$	恢复值,%
5-1	1089.23	985.31	0	2.83	982.19	99.68
3-10	316.87	293.15	0	2.51	291.09	99.30
2-8	78.23	63.18	0	2.63	59.38	93.99

注：K_{w1}—暂堵前用地层水测得的渗透率；K_{w2}—暂堵后用地层水测得的渗透率；$K_切$—被切后所剩岩心用地层水测得的渗透率；K_∞—岩心的绝对渗透率。

表 5-3 压差对屏蔽暂堵效果的影响

压差，MPa	暂堵后渗透率 K_{w2}，$10^{-3}\mu m^2$	K_{w2}/K_{w1}	压差，MPa	暂堵后渗透率 K_{w2}，$10^{-3}\mu m^2$	K_{w2}/K_{w1}
0.10	51.98	0.044	0.40	0.64	0.00054
0.20	7.90	0.0067	0.50	0.63	0.00053
0.30	1.19	0.0010			

注：岩心原始水测渗透率 $K_{w1}=1177.9\times10^{-3}\mu m^2$，孔隙度为 34.80%，平均孔喉直径为 14.90μm。

表 5-4 L10-18 井岩心屏蔽环强度及暂堵深度试验

岩心号	层位	井深 m	测试条件与测试结果	暂堵后岩心	岩心第一次切割	岩心第二次切割	岩心第三次切割	岩心第四次切割
18-8	S₃	2654.74~2655.11	渗透率	0.34	15.92	18.42	18.68	—
			切长，cm	—	0.55	1.04	1.51	
			驱替压力，MPa	5.5	0.11	0.08	0.073	
			损害率，%	98	15	1	—	
18-9	S₃	2654.74~2655.11	渗透率	0.11	12.28	16.28	24.94	21.73
			切长，cm	—	0.57	1.04	1.45	1.87
			驱替压力，MPa	7.8	0.14	0.095	0.058	0.058
			损害率，%	99	45	25	-15	—
18-10	S₃	2655.11~2655.43	渗透率	0.27	5.50	5.44	5.19	
			切长，cm	—	0.58	1.10	1.51	
			驱替压力，MPa	7	0.33	0.29	0.285	
			损害率，%	95	-6	-5	—	
18-19	S₃	2655.76~2656.07	渗透率	0.98	29.03	30.42	—	
			切长，cm	—	1.09	2.09		
			驱替压力，MPa	2.1	0.06	0.046		
			损害率，%	97	5			

暂堵体系粒子级配：0.0~8.0μm。其中：桥塞粒子直径为 8.0μm，可变形软粒子粒径为 1.5~2.0μm（含量 1.4%），各级粒子总含量 4.1%，温度为室温。

形成渗透率接近零的屏蔽暂堵带的技术要点：

（1）测定油气层孔喉分布曲线；

（2）按孔喉分布曲线中孔喉直径的 1/2~2/3 选择架桥粒子（如超细碳酸钙、单向压力暂堵剂等）的颗粒尺寸，使其在钻井液中含量大于 3%（可用粒度计检测钻井液中固相的颗粒分布和含量）；

（3）按颗粒直径小于架桥粒子（约 1/4 孔喉直径）选用逐级充填粒子，其加量大于 1.5%；

（4）加入可变形的粒子，如磺化沥青、乳化沥青、乳化石蜡、树脂等，加量一般 1%~2%，粒径与充填粒子相当。变形粒子的软化点应与油气层温度相适应。

屏蔽暂堵技术具体实施方案如图 5-6 所示。

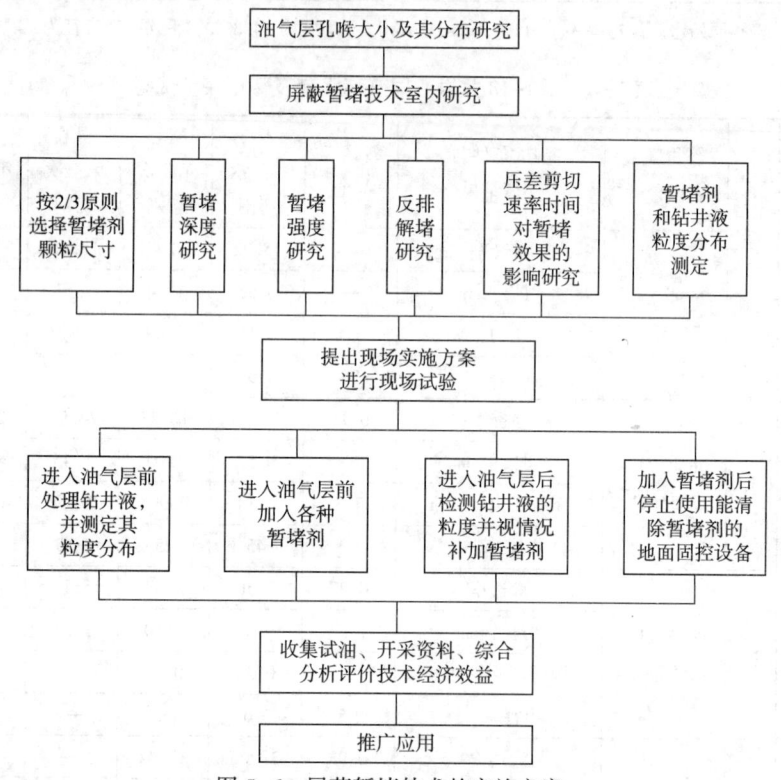

图 5-6 屏蔽暂堵技术的实施方案

屏蔽暂堵技术适用于射孔完井，适用于各类孔隙性油气藏和各种钻井液。正压差和钻井液固相是技术实施的必要条件。此项技术将不利因素转化为有利因素，解决了钻井工程和油层保护要求难以调和的矛盾，技术形成后，已在全国推广应用，大部分油井产量得到提高。采用此项技术单井投入仅需再增加几万元，但可在油井投产后较短时间内通过所增产的原油来回收。

当长裸眼井段中存在多套压力层系地层时，例如：（1）上部井段存在高孔隙压力或处于强地应力作用下的易坍塌泥岩层或易发生塑性变形的盐膏层和含盐膏泥岩层，下部为低压油气层；（2）多套低压油气层之间存在高孔隙压力的易坍塌泥岩互层；（3）老油区因采油或注水而形成的过高压差，都会引起油气层损害。因为同在一个裸眼井段中，为了顺利钻进，钻井液密度必须按裸眼井段中所存在最高孔隙压力/坍塌压力来确定，否则就会发生井塌或井涌等井下复杂情况，轻则增加钻井时间，重则报废井，而这样做的结果又必然对低压油气层形成过高压差。为了解决此技术难题，现已成功开发了屏蔽暂堵钻井完井液技术。

近几年，屏蔽暂堵技术已从常规的砂岩油藏延伸到其他油藏类型：

（1）裂缝性油气藏。裂缝性油气藏储层是一类不同于常规砂岩油藏的特殊储层，其特殊性在于这类储层的油气渗流通道以裂缝为主，而钻井液对储层的损害不仅表现为对裂缝渗流通道的堵塞，而且钻井液与裂缝面接触，会对基块造成损害（这种损害有可能延伸到地层深部，对产能的影响尤为严重）。针对这一损害特点研制的裂缝暂堵剂已在四川和吐哈入井使用，效果良好。流体在裂缝中流动快，微小的正压差即可导致大量流体侵入裂缝，产生严重损害。裂缝宽度会受到井筒压力的波动而发生变化，因此，裂缝性油气藏钻进时，高质量滤饼要快速形成，封堵裂缝，这就要求裂缝性油气藏暂堵颗粒粒径选择要考虑裂缝宽度，还要考虑裂缝的动态宽度。堵颗粒粒径一般要按照0.8~1倍裂缝宽度进行选择设计，以快速形成屏蔽环。

（2）致密油气藏。这类储层的特殊性在于基块渗透率很低，裂缝不同程度发育，局部存在低含水饱和度现象。基块渗透率低、低含水饱和度的特点导致致密油气藏毛细管压力高，潜在毛细管势能大，滤液接触到这类储层，不仅在正压差条件下能侵入储层，而且在负压差条件下也能发生毛细管渗吸作用进入储层，发生水相圈闭损害，严重影响油气井产能。该类油气藏天然裂缝不同程度发育，钻井过程中渗漏或漏失是一个潜在重要损害类型。因此，降低这类储层损害的主要途径是：一方面借助钻井液的内外滤饼控制滤失量；另一方面提高滤液黏度和降低钻井液滤液的表面张力减少滤液侵入量，同时可以考虑在钻井液中加入表面活性剂，改变岩石润湿性，促使侵入的滤液在后期生产过程中能够快速返排，预防水相圈闭损害。

（3）气藏。与常规砂岩油藏的不同点在于储层流体是气体，由于气体的流动黏滞系数远小于液体的黏滞系数，一旦液相在近井壁周围形成阻止储层流体进入井筒的液体屏障（称液相圈闭），储层损害将很难消除，对这类储层的保护重点是降低滤液的侵入，即在使用屏蔽暂堵技术的同时，用表面活性剂降低气—液—固三相的界面张力，通常亲水性表面活性剂可将表面张力降到30mN/m以下，经过优选和复配后可以降得更低，促进滤液返排。

（4）疏松砂岩稠油油藏。储层岩石胶结性差，存在比较显著的应力敏感性，在实施屏蔽暂堵技术时，不仅要将钻井液的分散相粒度分布调整到与储层的孔喉分布相匹配，而且所使用的压差应尽量避免引起疏松储层变化而导致应力敏感。在暂堵颗粒的选择上，由于疏松砂岩的孔喉尺寸大，按2/3架桥原理设计的钻井液固相粒度难于控制储层揭开时大量钻井完井液的侵入（现场表现为进入储层时会有少量的渗漏），即使架桥时间同样为10～30s，在高渗透储层侵入的钻井液总量仍然会增加，因此架桥粒子的选择应该大于2/3。我国渤海湾地区的油藏是比较典型的疏松砂岩油藏，常规钻井液的粒度最大在50～60μm之间，不能满足储层孔喉尺寸在100μm以上的暂堵要求。现场应用表明，若将钻井液的粒度最大尺寸（或d_{90}）调节到100μm左右，粒度分布将呈双峰形，则能达到预期效果。有资料介绍：对于高渗透疏松砂岩储层，钻井液的粒度分布呈双峰形是一种较理想的分布，其中的大尺寸颗粒用于快速架桥，中小尺寸的颗粒则用于逐级填充。

在实施储层保护技术时，许多实际的油气藏都不是单一储层类型，把不同类型的储层与特定储层保护技术有机地组合，形成了保护储层钻井液系列新技术。以裂缝性致密碎屑岩气藏为例，在考虑储层保护钻井液时，须同时面对气藏、裂缝、致密，通过裂缝暂堵、降表面张力，并结合储层改造，使川西裂缝性致密碎屑岩气藏的评价和开发取得了显著的效益，进而形成了针对川西裂缝性致密碎屑岩气藏的开发策略——保护与改造并举。实施效果见表5-5。从表5-5中可以看出，MP1井在钻井过程中有显示，但完井投产后（压裂前后）基本无工业产能；MP2井在完井投产后，压裂前后产能从0.5658×10⁴m³/d增加到1.4889×10⁴m³/d，增加了约1.6倍；CM601井和CM602井在完井投产后，产能有增有减，上述几口井没有严格实施钻井完井过程的储层保护技术，MP7井在钻进过程中，严格按照裂缝性致密气层屏蔽暂堵技术工艺实施，压裂前产能只有0.07×10⁴m³/d，压裂后产能达到了2.16×10⁴m³/d，增加了约30倍，为该区块当时的最大产能井之一。

表5-5 马井区块油气层井段对比表

井号	射孔井段 m	层位	密度 g/cm³	岩性描述	ϕ %	K $10^{-3}\mu m^2$	产能，$10^4 m^3/d$ 压裂前	产能，$10^4 m^3/d$ 压裂后	完钻密度 g/cm³	完钻井深 m
MP2	1446.50~1455.00	J_3p^3	1.54	浅灰色、褐灰色粗粉砂岩	11	6	0.5658	1.4889	1.65	1600
CM601	1151.70~1156.10	J_3p^4	1.17~1.21	绿灰色、褐灰色粉砂岩	14	8	0.4805	1.9347	1.65	1500
CM601	1400.10~1410.10	J_3p^3	1.28~1.53	灰色、褐灰色细砂岩	17	—	0.6255	0.1774	1.65	1500
CM602	1636.70~1642.20	J_3p^2	1.36~1.59	灰色细砂岩	9	6	0.0656	0	1.78	1933

续表

井号	射孔井段 m	层位	密度 g/cm³	岩性描述	ϕ %	K $10^{-3}\mu m^2$	产能，$10^4 m^3/d$ 压裂前	产能，$10^4 m^3/d$ 压裂后	完钻密度 g/cm³	完钻井深 m
MP7	1344.00~11357.85	J_3p^3	1.32~1.56	灰绿色粉砂岩	15	—	0.07	2.16	1.77	1510
MP1	1086.00~1097.00	J_3p^4	1.29	浅绿色、灰色细砂岩	—	—	—	0	—	1650
MP1	1457.00~1486.00	J_3p^3	1.40	灰褐色细粒砂岩	—	—	—	0	—	1650

2. 理想充填技术

对于储层孔隙结构的均质性较好的油气层，屏蔽暂堵理论确实起到了指导架桥颗粒选择上的作用，也见到了好的油气层保护效果。但大多数油气层的孔隙结构具有很强的非均质性，使架桥颗粒尺寸的选择不确定性增加，而且较大尺寸的孔喉尽管数量比较少，但对渗透率的贡献却非常大，而数量较多的小孔喉对渗透率贡献很小或几乎没有贡献，因此1/2~2/3架桥颗粒选择方法，难以有效封堵对油气层渗透率贡献很大的这部分大尺寸孔喉。为了解决这一问题，Hands等[5]提出暂堵剂颗粒累积体积分数与粒径的平方根($d^{1/2}$)成正比时，可实现颗粒的理想充填。根据孔喉尺寸加入具有连续粒径序列分布的暂堵剂颗粒来有效地封堵储层中大小不等的各种孔喉，以及暂堵颗粒之间形成的孔隙。Hands等[5]据此进一步提出了便于现场实施的d_{90}经验规则：当暂堵剂颗粒在其粒径累积分布曲线上的d_{90}值(指90%的颗粒粒径小于该值)与储层的最大孔喉直径或最大裂缝宽度相等时，可取得理想的暂堵效果。依据理想充填和d_{90}规则建立的理想充填暂堵技术满足了上述要求。这种技术充分考虑了储层的非均质性，通过将几种不同粒度分布的暂堵剂颗粒按一定比例混合，形成了与目标储层孔喉尺寸分布相匹配的理想充填暂堵颗粒组合。

根据理想充填理论和d_{90}规则，建立了暂堵剂颗粒尺寸优选新方法：

(1) 以具有代表性的岩样进行铸体薄片分析测出储层最大孔喉直径，或从压汞实验孔喉尺寸累积分布曲线上读出最大孔喉直径，并记为d_{90}。

(2) 在直角坐标上做出暂堵剂颗粒"累积体积分数-$d^{1/2}$"图，将最大孔喉直径的$d_{90}^{1/2}$与原点之间的连线作为该储层的"油保基线"。若优化设计的暂堵剂颗粒粒径的累积分布曲线越接近于基线，则颗粒的堆积效率越高，所形成滤饼的暂堵效果越好。

(3) 对于无法获取最大孔喉直径，但可以获取渗透率的储层，则依据所获得的渗透率进行估算，取 $K_{最大}^{1/2} \approx d_{90}$ 或 $K_{平均}^{1/2} \approx d_{50}$。然后将 d_{90} 与坐标原点的连线或 d_{50} 与坐标原点的连线延长外推到 d_{90} 作为"油保基线"。

（4）以暂堵剂优化设计软件，确定满足 d_{90} 规则的暂堵剂最优复配方案。

此项技术已在青海、大港、江苏等油田应用，取得较好保护油层效果，使屏蔽暂堵理论从均质孔隙性储层进一步延伸到非均质孔隙性储层，理想充填理论进一步丰富了屏蔽暂堵理论。

3. 成膜封堵技术

我国油田绝大部分为陆相沉积，其中一部分油田为河流相沉积。位于同一区块不同部位的井同一组油层各层孔隙度、渗透率在横向、纵向、层内、层间非均质程度高。对于此类油气层，钻井过程中，为了减少对油气层的潜在损害，所采用的钻井液必须对所钻遇的不同渗透率油气层均能有效地阻止其固相与液相进入油气层。

（1）作用机理。

成膜封堵低侵入保护油气层技术是暂堵技术的进一步发展。此项技术采用在钻开油气层的钻井液中加入 HTHP 降滤失剂、特种封堵剂、沥青或树脂类可变形粒子、成膜剂等处理剂，快速在储层形成渗透率为零、厚度小于 1cm 的内外滤饼封堵带。钻井液中膨润土、加重剂、岩屑、特种封堵剂中的固相共同在不同渗透率的油气层孔喉中架桥、填充形成内外滤饼；可变形粒子、特种封堵剂进一步填充上述固相在储层孔喉中所形成的小孔隙；膨润土、HTHP 降滤失剂、沥青或树脂类可变形粒子等在储层表面形成外滤饼，进一步降低封堵带的渗透率；成膜剂在内外滤饼表面成膜，封堵孔喉未被架桥粒子、填充粒子、降滤失剂封堵的空间；从而在钻开油气层极短时间内，在油层近井壁形成钻井液动滤失速率趋于零、厚度小于 1cm 的成膜封堵环带，有效阻止钻井液固相和液相进入油气层，从而实现对油气层的保护。

成膜剂是一种特殊合成聚合物，这种聚合物具有独特的功能，在岩石表面能聚结成可变形的胶团和胶束，依靠聚合物胶束或胶粒界面吸力及其可变形性形成低渗透的膜，阻止液相与固相进入储层，起到封堵作用。

（2）对成膜封堵带的要求。

① 在不同渗透率储层所形成的内外滤饼成膜封堵带渗透率趋于零；

② 厚度小于 1cm；

③ 封堵带的承压超过 3.5MPa；

④ 形成膜封堵带时间短，动滤失速度趋于零；

⑤ 对于不同渗透率的岩心，返排或切 1cm 后渗透率恢复值大于 90%，突破压力低，投产时在压差作用下自动解堵或射孔解堵或采用滤饼清除液解堵。

(3) 成膜封堵低侵入钻井完井液对低、中、高渗透储层渗透率恢复率的影响。

成膜封堵低侵入钻井完井液对渗透率为 $169.06\times10^{-3} \sim 2070\times10^{-3}\ \mu m^2$ 储层岩心均具有较好的效果，实验结果见表 5-6。对于渗透率低于 $1000\times10^{-3}\ \mu m^2$ 的储层岩心，返排渗透率恢复率均高于 90%，对于渗透率为 $1000\times10^{-3} \sim 1600\times10^{-3}\ \mu m^2$ 储层岩心，其封堵带小于 1cm，切 1cm 后渗透率恢复率均大于 95%。实验结果表明在钻井液中加入成膜剂和特种封堵剂，均能减少对高、中、低渗透储层的损害，实现对油气层低损害钻井。成膜剂与特种封堵剂均具有低荧光，因而该技术既可用于开发井，也可用于探井。

表 5-6 成膜封堵低侵入钻井完井液对低、中、高渗透储层渗透率恢复值的影响

气测渗透率 $10^{-3}\ \mu m^2$	油测渗透率 $10^{-3}\ \mu m^2$	突破压力 MPa	渗透率恢复率 %	切割 1cm 后恢复率 %
169.06	39.33	0.8	99.13	
483.75	41.18	0.074	94.87	
860.16	181.66	0.018	99.39	
1103.51	258.16	0.04	31.58	95.72
1505.19	153.54	0.158	54.08	98.86
2070	304.37	0.024	92	

注：(1) 体系组成为聚磺钻井液+2%SMP+2%成膜剂+1%特种封堵剂。
(2) 采用四川天然露头岩心。

对于渗流通道以裂缝为主的双重介质储层，流体在裂缝中流动快，微小的正压差即可导致大量流体侵入裂缝，产生严重损害。裂缝宽度会受到井筒压力的波动而发生变化，因此，双重介质储层钻进时，高质量滤饼要快速形成，封堵裂缝，这就要求颗粒粒径选择要考虑裂缝宽度，还要考虑裂缝的动态宽度。除了筛选基础有孔隙尺寸换成裂缝开度外，暂堵剂中必须复配一定比例的纤维状颗粒，通过在裂缝表面的多点附着和自身成团变缝为孔，并最终在近井壁区域形成致密封堵。

四、储层段保护油气层堵漏技术

对于钻井过程钻进油气层时发生井漏的井，堵漏时，必须减少对油气层的损害，完井解堵能恢复储层的渗透率，要求"堵得住"也要"解的开"，储层堵漏技术应遵从以下思路：(1) 储层堵漏技术应具有广谱性。一般而言，构造或储层的裂缝宽度范围可以通过岩心描述、测井解释、数值模拟、人造裂缝实验以及试井等方法进行分析，但对于具体的井，在未钻开储层前裂缝宽度是随机的，是无法准确预测的。因此，堵漏工艺要求对裂缝在一定尺度内具有广谱性，即在最大缝宽以内能够全覆盖。(2) 储层堵漏技术应具有高效性。

要在实钻中能够尽快形成堵塞，使堵塞停留在近井壁附近，把漏失量降到最低。在实践中就是要快速堵漏，提高堵漏的成功率，力争一次成功。(3)储层堵漏技术应具有稳定性。一是要具有一定的强度，能够承受后续施工对井底形成的最大压差；二是堵漏不能形成假堵，出现同一漏层反复漏失、反复堵漏的现象。(4)储层堵漏技术应具有可解堵性。储层堵漏都应是暂时的，完井后必须加以解除以便恢复地层渗透率。目前解堵方法有单向压力返排解堵、酸化解堵、油溶解堵、破胶解堵、复合解堵等。(5)油气层渗透率和孔隙度一旦受到损害很难完全恢复，有些损害无法进行解堵。部分油气层受到损害后，即使可以解堵，但所花费的费用也很高。因此为了保护油气层，储层堵漏技术应尽可能立足于以预防为主、解堵为辅。为了保护储层，可将目前的储层堵漏技术归纳为以下几类。

1. 油溶性储层堵漏技术

油溶性储层堵漏技术主要是前期采用油溶性暂堵剂进行封堵，后期利用地层中产出的原油或凝析油溶解而解堵，也可注入柴油或者亲油的表面活性剂加以溶解而解堵。

油溶性暂堵剂常用的为油溶性树脂、石蜡、沥青类产品等，按其作用可分为两类：一类是脆性油溶性树脂，它主要用作架桥粒子。这类树脂有油溶性聚苯乙烯，在邻位或对位上有烷基取代的酚醛树脂、二聚松香酸等。另一类是可塑性油溶性树脂，它的微粒在压差下可以变形，在使用中作为填充粒子。这类油溶性树脂有乙烯—醋酸、乙烯树脂、乙烯—丙烯酸酯、石蜡、磺化沥青、氧化沥青等。

油溶性储层堵漏技术由于解堵工艺简单，广泛应用于各大油田。胜利油田选用石油树脂、酚醛树脂及改性烃类树脂等，通过添加合适的分散剂和稳定剂，研制出油溶性酸化暂堵剂 YRC-1，暂堵率达 93%，解堵率大于 90%，在胜利油田多次成功应用，其中在纯 11-斜 15 井中成功应用，该井开井 3d 后，日产液 12t，日产油 7t，含水 41.7%，日增油 5.5t，效果显著。华北油田的苏 61 井的石炭—二叠系和路 34 加深井中使用了渤海钻探的无荧光干扰油溶性暂堵剂 YD-2，对储层封堵及保护起到了较好的作用。

2. 单向压力储层堵漏技术

单向压力储层堵漏技术，主要是在钻井液用加入单向压力暂堵剂，这种暂堵剂常用有改性纤维素或各种粉碎为极细的改性果壳、改性木屑等。此类暂堵剂在压差作用下进入油气层，以其与油气层孔喉直径相匹配的颗粒堵塞孔喉。当油气井投产时油气层压力大于井内液柱压力在反方向压差作用下将单向压力暂堵剂从孔喉中推出，实现解堵。渤海钻探的 RP 系列暂堵剂，由磺化沥青和细目纤维组成，粒径 2~300μm、砂床滤失量 0mL，在二连油田应用 231 口开发井，储层严重损害百分率由应用前的 36% 降低到 3.75%，有效地保护了储层。

3. 酸溶性储层堵漏技术

酸溶性储层堵漏技术是通过加入酸溶性暂堵剂来实现的，酸溶性暂堵剂常用的材料有大粒径或细目或超细目碳酸钙、碳酸铁等能溶于酸的固相颗粒、酸溶纤维材料、酸溶树脂、贝壳等，通过合理级配，使配方能符合各种漏失通道。油气井投产时可通过酸化消除油气层井壁内、外滤饼而解除这种固相堵塞。此类暂堵剂不宜用于酸敏油气层。

酸溶性储层堵漏技术现广泛用于灰岩油藏，渤海钻探的 BH-SRC 系列酸溶堵漏剂，主要采用不同级别的碳酸钙颗粒、高强度颗粒、高滤失材料、纤维等按紧密堆积原理复合而成，酸溶率大于 75%，能封堵小于 8mm 的裂缝，能抗 200℃ 高温，现已用于国外伊朗和伊拉克及国内新疆和华北等油田，其中新疆 TP291 井中封堵层位最深达 6700m，一次堵漏成功。在专利《一种保护低压裂缝性储层的堵漏材料即堵漏浆料》中所用堵漏浆配方：3% 核桃壳（7~20 目）+3% 核桃壳（5~7 目）+3% 复合堵漏剂 FD-2+2% 钻井用刚性随钻堵漏剂 GXD+2% 细颗粒酸溶屏蔽暂堵剂 RFD-1+2% 中颗粒酸溶堵漏剂 RFD-2+5% 高失水堵漏剂 R-19+0.2% 氧化钙，在低压裂缝性储层泾河油田延长组长 8 进行了两口井的应用，试验井 JH2-1 井采油初期平均日产油量 3.4t，储层保护效果明显。

4. 水溶性储层堵漏技术

水溶性暂堵剂常用的有细目或超细目氯化钠和硼酸盐等。它仅适用于加有盐抑制剂与缓蚀剂的饱和盐水体系。所用饱和盐水要根据所配体系的密度大小加以选择。例如：低密度体系用硼酸盐饱和盐水或其他低密度盐水作基液，体系密度为 1.03~1.20g/cm³。氯化钠盐粒加入到密度 1.20g/cm³ 饱和盐水中，其密度范围为 1.2~1.56g/cm³。选用高密度体系时需选用氯化钙、溴化钙和溴化锌饱和盐水，然后再加入氯化钙盐粒，密度可达 1.5~2.3g/cm³。此类暂堵剂可在油井投产时，用低矿化度水溶解各种盐粒解堵。

5. 可破胶暂堵型堵漏技术

可破胶暂堵型堵漏技术是可借助油层温度、细菌或化学方法破胶解堵的堵漏技术，钻开油气层及完井作业中发生井漏时，凝胶堵漏剂因其能在井壁上形成一层"液体套管"即致密膜，可有效地保护储层及防漏堵漏，经现场使用取得了较好的成果。根据破胶材料可分为：自降解破胶堵漏技术、生物酶破胶堵漏技术、氧化破胶堵漏技术。

自降解破胶堵漏技术和生物酶破胶堵漏技术主要使用甲基纤维素钠、

瓜尔胶、魔芋等聚合物中的一种或几种作为主剂，主要利用这些大分子链网在井(洞)壁上的隔膜作用，这些大分子物质相互桥接，滤失后附在井(洞)壁上形成隔膜，这些隔膜薄而坚韧，渗透性极低，可以阻碍自由水向地层渗漏，同时这类聚合物钻井液具有良好的包被抑制性，能有效地抑制钻屑的分散，将具有针对性的生物酶制剂添加到这些聚合物的溶液中，生物酶制剂作为生物催化剂，可以控制聚合物由长链大分子变成短链小分子的降解速度，在钻进工作结束后，聚合物分子由长链变成短链，产层流体的流动性增强，从而恢复井周地层的渗透性，达到提高油气井产量的目的。氧化破胶堵漏技术，在研究中通常应用于以吸水树脂为主剂的堵漏剂中，常用的破胶剂有过硫酸铵、次氯酸钙、氯酸钾、高锰酸钾、过氧化苯甲酸叔丁酯、过碳酰胺等，大多通过氧化作用将大分子键断裂，从而完成破胶过程。由于钻井液中通常使用多种树脂等大分子聚合物，所以在研究中破胶剂也常被复合使用。

6. 复合型储层堵漏技术

复合型储层堵漏技术即将以上这些堵漏技术进行复合使用，通过多种解堵方式来更好地恢复储层渗透率，从而更好地保护储层。例如酸溶性、油溶性、可降解堵漏材料配合使用，在专利《一种油井储层裂缝堵漏剂、其制备方法及其应用》(朱宽亮)中提供了一种复合型可酸溶、可油溶、可降解的潜山裂缝储层钻井堵漏剂。所述配方为：可酸溶性纤维材料(聚酰胺纤维)10%~15%、可降解高分子化合物(DSP磺酸盐共聚物)5%~15%、可油溶惰性颗粒材料(在井下温度会软化的油溶性沥青，如克拉玛依90号沥青)25%~35%、可降解延迟膨胀剂(可降解体型丙烯酰胺类聚合物)4%~5%、可酸溶无机盐(碳酸钙颗粒)28%~35%、余量为水；该技术在南堡23-P2006中进行了应用，主要目的层段为潜山奥陶系油气层。应用后未见漏失，下钻到底恢复正常钻进，堵漏成功。复合型储层堵漏技术通过多种解堵方式，能实现解堵最大化，能将储层损害降到最低。

第三节　保护油气层的钻井工艺技术

一、常规钻井保护油气层工艺技术

钻井过程中，针对钻井工艺技术措施中影响油气层损害因素，可以采取降低压差，实现近平衡压力钻井，减少钻井液浸泡时间，优选环空返速，防止井喷井漏等措施来减少对油气层的损害。

1. 建立四个压力剖面，为井身结构和钻井液密度设计提供科学依据

在钻井工程设计与施工过程中，地层孔隙压力、破裂压力与坍塌压力作为核心参数，对于确定合理的井身结构及选择适宜的钻井液密度具有至关重要的作用。它们是实施近平衡压力钻井策略、减轻压差对油气层潜在损害的基础。除此之外，地应力也是钻井工程中不可忽视的重要因素，它包括上覆岩层压力、最大水平主应力和最小水平主应力，对井壁稳定性和钻井液密度的选择同样具有重要影响。

为准确获取这些关键参数，国内外已构建了一套全面的方法体系。具体而言，地层孔隙压力的求取及地层破裂压力的预测或实测，可通过地震层速度法、声波时差法、dc 指数法、重复地层测试技术（RFT）等手段实现；而地层坍塌压力的预测，则常采用 Eaton 法、Stephen 法、Anderson 法、声波法以及液压试验法等多种方法。对于地应力的评价，则通常运用水力压裂法、漏失试验、井壁崩落法等手段进行。这一系列严谨的技术手段，共同确保了钻井作业的安全高效进行。

2. 确定合理井身结构

井身结构是指由不同直径的井眼和相应层位的套管所组成的整体构造。它是实现近平衡压力钻井的基本保证，对于保护油气层、提高钻井效率具有重要意义。

在设计井身结构时，必须满足保护油气层、实现近平衡压力钻井的需要。对于多压力层系地层，应通过合理设置套管来封隔不同的压力层系，以便在钻进油气层时能够采用近平衡压力钻井技术。因为我国大部分油气田均属于多压力层系地层，只有将油气层上部的不同孔隙压力或破裂压力地层用套管封隔，才有可能采用近平衡压力钻进油气层。如果不采用技术套管封隔，裸眼井段仍处于多压力层系。当下部油气层压力大大低于上部地层孔隙压力或坍塌压力时，如果用依据下部油气层压力系数确定的钻井液密度来钻进上部地层，则钻井中可能出现井喷、坍塌、卡钻等井下复杂情况，使钻井作业无法继续进行；如果依据上部裸眼段最高孔隙压力或坍塌压力来确定钻井液密度，尽管上部地层钻井工作进展顺利，但钻至下部低压油气层时，就可能因压差过高而发生卡钻、井漏等事故，并且因高压差而给油气层造成严重损害。综上所述，选用合理的井身结构是实现近平衡钻进油气层的前提。

若井身结构设计不合理，如裸眼井段穿越多个压力层系，将给钻井作业带来极大挑战，并可能加剧对油气层的损害。因此，在实际钻井工程施工中，需要综合考虑经济效益、套管程序限制、井下压力系统以及地质条件等因素，以确定既经济又安全，又能减少对油气层损害的井身结构。

3. 尽量实现近平衡压力钻井，控制油气层的压差处于安全的最低值

近平衡压力钻井是指钻井时井内钻井液柱有效压力 p_d 等于所钻地层孔隙压力 p_p，即压差 $\Delta p = p_d - p_p = 0$。在这种状态下，钻井液对油气层的损害程度达到最小，有利于保护油气层并提高油气采收率。需要注意的是，对于含有 H_2S 等有毒、有害气体的地层，需要始终确保井筒液柱压力高于地层孔隙压力。

钻进时：

$$p_d = p_m + p_a + \Delta p_w = p_p \tag{5-1}$$

式中：p_m 为钻井液静液柱压力，MPa；p_a 为钻井液环空流动压力，MPa；Δp_w 为钻井液中所含岩屑增加的压力值，MPa。

起钻时，如果不调整钻井液密度，则：

$$p'_d = p_m - p_s < p_p \tag{5-2}$$

式中：p'_d 为井内钻井液柱有效压力，MPa；p_s 为抽吸压力，MPa。

从式（5-2）清楚看出，当钻井液柱有效压力大大小于地层孔隙压力时，就可能发生井喷和井塌等恶性事故。因而，在实际钻井作业中，为了既确保安全钻进，又尽可能将压差控制在安全的最低值，往往采取近平衡压力钻进，即井内钻井液静液压力略高于地层孔隙压力：

$$p_m = S p_p = \frac{H\rho}{100} \tag{5-3}$$

式中：S 为附加压力系数；H 为井深，m；ρ 为钻井液密度，g/cm^3。

根据 GB/T 31033—2014《石油天然气钻井井控技术规范》中 4.6 条款规定：钻井液密度设计以各裸眼井段中的最高地层孔隙压力当量密度值为基准，附加一个安全值：

（1）油井、水井附加安全值为 $0.05 \sim 0.10 g/cm^3$ 或附加压力 $1.5 \sim 3.5MPa$；

（2）气井附加安全值为 $0.07 \sim 0.15 g/cm^3$ 或附加压力 $3.0 \sim 5.0MPa$；

为了尽可能将压差降至安全的最低限，对一般井来说，钻进时努力改善钻井液流变性和优选环空返速，降低环空流动阻力与钻屑浓度；起下钻时，调整钻井液触变性，控制起钻速度，降低抽吸压力。对于地层孔隙压力系数小于 0.8 的低压油气层，可依据实际的地层孔隙压力，分别选用充气钻井、泡沫流体钻井、雾化钻井或空气钻井，降低压差，甚至可采用负压差钻井，减小对油气层的损害。

将近平衡压力钻井与控压钻井相结合，则可以在钻井过程中施加井口回压调节井底压力，使井底压力保持恒定，从而平衡地层压力。根据钻进、起钻、下钻等不同工况调整井口回压。近平衡控压钻井时钻井液柱有效压力 p_d 等于所钻地层孔隙压力 p_p，即：

$$\Delta p = p_\mathrm{d} - p_\mathrm{p} = 0$$

钻进时：

$$p_\mathrm{d} = p_\mathrm{m} + p_\mathrm{a} + \Delta p_\mathrm{w} + p_\mathrm{t} = p_\mathrm{p} \tag{5-4}$$

式中：p_t 为井口回压，MPa。

起钻时，通过调整井口回压以改变井底压力，以平衡地层压力，则：

$$p'_\mathrm{d} = p_\mathrm{m} + p'_\mathrm{t} - p_\mathrm{s} = p_\mathrm{p} \tag{5-5}$$

式中：p'_t 为井口回压，MPa。

从式(5-4)和式(5-5)可以看到，通过充分发挥近平衡控压钻井方式能够快速调节井口回压的优势，实时调节井口回压以平衡地层压力，大幅减少发生溢流、井塌、漏失等各种井下复杂的可能，有力保障钻井安全。

4. 尽量缩短油气层浸泡时间

油气层浸泡时间从钻开油气层开始直到固井结束，包括纯钻进时间、起下钻接单根时间、处理事故与井下复杂情况时间、辅助工作与非生产时间、完井电测、下套管及固井时间，为了缩短浸泡时间，减少对油气层的损害，可从以下几方面着手：

（1）采用优选参数钻井，并依据地层岩石可钻性选用合适类型的牙轮钻头或 PDC 钻头及喷嘴，提高机械钻速。

（2）采用与地层特性相匹配的钻井液，加强钻井工艺技术措施及井控工作，防止井喷、井漏、卡钻、坍塌等井下复杂情况或事故的发生。

（3）提高测井一次成功率、缩短完井时间。

（4）加强管理，降低机修、组停，辅助工作和其他非生产时间。

这些措施共同作用于减少浸泡时间，进而有效保护储层。

5. 优化中途测试环节

中途测试，是指在油气井钻探过程中，为了早期发现油气层、准确判断油气层特性以及正确评价油气层产能而进行的一种特殊测试。主要内容包括对油气层的压力、温度、流体性质等参数的测量与分析，以获取关于油气层的第一手资料。

为了早期及时发现油气层，准确认识油气层的特性，正确评价油气层产能。中途测试是一项最有效打开新区勘探局面、指导下一步勘探工作部署的技术手段。大量事实表明，只要在钻井中采用与油气层特性相匹配的优质钻井完井液，中途测试就有可能获得油气层真实的自然产能。1988—1994年，塔里木盆地29口重大油气发现井中，有20口井是中途测试发现的。中途测试时，需依据地层特性选用负压差。不宜过大，以防止油气层微粒运移或泥岩夹层坍塌。

为了保护储层并获取准确的测试数据，需要对中途测试环节进行优化。主要优化内容包括：根据地层特性精心选择测试参数和方法，确保测试过程的科学性和有效性；使用高质量的钻井完井液，以减小对油气层的潜在损害；加强测试过程中的数据监测与记录，确保测试结果的可靠性和准确性。通过这些优化措施，可以更好地保护储层，并获取准确的油气层产能数据。

6. 避免井喷、井漏、井塌等复杂事故对油气层的损害

井漏、井喷和井塌是钻井作业中常见的复杂事故，对油气层的损害极大。井漏是指钻井液或其他流体异常地漏入地层，损害油气层的储集性能；井喷则是地层流体无控制地涌入井筒并可能喷出地表，破坏油气层的原始状态；井塌则是井壁失稳，地层材料坍塌落入井筒，可能堵塞油气通道，降低油气层的渗透率。

钻井过程中一旦发生井喷就会诱发出大量油气层潜在损害因素，如因微粒运移产生速敏损害、有机垢或无机垢堵塞、应力敏感损害、油气水分布发生变化而引起相渗透率下降等，使油气层遭受严重损害。为了避免这些复杂事故对油气层的损害，钻井过程中应严格执行GB/T 31033—2014《石油天然气钻井井控技术规范》，搞好井控工作。

钻进油气层过程中，一旦发生井漏，大量钻井液进入油气层，造成固相堵塞；其液相与岩石或流体作用，诱发潜在损害因素。因而钻进易发生漏失的油气层时，尽可能采用较低密度的钻井液保持近平衡压力钻进。也可预先在钻井液中加入能解堵的各种暂堵剂和堵漏剂来防漏。一旦发生漏失，尽量采用在完井投产时能用物理或化学解堵的堵漏剂进行堵漏。

采用控压近平衡钻进高温高压漏、喷、塌窄窗口油气层，防止漏、喷、塌对油气层的损害。

7. 钻进多套压力层系地层所采用的保护油气层钻井技术

前面已经阐述我国许多裸眼井段仍然存在多套压力层系，由于受到各种条件的制约，已不可能再下套管封隔油气层以上地层，因而在钻开油气层时难以实行近平衡压力钻井，压差所造成的油气层损害难以控制。对此类地层可采取以下几种方法减轻油气层的损害，这些方法不一定是最佳的保护油气层技术方案，但往往在经济效益上是可行的。

（1）油气层为低压层，其上部存在大段易坍塌高压泥岩层。对此类地层

可依据上部地层坍塌压力确定钻井液密度，以确保井壁稳定。为了减少对下部油气层的损害，可在进入油气层之前，转用与油气层相匹配的暂堵钻井液。

（2）裸眼井段上部为低压漏失层或破裂压力低的地层，下部为高压油气层，下部地层的孔隙压力超过上部地层的破裂压力。对此类地层，可在进入高压油气层之前进行堵漏，提高地层承压能力，堵漏结束后进行试压，证明上部地层承受的压力系数与下部地层相当时，再钻开下部油气层，否则一旦用高密度钻井液钻开油气层就可能发生井漏，诱发井喷，对油气层产生损害。

（3）多层组高坍塌压力泥页岩与多层组低压易漏失油气层相间。应提高钻井液抑制性，降低坍塌压力，按此值确定钻井液密度。为了减少对油气层损害，应尽可能提高钻井液与油气层配伍性，采用屏蔽暂堵保护油气层钻井液技术。

多压力层系地层有多种多样，可参考上述原则来确定技术措施。

8. 调整井保护油气层钻井技术

我国部分油气田开采已进入中、晚期。为了重新认识油气层，改善和提高开发效果，实现油气田稳产，需对已投入开发的油气田，以开发新层系或井网调整为主要目的再钻一批井，这些井称为调整井。调整井的地层特性与油田勘探开发初期所钻的探井、开发井相比，已经发生较大变化。因而钻调整井时所发生的油气层的损害原因和防止损害措施亦有所改变。

1）调整井地层特点和引起油气层损害的主要原因分析

由于长期采油与注水，老油田油气层特性主要发生下述变化：

（1）同一井筒中形成多套压力层系或低压层。部分油气层由于长期采油或注采不平衡，造成孔隙压力与破裂压力大幅度下降；部分地层因注水憋成高压，其孔隙压力甚至超过上覆压力或同一井筒中另一组地层的破裂压力；部分未投入开发的油气层仍保持原始地层压力。上述这些地层与井筒中原有高坍塌压力地层、易发生塑性变形的盐膏层或含盐膏泥岩层组合形成多套压力层系，这些地层的孔隙压力或破裂压力与原始压力相比相差较大。

（2）油气层孔隙结构，孔隙度、渗透率、岩石组成与结构等均已发生变化。例如压裂就会使油气层裂缝增多，连通性发生改善等。

（3）油、气、水分布发生变化，相渗透率也随之而改变。

上述这些变化导致部分调整井钻井液密度大幅度增高，钻井过程中喷、漏、卡、塌不断发生，而井漏大多发生在低压油气层中，对油气层产生较大的损害。对于部分低压层即使没发生井漏，高的液柱压力所形成的高压差加剧了对油气层的损害。高的液柱压力还有可能超过低压油气层的破裂压力而诱发裂缝，造成井漏。而另一部分调整井，由于地层孔隙压力大幅度下降，油气层连通性的改善，采用原有的水基钻井液钻进，不断发生井漏。部分油气层甚至已经无法采用密度大于 1.0g/cm³ 的钻井液钻进。综上所述，井喷、井漏、高压差等因素加剧了调整井钻井过程中的油气层损害程度。

2) 调整井保护油气层钻井技术

调整井保护油气层技术仍需依据已发生变化的油气层特性，按照前两节所阐述的原则进行优选。除此之外，还需依据调整井的特点采取一些特殊技术措施来减少对油气层的损害。

（1）采用 RFT、岩性密度测井、长源距声波测井或地层测试，电子压力计测压等方法，搞清调整井区地层孔隙压力，建立孔隙压力和破裂压力曲线。

（2）对于裸眼段均为低压层的井，可依据地层压力选用与油气层特性相配伍的各类低密度钻井液，实现近平衡压力钻井，防止井漏。为了提高防漏效果，必要时可在钻井液中加入单封和各种暂堵剂。

（3）如裸眼段是多压力层系，高压层是长期注水引起的，则应在钻调整井之前，停注泄压或控制注水量或停注停采。如个别地层压力极高，可预先打泄压井，降低地层压力。

（4）如果高压层是原始的高压油气层，且裸眼段还存在压力系数相差较大的低压层、或高压层的孔隙压力超过其他地层破裂压力，则应通过设计合理井身结构来解决，或者在钻开低压层后，进行预防性堵漏，提高地层承压能力，防止在钻进高压层时因提高钻井液密度而发生井漏。或在钻高压层后，进入低压层之前，往钻井液中加入各种暂堵剂或堵漏剂，采取预防性的循环堵漏。

如果漏层是油气层，无论预防性堵漏或漏失后堵漏，所采用的堵漏剂都需采用在油井投产时能用物理或化学法进行解堵的材料。

二、欠平衡钻井保护油气层工艺技术

1. 欠平衡钻井的基本概念及发展历程

"欠平衡"术语源自井控领域，与"过平衡""平衡"共同构成了描述液柱压力与地层压力之间平衡状态的术语体系。作为一种特殊的钻井技术，欠平衡钻井（Under-Balanced Drilling，UBD）的概念最早于 20 世纪 90 年代由 Bingham M. G. 和 Grace R. D. 提出，其最初定义是指在油气层钻进过程中所处的欠平衡状态。尽管 20 世纪 50 年代美国在钻井技术方面有所创新，并时有"欠平衡钻井"之称，但这些技术实质上并不符合真正意义上的欠平衡钻井标准。直至 80 年代后，随着复杂油气资源勘探开发难度的日益增加，储层欠平衡钻井的技术需求逐渐显现。真正意义上的工业用欠平衡钻井技术起源于 20 世纪 90 年代初，在此之前，"欠平衡"仅作为一个描述钻井过程中井下压力状态的术语存在。

我国作为早期尝试欠平衡钻井的国家之一，历史可追溯至 20 世纪 60 年代中期，四川盆地率先进行了欠平衡钻井的初步尝试，但因技术与安全问题中止。80年代，新疆、长庆、辽河等油田开始探索气基流体欠平衡钻井，并自主研发了相关设备与化学剂。80年代末，新疆油田引入我国首套国际标准化的空气雾化钻井装备，标志着工业实用化尝试的开端。尽管早期尝试面临诸多问题，但它为我国欠平衡钻井的全面研究和技术发展开辟了道路。随着基础理论研究的深入、装备与工具的完善以及专业化技术队伍素质的提升，欠平衡钻井技术逐渐走向成熟，并开始作为实用化的工业技术被应用。

目前，欠平衡钻井已发展为一个包含针对油气层的欠平衡钻井、以提速增效为目的的提速钻井以及以安全为目的的控压钻井的系列技术。实施欠平衡钻井技术不仅能有效保护与发现油气层，还能提速增效；而欠平衡钻井与控压钻井的结合，更是充分发挥了两者的优点。近年来，为满足高难度勘探与开发需求，特殊轨迹井技术与欠平衡钻井技术两大新技术应运而生。因此，欠平衡钻井与特殊轨迹井技术的结合有望产生更加显著的技术经济效果。历经多年发展，欠平衡钻井技术目前已较为成熟。欠平衡钻井一般适用于地层稳定、压力敏感不含有毒有害气体储层（如含 H_2S、CO_2 储层）。

2. 欠平衡钻井保护油气层基本原理

油气层损害是指在油气钻井、完井、修井、增产改造及开发生产过程中，导致油气产出和驱替液注入能力下降的现象，其本质在于油气层受到损害。在常规的过平衡钻井作业中，正压差是引发油气层损害的主导因素。

正压差作用下，钻井液会渗透至油气层，造成固相损害与液相损害。固相损害主要由钻井液中的固相颗粒在油气层孔道中沉积堵塞引发。液相损害则涉及多种机制，包括外来液体诱发孔道内黏土矿物的水化作用、改变油气层内的含水饱和度、引发敏感性损害（如酸敏、碱敏、盐敏、水敏损害）以及外来流体中的聚合物团、链等在孔隙表面的吸附和堵塞。固相损害与液相损害的根源均在于正压差驱动下的外来流体侵入。

相较之下，欠平衡钻井技术通过减少或避免钻井液进入油气层，以及在返排投产阶段利用地层流体流入井内来消除油气层损害，从而有效保护油气层。这便是水基钻井液欠平衡钻井技术保护油气层的基本原理。

1）欠平衡钻井减少裂缝—孔隙双重介质油气层正压差引发的损害

低渗透—致密低渗透油气层一般都不同程度地发育微裂缝，属于裂缝—孔隙双重介质。微裂缝的分布可能较为稀疏，从每米数条到数米一条不等；同时，它们的尺寸也可能很小，宽度范围在数百微米（肉眼可见）到数微米（显微镜可见）。

尽管这些微裂缝在数量和尺寸上可能都很小，但它们却对致密低渗透油气层的渗流能力产生了显著的影响。正是这些微裂缝的存在，大大地改善了油气层的渗流能力，使油气的可流动性得到了增强。如图5-7所示，在致密低渗透油气层中，微裂缝和孔隙性基质各自扮演着不同的角色。微裂缝提供了主要的导流能力(渗透率)，而孔隙性基质提供了主要的存储空间(孔隙度)。这两者的共同作用，使得低渗透—致密油气层具有了特定的渗流和存储特性。

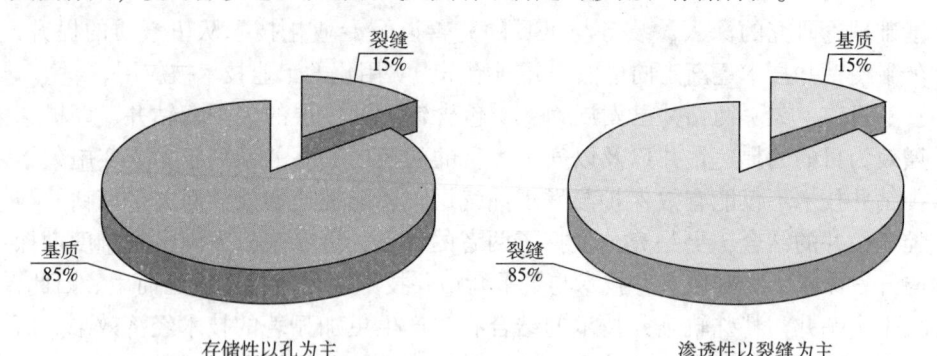

图5-7 裂缝—孔隙双重介质低渗透油气层的储渗空间示意图

基块孔喉是油气储层的重要组成部分，可以形容孔隙性基质为油气的"仓库"，裂缝网络为"通道"，可以存储大量的石油和天然气。裂缝网络在油气储层中起着"通道"的作用。这些裂缝为油气提供了流动的路径，使油气能够从孔隙性基质中运移出来。

裂缝表面上的微孔(简称缝面孔)为连接"仓库"和"通道"的"大门"，控制着油气从孔隙性基质流入裂缝网络的速率和效率。在油气生产过程中，孔隙性基质中的油、气通过缝面孔汇集到裂缝网络中，再沿裂缝网络输送到井筒内，如图5-8所示。这一过程实现了从地下油气储层到地面井筒的油气流动。

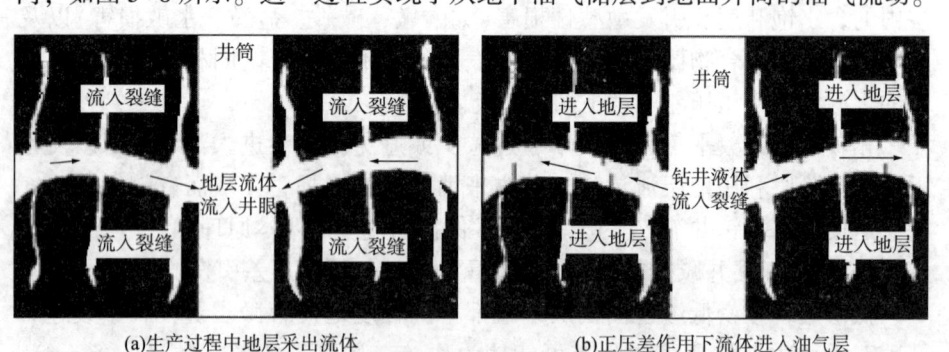

图5-8 裂缝—孔隙双重介质油气层的正反向流动模式

在钻开产层过程中，井筒内的工作液在正压差推动下沿裂缝网络迅速侵入并充满，然后裂缝内的工作液在压差和亲水势能的作用下，通过缝面孔向孔隙性基质内失水，形成水锁损害带。

裂缝表面的水锁损害带一旦形成，缝面孔被永久性堵塞，则油气存储空间通往裂缝网络的"大门"被关闭，大量油气不能进入裂缝。此时，裂缝虽然本身的导流能力仍然存在，但却成为了无油气供应能力的死缝，如图5-9所示。

图5-9　正压差下裂缝—孔隙双重介质油气层的损害模式

由上述分析可见：低渗透—致密油气层的主要产能贡献来自于微裂缝网络，故低渗透—致密油气层的保护策略应聚焦于裂缝的发现、保护与利用。其中，核心要点在于防止工作液沿裂缝深度侵入，此举对于保护缝面孔至关重要。一旦缝面孔得到有效保护，将进一步保障孔隙性基质的完整性，从而维护"孔隙性基质中的油气通过缝面孔汇聚至裂缝网络，并最终由裂缝网络输送至井筒"这一关键的油气输送路径。

室内实验可以进一步表明过平衡钻井的局限性。实验采用直径为25mm、长度为0.45m的长岩心模拟装置，利用宽度为200μm的裂缝模拟常规水基钻井液在3MPa正压差条件下与气层裂缝的接触情况。实验结果显示，钻井液仅需数秒即可穿透0.45m长的微裂缝。值得注意的是，通常情况下，钻井液能够有效封堵的微裂缝最大宽度为200μm，而完全封堵不同宽度的微裂缝所需时间为3~10min。这一数据表明，在微裂缝得到完全封堵之前，钻井液已可能侵入地层数十米的深度，从而凸显了过平衡钻井在保护致密低渗透油气层方面的不足。

图5-10所示为另一组实验结果的数值模拟。该实验模拟了气藏中一组宽0.1mm、高10cm、长1.5m的垂直裂缝网络在直径311.15mm（12¼in）井眼中，用清水在3MPa正压差打开时的情况。结果表明：钻井液在正压差下的突进速度极快，占据整条裂缝仅需数秒。之后便是通过裂缝表面向基质的渗流和水渗吸。随时间延长，缝面渗透、吸水带范围扩大，直至含水的平衡饱和，形成裂缝表面的水锁损害带。因此，过平衡钻井对微裂缝双重介质油气层不能起到良好保护作用。

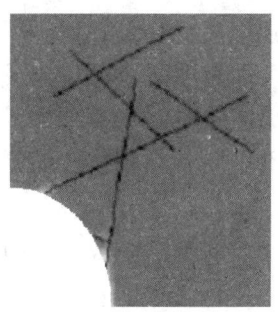

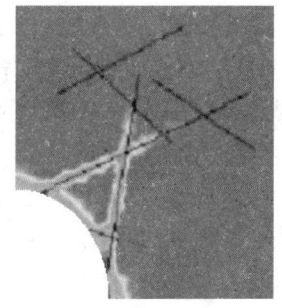

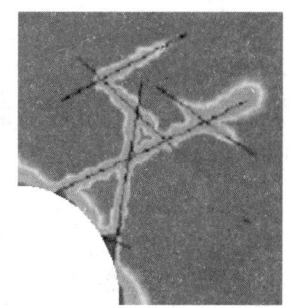

图5-10　正压差下裂缝网络的液体突进与基质水渗吸

众多工程实例说明，欠平衡钻井过程中有"正压差作业"环节时对油气层造成的致命损害。引起认识上巨大转变的最重要、最典型的一口井是充深1井。充深1井在须四段—须二段采用密度 1.05g/cm³ 欠平衡钻进，钻至井深 2203.16m 处油气层开始产出油气，地面燃烧臂火焰高度最高达 20m，估计产气量在 $10×10^4 m^3/d$ 以上，这是老区新层勘探的重大发现。为得知油气层准确产能，压井后进行了中途测试，测得产气量仅 $3.70×10^4 m^3/d$、产油 0.55t/d，地面燃烧臂点燃火焰高度远小于欠平衡钻井时的火焰高度。中测后下钻继续欠平衡钻进至完钻井深，再也未见油气产出。下尾管固井射孔完井，完井测试产量降为 $0.30×10^4 m^3/d$，产量下降了 91.89%，后经解堵酸化产量仅为 $1.02×10^4 m^3/d$、产油 0.18t/d。

大港千米桥板深4井，欠平衡钻井时用两条放喷管线放喷点火，由于断钻具事故而采用清洁盐水压井后处理事故，再以欠平衡方式恢复钻进，不但已钻开层段不再产气，新钻开层段也未能产气。中国石化某井，欠平衡钻开油气层时放喷点火，压井起钻后，再以欠平衡方式在产层部位侧钻 20m，未有任何油气产出，这也间接说明了一次正压差损害的范围在井眼周围数十米的范围。

这些实例共同表明：每一次正压差作业都会造成严重的油气层损害，导致产气量降低。

在欠平衡钻井过程中，诸如溢流压井、压井后起下钻或中途测试或取心或测井以及后续的下套管与固井等完井作业环节中的正压差，都会对油气层造成致命的损害。与常规过平衡钻井相比，欠平衡钻井过程中井壁处的裂缝、孔隙无任何内外滤饼、无任何封堵，同样大小、同样作用时间的正压差在欠平衡钻井方式下产生的损害要大得多。

因此，必需特别强调"全过程欠平衡钻完井"的重要性：由第一次钻开油气层开始，直到油气井交井投产，都要始终保持欠平衡的油气层保护状态。这是为了最大限度地减少正压差作业对油气层的损害，确保油气井的产能和长期效益。

2) 欠平衡钻井减少微裂缝—孔隙双重介质油气层漏失引发的损害

在裂缝—孔隙双重介质油气层中，如果裂缝发育很好（裂缝比较密集或裂缝宽度较大），过平衡钻井时正压差引起的工作液沿裂缝网络的快速侵入，宏观上表现为井漏现象。四川盆地西部的须家河组，有时就会出现钻开油气层时的井漏，漏失量由数立方米到数十立方米，之后漏失会自然减少到停止。有人认为钻开油气层的井漏是良好油气层的表现，是高产的迹象，"大漏高产，中漏中产，不漏低产"，甚至放纵井漏的发生。

钻井液的漏失是否会对油气层造成损害？究竟漏失多少才会对油气层造

成致命损害？结论是：有的油气层特别怕井漏，微量的漏失都会导致减产甚至无产（多数是无产）；而有的油气层对井漏"毫不在乎"。

井漏造成损害的实例如下。阿曼的 Shuaiba 油田，低渗透、裂缝发育、碳酸盐岩油藏，无缝基质岩心的渗透率约为 $1\times10^{-3}\mu m^2$，裂缝—孔隙双重介质油气层的有效渗透率约为 $10\times10^{-3}\mu m^2$，压力系数 0.8~0.9。长期用密度 1.10g/cm³ 左右的钻井液过平衡钻水平井。发现水平井的平均产量只有理想产能的 10%，故安排了如图 5-11 所示实验井。

分支 1 用传统过平衡钻进，长 1493m，漏失 485m³ 液体，酸洗解堵后无产。分支 2 用传统过平衡钻进，长 1632m，漏失 366m³，酸洗解堵后无产。分支 3 用油基钻井液钻进（过平衡），完钻后测试表明，产量仅比邻井增加 16%。分支 4 和分支 5 用充气的欠平衡钻井，未发现明显漏失。分支 4 钻进 22m 后出油，长 1340m，测试增产 1.83 倍。分支 5 钻进 8m 后出油，长 1266m，增产 1.8 倍。分支 4 和分支 5 的最终采收率增加了 5%。

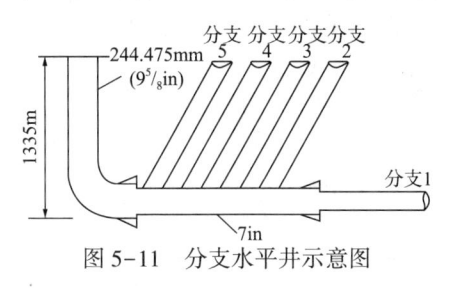

图 5-11 分支水平井示意图

该油田后续的欠平衡水平井采用了更为优化的参数和工艺，在段长 450m 左右达到了 6.0 和 6.4 的增产倍数。这个实例充分说明了井漏对产层造成了致命的损害。

井漏对油气层造成致命损害的情况主要发生在微裂缝发育的低渗透—致密油气层。在井漏过程中，工作液迅速侵入裂缝网络并形成水锁损害带，导致大量油气无法进入裂缝，从而造成油气层损害。

但也有的油气层对井漏不敏感。典型实例是美国的 Austin Chalk。人们在这个地区为防止钻进过程中含硫天然气喷出井口，采用"边漏边钻、海水强钻"的钻井液帽钻井，即环空以极低速度缓慢注入重钻井液，以维持对油气层的压力平衡；钻柱内以环空携岩为标准注入海水，海水携带岩屑一同漏入油气层，井口无返出物。钻完产层后，采用注氮诱喷，该井生产能力却很好，井漏未对产层造成明显影响。

可见，井漏对油气层造成致命损害的情况主要发生在微裂缝比较发育的致密—低渗透油气层，其本质还是"孔隙性基质中的油、气通过缝面孔汇集到裂缝网络中，再由裂缝网络输送到井筒内"的生产流动模式。在钻开油气层的井漏过程中，漏失的工作液沿裂缝网络迅速侵入并充满，然后通过缝面孔向孔隙性基质内失水，形成水锁损害带，缝面孔被永久性堵塞，大量油气不能进入裂缝，从而造成致命的油气层损害。

而对"井漏损害"不敏感的油气层，虽然也是裂缝—孔隙双重介质（或者是基质无储渗贡献的裂缝性介质），但此类油气层一般厚度大，裂缝发育极好，裂缝网络在纵向、横向延伸范围大，裂缝宽大且相互连通。如图5-12所示，由于裂缝网络纵横向连通好，漏失的液体在进入地层较短距离内便由于重力作用改向下流，进入并存积在油气层底部成为底水的一部分，对冲洗带的导流能力影响较小。上述情况下，漏失液体所影响的冲洗带，由于裂缝宽大，各种自发吸水、聚合物吸附、固相颗粒等损害都影响很小，冲洗带的导流能力仍然很好。因此，一旦负压差建立，则未受影响的原始带将大量油气通过导流能力很好的冲洗带输送至井筒，井便可以获得良好产能。

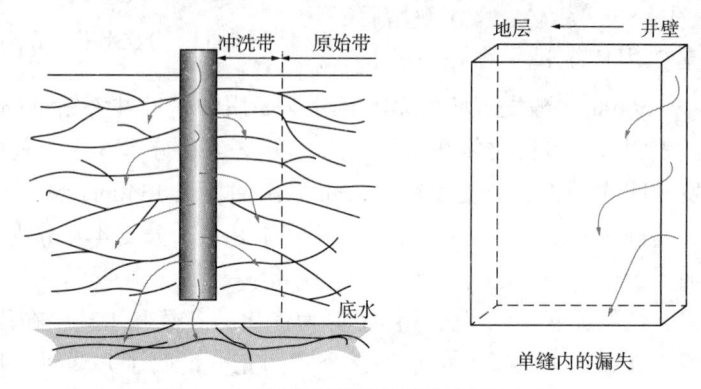

图5-12 对"井漏损害"不敏感的油气层

综上所述，对"井漏损害"不敏感的油气层往往是大裂缝、溶洞发育的地层，对压力极为敏感；对这种地层钻井的关注焦点不是油气层保护，而是安全高效的钻井和完井，这是"控压钻井"的内容。

3）欠平衡钻井下自发吸水与水锁损害机理及解决方法

在欠平衡钻井方式下，虽然消除了正压差造成的油气层损害，但仍存在其他多种损害机制。其中，水相圈闭损害是最普遍且最严重的一种。其根本原因在于油气层的自发吸水特性，导致水相圈闭（即水锁）现象的发生。油气藏在长期成藏过程中经历脱水，初始含水饱和度极低，大部分在5%~15%之间，且这种初始含水主要以水膜形态存在于油气层孔隙表面。这种"极度缺水"的油气层在接触外来水基液体时，会自发地吸水，直至达到束缚水饱和度。自发吸水导致的水量增加会使水膜增厚，进而减小油气流动通道的直径，甚至完全占据流道，形成水锁。这一过程中，油气层的含水饱和度上升，对油气的孔隙度和渗透率造成大幅度减小，表现为油气产量下降和地层水产量上升。

四川盆地西部须家河组实际岩心的水锁损害实验表明，低渗透、致密基块的水锁现象非常严重，渗透率损害率高达70%~90%。在欠平衡钻井过程中，油气层流体持续向外流动，同时油气层自发向内吸水，这一过程被称为"逆向（流）自发水渗析"。增大欠平衡压差可以显著减少油气层的驱动势能；然而，当渗透率低于某个临界点时，无论欠平衡压差如何增大，排驱流动势能都无法抵挡亲水吸附势能，自发吸水和水相圈闭成为必然结果。水锁损害的临界渗透率与多种因素有关，需要进行相应的评价研究才能得出结论。

对于我国大部分致密砂岩气藏，其孔隙性基块的平均渗透率较低，自发吸水和水相圈闭的损害是致命的。当这种损害成为不可避免且致命时，采用水基钻井液进行欠平衡钻井以保护油气层是不恰当的。此时，解决致命水锁损害的终极方法是使用非水相钻井液进行欠平衡钻井，如油基钻井液欠平衡钻井和气体钻井。由于井筒内不存在任何水相，因此不会产生自发吸水和水锁损害。

3. 欠平衡钻井适用条件

欠平衡钻井技术是一种在钻进过程中钻井液液柱压力低于地层压力的钻井方法，它允许地层流体流入井眼，并通过地面控制系统将其有效分离。这种技术在保护储层方面具有显著优势，但其适用条件也较为严格。在实际应用中，需要根据具体地质条件、储层特性以及工程技术条件等因素进行综合考虑和评估。

1）对地质条件的要求

地层压力资料明确：地层孔隙压力、漏失压力、坍塌压力等地质资料需要较为清楚，这是确保欠平衡钻井安全进行的基础。

地层稳定性好：地层应具有较好的稳定性，不易发生坍塌，以确保钻井过程中井壁的稳定。同时，欠平衡钻井井段不宜太长，以减少潜在的风险。

储层流体性质：储层中不应含有或仅微含 H_2S 等有毒有害气体，以保障钻井作业的安全。

储层敏感性：对于微裂缝地层、对水基钻井液敏感度较高的地层、与钻井液的滤液不相容地层、低束缚水的脱水地层等，采用欠平衡钻井技术能够减少对储层的损害。

2）对工程技术条件的要求

井身结构设计合理：井身结构是确保欠平衡钻井顺利进行的关键因素之一。设计前需要认真分析邻近井的地质、钻井、测井、试油资料，建立坍塌压力、孔隙压力、漏失压力剖面，以确定合理的井身结构。

钻井液与完井液选择恰当：应用合适的钻井液与完井液是实施欠平衡钻井技术的关键。常用的钻井液包括液体和气体两种，可根据地层特性和钻井需求进行选择。

设备配套齐全：应配备防喷器组、气液固相分离装置、油气处理设备以及安全防护设备等，以满足欠平衡钻井工艺的特殊要求并保障作业安全。

3) 其他考虑因素

环境保护：在环境敏感区域进行欠平衡钻井时，需要特别关注环境保护问题，确保钻井作业不对周边环境造成污染。

经济效益：欠平衡钻井技术虽然具有诸多优势，但其成本也相对较高。因此，在选择是否采用该技术时，需要综合考虑经济效益和储层保护效果。

4. 液体欠平衡钻井保护储层技术及实例

1) 液体欠平衡钻井及其优势

液体欠平衡钻井是一种特殊的钻井方式，核心在于使钻井液的循环压力（含液柱压力和循环回压）低于地层孔隙压力，从而允许地层流体有控制地进入井眼并循环至地面，同时在地面进行有效控制和处理。此技术通过注入液体钻井液形成略低于地层孔隙压力的钻井液柱，在井底形成负压区域，促使地层流体进入井眼，形成欠平衡状态。地层流体与钻井液混合后，通过钻井泵作用循环至地面，再经专门分离设备进行分离处理。

相较于传统过平衡钻井技术，液体欠平衡钻井技术具有显著优势。它能有效保护油气层，降低钻井液滤液和有害固相侵入风险，从而提高油井产能和经济效益。在欠平衡状态下，钻头破岩效率提升，机械钻速加快，有助于缩短建井周期。同时，该技术降低了井漏和压差卡钻风险，提高了钻井作业的安全性和稳定性。地层流体进入井眼后，可及时发现产层，提高勘探成功率。此外，它还减少了对储层的损害，有助于保持储层的原始渗透性和产能。

2) 邛西构造液体欠平衡钻井保护储层实例

邛西构造作为川西致密砂岩气藏的典型代表，位于四川盆地西部。该气藏上三叠统须家河组致密砂岩储层是主要产气层，埋深范围在 3200~5500m。其中，须二段和须四段砂层异常发育，表现为叠置状河道沙坝和扇三角洲网状河道沙坝砂体，单层砂体厚度可达上百米，且横向连续性好。

须家河组致密砂岩气藏的特征包括：岩石致密，物性差，具有低孔、低渗、细喉、孔隙结构复杂和比表面积大的特点。孔隙度平均在 5%~10%，渗透率平均在 $0.01 \times 10^{-3} \sim 0.85 \times 10^{-3} \mu m^2$；微裂缝发育，裂缝—孔隙双重介质储层，其中微裂缝网络提供了主要导流能力，而孔隙性基块提供了主要存储空间。

传统过平衡钻井在邛西构造的应用效果不理想，而全过程水基欠平衡钻井则取得了良好的储层保护效果。第一口全过程欠平衡井邛西 3 井成功实施了欠平衡取心、不压井起下钻、不压井测井、不压井下油管完井，完井后测试获得高产气流。此后，该构造连续十多口全过程欠平衡钻完井都获得了气井高产，同时提高了钻速,降低了成本,明显缩短了建井周期。全过程欠平衡钻井完井技术在川西致密砂岩气藏的勘探开发中应用取得了突破性进展,在四川盆地邛西构造获控制储量 $264×10^4 m^3$,探明储量 $57×10^4 m^3$,建立产能 $5×10^4 m^3/a$。

5. 气体欠平衡钻井保护储层技术及实例

气体钻井是指利用气基流体,如纯气体、雾化液、泡沫液和充气液,作为循环介质进行钻完井的欠平衡钻井技术。适用于具有较低孔隙压力、坍塌压力,或者较为致密的不含有毒有害气体储层。不适用于含有毒有害气体地层(如含 H_2S、CO_2 地层)。相比其他钻完井技术,气体钻井井底无正压差,从根本上避免了固液相侵入损害,同时还能有效克服井漏及其引起的储层损害;如果气体钻井后不进行压井作业,直接投产,可以避免后续液体环境作业带来的储层损害,从而将钻完井损害降到最小,能有效提高勘探发现率和最终采收率。

1) 气体钻井及其优势

气体钻井作为一种新兴的欠平衡钻井方式,近年来得到了显著发展。该技术通过气体压缩机向井内注入压缩气体,利用环空高压气体的能量将钻屑从井底带回地面,进行固体/气体分离,同时对分离出的可燃气体进行燃烧释放、除尘和降噪处理。相较于传统钻井液钻井,气体钻井展现出诸多优势,包括提高机械钻速、减少或避免井漏、延长钻头寿命、降低井下复杂事故风险、减少完井增产措施、降低钻井综合成本、有效保护油气产层以及增加油气产量。

气体钻井根据介质形态可细分为纯气体钻井、雾化钻井、泡沫钻井和充气钻井。纯气体钻井又可根据气体类型进一步划分为空气钻井、氮气钻井、天然气钻井和尾气钻井。其中,氮气由于其非可燃性和易获取性,在安全性方面表现更佳,成为氮气钻井的优选气体。氮气钻井的设备主要包括空气压缩机系统、增压机系统以及膜分离制氮设备系统等,而集装箱式制氮设备则为气体钻井提供了稳定的氮气源,为钻透油气产层提供了安全保障。

氮气钻井还展现出以下潜力:对油气产层的损害最小、油气能够即刻流出并可进行计量、反应迅速且计量灵敏度高、计量范围广泛。如图 5-13 所示,该技术将能够清晰分辨和记录含气层、微产气层、中小产气层、大产气层、孔隙性产气层、裂缝性产气层以及产层的位置和段长等关键信息。

氮气钻井虽然具有以上潜力优点,但氮气钻井的成本较高,严重制约了氮气钻井的推广应用。

2) 气体钻井保护储层实例

【实例一】 塔里木迪北侏罗系阿合组气藏。

迪北侏罗系阿合组气藏,坐落于塔里木盆地北部的库车坳陷区域。该区域地质特征显著,高角度逆冲断裂发育,同时伴有断背斜和断鼻构造的局部发育。

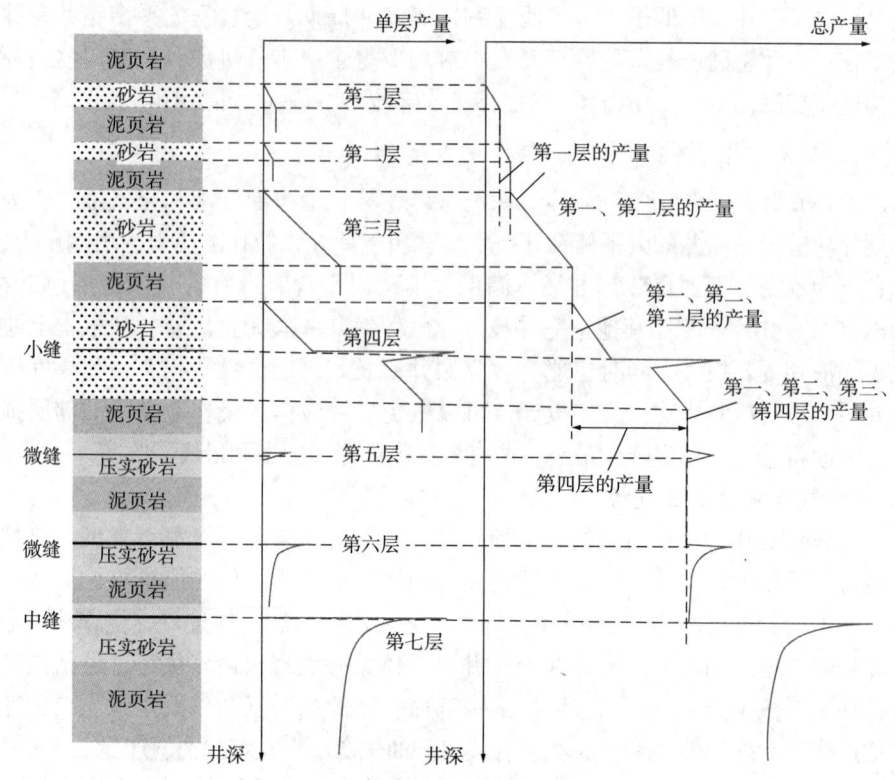

图 5-13 氮气钻井：一口井探明所有储层

油气资源主要富集于断开阿合组的Ⅲ级断裂附近，这为油气勘探提供了重要的地质依据。阿合组主要以辫状河三角洲平原河道沉积为主，其岩性构成多为砂砾岩和中—粗度砂岩。这些岩石的平均孔隙度和渗透率分别为7.5%和$6.5×10^{-3}\mu m^2$，显示出微裂缝较为发育的特点，这有利于油气的储集和渗流。

2011年6月，迪西1井的钻探工作部署在断层附近及局部构造的高点处。在钻探过程中，四开和五开层段(深度范围4710~5000m)采用了氮气钻井方式，有助于保护油气层并提高钻探效率。

在四开井段的钻探过程中，成功钻遇了两个主要的产气层段，分别位于4756~4766m和4799~4911m深度范围内。通过对产气层段1的甲烷浓度进行监测，结果如图5-14所示。从图5-14中可以清晰地看出，甲烷浓度在4759.0m、4764.6m和4766.1m处出现了陡然上升的现象，形成了明显的峰值。通过对产气层段2的甲烷浓度监测，其中4802.1m和4808.6m处在砂岩层段中钻遇天然气，而4811.4m处在砂泥岩岩性界面处钻遇高浓度天然气。迪西1井最终日产气$59×10^4m^3$，日产油69.6m³，实现了利用氮气钻异常高压气藏的技术突破和千亿立方米级迪北气藏大发现。

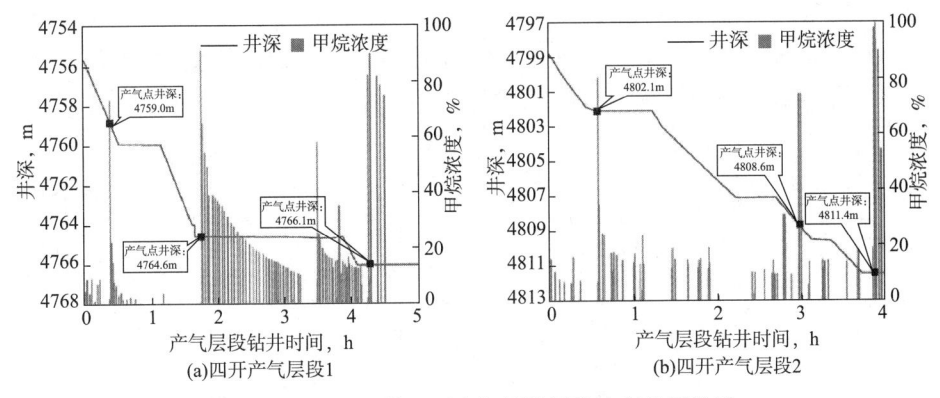

图 5-14　迪西 1 井四开产气层段甲烷浓度监测结果

【实例二】 四川新场气田。

新场气田，坐落于四川盆地川西坳陷的中段区域。该地区地质构造复杂，须二构造发育了多组北东东向的复式背斜，且断裂走向多变，导致气水关系难以明确界定。在沉积类型上，新场气田主要以三角洲前缘沉积为主。其沉积物上部含有少量的泥页岩，而下部则主要以砂岩和泥页岩的互层结构为主。这种沉积特征对储层的孔渗性能产生了显著影响，使得储层总体的孔隙度和渗透率相对较低，多数分布在 3%~4% 和 $0.01×10^{-3}~0.1×10^{-3} \mu m^2$ 之间。同时，该气藏的压力系数大于 1.5，属于异常高压有水气藏的类型。

2020 年 8 月，新 8-2 井在新场气田成功投产，该井采用了氮气钻井方式。尽管总进尺仅为 35.33m，但该井却获得了稳定的无阻流量，高达 $53×10^4 m^3/d$。这一成果不仅降低了钻完井、测试和改造的费用，还在单井产量上取得了重大突破。该井被部署在逆断层的上盘，且构造位置相对较高。在三开井段（深度范围为 4905.5~4940.8m）的氮气钻井过程中，共发现了 5 个明显的产气点。如图 5-15 所示，从产气点处的甲烷浓度变化曲线可以看出，甲烷浓度在产气点处陡然上升后回落，呈现出阶梯状的形态。这一特征表明，所有产气点都具备一定的稳产能力，为新场气田的进一步开发和利用提供了有力的支持。

【实例三】 四川大邑构造。

大邑构造，坐落于川西坳陷的西南部，是龙门山南段冲断推覆带前缘的一个隐伏构造带。该构造的须三段被凤凰村断层和龙光寺断层所夹持，形成了一个大型的不对称鼻状构造。在沉积类型上，大邑构造主要为三角洲前缘沉积。大邑构造的岩性致密，其平均孔隙度和渗透率分别为 2.78% 和 $0.06×10^{-3} \mu m^2$，显示出该构造的储层特性。

2020 年 10 月，大邑 105 井在该构造区域成功采用了氮气钻井方式，并喜获工业气流。该井被部署在断块附近。在三开井段（深度范围为 5174~

5254.7m)的氮气钻井过程中，共发现了4个明显的产气点，如图5-16所示。在5194.0m和5230.0m的深度处，产出了小股气流，甲烷浓度在这两个点处陡然上升后回落，整体呈现出降低的趋势。而在5174.7m和5251.6m的深度处，均产出了高产且稳定的气流，这进一步证实了大邑构造的产气潜力。

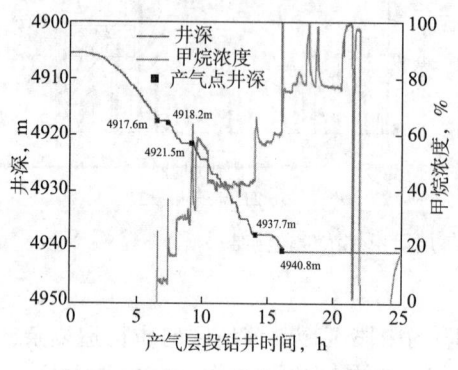

图5-15 新8-2井产气层段钻井甲烷浓度及井深随钻监测结果

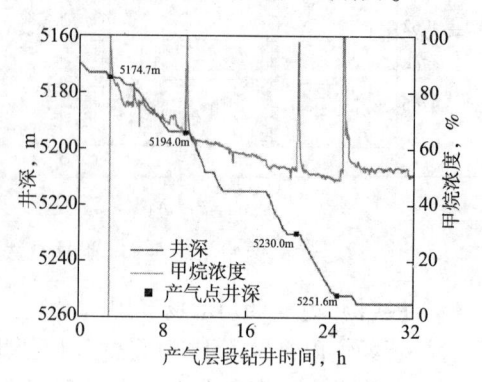

图5-16 大邑105井产气层段钻井甲烷浓度及井深随钻监测结果

第四节 固井作业中的保护油气层技术

固井就是在钻井作业钻至一定的井深后，在井眼中下入套管，把水泥浆注入套管外环形空间（简称环空）某预定位置，并使其在预定时间内迅速硬化、凝结，并与地层、套管良好胶结，形成优质、完整、具有良好层间封隔能力的水泥环，进而密封环空、实现层间封隔的工艺过程。

固井的主要目的和作用主要有以下三个方面：一是支撑保护套管，防止套管毁坏和腐蚀；二是封固复杂地层，为下步钻完井作业创造条件；三是实现良好的层间封隔，为油气安全高效开发和增产改造等提供良好的油气层分封隔条件，避免层间互窜、井口环空带压和地面环境污染等问题。固井是油气井建井工程中最重要的工程与工艺环节之一，其重要作用不仅体现在保证油气井安全生产以提高单井产能上，也体现在油气田长效开发以提高采收率上，这也是研究固井保护油气层技术的意义所在。但是，固井对油气层的损害，与钻井对油气层的损害相比，有类似的地方，也有不同之处。

一、固井损害油气层的特点

目的层固井注水泥过程中，为防止井涌，井内钻井液、前置液和水泥浆的有效液柱压力之和，再加上环空流动压耗，以及可能实施控压固井而在井口施加的回压，必须适当高于油气层的压力；固井候凝期间，为防止油窜、气窜、水窜，井内钻井液、前置液和水泥浆的有效液柱压力之和，再加上可能环空憋压候凝而在井口施加的回压，必须适当高于油气层的压力。因此，绝大多数固井都存在环空对地层的正压差，固井中可能存在水泥浆颗粒、水泥浆滤液通过钻井液滤饼侵入油气层，对油气层造成进一步的损害，见表5-7。

表5-7 某油田沙河街油层受钻井液与水泥浆损害的情况

序号	岩样	K_{w1} $10^{-3}\mu m^2$	损害类型	压差 kg/cm² 钻井液	压差 kg/cm² 水泥浆	剪切速率 s⁻¹ 钻井液	剪切速率 s⁻¹ 水泥浆	滤失量 mL API标准 钻井液	滤失量 mL API标准 水泥浆	滤失量 mL 岩心损害实验测定 钻井液	滤失量 mL 岩心损害实验测定 水泥浆	损害后渗透率 $10^{-3}\mu m^2$ K_m	损害后渗透率 $10^{-3}\mu m^2$ K_T	损害率 % ΔK_m	损害率 % ΔK_T	损害率 % ΔK_C
1	Q29-1	23.75	钻井液	35		64		2.5		10.12		7.10		70.1		
	Q29-2	29.47	双重①	35	70	64	79	2.5	1682	13.5	36		5.75		80.5	10.4
	Q29-3	29.47	双重②	35	70	64	79	2.5	1682	13.5	50		5.54		81.2	11.1
	Q29-4	17.13	双重①	35	70	64	79	2.5	1682	22.5	31.5		1.95		88.6	18.5
	Q29-5	17.13	双重②	35	70	64	79	2.5	1682	22.5	38.3		1.70		90.1	20
2	Q30-1	4.49	钻井液	35		64		2.5		6.3		1.79		60.2		
	Q30-2	3.39	双重①	35	70	64	79	2.5	1682	5.6	18		1.05		69	8.8
	Q30-3	6.01	双重①	35	70	64	79	2.5	1682	6.8	11.3		1.89		68.5	8.3
3	Q31-1	37.2	钻井液	35		64		2.5		18		9.56		74.3		
	Q31-2	47.0	双重①	35	70	64	79	2.5	1682	22.5	54		5.50		88.3	14
	Q31-3	42.50	双重②	35	70	64	79	2.5	1682	22.5	63		4.51		89.4	15.1
4	Q32-1	3.87	钻井液	35		64		48		22.5		0.58		85		
	Q32-2	3.75	双重①	35	70	64	79	48	1682	18	45		0.39		89.6	4.6
			损害平均值											72.4	82.8	12.3

①有滤饼；②无滤饼。

注：K_m为钻井液损害后的渗透率；K_T为钻井液和水泥浆共同损害后的渗透率；ΔK_m、ΔK_T和ΔK_C分别为钻井液单独造成的损害率、钻井液与水泥浆联合造成的损害率、水泥浆在钻井液损害基础上造成的损害率；"双重"指钻井液与水泥浆造成的双重损害。

从表5-7中的数据可以看出，即使在有滤饼存在的情况下，如果对水泥浆的失水量不加以控制，水泥浆仍可能在前期钻井液损害的基础上对油气层再造成损害。为此，有必要研究固井对油气层的损害，如固井过程中潜在的损害因素、各因素损害油气层的作用规律及机理，以采取针对性的技术措施，降低固井对油气层的损害。

与钻井期间钻井液对油气层的损害相比，固井期间水泥浆对油气层的损害也有其自身的特点：一是损害时间短，从水泥浆注替到位到水泥浆凝固，时间一般为几个小时或十几个小时，远短于油气层钻井的数天甚至数十天；二是固井对油气层的损害是在前期钻井液损害的基础上进行的，即使固井期间井壁上的外滤饼可被部分或全部冲洗掉，部分进入井壁内的钻井液固相颗粒等以堆积、桥塞方式形成的内滤饼也可能阻碍水泥浆滤液和颗粒的侵入，从而在一定程度上缓解固井对油气层的损害；三是水泥浆的失水控制能力一般高于钻井液(同样试验装置、同等试验条件下水泥浆的失水控制能力高于钻井液)；四是固井注水泥期间的环空压力在大多数情况下要高于钻井时的环空压力，其原因在于要在考虑水泥浆失重的情况下仍然能够在候凝期间压稳地层流体防窜，从而导致造成固井油气层损害的正压差更大。为此，对固井油气层损害的研究，应充分考虑其自身的特点。

二、固井损害油气层的类型

根据固井的目的和作用，固井对油气层的损害可分为两个方面：一是固井质量差对油气层的损害；二是固井过程中水泥浆本身及其滤液、固相颗粒对油气层的损害。

1. 固井水泥环层间封隔质量差对油气层的损害

由于水泥浆的凝结特性，套管外固井水泥环具有不可替代、无法替换的特点，固井质量将直接影响后续各项作业能否顺利实施以及实施的效果，具体分析如下：

(1) 固井质量不好，不同压力系统的油层、气层、水层相互干扰和窜流，导致油气资源不能有效动用，还易诱发油气层中潜在的损害因素，如形成有机垢、无机垢、水相圈闭损害、乳化堵塞、细菌堵塞、微粒运移等，降低油气层的渗透率，从而影响油气层的产量；同时，封固质量不合格，会使油气上窜至非产层甚至地面，不仅造成油气资源损失，还会增加后期处理费用，降低开发效益。

(2) 固井质量不好，当进行增产、注水、热采等作业时，工作液就会在井下层间窜流，不仅会降低作业效果，还会对油气层产生损害，如酸液、压裂液窜入其他油气层而没能及时返排，就会对该油气层产生损害；注入水窜入水敏性油气层，就会使该地层的岩石水饱和度增加，或矿物发生水化膨胀、分散运移，从而降低油气层渗透率。

(3) 在起下钻、射孔、压裂酸化等后期作业中，水泥环在外力作用下，其结构完整性和力学完整性被破坏、层间封隔失效，容易引起油气水互窜、套管腐蚀等问题，从而对油气井造成损害。

综上所述，如果固井质量不好，不能实现油气资源的安全有效开发，才是对油气层的最大损害，而且还会直接影响到油气井生产的全过程，因此，提高固井质量才是最重要的保护油气层技术。

2. 水泥浆对油气层的损害

水泥浆对油气层的损害，其损害机理、规律与钻井液对油气层的损害有类似之处，潜在损害主要主要是水泥浆、水泥浆滤液和水泥浆固相颗粒侵入对油气层的损害。

对裂缝发育油气层，水泥浆很容易漏入裂缝，并在凝结后堵死裂缝，从而对油气层造成损害。

对孔隙性油气层，水泥浆滤液容易在环空对油气层正压差的作用下侵入油气层，并因组分差异等引发乳化、沉淀、结晶等油气层损害，以及由于滤液碱度高造成碱敏损害；水泥浆中的固相颗粒则容易在油气层孔喉内堆积、堵塞，从而对油气层造成损害。

可以看出，水泥浆对油气层的损害主要来自于水泥浆固相颗粒和滤液在不漏失且井壁上有钻井液滤饼情况下对油气层的损害，以及井漏条件下水泥浆漏入油气层对油气层的直接侵入堵塞损害。

为此，水泥浆对油气层的损害，可根据油气层裂缝发育不发育、固井漏失不漏失，分为漏失和不漏失情况下的水泥浆油气层损害。

1）水泥浆不漏时对油气层的损害

水泥浆不漏时对油气层的损害，需考虑钻井液滤饼对油气层的保护作用，实验研究时先模拟钻井液循环，在油气层岩心上形成钻井液滤饼，同时实现钻井液对油气层的损害，再用隔离液冲刷钻井液滤饼、改变钻井液滤饼在岩心上的形态，最后在不同压差下用不同配方、不同失水量的水泥浆去损害油气层岩心，分析、研究各因素对油气层岩心渗透率降低的影响，并据此得到水泥浆损害油气层的规律、机理等，进而制订针对性的固井水泥浆油气层保护技术。

2）水泥浆漏失对油气层的损害

水泥浆漏失对油气层损害又可分为两类：一是对孔隙型油气层的损害，二是对裂缝发育油气层的损害，两种损害有所不同。

（1）对孔隙型油气层的损害。

孔隙型油气层固井漏失时，水泥浆除了与井壁接触并产生水泥浆不漏时对油气层的损害外，漏入地层的水泥浆直接接触油气层时并对油气层造成损害，同时在凝固后堵塞压漏裂缝，形成孔隙型漏失水泥浆油气层损害。但是，由于油气层原本无裂缝，无论是水泥浆凝固堵塞压漏形成的裂缝，还是损害压漏缝面附近的油气层，均不会造成额外的油气层损害。为此，对此类漏失情况下的水泥浆油气层损害，可直接参考不漏失条件下的水泥浆油气层损害。

（2）对裂缝发育油气层的损害。

对裂缝发育的孔隙—裂缝型油气层和裂缝性油气层，固井之前为确保钻井作业的正常进行，均需通过钻井液堵漏封堵近井地带的裂缝，但是，固井注水泥期间，环空对油气层的正压差在大多数情况下都比钻井时高，在此情况下，水泥浆易突破钻井液堵漏形成的封堵带而沿裂缝漏入油气层的深部，并在凝固后堵塞裂缝，从而对井筒周边相当距离范围内的油气层造成损害，即便是后期进行射孔、酸化作业也难以将其解除，但是，该损害仍然是在钻井液先期损害、封堵、井壁上有钻井液滤饼保护的基础上发生的，进行损害评价时仍可参考有滤饼条件下的水泥浆油气层损害评价方法，并得到对应的评价结果。

由于各油田的油气层类型和储层特性，以及固井工艺、水泥浆体系、水泥浆配方均可能有所不同，油气层在固井期间受到的损害也有所不同，加之大孔径、深穿透射孔技术的发展，以及酸化压裂等深度增产改造技术的发展，使得业界对固井期间油气层损害的认识和看法也有所不同，有的认为需要重视和研究固井期间的油气层损害，有的则认为无须重视和考虑，对此，建议各油田根据自身特点酌情考虑。

3）水泥浆固相颗粒对油气层的损害。

激光粒度分析结果表明，水泥颗粒中粒径 $5 \sim 30 \mu m$ 的细小颗粒占比15%左右(图5-17)，小于多数中高渗透率砂岩孔喉的直径，因此在压差作用下能够进入油气层孔喉，并水化固结堵塞孔喉，从而造成对油气层的永久损害。室内研究结果表明，水泥浆固相颗粒侵入深度约为2cm。

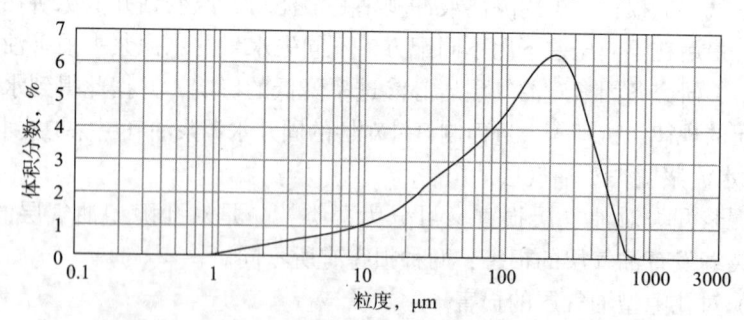

图5-17　G级高抗油井水泥激光粒度分析结果

4）水泥浆滤液对油气层的损害

大多数情况下，在加有足够合格掺量降失水剂的情况下，水泥浆的失水量均小于钻完井液的滤失量，未加降失水剂的水泥浆失水量甚至高达

1500mL/30min 以上。但是，在实际地层中水泥浆的失水量比 API 标准失水量要小很多，见表 5-8。此种情况下，水泥浆滤液仍会对油气层产生损害，原因主要有以下几个方面：一是水泥颗粒与水发生水化反应时会在滤液中形成 Ca^{2+}、Fe^{2+}、Mg^{2+}、CO_3^{2-} 和 SO_4^{2-} 等离子（表 5-9），当外界条件变化时，这些离子将结晶或沉淀析出 $Ca(OH)_2$、$CaSO_4$ 和 $CaCO_3$ 等无机垢堵塞孔喉，降低油气层的渗透率；二是水泥浆滤液的 pH 值较高，体系中的 OH^- 会诱发碱敏矿物分散运移造成颗粒堵塞，同时，可促使油气层中的沥青质和石蜡等絮凝、沉淀而降低油气层的渗透率；三是地层流体中也含有大量无机离子（表 5-10），如果水泥浆滤液与地层流体的配伍性不好，二者接触后也会形成无机垢等，从而损害油气层；此外，水泥浆滤液还会造成水相圈闭损害、乳化堵塞，滤液所含的表面活性可能使油气层岩石孔喉表面发生润湿反转等，均会对油气层造成损害。

表 5-8　水泥浆 API 标准滤失量与实际岩心滤失量对比

序号	岩心渗透率 $10^{-3}\mu m^2$	API 失水量 mL/30min	无滤饼岩心滤失量 mL/30min	有滤饼岩心滤失量 mL/30min	滤失量对比 无滤饼岩心滤失量/API 滤失量	滤饼岩心滤失量/API 滤失量
1	2.23	1682	2.25	0.9	0.13%	0.05%
2	17.13	1682	38.25	31.50	2.27%	1.87%
3	47.00	1682	63	54	3.75%	3.21%
4	6.01	268	6.8	6.8	2.54%	2.54%
5	13.80	509	—	4.5		0.88%
6	13.80	988	—	6.67		0.68%
7	278.15	88	4.57	—	5.19%	
7	304.06	300	5.87		1.96%	
7	366.06	900	6.80		0.76%	
8	792.65	90	9.05		10.06%	
8	793.92	295	11.3		3.83%	
8	644.37	890	13.6		1.53%	

表 5-9　某油田某区块油气层固井水泥浆滤液离子含量分析结果

体系	pH 值	离子含量，mg/L										总离子含量 mg/L
		K^+	Na^+	Ca^{2+}	Mg^{2+}	Ba^{2+}	Sr^{2+}	Fe^{2+}	Cl^-	SO_4^{2-}	CO_3^{2-}	
1	1.47	4922	2402	769	2.1	2.1	4.5	16.6	873.6	5207.0	4679.4	18878.3
2	12.62	5180	2530	1187	7.2	1.5	4.9	79.3	912.46	5525.4	6403.2	21770.9

表 5-10 某油田某区块地层水离子含量分析结果

井号	层位	密度 g/cm³	pH 值	离子含量, mg/L						总离子含量 mg/L
				Cl⁻	Na⁺+K⁺	Ca²⁺	Mg²⁺	SO₄²⁻	HCO₃⁻	
1	E	1.10	6.2	11300	64810	6710	486	535.5	115	185700
2	E	1.14	6	109546	64337	5794	489	1787	32	181987
3	K	1.13	6~7	127885	79867	3563	123	2073	688	214201
4	K	1.13	7	112105	64082	7334	11111	3808	209	188657

水泥浆损害油气层的程度，与水泥浆的配方和失水量、钻完井液滤饼的质量和冲洗情况、固井期间环空对油气层正压差的大小等因素有关，且随钻完井液滤饼质量的变差而加大。

三、保护油气层的固井技术

固井作业中有效保护油气层的关键措施是合理控制水泥浆的失水量和环空对油气层的正压差，提高水泥浆与油气层的配伍性，以在固井期间降低水泥浆固相颗粒与滤液对油气层的损害，同时保证固井质量，环空形成优质完整的水泥环，实现对有效的层间封隔，为油气井后期开采提供良好的层间封隔条件，保证后期开采安全、高效，延长油气井的生产寿命，实现对油气层更深层次的保护。

1. 提高固井质量保护油气层技术

固井质量的提高可有效封隔不同压力的油气水层，从而利于采取分层作业措施提高油气产量而防止水窜，进而提高油田开发的效益。

以东部某油田某区块为例，该区块已开发近 40 年，主要以加密调整井注水开发为主，并通过酸化压裂来提高单井产能，但长期以来该区块固井质量较差，平均优质率 32.12%、平均合格率 47.53%，部分井合格率甚至低于 3%，导致优选射孔段困难，且射孔后水层窜流严重，投产初期平均含水率高达 47.36%（表 5-11），部分井的后期综合含水更是高达 80% 以上（表 5-12），充分说明了固井质量差对开发效果的严重不利影响。

表 5-11 某油田某区块部分井射孔后初产期生产情况

井号	产液量, m³/d	产油量, t/d	声幅总评价		初期含水率, %
			合格率	优质率	
D38-34	18.3	13.18	23.26%	2.07%	28
D38-35	21.6	0.52	79.31%	38.78%	97.6
X4-15-1L	17.8	6.12	31.76%	20.58%	65.6
X7-4	23	5.98	79.44%	56.57%	74

表5-12　某油田某区块部分井后期生产情况

井号	产液量，m³/d	产油量，t/d	声幅总评价 合格率	声幅总评价 优质率	后期产水率，%
D35-51	28.2	1.76	23.26%	2.07%	93.76
D35-54	13.26	2.60	90.58%	3.57%	80.39
D35-61	2.82	0.69	42.29%	20.90%	75.55
D35-45	23.02	2.77	29.25%	6.77%	87.97

为提高固井质量，改善油田开发效果，对该区块水泥浆性能、浆柱结构和工艺参数进行了系统评价和优化，结合固井前钻井液性能调整与多周循环等提高顶替效率，以及优化浆柱结构压稳地层防窜候凝等技术措施，大幅提高了固井质量，油水层间互窜的问题得到了有效控制，不仅降低甚至节约了补救固井、试油低效、压裂改造等费用，还因层间得到有效封隔而降低了其施工难度，试油投产5口井，综合含水率由47.36%降至24.35%，平均产油15.69t/d，其中D38-46-1井射孔后自喷，产油量达到35.8t/d，达到邻井产量的2倍以上（表5-13），可以看出，提高固井质量后的控水增油效果显著。

表5-13　某油田某区块部分井层间封隔质量提高后期开采生产情况

井号	油层厚度 m	射开厚度 m	产液量 m³/d	产油量 t/d	含水率 %	声幅总评价 合格率	声幅总评价 优质率	备注
D38-30	71.80	16.20	21.2	16.8	20	99.94%	95.35%	固井优质 压裂后下泵投产
D39-45-1	139.10	18.70	4.87	3.9	36	99.45%	96.62%	固井优质 压裂后下泵投产
D38-43-1	53.00	14.90	10.5	6.62	37	100%	98%	固井优质 压裂后自喷投产
D39-98	138.00	21.80	17.4	15.31	12	92.9%	76%	固井优质 压裂后自喷投产
D38-46-1	58.70	28.10	49.72	35.8	28	98.1%	92.5%	固井优质 压裂后自喷投产

而要获得良好的层间封隔质量，就必须做到"居中、防漏、替净、压稳、封严"，形成优质的水泥环和良好的界面胶结质量。

1）固井前地层承压与堵漏

实际固井作业时，地层漏失压力大多难以准确掌握，固井前需通过地层承压试验来获取地层漏失压力，掌握地层承压能力；再设计水泥浆密度及浆柱结构，结合固井液在井底温压条件下的流变参数和井眼条件，计算出固井前钻井液循环和注替固井液时的泵压、排量，并根据地层承压能力优化浆柱结构和注替参数，防止在固井前循环钻井液和注替固井液的过程中因参数设计不当、循环压耗过高而发生漏失。

常用承压试验方式有三种，即井口憋回压、逐步加重钻井液模拟固井施工压力和逐步提高循环排量模拟固井施工压力。

可根据水泥浆静液柱压力及预估循环压耗计算固井时的环空当量密度（ECD），并与按同样方法获得的钻井 ECD 进行对比，以保证固井 ECD 与钻井 ECD 基本相当，从而避免固井漏失。对于钻进过程和承压过程中发生漏失的井都应进行堵漏作业，之后再进行固井作业。对不同漏失特点的漏层，可采用颗粒级配的复合堵漏材料、纤维堵漏材料、高失水堵漏材料，以及聚合物凝胶堵漏材料和无机胶凝堵漏材料等多种材料进行固井前的承压堵漏。

2) 固井前钻井液性能调整与循环

钻井液滞留和井壁表面的虚滤饼是影响固井质量的两个重要因素。钻井液流变性差、难以达到较高的顶替效率而导致的钻井液滞留和虚滤饼残留，均会影响二界面胶结质量、降低层间封隔能力。在水平井、定向井以及井眼质量较差的井段，流变性较差的钻井液更难顶替。

事实上，钻井与固井对钻井液性能的要求有所不同。钻井期间钻井液应具有一定的黏度和切力，以保证良好的悬浮和携屑能力，同时控制滤失量，形成较好的滤饼保护井壁；而在固井期间，钻井液应具有较低的黏度和切力以提高顶替效率，同时，钻井液滤饼要利于被冲洗干净而提高二界面胶结质量。

为此，非常有必要在固井前适当调整钻井液性能，并配合多周循环措施充分洗井，改善固井时钻井液的性能。

(1) 固井前钻井液性能调整。

调整钻井液性能主要是控制钻井液的黏度、切力(对幂律流体则是流性指数、稠度系数)、滤失量(滤饼厚度)和 pH 值。

(2) 降低钻井液黏度和切力。

降低钻井液黏度和切力有助于增大循环排量，从而降低固井前钻井液循环和注替水泥浆过程中的环空压耗，防止泵压过高而压漏薄弱地层。

(3) 严格控制钻井液的滤失量。

降低钻井液的滤失量可降低钻井液滤饼尤其是虚滤饼的厚度，从而避免虚滤饼对二界面胶结的不利影响，进而改善二界面的胶结质量。

(4)提高钻井液的 pH 值。

提高钻井液的 pH 值能有效破坏虚滤饼的结构,以利于在钻井液循环和固井注替过程中尽可能替走虚滤饼,为界面胶结奠定良好的基础。

值得注意的是,调整钻井液的性能时,切忌用清水直接稀释钻井液,一般采用抗钙稀释法,在降低钻井液黏度的同时增强钻井液抗钙侵的能力,具体做法可预先单罐配制抗钙稀释胶液,循环时小排量连续将其加入钻井液罐,经钻井液罐搅拌混合均匀后泵入环空。

固井前钻井液循环时慢慢增大泵排量,逐渐将泵排量提高至注替过程中预计的最大泵排量,当钻井液达到预期性能要求时,停止加入抗钙稀释胶液。

调整过程中充分循环钻井液 3~4 周,并保证出入井钻井液的性能均匀、一致。

3)套管柱居中设计

哈里伯顿公司通过研究得出满足提高顶替效率最低要求的套管居中度为 67%,并得到国内外业界公认,但实际固井作业中还是应尽量提高套管居中度。

套管在井眼中的居中度会影响环空流体的流场分布,当套管不居中时流体在环空宽、窄间隙中的流动速度不同,套管居中度越低、环空宽窄间隙处的流速差异越大,环空窄间隙处的钻井液流动速度慢甚至完全不能流动和被顶替,从而出现钻井液滞留。

一旦钻井液、混浆或岩屑滞留在环空窄间隙处,水泥浆就无法充满环空,水泥环的层间封隔能力就会受到明显的影响,因此,保证套管居中度对提高流体在环空中均匀流动的程度、提高水泥浆对钻井液的顶替效率有重要意义。

套管居中度可通过合理安放套管扶正器得到改善,但良好的井身质量是保证扶正器顺利下入的重要前提。套管扶正器的安放设计应充分考虑井眼尺寸、井斜角、套管尺寸及壁厚、上层套管内径、钻井液密度、扶正器类型(如刚性扶正器、弓形弹性扶正器等)、扶正器性能参数(最小及最大外径、启动力、下放力和复位力)等的影响。

套管扶正器的安放应采用固井设计软件进行设计和校核,并满足最低居中度要求,推荐采用经验做法及居中度校核相结合的做法,且即便采用经验或推荐做法,也应进行居中度校核,检查是否满足居中度要求。

目前大部分的固井设计软件都含有套管居中度设计模块,通过对扶正器安放位置及数量的优化设计,实现预期的套管居中度,进行居中度模拟时需考虑套管能否安全下入。

4)浆柱结构与流体性能级差设计

大多数情况下固井注水泥的浆柱结构组成为:钻井液、前置液、水泥领浆、水泥尾浆。各浆柱的长度、密度、性能设计应充分考虑提高顶替效率、注水泥过程中压稳防漏和水泥浆候凝失重时压稳防窜、保证固井质量等的需要。

固井注水泥顶替机理理论研究结果表明，紊流流态利于提高顶替效率，但在固井作业过程中，受井眼状况和机泵条件、水泥浆性能等限制，很难达到水泥浆紊流顶替的要求。在此情况下，为了提高顶替效率，在低压漏失长封固段固井实践的基础上，通过调整钻井液、隔离液和水泥浆三者间的流变性级差，在相同固井顶替排量下，在水泥浆不能实现紊流的情况下，使钻井液和(或)隔离液处于紊流状态，实现了钻井液和(或)前置液紊流的固井顶替，从而获得较好的固井质量。

同时，多年的固井实践表明，还可以通过在钻井液、隔离液和水泥浆之间形成一定的密度差和流变性级差，提高固井注水泥顶替效率，对于孔隙型地层固井具体做法如下：流体密度差设计为 $0.12\sim0.24\mathrm{g/cm^3}$，流性指数 n 设计为：$n_{钻井液} > n_{隔离液} > n_{水泥浆}$；稠度系数 K 设计为：$K_{钻井液} < K_{隔离液} < K_{水泥浆}$。

在深井超深井固井作业过程中，由于受环空间隙小、安全压力窗口窄、地层承压能力等井眼条件限制，难以实现较高的密度差和大排量高效顶替，对此，可在固井前配制一罐由现场钻井液处理的低黏切先导浆，在不提高隔离液密度的情况下，通过提高水泥浆领浆与隔离液之间的密度差和流变性级差，在较低的注替排量实现小间隙易漏失井眼的安全固井，并获得较好的顶替效率。

5) 精细控压防漏固井技术

精细控压防漏固井技术起源于控压钻井技术。精细控压固井是一种在保证顶替效率的前提下，通过降低钻井液静液柱压力，利用精细控压钻井装备，实施井口精细控压，确保井筒动态压力介于地层孔隙压力与地层漏失压力之间，最终实现全过程压力平衡法固井。其中，如何确定下套管和固井施工期间的钻井液密度，以及控压降密度的方法显得尤为重要。如果动态当量密度小于地层最大承压能力，则采用一次性降密度的方法；如果一次性降密度方法循环动态当量密度大于地层最大承压能力，则采用分阶段降密度方法。通过在西南油气田、塔里木油田等多口井的现场应用表明，在精细控压固井前，一次性降密度和分阶段降密度的方法都能够顺利下入套管，并能成功控压降密度，防止井漏，有效保证精细控压固井成功实施，有效保证裸眼和重合段封固质量。

常规钻井过程中井口敞开，井下任意位置井筒所受的压力，钻井液不循环时等于其上部钻井液的液柱压力，起下钻时等于其上部钻井液的液柱压力与抽吸/激动压力之和，钻井液循环时等与其上部液柱压力与环空流动压耗之和，即常规钻井时：

$$p_{静止} = p_{静液} \tag{5-6}$$

$$p_{循环} = p_{静液} + p_{摩阻} \tag{5-7}$$

$$\begin{cases} p_{起钻} = p_{静液} - 起钻抽吸压力 \\ p_{下钻} = p_{静液} + 下钻激动压力 \end{cases} \tag{5-8}$$

为保证井控安全，钻井液必须在静态不循环、考虑抽吸压力的情况下压稳地层流体，在钻井液循环/起下钻动态、考虑激动压力的情况下不压漏薄弱地层，即井底压力应介于地层压力和地层破裂压力之间。

对井下安全压力窗口较大的井，易兼顾压稳防漏，但是对安全压力窗口较窄的井，循环压耗、抽吸/激动压力都可能超过安全压力窗口；在静态压稳的情况下，钻井液的液柱压力加循环压耗/激动压力则很容易超过破裂压力而压漏薄弱地层；而要动态不压漏，则必须降低钻井液密度，又难以保障在静态情况下压稳地层流体，从而陷入频繁漏失/频繁溢流的困难局面，如图5-18所示，给井控和安全钻进造成极大的威胁。

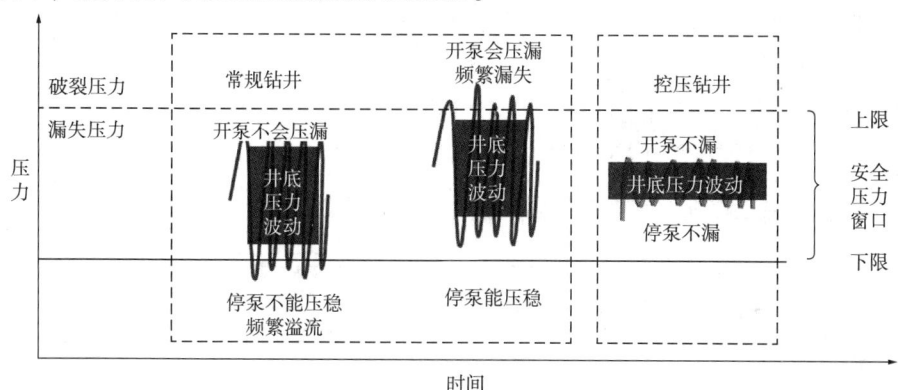

图 5-18 常规钻井与控压钻井的井底压力波动示意图

控压钻井与常规钻井的区别，主要在于适当降低钻井液密度，然后在井口增加可灵活调节、快速响应、精确控制的回压装置，对返出井口的钻井液施加可作用于井底的井口回压，对冲钻井液循环压耗、起钻抽吸压力/下钻激动压力的变化，从而维持井底压力的相对稳定，并将其精确控制在安全压力窗口之内，进而避免常规钻井技术在窄安全压力窗口井钻进时频繁溢流或频繁漏失的问题，其控压过程中的压力关系如下：

$$p_{静止} = p_{静液} + 井口回压 \tag{5-9}$$

$$p_{循环} = p_{静液} + p_{摩阻} + 井口回压 \tag{5-10}$$

$$\begin{cases} p_{起钻} = p_{静液} - 起钻抽吸压力 + 井口回压 \\ p_{下钻} = p_{静液} + 下钻激动压力 + 井口回压 \end{cases} \tag{5-11}$$

控压固井对井底压力的控制,类似于控压钻井,通过测量/计算井底压力的变化,利用井口回压装置,快速响应、精确控制,及时对付起下管柱过程中激动/抽吸、循环过程中泵排量变化、注替过程中浆柱结构变化和排量变化等引起的井底压力变化,并维持井底压力的相对稳定,如图 5-19 所示,从而防止固井漏失及其对油气层的损害,同时,通过适当降低钻井液密度、让出部分井筒压力空间,以提高注替排量、增大环空返速,进而提高固井顶替效率、改善固井质量。

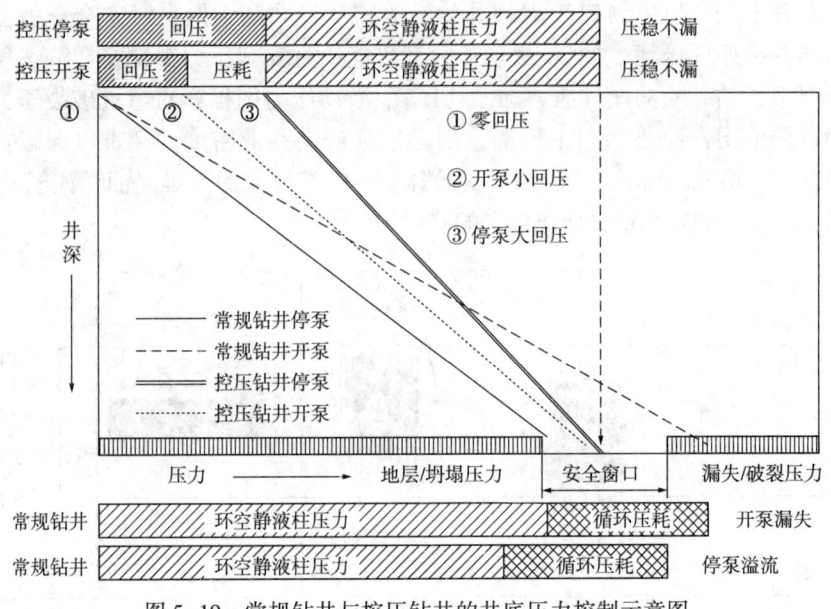

图 5-19 常规钻井与控压钻井的井底压力控制示意图

经过持续试验攻关,通过固井全参数采集、井筒压力实时动态计算、目标当量密度与井口套压实时联动控制等技术手段,突破了固井不同工况井筒压力的精确计算、不同环空水力学状况压力控制的精确自动切换、控压指令准确执行和错误指令的筛除等难题,形成了自动化控压固井系统,实现了窄密度窗口条件下,固井全工况井筒压力的全自动精细控制,为解决窄密度窗口条件下的防止漏失、安全固井及提高质量提供有效的技术途径。

6) 提高界面胶结质量工作液技术

固井注水泥顶替效率受多方面因素的限制,钻井液、前置液可能会"窝存"并与水泥浆掺混,不仅影响水泥石强度的发展,而且还会影响二界面胶结质量,从而降低水泥环的层间封隔能力。

对此,国内已研究出一种可固化隔离液,该隔离液由悬浮剂、固化材料、激活剂、促凝剂/缓凝剂等组成,具备常规隔离液的性能,解决了钻井液与水泥浆的混浆污染问题；同时，自身能够凝结固化，且凝结时间可调，即使与钻井液、水泥浆掺混也可形成一定的强度，可提高界面胶结质量。该隔离液已在西南油气田的某地区 GM 和 JS 区块进行了成功应用，配合钻井液性能调整、多周循环等技术措施，固井合格率达到 90%、优质率接近 80%。

2. 保护油气层的水泥浆技术

1）水泥浆性能设计技术

油气层固井水泥浆应特别注意控制体系的失水量、防漏性能和防窜性能。从减少水泥浆固相和滤液对油气层损害的角度，应控制水泥浆的失水量，对此 SY/T 6544—2017《油井水泥浆性能要求》中明确规定生产套（尾）管固井水泥浆的失水量小于 100mL/30min×6.9MPa，气层和水平井/定向井固井水泥浆的失水量小于 50mL/30min×6.9MPa。减少水泥浆的失水量不仅有利于保证固井作业安全、提高固井质量，还有利保护油气层。

对易漏井的固井水泥浆，可根据具体井况在水泥浆中加入纤维，提高水泥浆自身的防漏/堵漏能力。注替过程中，不论是纤维在井壁表面架桥，还是进入漏层在漏失通道中堆积、架桥，都能在一定程度上增加漏失阻力、减少固井漏失。

候凝过程中，因水泥浆失重导致井底压力降低甚至低于静水压力，在此情况下，地层流体可能侵入环空影响固井质量，对此，可通过环空憋压弥补由于水泥浆失重导致的井底压力降低，或加入防窜外加剂等提高水泥浆的防窜性能。

此外，对水泥浆性能要求，除常规工程性能外，还需考虑水泥浆在胶凝态期间的渗透率、静胶凝强度以及体积收缩等影响水泥浆防气窜能力的重要参数。

2）水泥石性能设计技术

水泥环是保证井筒完整性的关键屏障之一，应对水泥石力学性能在设计中提出要求，可参考 SY/T 7648—2021《储气库井固井技术要求》和 SY/T 6466—2016《油井水泥石性能试验方法》。应按固井以后，由套管、水泥石、地层以及两个界面组成的水泥环组合体，将在后续生产过程中承受多种载荷的作用，如井筒内温度的变化、套管内外压力的变化等，均可导致水泥环发生拉伸破坏或压缩破坏，从而导致其密封完整性失效、层间封隔失败，因此，水泥石的力学性能设计，除对抗压强度提出要求，还应考虑抗拉强度、杨氏模量、膨胀率等参数，结合地层流体性质、套管内温压的变化和相关规章制度的要求进行具体的设计。

水泥石抗压强度是衡量水泥环支撑套管、承受钻柱冲击和后期多种载荷能力的指标。20 世纪 80 年代，研究认为水泥石抗压强度达到 3.5MPa 以上即可满足支撑套管和下步钻进的要求，达到 14MPa 以上即可满足压裂作业的要求。近来十年的研究结果表明，高强度韧性水泥更有利于保证固井质量，有利于保证深井高压气井、大型体积压裂改造页岩油气井等复杂地质环境和苛刻运行工况下的水泥环密封完整性。因此，应结合具体的地质条件、后期运行工况等合理设计和控制水泥石的抗压强度。

水泥石抗拉强度是水泥环抵抗拉伸破坏的关键性能，通常只有抗压强度的8%～10%，合理的抗拉强度利于保证水泥环在后期生产过程中维持更好的密封完整性，从而提供更好的层间封隔能力。

杨氏模量是水泥石弹性变形阶段应力与应变的比值。通常情况下，套管的变形能力远大于水泥环的变形能力。在套管试压等后续生产过程中，如果水泥环在载荷作用下产生的应变超过其弹性变形的极限，水泥环将发生不可恢复的塑性变形，从而在卸载后甚至在卸载期间就在水泥环与套管之间的一界面上出现微环隙，从而导致水泥环密封完整性失效。

为改善水泥环在后续生产过程中的密封完整性，业界提出了多种水泥石韧性化改造技术，如在水泥浆中加入胶乳、树脂、橡胶粉、纤维、晶须、弹性材料颗粒等，且已取得了一定的效果，但是，各种材料的作用方式、作用原理、作用效果有所不同，各油田可结合自身的特点，通过水泥石的强度、弹性模量、弹性变形的应变范围甚至水泥环完整性评价的结果进行优选，合理控制水泥石的抗压强度和弹性模量。进行水泥石韧性改造时，首先要考虑水泥石足够的抗压强度，保证固井质量，保证水泥环良好的层间封隔，在此基础上再考虑进行韧性改造。

3）酸溶水泥浆技术

酸溶水泥浆/石，由于含有更易酸溶的组分，具有更好的酸溶解堵能力；当裂缝发育油气层固井发生漏失、水泥浆漏入油气层、对油气层造成损害后，可通过酸液浸泡解堵，更好恢复油气层的渗透率，从而减少对油气层的损害，如表5-14所示。

表5-14 造缝岩心被常规水泥和酸溶水泥损害后再酸化解堵的渗透率恢复情况

岩心编号	污染流体	渗透率，$10^{-3}\mu m^2$					e μm	渗透率恢复率，%	酸溶解堵后渗透率恢复率，%
		K_0	K_f	K_1	K_2	K_3			
YH	常规水泥浆	34.12	594.4	37.18	4.35	19.07	52	15.7	51.3
YM		27.17	864	67.20	8.67	33.34	64	12.39	49.7
YH	酸溶水泥浆	91.23	971	68.16	8.77	48.28	66	12.9	70.8
YM		30.77	515	36.91	6.50	28.52	54	17.6	77.36

注：K_0—原始气测渗透率；K_f—造缝后气测渗透率；K_1—造缝后液测渗透率；K_2—水泥浆损害后液测渗透率；K_3—酸溶解堵后液测渗透率；e—人造裂缝宽度。

参 考 文 献

[1] 孟英峰，李皋等，复杂油气藏欠平衡钻井理论与实践[M]．北京：科学出版社，2016．
[2] 李皋，张毅，杨旭，等．气体钻井高效开发致密砂岩气藏的典型案例分析[J]．钻采工艺，2024，47(1)：30-38，6．
[3] 王清华，张荣虎，杨宪彰，等．库车坳陷东部迪北地区侏罗系阿合组致密砂岩气勘探重大突破及地质意义[J]．石油学报，2022，43(8)：1049-1064．
[4] 李皋，孟英峰，钟水清，等．MRC井与UBD相结合的技术潜力研究[J]．钻采工艺，2010，33(1)：28-30，35，123-124．
[5] Hands N, Kowbel K, Maikranz S. Drilling-in Fluid Reduces Formation Damage, Increases Production Rates. Oil & Gas J., 1998, 96(28)：65-68．
[6] 李皋，孟英峰，唐洪明．等．低渗透致密砂岩水锁损害机理及评价技术[M]．成都：四川科学技术出版社，2012．
[7] 张兴全，周英操，刘伟，等．欠平衡气侵与重力置换气侵特征及判定方法[J]．中国石油大学学报(自然科学版)，2015，39(1)：95-102．
[8] 杨雄文，周英操，方世良，等．控压欠平衡钻井工艺实现方法与现场试验[J]．天然气工业，2012，32(1)：75-80．
[9] 姜英健，周英操，刘伟，王瑛．控压钻井提高碳酸盐岩水平段延伸能力研究[C]．2013年度钻井技术研讨会暨第十三届石油钻井院(所)长会议，2013．
[10] 李皋，蔡武强，孟英峰，等．不同钻井方式对致密砂岩储层损害评价实验[J]．天然气工业，2017，37(2)：69-76．
[11] 李皋，孟英峰，蒋俊，等．气体钻井的适应性评价技术[J]．天然气工业，2009，29(3)：57-61，137．

第六章 完井过程保护油气层技术

完井工程作为油气井建井工程重要组成部分，是在钻达设计要求的全井完钻井深后，使井底和油层以一定结构连通起来的工艺。它的主要目的是使储层中的油气能够尽可能地进入井筒，并在保证井筒完整性和安全的前提下，实现有效的油气开采。与钻井作业一样，在完井作业过程中也会对油气层造成损害。如果完井作业处理不当，就有可能严重降低油气井产能，使钻井过程中的保护油气层措施功亏一篑。同时，完井做得不好，也给开发开采带来困难。因此，了解完井过程油气层损害的特点、选择适合的保护油气层完井技术对油气藏发现和开发有重要意义。

第一节 完井工程概述

一、完井过程保护油气层的重要性

1. 完井工程定义及内涵

完井工程是在钻达设计要求的全井完钻井深后，以作业队或钻井队为主体，相关技术服务队伍共同参与，采用修井机或钻机等设备和仪器，按设计确定的完井方式进行施工，直至交井。完井工程通常由完井准备、射孔作业、测试（试油）作业、酸化作业、压裂作业、防砂和控水作业等构成。

完井方式是指油气井井筒与油气层的连通方式。常用完井方式有射孔完井、裸眼完井、割缝衬管完井、高级优质筛管完井、砾石充填完井等。由于酸化、酸压和压裂等储层改造技术解除近井储层损害，改善远井储层渗流，本质也是建立油气井井筒与油气层连通方式的工艺，所以越来越多的研究把酸化、酸压和压裂作业也笼统称为压裂完井方式。由于自动化和智能化手段的进步，一系列可以在井筒和油气层间使油、气、水、砂的流入流出受控的工具应用，形成了独特的控水和智能完井方式。

在工作程序上，完井分为下部完井和上部完井；下部完井作业主要是指采取合理的完井方式，建立油气层与井筒之间的有效通道，保障井筒安全，控制产层出砂、出水；上部完井作业主要是指根据油气田开发开采要求，安装生产管柱，建立油气流从井底到井口的流动通道，为投产前的清井返排做准备。具体地讲：是从钻开油气层开始，到下部完井工艺实施、下生产管柱、安装井口装置、完井测试评价、排液至投产的一项系统工程。

2. 完井的主要功能

（1）建立储层—井筒—井口的通道；

（2）建立两道井筒安全屏障，保障井筒完整性（管柱安全性、密封性）；

（3）防砂、控水；

（4）井筒流动保障，防止和防治结垢、砂埋、砂堵、结蜡；

（5）满足开发开采要求，为开发开采创造条件（热采、侧钻、修井、重复压裂、分层开采、分层注水、生产剖面调控等）。

3. 完井工程对保护油气层的重要性

完井工程的每一个工程环节都可能存在储层损害的风险，具体来讲，包括以下几个方面：

1）完井方式

不同完井方式表皮系数存在差异，功能也不同；不同完井方式工艺时间不同，而储层损害与时间成正相关。若完井方式不合理，可能需要进行二次完井，甚至三次完井，增加外来流体与储层接触的风险和修井成本。

2）完井屏障

完井也是建立井筒屏障的重要工程环节之一，井筒完整性要求一口井至少建立两套相互独立的井筒屏障，且要为井筒完整性后期的风险管理提供接口。譬如一口井生产管柱不能满足密封性要求，则需进行修井作业，增加储层损害的风险。

3）完井管柱

完井管柱要满足安全要求和功能要求，完井管柱设计的合理可以减少后期的井筒修井、干预等作业，譬如节流阀的调节有多种方式：远程调节，电缆或者连续油管调节等，不同调节方式后期作业方式、时效不一样，储层损害程度存在差异。

4）完井施工工艺

施工时间以及施工工艺的合理性对储层损害有重要影响，应该尽量避免完井实施过程井下复杂发生，同时实现多个工艺环节联作，减少工艺实施时间。

总之要从井的全生命周期考虑完井对储层保护的影响，完井设计在满足开发开采要求前提下，尽量提高施工时效，减少后期井筒干预和修井可能性，在完井各工艺环节实施保护油气层技术，减少油气层损害。

二、完井方式及其适用条件

理想的完井方式应使油流能最有效地流到井底，同时使建井成本和操作费用降到最低。此外，还要满足不同情况的油气开采生产需求，如对于易出砂井，必须实施防砂完井；对于低渗透和难动用的非常规储量，必须要进行酸化、酸压和压裂等压裂完井；对于要防止水窜和水锥的井，必须考虑控水完井等。

常用完井方式有射孔完井、裸眼完井、割缝衬管完井、砾石充填(压裂砾石充填)完井、压裂完井等。此外还有针对上述完井方式的组合或升级，如分段完井、控水完井、智能完井、可溶筛管清洁完井等，下面介绍几种主要的完井方式。

1. 射孔完井

射孔完井指钻穿油、气层，下入油层套管，固井后对生产层射孔，将套管、水泥环直至油气层射开，为油气流入井筒打开通道的一种完井方式。射孔完井是国内外最为广泛和最主要使用的一种完井方式。其中包括套管射孔完井和尾管射孔完井。

射孔完井能有效地封隔含水夹层、易塌夹层、气顶和底水；能分隔和选择性地射开不同压力、不同物性的油气层，避免层间干扰；具备实施分层注、采和选择性增产措施的条件，此外也可防止井壁坍塌。

陆相沉积的层状油气藏特点是层系多、薄互层多、层间差异大，加之油气层压力普遍偏低，大多油田采用早期分层注水开发和多套层系同井开采。因此，一般都采用射孔完井。

需要注意的是，采用射孔完井时，油气层除了受钻井过程中的钻井液和水泥浆损害以外，还将受到射孔作业本身对油气层的损害。因此，应采用保护油气层的射孔完井技术以提高油气井的产能。

2. 裸眼完井

裸眼完井指套管下至生产层顶部进行固井，生产层段裸露的完井方法。主要是在岩性坚硬、井壁稳定、无气顶或底水、无含水夹层的块状碳酸盐岩或硬质砂岩油藏，以及层间差异不大的层状油藏中使用。

裸眼完井最主要的特点是油气层完全裸露，因而具有最大的渗流面积，油气井的产能较高，但这种完井方式不能阻挡油层出砂、不能避免层间干扰，也不能有效地实施分层注水和分层措施等作业。

采用裸眼完井方式时，油气层主要受钻井过程中的钻井液损害，故应采用保护油气层的钻井及钻井液技术。

3. 割缝衬管完井

割缝衬管完井与裸眼完井所不同的是在裸眼井段下入了一段衬管。衬管下过产层,并在生产套管中超覆一部分长度。针对各产层井段,在衬管相应部位采用长割缝或钻孔,使油气从缝或孔眼流入井底。在不宜用套管射孔完井,又要防止裸眼完井时地层坍塌或出砂的情况下,可采用割缝衬管完井。有先期割缝衬管完井和后期割缝衬管完井两种完井工序。

先期割缝衬管完井,钻头钻至油层顶界后,先下技术套管注水泥固井,再从技术套管中下入直径小一级的钻头钻穿油层至设计井深。最后在油层部位下入预先割缝的衬管,依靠衬管顶部的衬管悬挂器(卡瓦封隔器),将衬管悬挂在技术套管上,并密封衬管和套管之间的环形空间,使油气通过衬管的割缝流入井筒。这种完井工序油层不会遭受固井水泥浆的损害,可以采用与油层相配伍的钻井液或其他保护油层的钻井技术钻开油层,当割缝衬管发生磨损或失效时也可以起出修理或更换。

后期割缝衬管完井,使用同一尺寸钻头钻穿油层后,套管柱下端连接衬管下入油层部位,通过套管外封隔器和注水泥接头固井封隔油层顶界以上的环形空间。此种完井方式井下衬管损坏后无法修理或更换。

4. 砾石充填(压裂砾石充填)完井

砾石充填完井是将绕丝筛管下入井内油层部位,然后用充填液将在地面上预先选好的砾石泵送至绕丝筛管与井眼或绕丝筛管与套管之间的环形空间内构成一个砾石充填层,以阻挡油层砂流入井筒,达到保护井壁、防砂入井的一种完井方式。

压裂砾石充填防砂是在井底压力稍大于地层破裂压力使之形成短而宽的人工裂缝,并将砾石充填于裂缝、孔眼、环空的一种防砂技术。或者说是砾石充填的一个高压充填放置的特例,即利用压裂端部脱砂技术在裂缝内以及筛管与井壁之间的环空中放置砾石或支撑剂以达到防砂目的的一种完井方式。

砾石充填完井是有效的防砂完井方式,主要用于胶结疏松、易出砂的砂岩油气藏,特别是稠油砂岩油藏。

5. 压裂完井

压裂完井是对非常规油气层在投产之前对储层实施酸化、酸压、压裂等储层改造的完井方法的统称。在常规油气藏,酸化和压裂通常是一种增产措施。在特低渗透和非常规油气藏,储层不改造就不能投产,酸化、酸压和压裂作为一种建立油气流向井筒通道的手段,就是特定的完井方式了。

酸化、酸压和压裂等储层改造技术的工具手段越来越复杂,有的工具是安放在固井套管内,越来越多的分段多簇压裂工具如滑套、桥塞座和智能阀等安装套管上随固井留在地下,以及在套管射孔完井和裸眼完井的施工中使用各种化学和物理的暂堵手段,都会影响油气层与井筒间的流入流出和井筒的通径。基于若干年来水平井分段多簇压裂对非常规油气藏投产的突出贡献，研究人员将酸化、酸压和压裂等建立油气井井筒与油气层的连通方式，统称为压裂完井方式。

6. 其他完井方式

分段完井，分段完井是针对水平井来说的，是对一口井的油气层部位的井底结构进行分段设计，也称作选择性完井。

均衡排液（控水）完井，均衡排液完井是通过完井结构分段设计（调整）使得沿水平井筒的流动剖面达到均匀的完井方式。这类完井方法有多种，如中心油管完井、ICD调流控水筛管完井、分段变密度射孔或打孔管完井等。

智能完井，智能完井实际上是一种多功能的系统完井方式，它允许操作者通过远程操作的完井系统来监测、控制和生产原油，这种操作系统在不起出油管的情况下，可以进行连续、实时的油层管理，采集实时的井下压力和温度等参数。

可溶筛管清洁完井，即在产层段配置可溶筛管丢手短节。可溶筛管在完井替液时当油管使用，可替出射孔段下部的高密度压井液，保证替液的井筒清洁。在储层改造和生产期间，可溶筛管经酸液溶解可溶孔塞后，当筛管使用，降低流体流动阻力。

主要完井方式的适用条件见表6-1。

表6-1 主要完井方式的适用条件

序号	完井方式	适用条件
1	射孔完井	有气顶或有底水或有含水夹层、易塌夹层复杂地质条件，需要实施分隔层段的储层； 各分层之间存在压力、岩性等差异，需分层测试、分层采油、分层注水、分层处理的储层； 要求实施大规模的水力压裂作业的低渗透储层； 砂岩储层、碳酸盐岩压裂缝性储层
2	裸眼完井	岩性坚硬致密、井壁稳定的碳酸盐岩或砂岩地层； 无气顶、无底水、无含水夹层及易塌夹层的储层； 单一厚储层或压力、岩性基本一致的多个储层； 不准备实施分隔层段、选择性处理的储层
3	割缝衬管完井	无气顶、无底水、无含水夹层及易塌夹层的储层； 单一厚储层或压力、岩性基本一致的多个储层； 不准备实施分隔层段、选择性处理的储层； 岩性较为疏松的中、粗砂粒储层
4	砾石充填完井	岩性疏、出砂严重的中、粗、细砂粒储层
5	混合型完井	上部层段具有适合采用封闭型完井条件，下部层段具有适合采用敞开型完井条件的储层
6	其他特殊完井	有控水/防砂/远程调控等特殊要求储层

三、选择完井方式的原则

完井方式是影响储层损害的重要因素之一。目前,完井方式有多种类型,但都有其各自的适用条件和局限性。只有根据油气藏类型和油气层的特点,并考虑开发开采的技术要求,选择最合适的完井方式,才能有效地开发油气田,延长油气井寿命和提高油气田开发的经济效益。

因此,合理的完井方式应该力求满足以下要求:

(1) 油层、气层和井筒之间应保持最佳的连通条件,油层、气层所受的损害最小;

(2) 油层、气层和井筒之间应具有尽可能大的渗流面积,油、气入井的阻力最小;

(3) 应能有效地封隔油层、气层、水层,防止气窜或水窜,防止层间的相互干扰;

(4) 应能有效地控制油气层出砂,防止井壁垮塌,确保油气井长期生产;

(5) 应具备进行分层注水、注气、分层压裂、酸化等分层措施,以及便于人工举升和井下作业等条件;

(6) 稠油开采能达到注蒸汽热采的要求;

(7) 油田开发后期具备侧钻定向井及水平井的条件;

(8) 施工工艺简便,成本较低。

选择完井方式时,应考虑油气藏类型、油气层特性以及开发开采要求三方面的因素。

1. 油气藏类型

选择完井方式时,应区分块状、层状、断块和透镜体等油气藏几何类型。层状油藏和断块油藏通常都存在层间差异,一般都采用分层注水开发,因而多数选择射孔完井方式。块状油藏不存在层间差异的问题,主要考虑是否钻遇气顶及底水、边水,从而选择不同的完井方式。

选择完井方式时,还应区分孔隙型油气藏、裂缝型油气藏等不同的渗流特性。易于发生气窜和水窜的裂缝型油气藏不宜采用裸眼完井方式。

选择完井方式时,也应区分稀油油藏、稠油油藏等不同的原油性质,稠油油藏通常胶结疏松,大多采用砾石充填完井、注蒸汽热采。

2. 油气层特点

油气藏类型并不是选择完井方式的唯一依据,还必须综合考虑油气层的特性,包括:油气层是否出砂(油气层岩石坚固程度)、油气层的稳定性、油气层渗透率及层间渗透率的差异、油气层压力及层间压力的差异、原油性质及层间原油性质的差异等。这些都是选择完井方式的重要依据，应作出定量判断和定量划分。

3. 开发开采要求

选择完井方式时，除了需要考虑油气藏类型和油气层特性以外，还应根据开采方式和油气田开发全过程的工艺技术及措施要求综合确定。包括：是否采用分层注水开发、是否采用压裂等改造油气层措施、是否采用注蒸汽吞吐热力开采方式等。

由此可见，选择完井方式需要考虑地质、开发和工程多方面的因素。综合这些因素才能选择出既能适应油气层地质条件，又能满足在长期生产过程中对油气井的各种工程措施要求的完井方式。

第二节 射孔完井保护油气层技术

射孔过程一方面是建立油气层和井筒的流动通道，另一方面又对油气层造成一定的损害。因此，射孔完井工艺和射孔参数对油气井产能的高低有很大影响。如果射孔工艺和射孔参数选择恰当，可以使射孔对油气层的损害程度减到最小，而且还可以在一定程度上缓解钻井对油气层的损害，从而使油井产能恢复，甚至达到天然生产能力。如果射孔工艺和射孔参数选择不当，射孔本身就会对油气层造成极大的损害，甚至超过钻井损害，从而使油井产能很低。有些井的产能只是天然生产能力的20%~30%，甚至完全丧失产能。

一、射孔对油气层的损害分析

射孔对油气层的损害，主要包括以下几个方面。

1. 成孔过程对油气层的损害

聚能射孔弹的成形药柱爆炸后，产生出高温(2000~5000℃)、高压(几千至几万兆帕)的冲击波，使金属粉末锥形罩受到来自四面八方向药柱轴心的挤压作用。在高温高压下，金属罩的一部分变为速度达1000m/s的微粒金属流。这股高速的金属流遇到障碍物时，产生约3×10^4MPa的压力，击穿套管、水泥环及油气层岩石，形成射孔孔眼。但金属射流所遇到的障碍物并不会消失，套管、水泥环及岩石受到高压的聚能射流冲击后，将变形、崩溃而破碎，有一部分成为碎片。

为了研究成孔过程中孔眼周围岩石的状况，R. J. Sanucier利用贝雷砂岩靶射孔，沿孔眼轴线方向剖开岩心靶，观察孔眼周围岩石受损害的情况。观察表明，在最靠近孔眼约2.54mm(0.1in)厚的严重破碎带处，产生大量裂缝有较高的渗透率；向外2.54~5.08mm(0.1~0.2in)厚为破碎压实带，渗透率降低；向外5.08~10.16mm(0.2~0.4in)厚为压实带，此处渗透率大大降低；在孔眼周围大约

12.70mm(0.5in)厚的破碎压实带处,其渗透率 K_{cz} 约为原始渗透率 K_e 的10%。这个渗透率极低的压实带将极大地降低射孔井的产能,如图6-1所示。

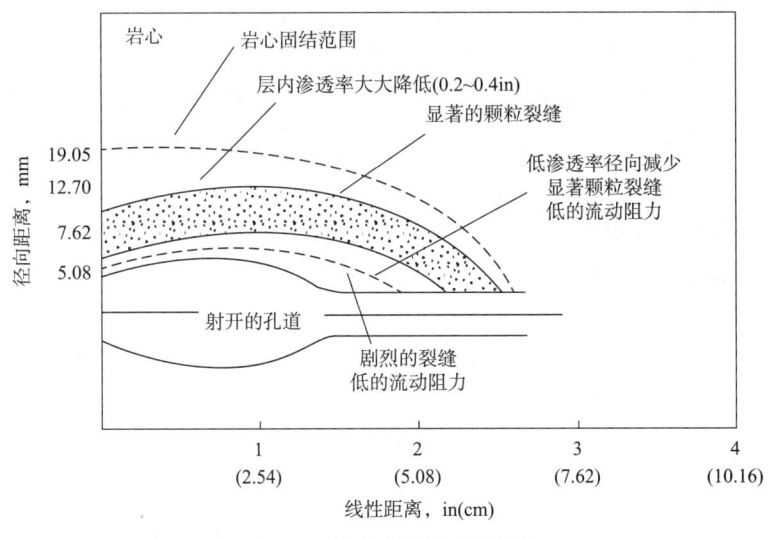

图 6-1 射孔孔眼的压实损害

华北油田与西南石油大学联合进行了射孔岩心靶损害机理的研究。利用一种特殊的溶液向射孔后的岩心驱替,然后用某种试剂滴度,可明显地观察到孔眼周围存在一圈颜色变异的压实带,且在孔眼入口处压实带较厚,为15~17mm,在孔眼底部压实带较薄,为7~10mm。这一观察与国外12.70mm(0.5in)厚的压实带之结论是基本一致。

此外,若射孔弹的性能不良,也会形成杵堵。聚能射孔弹的紫铜罩约有30%的金属质量能转变为金属微粒射流,其余部分是碎片以较低的速度跟在射流后面而移动,且与套管、水泥环、岩石等碎屑一起堵塞已经射开的孔眼。这种杵堵非常牢固,酸化及生产流体的冲刷都难以将其清除。

2. 射孔参数不合理或油气层打开程度不完善对油气层的损害

射孔参数是指孔密、孔深、孔径、布孔相位角、布孔格式等。若射孔参数选择不当,将引起射孔效率的严重降低。图6-2

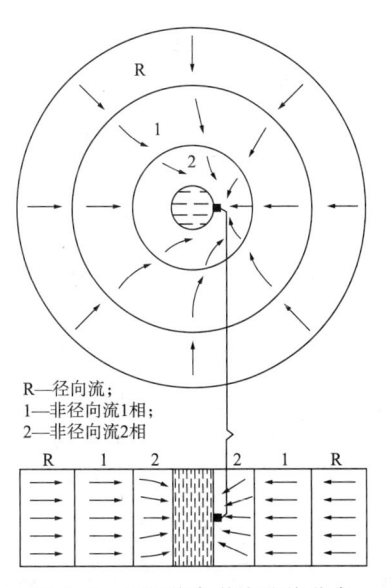

图 6-2 0°相位角井底流线分布

是0°相位角布孔所形成的井底流线分布示意图。

从图6-2中可见，在离井筒较远处是径向流。从水平面内观察，流体是径向流入井筒；从垂直面内观察，流线是平行于油气层的顶部和底部。但从井筒附近的某处开始，出现流线的汇集而变为非径向流。此时，尽管在水平面内已不再是径向的，但在垂直面内流线仍然还平行于油气层的顶部与底部，这称为非径向流1相，此时已产生了部分附加压降。再靠近井筒的某一位置，流线开始汇集流向孔眼，因套管、水泥环的封闭成为流动障碍，故在垂直面内的流线也不再平行于油气层顶部和底部了，这称为非径向流2相，在水平面和垂直面内流线都汇集于孔眼，附加压降急剧增加。

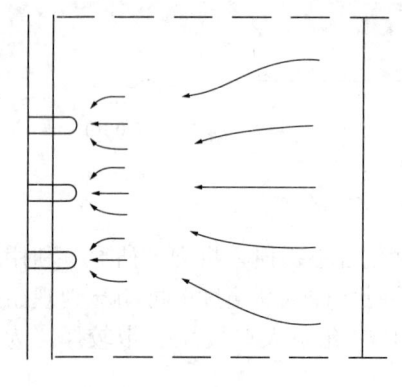

图6-3　部分射开射孔区的汇流

射孔参数越不合理(孔密过低，孔眼穿透浅、布孔相位角不当等)，产生的附加压降就越大，油气井的产能也就将越低。上述情况称为打开性质不完善井。

由于种种原因，油气层有可能不宜完全射开，如图6-3所示。

油层有气顶和底水，油层段仅射开中间1/3。由于可供流通的孔眼集中在1/3的油层段内，从而使得井底附近的流通更高、附加阻力更大，这种情况称为打开程度和打开性质双重不完善井。

3. 射孔压差不当对油气层的损害

所谓射孔压差是指射孔液柱的压力与油气层孔隙压力之差。若采用正压差射孔(射孔液柱回压高于油气层孔隙压力)，在射开油气层的瞬间，井筒中的射孔液就会进入射孔孔道，并经孔眼壁面侵入油气层。与此同时，由于正压差射孔的"压持效应"将促使已被射开的孔眼被射孔液中的固相颗粒、破碎岩屑、子弹残渣所堵塞。

负压差射孔(射孔液柱回压低于油气层孔隙压力)，在成孔瞬间由于油气层流体向井筒中冲刷，对孔眼具有清洗作用。合理的射孔负压差值可确保孔眼完全清洁、畅通。

以往国内多数油田，由于射孔压差选择不当引起油气层损害，油井产能损失的现象是比较普通的。如某油田以往皆采用清水压井正压差射孔，见表6-2。

表 6-2 某油田射孔压差统计

井号	射孔年份	部分射孔井段 m	产层压力 MPa	射孔液类型	射孔液密度, g/cm³	射孔液面深度, m	射孔液柱回压, MPa	射孔压差 MPa	产层渗透率 $10^{-3} \mu m^2$	确保孔眼清洁所需最小负压差, MPa
浅 7	1979	978.4~956.6	8.98	清水	1	0	9.675	+0.695	1748	-1.835
5-704	1979	1930.4~1928.0	18.42	清水	1	160	17.69	-0.73	4125	-1.418
5-123	1981	1156.2~1152.2	11.23	清水	1	0	11.54	+0.31	4995	-1.339
5-93	1982	2199.6~2184.4	20.62	清水	1	0	21.92	+1.30	34	-5.985
4-802	1982	2200.0~2197.2	21.44	清水	1	0	21.986	+0.546	162	-3.746
5-53	1983	2132.8~2128.6	19.11	清水	1	0	21.307	+2.197	301	-3.111
4-72	1984	2192.4~2186.6	21.76	清水	1	0	21.892	+0.132	1937	-1.779
4-704	1984	1687.0~1684.4	16.13	清水	1	0	16.85	+0.727	1134	-2.090
5-510	1987	1539.0~1536.6	12.76	清水	1	0	15.378	+2.618	344	-2.989
5-801	1989	2138.9~2134.6	20.62	清水	1	0	21.367	+0.747	10	-8.640

其正压差值最高达 2.6MPa(5-510 井)，比确保孔眼完全清洁所需之最小负压差值高出 9.3MPa(5-801 井)。

目前国内多数油田已采用负压差射孔工艺。但其负压差值的大小必须科学合理地制订，否则同样不能充分发挥负压差射孔的优越性。

4. 射孔液对油气层的损害

射孔液是完井过程中射孔时的工作液，无论是正压射孔还是负压射孔，射孔液都有接触和进入油气层的机会，因此射孔液应具有保护油气层和满足射孔施工要求的双重作用。

正压差射孔必然会造成射孔液对油气层的损害，即使是负压差射孔，射孔作业后有时由于种种原因需要起下更换管柱，射孔液也就成为压井液了，射孔压井液接触油气层就会对油气层产生损害。

射孔液对油气层的损害包括固相颗粒侵入和液相侵入两个方面。侵入的结果将降低油气层的绝对渗透率和油气相对渗透率。如果射孔弹已经穿透钻井损害区，此时射孔液的损害不但使井底附近的地层在受到钻井液损害以后，再进一步受到射孔液的损害，甚至使钻井损害区以外未受钻井液损害的地层也受射孔液的损害。因此，射孔液的不利影响有时要比钻井液更为严重。

采用有固相的射孔液或将钻井液改造为射孔压井液时，固相颗粒将进入射孔孔眼，从而将孔眼堵塞。较小的颗粒还会穿过孔眼壁面而进入油气层引起孔隙喉道的堵塞。射孔液液相进入油气层将产生多种的损害，这点在前面的油气层损害机理章节中已讨论过。

射孔液对储层的损害可以用模拟地层温度和压差条件下的岩心实验来评价。某油田实验结果表明(表 6-3)，被不合格完井作业损害的岩心渗透率下降会达到 50%~60%，具有较好的降滤失性和暂堵性的射孔液对岩心渗透率恢复率可以达到 88.5%~95.3%。

表 6-3　射孔液对岩心动态损害评价结果

岩心编号	孔隙度%	束缚水饱和度,%	损害前渗透率 $10^{-3}\mu m^2$	渗透率 $10^{-3}\mu m^2$	岩心渗透率恢复率,%	滤失液量 mL	样品编号
1	13.98	36	1.299	1.26	97	1.3	1
2	18.94	29	5.76	5.36	93.1	2.1	2
3	16.81	34	12.99	11.56	89	2.2	3
4	22.87	28	16.5	15.74	95.4	2.5	4
5	15.32	30	10.53	6.12	58	1.8	对比样

二、保护油气层的射孔完井技术

射孔完井的产能取决于射孔工艺和射孔参数的优化配合。射孔工艺包括射孔方法、射孔压差和射孔液。

1. 正压差射孔的保护油气层技术

虽然负压差射孔具有显著的优越性,应尽量采用负压差射孔。但并不是说在任何油气井条件下都可以实施负压差射孔。在某些油气井条件下,仍然需要采用正压差射孔工艺。

正压差射孔的保护油气层技术,主要有以下两个方面:一是应通过筛选实验,采用与油气层相配伍的低损害射孔液或无固相射孔液;二是应控制正压差值不超过 2MPa。

2. 负压差射孔的保护油气层技术

负压差射孔可以使射孔孔眼得到"瞬时"冲洗,形成完全清洁畅通的孔道;可以避免射孔液对油气层的损害。负压差射孔可以免去诱导油流工序,甚至也可以免去解堵酸化投产工序。因此,负压差射孔是一种保护油气层、提高产能、降低成本的完井方式。

负压差射孔的保护油气层技术,也可分为两个方面:一是和正压差射孔一样,也应通过筛选实验,采用与油气层相配伍的低损害射孔液或无固相射孔液;二是应科学合理地制订负压差值。

3. 合理射孔负压值的确定

负压差射孔时,首先应考虑确保孔眼完全清洁所必须满足的负压差值。若负压差值偏低,便不能保证孔眼完全清洁畅通,降低了孔眼的流动效率。但若负压差值过高,有可能引起地层出砂或套管被挤毁。因此,必须科学合理地确定所需的负压差值。

合理负压差值可根据室内射孔岩心靶负压试验,经验统计准则或经验公式确定。但目前最流行的是美国 Conoco 公司的计算方法:

若油气层没有出砂历史,则

$$\Delta p_{rec} = 0.2\Delta p_{min} + 0.8\Delta p_{max} \tag{6-1}$$

若油气层有出砂历史,则

$$\Delta p_{rec} = 0.8\Delta p_{min} + 0.2\Delta p_{max} \tag{6-2}$$

根据油气层渗透率,确定最小负压差值 Δp_{min}:

$$\Delta p_{min}(气井) = 0.01724/K \quad (K<1\times10^{-3}\mu m^2) \tag{6-3}$$

$$\Delta p_{min}(气井) = 4.972/K^{0.18} \quad (K\geqslant1\times10^{-3}\mu m^2) \tag{6-4}$$

$$\Delta p_{min}(油井) = 2.17/K^{0.3} \tag{6-5}$$

根据油气层的声波时差，确定最大负压差值 Δp_{max}：

$$\Delta p_{max}(\text{气井}) = 33.095 - 0.0524 DT_{as} \quad (6-6)$$

$$\Delta p_{max}(\text{油井}) = 24.132 - 0.0399 DT_{as} \quad (6-7)$$

若声波时差 $DT_{as} < 300 \mu s/m$，则：

$$\Delta p_{max}(\text{油井}) = 0.8 \times \text{套管抗挤毁压力} \quad (6-8)$$

式中：K 为渗透率，μm^2；Δp_{min} 为最小负压差值，MPa；Δp_{max} 为最大负压差值，MPa；DT_{as} 为声波时差，$\mu s/m$；Δp_{rec} 为合理负压值，MPa。

在射孔完井的油气井中，射孔孔眼是沟通产层和井筒的唯一通道，如果采用恰当的射孔工艺和合理的射孔负压设计，就可以使射孔对产层的损害最小、完善系数最高，从而获得理想的产能，因此在石油勘探开发中，对射孔完井技术的重要性越来越引起重视。比如，对于不出砂的地层，如果负压太小，则不能起到清洁射孔孔眼的目的；反之，设计的射孔负压太大，即使把井筒全部掏空也实现不了。此外，对于出砂的油层，如果负压太小，也不能起到清洁射孔孔眼的目的；反之，设计的射孔负压太大，则造成投产时出砂，还会使射孔孔眼垮塌。

4. 射孔参数优化设计

要想获得理想的射孔效果，使油气井的产能最高，除了需要合理选择射孔方法、射孔压差和射孔液以外，还需要进行射孔参数的优化设计。

目前国内已有不少油田采用了射孔参数优化设计技术，并取得了显著的增产效率。如某油田采用该项技术后的效果对比见表6-4。

表6-4 优化射孔与常规射孔效果对比

油层组		井数口	产能比 PR	表皮系数 S	产能比提高幅度,%	表皮系数降低幅度,%
那读 E_2n	常规	22	0.5631	5.7632	31~90	70~106
	优化	7	1.069	-0.336		
百岗 E_2b	常规	10	0.2032	12.89	68~330	84~94
	优化	1	0.8735	0.794		
总平均	常规		0.3832	9.3266	153	97.5
	优化		0.9713	0.229		

由表6-4可见：优化井的平均产能比为0.9713，即发挥了天然生产能力的97%。非优化常规射孔井的平均产能比为0.3832，即仅发挥了天然生产能力的38%。两者相比，产能提高的幅度达153%。优化井的平均表皮系数为

0.229，即油层基本上消除了损害。非优化常规射孔井的平均表皮系数为 9.3266，即油层明显被损害。两者相比，表皮系数下降幅度达 97.5%。

射孔参数优化设计需要取全取准以下资料：(1)根据射孔弹穿透贝雷砂岩靶的有效深度和孔眼直径，折算为穿透实际油气层的孔深和孔径，并进行井下温度、套管钢级、枪套间隙等因素对孔深、孔径影响的校正。(2)根据裸眼中途测试或电测井或理论分析计算等方法，求取钻井液损害深度和损害程度数据。(3)根据岩心分析，求取油气层的各向异性系数 K_v/K_h。

根据射孔井产能与诸影响因素的定量关系，从中优选出使油气井产能最高、受损害最小(即总表皮系数最低)、对套管抗挤强度影响最低的套射孔参数优化组合。

5. 保护油气层射孔液技术

1) 一般要求

射孔液是射孔作业过程中使用的井筒工作液，有时它也用作为射孔作业结束后的生产测试、下泵等进行压井。因此，优选射孔液，首先要对地层岩心进行分析评价，以确定出地层潜在的损害因素，选出预防这些损害的各种处理剂，确定出合理用量及配方。利用敏感性评价流动实验，通过岩心渗透率恢复值的高低即可评价出各种处理剂性能的优劣，以此作为确定射孔液配方的主要依据。再根据工程及经济要求优选出与之配伍的增黏剂、降滤失剂、防腐剂、加重剂或泡沫(低密度手段)等优化配方。

射孔液的质量标准包括：

(1) 具有一定的密度，满足压井功能。

(2) 对油气层不造成新的损害，要求岩心渗透率恢复值达到 80% 以上。

(3) 具有适当的流变性，必要时可循环洗井。

(4) 对套管、油管、井下作业管柱腐蚀性小，降低因腐蚀而产生的损害。

(5) 与储层配伍性要好，不产生各类敏感性损害，耐温性好(高于油气层温度)。

(6) 固相含量不大于 2mg/L，最大粒径不大于 2μm。

(7) 滤失量：API 失水量不大于 10mL/30min。

(8) pH 值低于油气层碱敏临界值。

(9) 在油气层温度下的长期沉降稳定性满足射孔与试油作业时间的需求。

2) 常用保护油气层的射孔液

(1) 低固相或无固相类的射孔液。

从保护油气层的角度评价射孔液，一般认为由无机盐类、清洁淡水、缓蚀剂、pH 调节剂和表面活性剂(添加少量聚合物)等配制而成的低固相或无固相类的射孔液,具有无人为加入的固相侵入损害,进入油气层的液相不会造成水敏损害,滤液黏度低,易返排等优点。

(2) 有机盐射孔压井液。

以密度为 1.30~1.50g/cm³ 的无固相有机盐溶液为基液,配以其他处理剂及的惰性加重材料而形成的有机盐射孔压井液,是具有较高密度、强抑制性的射孔压井液。体系无膨润土、无荧光、低腐蚀、可保持近中性(pH 值 7~8)。能够最大程度地保持产层原始状态,抑制防膨能力强,对油气层孔喉影响小。不与地层水产生化学沉淀,固相少,无须酸洗,滤液界面张力低,可降低水锁。可实现无技术套管入窗情况下的无固相储层专打,筛管完井不用酸洗,可最大程度地保持储层原始状态。

(3) 阳离子聚合物黏土稳定剂射孔液。

用清洁淡水或低矿化度盐水加阳离子聚合物黏土稳定剂配制而成的阳离子聚合物黏土稳定剂射孔液,除具有清洁盐水的优点外,还克服了清洁盐水稳定黏土时间短的缺点,对防止后续生产作业过程的水敏损害具有很好的作用。

(4) 暂堵性聚合物射孔液。

由基液、增黏剂和桥堵剂组成的暂堵性聚合物射孔液,通过"暂堵"减少滤液和固相侵入油气层的量,从而达到保护油气层的目的。最大优点是对循环线路的清洗要求低,这对取水较难的陆地油田,特别是缺水的西部油田更为适用。

(5) 其他低滤失或隐性酸类的射孔液。

如油基、醇基、微泡沫的射孔液,在高温状态下性能稳定,有很好的流变性。高温高压滤失量小,抗化学损害强,可避免有效降低滤失减少油气层的水敏、盐敏危害,还可用于低压油气层的射孔;由醋酸或稀盐酸与缓蚀剂等添加剂配制而成的或者用可以在地下温度压力下生成酸并辅以螯合剂形成的弱酸或隐性酸类的射孔液,具有溶解岩石与杂质的能力,使孔眼中的堵塞物以及孔眼周围的压实带得到一定的溶解,且其中的阳离子、螯合剂等也有防止水敏及有机垢无机垢损害的作用。

(6) 钻井液改造而成的射孔液。

在钻井完井后,对完钻后现场钻井液的性能进行调整,通过配方优化、体系调整,使钻井液性能满足射孔和试油完井施工要求,一种较为经济的应用方案。该方法的优点是不需要替换原有钻井液,工作量小,成本低,但也需要先期实验确定改造方案并开展大量的实验工作。

(7) 高密度超微试油射孔压井液。

基于超微分散化学和机械化学理论,采用新型高效纳米加工工艺,将加重材料颗粒研磨得更细($D_{50}\approx 1\mu m$,$D_{90}<3\mu m$),同时选用新型处理剂对微粒

进行表面改性，提高微粒空间位阻效应，从而形成稳定的胶体体系。微粒在静电斥力和布朗运动的双重作用下，形成了一个动力学稳定体系。由于不需要加入膨润土和增黏剂等添加剂，超微颗粒能够实现自悬浮，因此不容易产生高温固化和硬质沉淀现象。

总之，实际选择射孔液时，首先应根据油气层的特性和现场所能提供的条件确定最适宜的射孔液体系。然后根据油气层的岩心矿物成分资料、孔隙特征资料、油水组成资料及敏感性试验资料，进行射孔液的配伍性试验。通过上述工作才能确定对本地区油气层无损害或基本无损害的优质射孔液、压井液。

第三节　防砂完井保护油气层技术

一、出砂对油气层的损害分析

1. 油气层出砂现象及其危害

油井出砂不仅仅是疏松砂岩油层开采过程中常见的问题，最新研究表明，在碳酸盐岩储层，也会出现微粒的剥落、运移、沉积和结垢堵塞现象。

针对油气层出砂井，松散的砂粒有可能随同油气一起流入井筒。如果油气的流速不足以将砂粒带至地面，砂粒就会逐渐在井筒内堆积，砂面上升掩盖射孔层段，阻碍油气流流入井筒，甚至使油井停产。出砂严重时，也有可能引起井眼坍塌、套管毁坏等，如图 6-4 所示。

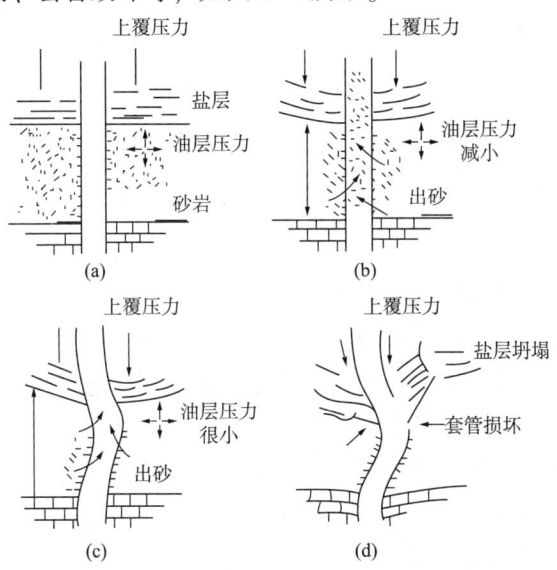

图 6-4　油层出砂和套管毁坏示意图

油井出砂后，随着油层孔隙压力逐步降低，上覆地层的重量逐渐传递到承载骨架砂上，最终引起上覆地层的下沉，致使套管变形和毁坏。

油井出砂也将增加井下工具和地面设备的磨损，因而需要经常更换，增加生产成本。

2. 油井出砂的内在因素

油层出砂主要是由于近井底地带岩石结构被破坏所引起的。它与岩石的胶结强度、应力状态和开采条件有关。其中，岩石的胶结强度和地应力状态由储层自身的条件所决定，这是认为不可干涉的内在因素。相对地，其他开采条件如与原油性质关联下生产压差和单井产量，是否使用防砂完井等可人为设定的行为，是外在因素。

岩石的胶结强度主要取决于胶结物的种类、数量和胶结方式。砂岩的胶结物主要是黏土、碳酸盐和硅质三类，以硅质胶结物的强度为最大，碳酸盐次之，黏土最差。对于同一类型的胶结物，其数量越多，胶结强度越大。胶结方式不同，岩石的胶结强度也不同。

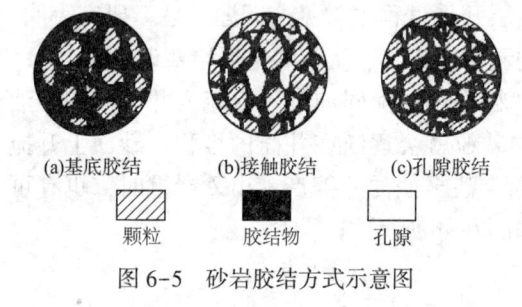

砂岩的胶结方式可分为三种（图6-5）：(1)基底胶结。当胶结物的数量大于岩石颗粒数量时，颗粒被完全浸没在胶结物中，彼此互不接触或很少接触。这种砂岩的胶结强度最大，但孔隙度和渗透率均很低。(2)接触胶结。胶结物数量不多，仅存在于颗粒接触的地方。

(a)基底胶结　(b)接触胶结　(c)孔隙胶结

颗粒　胶结物　孔隙

图6-5　砂岩胶结方式示意图

这种砂岩的胶结强度最低。(3)孔隙胶结。胶结物数量介于上述两种胶结类型之间。胶结物不仅在颗粒接触处，还充填于部分孔隙之中。其胶结强度也介于上述两种方式之间。易出砂的油层大多以接触胶结为主，其胶结物数量少，且含有黏土胶结物。此外也有胶质沥青胶结的疏松油气层。

地应力是决定岩石应力状态及其变形破坏的主要因素。钻井前，油层岩石在垂向和侧向地应力作用下处于应力平衡状态。钻井后，井壁岩石的原始应力平衡状态遭到破坏，井壁岩石将承受最大的切向地应力。因此，井壁岩石将首先发生变形和破坏。显然，油层埋藏越深，井壁岩石所承受的切向地应力越大，越易发生变形和破坏。

原油黏度高的油层容易出砂。这是因为高黏度原油对岩石的冲刷力和携砂能力强。

3. 油井出砂的外在因素

开采过程中生产压差的大小及建立压差的方式，是油层出砂的外在原因。生产压差越大,渗流速度越快,井壁处或孔眼壁面液流对岩石的冲刷力就越大。原油黏度高的油层容易出砂,这是因为高黏度原油对岩石的冲刷力和携砂能力强。

另外,当岩石承受的应力超过岩石强度时,岩石即发生变形和破坏,造成油井出砂。所谓建立生产压差的方式,是指缓慢地建立生产压差还是突然急剧地建立生产压差(图6-6)。因为在相同的压差下,二者在井壁附近油层中所造成的压力梯度不同。

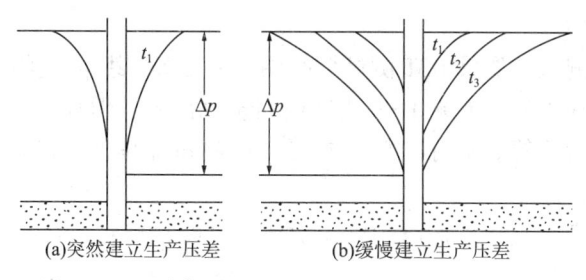

(a)突然建立生产压差　　(b)缓慢建立生产压差

图6-6　不同建立生产压差方式井筒周围压力分布

突然建立压差时,压力波尚未传播出去,压力分布曲线很陡,井壁处的压力梯度很大,易破坏岩石结构而引起出砂[图6-6(a)];缓慢建立压差时,压力波可以逐渐传播出去,井壁处压力分布曲线比较平缓,压力梯度小,不至影响岩石结构。有些井强烈抽汲或气举之后引起出砂,就是压差过大或建立压差过猛之故[图6-6(b)]。

4. 水平井冲砂工艺引起的油气层损害

水平井泄油面积大、生产压差小、采收率高,应用于稠油油藏开采效果显著。但是稠油油藏埋深浅,地层胶结强度低,高孔隙、高渗透,加上钻井过程中破坏了地层应力结构,以及后期的不合理开发等原因,造成地层出砂严重。由于地层高渗透漏失严重,常规水力冲砂方法难以建立循环,冲砂液在返出地面的过程中易沉降造成砂卡,冲砂液滤失到地层会引起温度降低引起地层冷损害,若与地层配伍性不好也会引起沉淀堵塞等损害。

二、保护油气层的防砂完井技术

1. 地层是否出砂的判断

按岩石力学观点,地层出砂是由于井壁岩石结构被破坏所引起的。而井壁岩石的应力状态和岩石的强度(主要受岩石的胶结强度——也就是压实程度低、胶结疏松的影响)是地层出砂与否的内因。开采过程中生产压差的大小及地层流体压力的变化是地层出砂与否的外因。如果井壁岩石所受的最大应力超过岩石的强度,则会发生骨架破坏,其具体表现在井壁岩石不坚固,在开发开采过程中将造成地层出骨架砂。

生产过程中地层出砂的判断就是要解决油井是否需要采用防砂完井的问

题。其判断方法主要有现场观测法、经验法及力学计算方法等。

1) 现场观测法

(1) 岩心观察。疏松岩石用常规取心工具收获率低，很容易将岩心从取心筒中拿出或岩心易从取心筒中脱落；用肉眼观察、手触等方法判断时，疏松岩石或低强度岩石往往一触即碎，或停放数日自行破碎，或在岩心上用指甲能刻痕；对岩心浸水或盐水，岩心易破碎。如有上述现象，则说明生产过程中地层易出砂。

(2) DST 测试。如果 DST 测试期间油气井出砂（甚至严重出砂），说明生产过程中地层易出砂；如果 DST 测试期间未见出砂，但仔细检查井下钻具和工具，在接箍台阶等处附有砂粒，或在 DST 测试完毕后，砂面上升，说明生产过程中地层易出砂。

(3) 邻井状态。同一油气藏中，邻井生产过程中出砂，该井出砂的可能性大。

2) 经验公式法

(1) 声波时差法。声波时差 $\Delta t_c \geq 295 \mu s/m$ 时，地层容易出砂。

(2) G/c_b 法。根据力学性质测井所求得的地层岩石剪切模量 G 和岩石体积压缩系数 c_b，可以计算 G/c_b 值，计算公式为：

$$\frac{G}{c_b} = \frac{(1-2\mu)(1+\mu)\rho^2}{6(1-\mu)^2(\Delta t_c)^4} \tag{6-9}$$

式中：G 为地层岩石剪切模量，MPa；c_b 为岩石体积压缩系数，MPa^{-1}；μ 为岩石泊松比；ρ 为岩石密度，g/cm^3；Δt_c 为声波时差，$\mu s/m$。

当 $G/c_b > 3.8 \times 10^7 MPa^2$ 时，油气井不出砂；而当 $G/c_b < 3.3 \times 10^7 MPa^2$ 时，油气井要出砂。

(3) 组合模量法。根据声速及密度测井资料，计算岩石的弹性组合模量 E_C：

$$E_C = \frac{9.94 \times 10^8 \rho}{\Delta t_c^2} \tag{6-10}$$

式中：E_C 为地层岩石弹性组合模量，MPa。

其他符号含义同上。

一般情况下，E_C 越小，地层出砂的可能性越大。美国墨西哥湾地区的作业经验表明，当 E_C 大于 $2.068 \times 10^4 MPa$ 时，油气井不出砂；反之，则要出砂。英国北海地区也采用同样的判据。我国的胜利油田也用此法在一些油气井上作过出砂预测，准确率在 80% 以上，出砂与否的判断方法如下：

① $E_C \geq 2.0 \times 10^4 MPa$，正常生产时不出砂；

② $1.5 \times 10^4 MPa < E_C < 2.0 \times 10^4 MPa$，正常生产时轻微出砂；

③ $E_C \leqslant 1.5 \times 10^4 \mathrm{MPa}$，正常生产时严重出砂。

3) 力学计算法

垂直井井壁岩石所受的切向应力是最大张应力，最大切向应力为：

$$\sigma_t = 2\left[\frac{\mu}{1-\mu}(10^{-6}\rho gH - p_s) + (p_s - p_{wf})\right] \tag{6-11}$$

根据岩石破坏理论，当岩石的抗压强度小于最大切向应力 σ_t 时，井壁岩石不坚固，将会引起岩石结构的破坏而出砂。因此，垂直井的防砂判据为：

$$C \geqslant 2\left[\frac{\mu}{1-\mu}(10^{-6}\rho gH - p_s) + (p_s - p_{wf})\right] \tag{6-12}$$

式中：σ_t 为井壁岩石的最大切向应力，MPa；C 为地层岩石的抗压强度，MPa；μ 为岩石泊松比；ρ 为上覆岩层的平均密度，kg/m^3；g 为重力加速度，m/s^2；H 为地层深度，m；p_s 为地层流体压力，MPa；p_{wf} 为油井生产时的井底流压，MPa。

如果式(6-12)成立(即 $C \geqslant \sigma_t$)，则表明在上述生产压差($p_s - p_{wf}$)下，井壁岩石是坚固的，不会引起岩石结构的破坏，也就不会出骨架砂，可以选择不防砂的完井方法。反之，地层胶结强度低，井壁岩石的最大切向应力超过岩石的抗压强度引起岩石结构的破坏，地层会出骨架砂，需要采取防砂完井方法。

水平井井壁岩石所受的最大切向应力 σ_t 可由式(6-13)表达：

$$\sigma_t = \frac{3-4\mu}{1-\mu}(10^{-6}\rho gH - p_s) + 2(p_s - p_{wf}) \tag{6-13}$$

各参数符号含义同上文。同理，水平井井壁岩石的坚固程度判别式为：

$$C \geqslant \frac{3-4\mu}{1-\mu}(10^{-6}\rho gH - p_s) + 2(p_s - p_{wf}) \tag{6-14}$$

对于其他角度的定向斜井，其井壁岩石的坚固程度判据为：

$$C \geqslant \frac{3-4\mu}{1-\mu}(10^{-6}\rho gH - p_s)\sin\alpha + \frac{2\mu}{1-\mu}(10^{-6}\rho gH - p_s)\cos\alpha + 2(p_s - p_{wf}) \tag{6-15}$$

很显然，当井斜角 α 为0°时，式(6-15)变为式(6-12)；而当井斜角 α 为90°时，式(6-15)变为式(6-14)；所以式(6-15)为通式。由此可以看出：

① 在地层岩石抗压强度 C 和地层压力 p_s 不变的情况下，当生产压差($p_s - p_{wf}$)增大时，原来不出砂的井可能会开始出砂。也就是说，生产压差增大是出砂与否的一个重要外因。

② 当地层出水后，特别是膨胀性黏土含量高的砂岩地层，其岩石的胶结强度将会大大下降，从而导致岩石的抗压强度 C 下降，使原来不出砂的井（不出水的井）可能会开始出砂。

③ 在地层岩石抗压强度 C 不变时，随着地层压力 p_s 的下降，即使生产压差保持常数，原来不出砂的井也可能会开始出砂。

2. 几种防砂完井方式的保护油气层技术

1) 割缝衬管防砂保护油气层技术

割缝衬管就是在衬管壁上，沿着轴线的平行方向割成多条缝眼，如图6-7所示。缝眼的功能是：一方面允许一定数量和大小的能被原油携带至地面的"细砂"通过；另一方面能把较大颗粒的砂子阻挡在衬管外面。这样，大砂粒就在衬管外形成"砂桥"或"砂拱"，如图6-8所示。

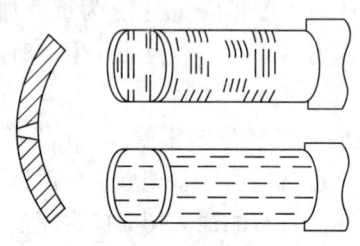

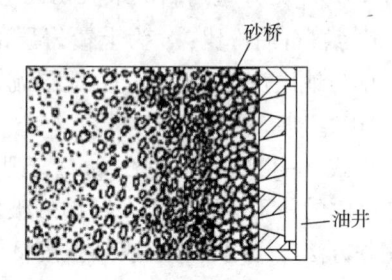

图 6-7 割缝衬管　　图 6-8 衬管外所形成的砂桥

砂桥中没有小砂粒，因为此处流速很高，把小砂粒都带入井内了。砂桥的这种自然分选，使它具有良好的通过能力，同时起到支撑井壁的作用。

为了促使砂桥形成，必须根据油层岩石的粒度分析结果，选择缝眼的尺寸和形状。

（1）缝眼的形状。缝眼的剖面应呈梯形，如图6-7所示。梯形两斜边的夹角为12°，而且大的底边在衬管内表面，小的底边在衬管外表面，小底边的宽度称为缝口宽度。这种形状可以避免砂粒卡在缝眼内而堵塞衬管。割缝衬管的关键就在于正确地选择缝眼口宽度和割缝的数量。

（2）缝口宽度。根据实验研究，砂粒在缝眼外形成砂桥的条件是缝口宽度不大于砂粒直径的两倍。即

$$e \leqslant 2d_{50} \tag{6-16}$$

式中：e 为缝口宽度，mm；d_{50} 为地层砂粒度中值，mm。

（3）缝眼的数量。缝眼数量应在保证衬管强度的前提下，有足够的流通面积。一般取缝眼开口总面积为衬管外表总面积的 2%，缝眼的长度取 50～300mm。缝眼数量可由式（6-17）确定：

$$n = \frac{\alpha F}{el} \tag{6-17}$$

式中：n 为缝眼的数量；α 为缝眼总面积占衬管外表面积的百分数，一般取 2%；F 为衬管外表面积，mm^2；e 为缝口宽度，mm；l 为缝眼长度，mm。

2）砾石充填防砂保护油气层技术

砾石充填防砂是通过砾石挡地层砂，筛管挡砾石这种双层屏障实现防砂。其防砂的关键是必须选择与油层岩石粒度组成相匹配的砾石尺寸。其选择原则是：既要能阻挡油层出砂，又要使砾石充填层具有较高的渗透性能。因此，砾石的尺寸、砾石的质量、充填液的性能是砾石充填防砂的技术关键。

(1) 砾石质量要求。

砾石质量直接影响防砂效果及完井产能。因此，砾石的质量控制十分重要。砾石质量包括：砾石粒径的选择、砾石尺寸合格程度、砾石的圆球度、砾石的酸溶度、砾石的强度等。

① 砾石粒径的选择。国内外通用的砾石粒径 D_g 是油层砂粒度中值 d_{50} 的 5~6 倍，即 $D_g = (5~6)d_{50}$。

D_g 确定后，再根据工业砾石参数表，选择一种其粒度中值大致与 D_g 相等的工业砾石。

在实际应用中发现，有些地层采用经验公式计算砾石尺寸效果并不好。因为目前提倡适度防砂。通过室内砾石充填模拟出砂实验装置模拟实地地层温度、实际生产流量模拟地层流体(或采用实际地层水及原油)向射孔孔眼的实际空间汇流的管内砾石充填出砂模拟实验装置，对井下真实情况的模拟，得出在生产井实际产液量、不同含水率情况下的真实出砂量，从而提高油气井砾石充填防砂的有效性和准确性，特别是对不同人工举升方式下的适度出砂提供依据，也能准确确定考虑适度出砂的合理的砾石尺寸和筛网孔径组合。

② 砾石尺寸合格程度。砾石尺寸合格程度的标准是：大于要求尺寸的砾石质量不得超过砂样总质量的 0.1%，小于要求尺寸的砾石质量不得超过砂样总质量的 2%。

③ 砾石的强度。砾石强度的标准是：抗破碎试验所测出的破碎砂质量分数不得超过表 6-5 所示的数值。

④ 砾石的圆度和球度。砾石圆球度的标准是：砾石的球度应大于 0.6，砾石的圆度也应大于 0.6。图 6-9、图 6-10 是评估砾石圆球度的视觉对比图。

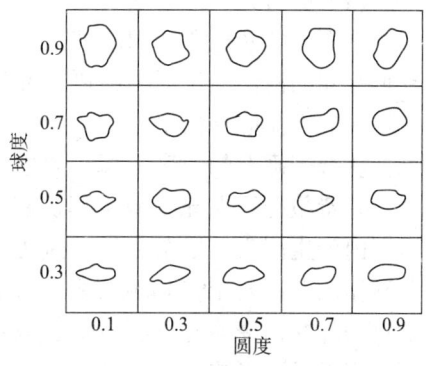

图 6-9 球度目测图

表 6-5 砾石抗破碎推荐标准

充填砂粒度, 目	破碎砂质量分数,%	充填砂粒度, 目	破碎砂质量分数,%
8~16	8	20~40	2
12~20	4	30~50	2
16~30	2	40~60	2

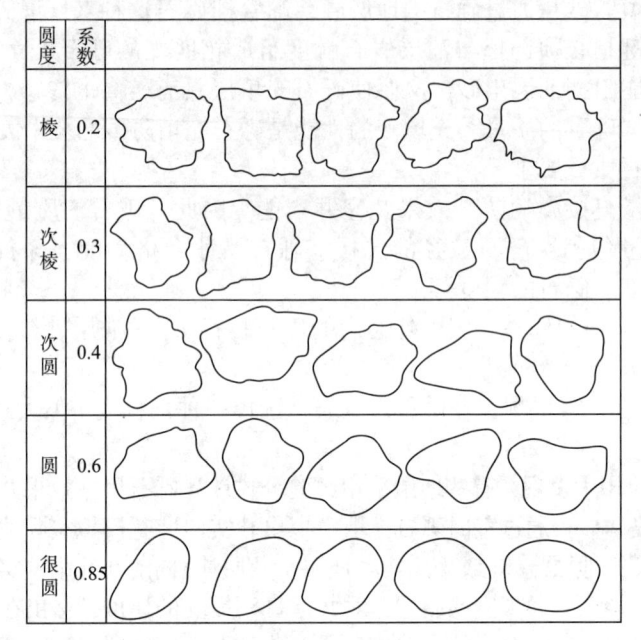

图 6-10 标准圆度

⑤ 砾石的酸溶度。砾石酸溶度的标准：在标准土酸(3%HF+12%HCl)中，砾石溶解质量分数不得超过 1%。

（2）砾石充填液对油气层的影响及其保护技术。

砾石充填液也称为携砂液，是将砾石携带到筛管和井壁(或筛管和套管)环形空间的液体。又因为在砾石充填过程中部分充填液将进入油层，因此对充填液的性能应严格要求。

从携带砾石的角度考虑，要求它的携砂能力强，即含砂比高，以节省用量。并希望砾石在充填液中不沉降，使之形成紧密的砾石充填层，避免在砾石层内产生洞穴，以至在生产过程中发生砾石的再沉降，而使筛管出露失去防砂作用。还要求充填液在井底温度的影响下，或在某些添加剂的影响下，能自动降黏稀释而与砾石分离，以免在砾石表面包裹一层较厚的胶膜，使砾石堆积不实而影响填砂质量。

从保护油层的角度考虑。要求充填液为无固相颗粒，并尽可能防止液相侵入后引起油层黏土的水化膨胀、或收缩剥落。因此，理想的充填液应具备下列性能：

① 黏度适当(500~700mPa·s)，有较强的携砂能力。
② 有较强的悬浮能力，使砾石在其中的沉降速度小。
③ 可通过某些添加剂或受井底温度的影响而自动降黏稀释。
④ 无固相颗粒，对油层损害小。
⑤ 与油层岩石相配伍，不诱发水敏、盐敏、碱敏。
⑥ 与油层中流体相配伍，不发生结垢，乳化堵塞。
⑦ 来源广泛，配制方便，可回收重复使用。

目前国内外在砾石充填作业中主要使用的携砂液有以下几种：

① 清洁盐水或过滤海水，其中加入适当的黏土稳定剂及其他添加剂，施工时的携砂比为 50~100kg/m³。
② 低黏度携砂液，黏度为 50~100mPa·s，由清洁盐水或过滤海水中加入适当的水基聚合物和黏土稳定剂及其他添加剂组成。施工时的携砂比为 200~400kg/m³。
③ 中黏度携砂液，黏度为 300~400mPa·s，由清洁盐水或过滤海水中加入适当的水基聚合物和黏土稳定剂及其他添加剂组成。施工时的携砂比为 400~500kg/m³。
④ 高黏度携砂液，黏度为 500~700mPa·s，由清洁盐水或过滤海水中加入适当的水基聚合物和黏土稳定剂及其他添加剂组成。施工时的携砂比可达 1000~1800kg/m³。

所采用的水基聚合物如甲叉基聚丙烯酰胺凝胶，羟乙基纤维素和锆金属离子交链凝胶等。

⑤ 泡沫液，泡沫携砂液可用于低压井。由于泡沫液中气相体积分数占 80%~95%，含液量少，不存在低压漏失问题。泡沫液的携砂能力强，充填后砾石沉降少，筛缝不容易被堵塞，对地层造成的损害小。携砂液的选用可参见表 6-6。

表 6-6 携砂液的选用

施工对象和方法	低黏液	中黏液	高黏液	泡沫液
裸眼井	适用	可用	—	—
长井段	适用	—	—	—
低压漏失井	—	—	—	适用
高斜井	适用	—	—	适用
振动充填	适用	—	—	—
两步法第一步	可用	适用	适用	—

续表

施工对象和方法	低黏液	中黏液	高黏液	泡沫液
两步法第二步	适用	—	—	—
高密度挤压井	—	—	适用	—
低渗透地层	适用	—	—	适用
高黏油地层	适用	—	—	适用
流砂地层	—	—	适用	—
清水压裂充填	适用	—	—	—
端部脱砂压裂充填	适用	可用	—	—
胶液压裂充填	—	—	适用	—

3) 压裂砾石充填防砂保护油气层技术

压裂砾石充填防砂是在井底压力稍大于地层破裂压力使之形成短而宽的人工裂缝，并将砾石充填于裂缝、孔眼、环空的一种防砂技术。包括清水压裂充填、端部脱砂压裂充填、胶液压裂充填等三种。其工艺是在射孔井中进行砾石充填之前，利用水力压裂在地层中造出短裂缝，然后在裂缝中填满砾石，最后再在筛管与套管环空充填砾石，见表6-7。

根据对某油田的研究，压裂充填与常规砾石充填的产能对比见表6-8。

表6-7　清水压裂充填、端部脱砂压裂充填、胶液压裂充填对比

项目	清水压裂充填	端部脱砂压裂充填	胶液压裂充填
处理目的	消除或"绕过"近井带由于钻井和固井造成的损害	消除或"绕过"由于钻井和固井造成的深部损害	消除或"绕过"由于钻井和固井造成的深部损害
充填材料	石英砂或陶粒	石英砂或陶粒	石英砂或陶粒
前置液	盐水（清水）	低黏、低滤失、薄滤饼交联液	高黏度交联液（胶液）
携砂液	盐水（清水）	低黏、低滤失、薄滤饼交联液	高黏度交联液（胶液）
产生裂缝长度，m	1.5~3.0	3.0~6.0	7.5~15.0
井深，m	3000以下	3000以下	3000以下
处理层段厚度	最大达152m	最大达30m	任意

表6-8　某油田压裂充填与常规砾石充填的产能对比

井号	常规砾石充填 产能 m³/(d·MPa)	压裂充填 清水压裂充填 产能 m³/(d·MPa)	增加 %	端部脱砂压裂充填 产能 m³/(d·MPa)	增加 %	胶液压裂充填 产能 m³/(d·MPa)	增加 %
5	31.11	126.81	307.6	127.13	308.6	158.65	409.9
10	35.80	84.85	137.0	84.35	135.6	98.05	173.9

续表

井号	常规砾石充填 产能 m³/(d·MPa)	压裂充填					
^	^	清水压裂充填		端部脱砂压裂充填		胶液压裂充填	
^	^	产能 m³/(d·MPa)	增加 %	产能 m³/(d·MPa)	增加 %	产能 m³/(d·MPa)	增加 %
14	32.31	57.10	76.73	59.02	82.67	70.74	118.9
11	56.46	89.35	58.25	97.57	72.81	260.73	361.1
28	119.7	156.23	30.52	154.29	28.91	183.51	53.32
33	55.94	100.43	79.53	101.93	82.21	131.82	135.6
平均			114.9		118.5		208.8

注：产能指单位生产压差下油井的日产量。

由表6-8可知，压裂充填后，产能大大增加，其原因可由图6-11得到解释。

为了搞好压裂砾石充填防砂保护油气层技术，需按以下几个要点实施：

(1) 在可以进行压裂充填的层段，压裂充填的效果很好，与常规砾石充填相比，虽然成本增加，但压裂充填的增产作用明显。这主要是形成了裂缝、改善了渗流方式，消除了(或部分消除了)钻井、固井损害，同时也破坏了射孔所形成的压实带等原因所致。同时，压裂砾石充填的防砂效果还好于常规砾石充填的防砂效果。

图6-11 压裂充填后高产能的原因

（压裂充填后，原油从地层线性渗流到裂缝，再线性渗流到井筒，不仅渗流面积大大增加，而且消除(或部分消除)了钻井和固井损害，还部分消除了射孔压实损害）

(2) 在清水压裂充填、端部脱砂压裂充填、胶液压裂充填这三种方式中，清水压裂充填、端部脱砂压裂充填的增产效果相当，这是因为两者形成的裂缝较短；而胶液压裂充填的增产效果最为明显，主要原因是胶液压裂充填能形成三者之中最长的裂缝，但成本最高。

(3) 在采用了暂堵技术的井中，由于钻井损害深度浅，建议采用清水压裂充填或端部脱砂压裂充填来解堵和增产；而在未采用封堵技术的井中，特别是表皮系数较高的井，由于钻井损害深度深，建议采用胶液压裂充填来解堵和增产。

(4) 综合增产效果、施工成本、施工难易程度多方面来看，凡是已证明能用清水将地层压开的井，应尽量使用清水压裂充填或端部脱砂压裂充填来解堵和增产；否则，采用胶液压裂充填来解堵和增产。

4）水平井高级优质筛管防砂保护油气层技术

在水平井的防砂中，目前普遍使用裸眼直接下入各种高级优质筛管的防砂方法。高级优质筛管目前种类较多，在水平井裸眼里面直接下入进行防砂，防砂的关键是挡砂精度的确定。一般而言，可以根据砾石尺寸来优选挡砂高级优质筛管的挡砂精度。

国内外对砾石直径的选择有许多的研究成果，见表6-9。在表6-9中，目前国内外使用最多的是Saucier方法。

表6-9　国内外砾石直径计算公式汇总

序号	方法名称	砾石直径计算公式	备注
1	Coberly 和 Wagner 方法	$D \leq 10 d_{10}$	D 为最大砾石直径
2	Gumpertz 方法	$D \leq 11 d_{10}$	D 为最大砾石直径
3	Hill 方法	$D \leq 8 d_{10}$	D 为最大砾石直径
4	Tausch 和 Corlcy 方法	$D = (4 \sim 6) d_{10}$	D 为最大砾石直径
5	Smith 方法	$D_{50} = 5 d_{10}$	
6	Maly 和 Krueger 方法	$D = 6 d_{10}$	D 为最小砾石直径
7	Ahrens 方法	(1) 当 $C<2$，$10 d_{50} > D_{50} > 5 d_{50}$； (2) 当 $C>2$，$58 d_{50} \geq D_{50} \geq 12 d_{50}$， $40 d_{85} \geq D_{85} \geq 12 d_{85}$， $D_0 < 12.7 \mathrm{mm}$	
8	Karpoff 方法	(1) 当 $C<3$，$10 d_{50} > D > 5 d_{50}$； (2) 当 $C>3$，$8 d_{50} > D \geq 4 d_{50}$	D 为最小砾石直径
9	DePriester 方法	$D_{50} \leq 8 d_{50}$，$D_{90} \leq 12 d_{90}$，$D_{10} \geq 3 d_{90}$	
10	Schwartz 方法	(1) 当 $C<5$，$v \leq 0.015$，$D_{10} = 6 d_{10}$； (2) 当 $5<C \leq 10$，$v > 0.015$，$D_{40} = 6 d_{40}$； (3) 当 $C > 10$，$v > 0.03$，$D_{70} = 6 d_{70}$	流速 $v = 2 \times$ 产量/射孔总面积
11	Saucier 方法	$D_{50} = (5 \sim 6) d_{50}$	

此时，砾石的粒度中值 $D_{50} = (5 \sim 6) d_{50}$。$D_{50}$ 为砾石的粒度中值，mm；d_{50} 为地层砂的粒度中值，mm。

根据计算的砾石的尺寸，按照表6-10来初步确定高级优质筛管的挡砂精度。

表 6-10 根据砾石尺寸初步选择高级优质筛管的挡砂精度

砾石目数(美国标准筛目)	砾石尺寸, mm	初步选定的高级优质筛管的挡砂精度, μm
40~60	0.249~0.419	60
30~50	0.297~0.595	90
30~40	0.419~0.595	100
20~40	0.419~0.841	120
16~30	0.595~1.19	150
10~30	0.595~2.00	200

但是，由于不同油田地层砂的分选性不同，地层砂颗粒大小不一样，再加上各类高级优质筛管的防砂层结构不一样，以及产出流体是流体类型液存在差异，表 6-10 的推荐结果只能作为室内出砂模拟实验的依据，一般不能直接作为筛管最终选定的挡砂精度。准确的高级优质筛管的挡砂精度必须通过室内出砂实验模拟高级优质筛管的防砂层结构和具体产量以及流体特性(原油或是天然气)确定。

此外，目前除了在水平井的完井防砂中直接采用各种高级优质筛管防砂以外，在分支井的完井中，也是主井筒直接采用各种高级优质筛管防砂、分支井筒裸眼完井等办法。

5) 稠油水平井冲砂

虽然大多数稠油(重油)水平井都采用了割缝或冲缝筛管等具有防砂功能的完井结构，但是，在采油生产过程中，油层的细砂、粉砂仍然会随着液体进入套管内并逐渐沉积。不同于直井，水平段存在较长的砂屑入流界面；流体流动方向与砂粒沉降速度方向垂直；水平井筒井眼轨迹轻微的起伏会导致沉积砂屑波浪状分布。这些现象都会带来水平井冲砂的难度。

因此，稠油水平井冲砂的关键点包括：冲砂动作需要保持连续不能中止以避免中途再沉降、冲砂工具需要保证对水平井筒低边沉砂的冲击力强但又不能因高压导致漏失严重、冲砂液即保障携带能力又要尽可能少进入储层或对储层损害小。保持连续作业，目前冲砂作业基本不再使用常规油管接单根的做法，避免了接单根造成的作业中止。一些简单的阀门组合或使用连续油管作业等都可以实现连续作业。保证对底边沉砂的冲击力，主要来自于施工排量尽可能发挥最大作用和优化设计冲洗头以形成合理液流两个方面。保障冲砂液高携带和低滤失能力，从以往单纯用清水到使用黏度适中、携砂能力强、能在产层表面迅速形成一层具有一定承压能力暂堵层等功能的各种液体做冲洗液。泡沫流体、乳化液体以其两相黏度大带来的携带能力强和液阻效应带来的低漏失而成为首选。同时也要注意冲砂液的温度，温度过低会使井筒的稠油原油黏度增高，堵塞出口通道。

第四节　储层改造过程保护油气层技术

储层改造旨在提高油气层中油气流动的渗透性和储量动用程度，通常涉及酸化、酸压和压裂等技术。特别是对于非常规油气，大型压裂更是致密油气、煤层气、煤岩气和页岩油气投产的必要手段。不同于钻井过程和其他完井工艺，仅对近井筒地带产生作用，酸化、酸压、压裂的工程施工，让外界因素介入的影响远离井筒几米到几百米，到了油气层深部。

在酸化、酸压、压裂过程中的油气层损害，通常指的是由于各种因素导致的油气层物理和化学性质发生的改变，这种损害可能是暂时的，也可能是永久性的，偏离了储层改造工程设计的预期目标，降低了油气层的油气水流动的渗透性、产能、产量和采收率。必须通过优化施工工艺和液体材料配方等措施，保护油气层，提高油气井产量，延长油气田的经济寿命，同时减少对环境的不良影响。

一、酸化和酸压对油气层损害分析

酸化是在低于破裂压力条件下，通过泵注设备向目的层注入酸液，利用酸岩反应溶解井底及其近井地带油气层孔隙与裂缝的堵塞物、岩石孔隙中的填充及胶结物和部分矿物等，以达到恢复或提高储层渗透率的工艺措施，也称基质酸化、常规酸化。主要工艺包括：(1)笼统酸化，不考虑酸化层段间的物性、损害类型和程度等差异而采取一次性酸化多层的方式；(2)分层分段酸化，直井或水平井用封隔器、桥塞、暂堵剂等分隔开各个目的层或段的工艺；(3)暂堵酸化，用工作液将暂堵材料带入井内封堵渗透性较好的层段，迫使酸液进入渗透性较差层段的酸化工艺；(4)均匀酸化，通过机械或化学方式，将酸液按地层需要的注酸强度注入目的层，以达到整个长井段上不同渗透率和不同损害程度的储层都可以得到有效改造的技术。

酸压是采用酸液和高黏液体，在高于地层破裂压力条件下形成裂缝，通过酸液对裂缝壁面不均匀溶蚀形成高导流能力裂缝的工艺，简称酸压或酸压裂。主要工艺包括：(1)前置液酸压。用黏性液体作为前置液压开一定长度的水力裂缝，随后注入酸液形成具有导流能力酸蚀裂缝的酸压工艺。(2)多级注入酸压。依次交替注入高黏液和酸液，以便形成较长酸蚀裂缝的酸压工艺。(3)闭合酸化。常规酸压后，待裂缝闭合，用低于地层闭合压力下注入酸液，提高近井地带流动能力的工艺。(4)转向酸压。包括缝内转向酸压和层间转向酸压两类，缝内转向酸压是通过工作液携带暂堵材料进入已压开的裂缝，形成高强度的滤饼，迫使裂缝转向或产生新的裂缝。层间转向酸压是通过工作液携带暂堵材料封堵已压开裂缝的射孔孔眼，迫使液体转向压开新的裂缝。

由此可知，酸化和酸压工程的共同点就是作业中要应用酸液。因此，酸化作业中的油气层损害可归纳为两个主要方面：一方面是酸与油气层岩石和流体不配伍造成的；另一方面是由于施工中管线、设备锈蚀物带入储层造成的堵塞。而酸压施工，主要是因为工作液选用和工艺工序设计不当，对酸蚀裂缝导流能力损害而达不到预期增产效果的影响。

1. 酸液与储层流体的配伍性

1) 酸液与储层原油的配伍性

酸与储层原油和沥青原油接触时，会产生酸渣，酸渣由沥青、树脂、石蜡和其他高分子碳氢化合物组成，是一种胶态的不溶性产物，一旦产生会对储层带来永久性损害，一般很难加以消除。

原油中沥青物质是以胶态分散相形式存在，它是以高分子量的聚芳烃分子为核心，被较低分子量的中性树脂和石蜡包围，周围靠吸附着较轻的和芳香族特性较少的组分所组成，在无化学变化时，这种胶态分散相当稳定，但当与酸接触时，酸与原油从油酸界面上开始反应，并形成不溶性薄层，该薄层的凝聚导致酸渣颗粒的形成，研究表明，酸液中若不加入适当的抗酸渣剂，一般都会产生酸渣的危险，且用酸浓度越高，酸渣生成越多。

2) 酸液与储层中水的配伍性

酸与储层中水接触带来的危害，主要反应沉淀问题。不考虑注入酸液与岩石反应时，酸与储层中水接触产生的危害不大，室内试验表明，用不同配方的酸液与 $NaHCO_3$ 型储层水反应，80℃条件下反应 4h，未产生不溶物，但冷却后可见到少量沉淀物，但要注意，当储层中水富含 Na^+、K^+、Mg^{2+}、Ca^{2+}、Fe^{2+}、Fe^{3+} 和 Al^{3+} 等时（这些离子有些是原储层水中本身就存在的，有些是由于酸化过程中不断产生的），酸液特别是 HF 将与这些离子作用而产生有害沉淀物。因此，酸化时要设法避免 HF 与储层水接触。对于注水井，酸液一般不与储层水接触。但注入水中若含上述离子，也可能发生沉淀。

2. 酸液与储层岩石产生的损害

酸液与储层岩石反应非但未能改善储层渗透性反而造成损害的可能性，可以从油气层保护的敏感性实验中获得，其基本解释包括如下几个机理。

1) 酸液引起黏土矿物膨胀

酸液注入含蒙脱石或伊利石/蒙脱石含量较高的储层，酸液中水被蒙脱石所吸收，引起这类黏土矿物的膨胀，特别是高含 Na 蒙脱石类黏土，膨胀体积可达6~10倍，因而使孔道变窄甚至堵死孔道，使储层丧失渗透性，即使酸液溶解掉部分黏土矿物，也很难抵消其造成的损害。

2）酸液的冲刷及溶解作用造成微粒运移

高岭石类黏土在储层中很难结晶，它们松散地附着在砂粒表面，随着酸液冲刷，剥落下来的微粒将发生迁移，造成孔隙喉道的堵塞，进而降低渗透率。伊利石类黏土在砂岩中可以形成大体积的微孔（蜂窝状），这些微孔可以束缚酸中水，有时在孔隙中还可发育成类似毛状的晶体，增加了孔隙的弯曲性，降低渗透率，酸化过程中或酸化后随酸液或流体流动而破碎迁移，引起孔道堵塞。

不论是哪类黏土矿物，酸化过程中酸溶解胶结物不同程度地使储层颗粒或微粒松散，脱落而运移堵塞，这些微粒随酸液的流动搅拌与残余原油一起形成稳定的乳化液，产生液堵。

3）酸液溶解含铁矿物产生不溶产物

绿泥石类黏土矿物是水合铝硅酸盐，常常含有大量的Fe，对酸和含氧的水非常敏感，它很容易溶于稀酸，用酸处理时可被溶解掉，但当酸耗尽时，Fe可能会再次以氢氧化铁凝胶沉淀出来，堵塞储层，这种情况特别是酸液未加螯合剂时，更为严重。

4）酸化后的产物结垢

碳酸盐岩酸化过程中产生的过剩的Ca^{2+}等离子，在酸化后若不能及时排出，将与储层中的CO_2作用生成碳酸钙再次沉淀结垢，这些垢与砂粒及重油等伴随一起堵塞储层。

砂岩酸化后形成二次沉淀易造成油气层损害。酸化后形成的二次沉淀主要有以下两种：（1）氟化物沉淀。砂岩油气层中的水，含有大量Ca^{2+}、Na^+和K^+，砂岩中不同程度地含有钙长石、钠长石、钾长石，胶结物中含有钙质矿物，它们遇到氢氟酸易生成CaF_2、Na_2SiF_6和K_2SiF_6沉淀，这些沉淀会堵塞孔隙喉道，降低酸化效果。（2）氢氧化物沉淀。由于管柱的腐蚀，施工液体带入的含铁物质以及砂岩油气层中含铁矿物的溶解，在酸化后油气层都会含有一定量的三价铁离子；当残酸液浓度降到一定程度，pH值大于2.2时，开始生成$Fe(OH)_3$凝胶状沉淀，堵塞孔喉，降低渗透率，使酸化效果差，甚至无效。

3. 酸化和酸压不合理施工造成的损害

配酸过程中操作不严格，使用不清洁的基液引入固体颗粒杂质、细菌等带入储层造成损害。脏管柱洗井不好将管中杂物及锈垢等带入储层造成堵塞，且有些杂物与酸作用产生二次沉淀。文献报道过一个例子，酸从油管注入，由套管环空返出，带出1t多从管子上清除下来的油污和固体。因此，施工中注意酸液的配制过程，严格按设计要求配酸，注液时清洗净管材，将大大减少酸化对储层的损害，提高酸化效果。

1）施工管线设备锈蚀物带入油气层生成铁盐沉淀

由于酸具有强腐蚀性，尤其对于设备、管线、管柱造成的锈蚀更为突出。配制酸液过程中会有轧屑、鳞屑等铁盐溶于酸液中，这类杂物与酸作用产生沉淀物。外来溶于酸液中的铁大多为三价铁离子，在储层当中当残酸 pH 值降到一定程度时，就会产生沉淀，例如氢氧化铁絮状沉淀物、氢氧化硅沉淀。

2）排液不及时造成的损害

酸化后不及时排液，残酸会在油气层中过长时间停留。这样，酸化产生的过剩 Ca^{2+} 与油气层中的二氧化碳（CO_2）生成碳酸钙（$CaCO_3$），再次沉淀结垢。这类垢与砂及重油相伴一起堵塞油气层。此外，当残酸浓度降低到很低时，还会产生氢氧化铁 $Fe(OH)_3$、氢氧化硅 $[Si(OH)_4]$ 等沉淀，堵塞孔喉。另外，对于低孔低渗储层中具有较强的毛细管阻力，残酸难以返排易造成水锁损害，致使产能降低。

3）施工参数选择不当

酸化施工参数包括酸浓度、施工泵压、施工排量、酸液用量等。酸浓度对酸化效果的影响占首要地位，酸浓度高，溶解一定量矿物所需酸液量少。但浓度过高，一是缓蚀问题难以解决，可能严重腐蚀管材而引入大量铁离子等有害物进入储层造成损害；二是可能大量溶蚀岩石骨架颗粒，造成砂岩储层骨架结构的破坏，引起大量出砂或储层坍塌，进而损害储层。因此，酸液浓度的选择要结合室内溶解实验和岩心流动实验确定。

施工泵压的选择对于基质酸化而言，要据储层吸酸能力限制泵压，不能压破储层。否则可能造成压破遮挡层，引起油井过早见气、见水，产生两相流动，过早消耗储层能量。酸液用量要选择适当，解堵酸化设计用酸量应以刚好解堵为佳，过多的酸量进入储层若不能顺利返排将带来上述一系列储层损害问题。

4. 妨碍酸反应的有机覆盖层处理后对油层的损害

酸化中存在的一个普遍问题是酸不能穿透岩石或结垢表面上的有机覆盖层而使处理失败，这对沥青质原油的储层尤为突出。这类储层酸化前，采用溶剂或酸/溶剂混合物作预处理，也可采用注热油处理。但若施工不当，把被溶解的有机沉淀物注到储层中，会发生再沉淀，损害储层。酸化时则要在酸液中加入互溶剂或抗酸渣剂以免酸与原油作用产生酸渣。

综上所述，酸化作业中油气层损害主要由酸渣和二次沉淀物堵塞引起。因此，酸化作业中的保护油气层技术要从避免产生上述损害入手。

二、保护油气层的酸化和酸压技术

根据酸化作业中造成油气层损害的原因及方式,采用下列方法对油气层进行保护。

1. 选用与油气层岩石和流体相配伍的酸液和添加剂

在油气田开采中,根据储层类型选择主体酸是提高酸化效果和经济效益的重要步骤,需要考虑储层的岩性、矿物成分、渗透率以及生产目标。一些常见储层类型及其对应的主体酸选择原则包括:针对碳酸盐岩储层的盐酸、有机酸(甲酸乙酸)、氯羧酸盐和卤代烃等能在地下条件生成盐酸的潜在酸或固体的盐酸;针对砂岩储层的土酸(氢氟酸和盐酸的混合酸液)、自生酸(几种不显酸性的药剂,在储层中接触混合后能在原位生成盐酸或氢氟酸的液体物质)、氟硼酸、磷酸等。此外,为提高酸化和酸压的效率,还开发有改进的各种酸液体系,如:(1)可以添加聚合物增加黏度减缓酸岩反应速度的稠化酸;(2)可以添加油性物质形成油包使酸缓速达到作用距离更远的乳化酸或微乳酸;(3)添加聚合物和交联剂后遇到酸岩反应及温度变化能增黏可以实现转向的温度变黏酸;(4)加入黏弹性表面活性剂的清洁自转向酸液体系;(5)引入气体辅以表面活性剂以减少向储层滤失的泡沫酸等。

针对不同岩性的酸化和酸压设计,当主体酸确定后,必须根据储层特征及井筒环境等因素选用合适的添加剂,常用的添加剂有缓蚀剂、铁离子稳定剂、黏土稳定剂(防膨剂)、防水锁剂、互溶剂或抗酸渣剂、暂堵剂等。各添加剂都有保护油气层的作用。

(1)缓蚀剂。缓蚀剂能够减缓酸化过程中酸对其接触的钻杆、油管和其他金属腐蚀作用的化学物质。

(2)铁离子稳定剂。铁离子稳定剂是通过还原剂将Fe^{3+}还原为Fe^{2+},或与酸溶液中的铁离子形成稳定的铁络合物,从而减少$Fe(OH)_3$沉淀生成,达到稳定铁离子的目的。

(3)黏土稳定剂。黏土稳定剂主要用于防止黏土矿物水化膨胀。

(4)防水锁剂。防水锁剂主要用于降低酸液与孔隙喉道间的表面张力,利于酸化作业后的残酸返排。

(5)互溶剂或抗酸渣剂。互溶剂或抗酸渣剂是一类可以减少酸与原油反应形成酸渣发挥减少堵塞地层的作用。

(6)暂堵剂。暂堵剂由可降解的纤维或化学材料组成,用于酸化和酸压中将高渗透区域暂堵使酸流向低渗透区域。

针对具体油气层,采用与之相适应的保护技术,是油气层保护系列技术的特点之一。对于酸化和酸压作业这一针对性特点,举例见表6-11。

表 6-11 酸液和添加剂的选择

油气层岩性特点	与之配伍的酸液和添加剂	保护油气层目的
碳酸盐岩	不宜用土酸	避免生成氟化钙沉淀
伊/蒙间层矿物含量高	必须加防膨剂	抑制黏土膨胀、运移
绿泥石含量高	适当加入铁离子稳定剂	防止产生氢氧化铁沉淀
原油含胶质、沥青质较高	采用互溶土酸(砂岩)	消除或减少酸渣生成
砂岩地层	不宜用阳离子表面活性剂破乳	避免地层转为油润湿，降低油的相对渗透率
高温地层	耐高温缓蚀剂	避免缓蚀剂在高温下失效

实际油气层类型繁多，在选择使用与之相配伍的添加剂和酸液时，必须考虑酸液、添加剂、地层水、岩石、原油相互之间的配伍性，达到不沉淀，不堵塞，不降低油气层储渗空间，有利于油气采出的目的。同时应尽可能降低成本。

2. 使用前置液

前置液的作用有以下 4 个方面：

（1）隔开地层水。一般前置液使用 15% 左右浓度的盐酸，它可以防止氢氟酸(HF)与地层水接触生成不溶性的氟化钙(CaF_2)沉淀。在砂岩储层中，它可以防止氢氟酸(HF)与之反应生成氟硅酸，然后氟硅酸与地层水中的 K^+ 和 Na^+ 等离子反应生成氟硅酸钾(K_2SiF_6)、氟硅酸钠(Na_2SiF_6)等沉淀。

（2）溶解含钙、含铁胶结物，减少氢氟酸(HF)用量，并大大地降低氟化钙沉淀的形成。

（3）使黏土和砂粒表面为水润湿，减少废氢氟酸乳化的可能性。

（4）保持酸度(低 pH 值)，防止生成氢氧化铁 $Fe(OH)_3$、氢氧化硅 $Si(OH)_4$ 沉淀。

3. 优化酸液浓度

由于酸化作业本身的工作原理限制，选择合适的酸液浓度是保护油气层的重要技术指标之一。当酸液浓度过高时，会溶解过量的胶结物和岩石骨架，破坏岩石结构，造成岩石颗粒剥落，引起堵塞。如土酸中氢氟酸浓度过高，在岩石表面形成沉淀，并且大量溶解砂岩的胶结物，使砂粒脱落，破坏其结构，造成地层出砂，严重者引起地层坍塌造成砂堵。当酸液浓度过低时，不仅达不到酸化的目的，还会产生二次沉淀，因此，当选用与岩石及流体配伍酸液类型后，选用合适的酸液浓度是同等重要的。

4. 及时排液

残酸在油气层中停留时间过长，会造成二次沉淀，结垢堵塞储层。因此，必须及时排除残酸。目前采用排液的方法很多，常用的有：抽吸排液、下泵排液、气举排液、液氮排液等。酸化的保护措施是贯穿于酸化作业每一个环节，技术关键是选择配伍的酸液、添加剂和及时排液。

一个特例是针对注水井的酸化施工，可以不用排液而是在酸化后直接注水，一方面，注水井排液会使之前已经注水保持地层压力的工作受到影响；另一方面，注水本身可以将酸化沉淀等风险推向远处扩散而自然减少。

5. 酸化和酸压增产工艺措施适应性

针对不同的产层、井型有各种不同的酸化增产工艺。对于高含硫碳酸盐岩气层、水平井钻开的油气层，需要研究不同酸化技术的适应性，筛选出针对性强的酸化增产工艺技术措施，取得最佳经济效益。如高黏稠油水平井的缓速泡沫酸、砂岩油层的多氢酸的酸化工艺等。

通常酸压技术应用在碳酸盐岩储层，在库车山前阿克苏冲断带深层异常高压气藏，针对裂缝性砂岩酸压技术也取得了很好的成效。由于克深、大北、博孜等储层天然裂缝发育，由于在钻井过程中采用了高密度钻井液，经常发生大量钻井液漏失，储层损害严重且损害半径大，常规酸化解堵措施往往不能有效解除储层深度损害，导致酸化后增产效果不明显；对于砂岩储层，可采用加砂压裂作为增产措施的一种选择，但由于气藏储层埋藏深、地应力高、储层温度高、天然裂缝异常发育等原因，使得常规加砂压裂施工难度大、风险高、易发生过早脱砂甚至砂堵现象，且施工投入成本高。因此，设计了针对该类异常高压裂缝性砂岩储层采取的酸压处理工艺。技术思路是将暂堵酸化和酸压结合，首先对目的层进行黏滞暂堵酸化以实现均匀布酸目的，使损害严重的裂缝发育段得到酸化解堵。然后，在储层改造第二阶段增大施工压力使井底压力超过储层"破裂压力"，进行砂岩酸压改造解除天然裂缝性储层深部损害。上述工艺的实施既实现了近井损害带的均匀布酸，又实现了深部严重损害的解除，同时酸压更能够发挥裂缝发育段对产能的贡献。

三、压裂过程油气层损害分析

压裂是通过设备向目的层高压注入压裂液使地层破裂，并加入支撑剂，形成具有一定导流能力的裂缝，达到增产/增注目的的工艺措施。主要工艺包括：(1) 笼统压裂，对拟改造层段不再分层而采取一次性压裂整个层段的压裂工艺；(2) 分层分段压裂，在直井水平井中采用封隔器、桥塞、暂堵剂等机械或化学方法对各目的层段封隔的压裂工艺；(3) 开发压裂，通过开发井网与水力裂缝系统组合研究，按裂缝有利方位确定注采井网的形式、井距和排距，使之与裂缝方位、长度、导流能力有机地结合起来，制订全油藏的压裂规划，并落实到单井压裂优化设计及实施，最大限度发挥水力压裂作用的压裂方式，其对象是未部署开发井网的油藏;(4)整体压裂,将具有一定缝长、导流能力和裂缝延伸方位的水力裂缝置于给定的注采井网之中,利用油藏地质与油藏工程研究成果、数值模拟与压裂技术,从总体上为油藏的压裂工作制订技术原则、规范和实施措施,指导单井的优化压裂设计,并通过方案的实施与评价,全面提高油藏开发效果和经济效益的压裂方式,其对象是已部署开发井网的油藏;(5)端部脱砂压裂,合理设计施工参数,使得在达到预定长度时,裂缝端部(周边)形成砂堵,继续泵入携砂液,裂缝长度不再增加,宽度则不断增长,实现大幅度提高裂缝导流能力目的压裂工艺,其对象是高渗透和做压裂砾石充填的油藏;(6)暂堵转向压裂,包括缝内转向压裂和层间转向压裂两类,缝内转向压裂是通过压裂液携带暂堵材料进入已压开的裂缝,形成高强度的滤饼,迫使裂缝转向或产生新的裂缝。层间转向压裂是通过压裂液携带暂堵材料封堵已压开裂缝的射孔孔眼,迫使液体转向其他射孔孔眼压开新的裂缝;(7)无水压裂,以非水基介质(二氧化碳干法压裂、LPG 压裂)作为工作液,通过特殊的密闭装备进行压裂的一种工艺技术,对象是需要消除常规水基压裂液带来的水敏、水锁等损害,又需要克服残渣、残胶堵塞孔喉、裂缝的油藏;(8)体积压裂,通过大规模水力压裂(包括水力喷砂、双封单卡、投球滑套、固井套管滑套、桥塞射孔联作、连续油管底封、缝网压裂等手段,参见"对体积压裂概念的困惑和答疑",石油工程 ETC 微信公众号,2023 年 2 月 12 日)形成多条水力裂缝或者复杂裂缝,增加裂缝与油藏的接触面积和改造体积的压裂工艺,其对象是非常规油气开发;(9)渗吸置换或驱油压裂,压裂施工结束,在闷井过程中,具有驱油能力的压裂液破胶液与储层油气实现渗析置换,达到提高采收率的目的,对象是低压需要快速补充能量的油藏。

经典的常规压裂大多使用具有一定黏弹性的冻胶压裂液,目前占市场比例最高的是瓜尔胶及其衍生物的交联冻胶压裂液。而非常规油气开发的体积压裂最早也是用冻胶压裂液,其后出于规模经济和大排量泵注的需要更多应用的是以聚合物减阻剂为主的滑溜水压裂液,目前更多的是结合了滑溜水(包括低黏和高黏滑溜水两类)和冻胶的多种液体也称为混合压裂。此外,为提高压裂效率和保护油气层,还开发有改进的各种压裂液体系和添加剂,如:(1)降低井口施工压力可以添加加重剂形成高密度压裂液;(2)为降低滤失快速返排和携砂能力强而加入氮气或二氧化碳及表面活性剂的泡沫压裂液;(3)为替代瓜尔胶以及更好降阻减少残渣损害开发的合成聚合物系列压裂;(4)为减少固相残渣具有更好黏弹性而使用超过胶束浓度表面活性剂配制的清洁胶束压裂液等。除了常见的黏土稳定剂、杀菌剂和助排剂等,对压裂液来说最重要的是破胶剂,破胶剂主要目的是降低压裂液的黏度(分子量)以减少压裂液对油气层的损害。

水力压裂最重要的目的是把支撑剂放置到油气层形成具有高导流能力的油气流动通道。常规经典压裂针对石英砂、陶粒等支撑剂的选用主要依据之一是作用在支撑剂上的应力，不同规格和应力下的导流能力表现是衡量支撑剂性能的指标。虽然有支撑剂各种不同规格，但常规经典压裂使用最多的还是20/40目的支撑剂。但近年来，石英砂代替陶粒的相关工作在页岩油气开发中已经相当广泛，40/70目以及100目的小粒径石英砂占到非常规压裂市场的90%以上。

由以上可见，压裂作业中产生的油气层损害包括三个方面：压裂液与地层岩石和流体不配伍产生的损害；不良的压裂液和压裂支撑剂对支撑裂缝导流能力的损害；施工故障和留在井筒中残留物对产能的影响。

1. 压裂液与储层岩石和流体不配伍

1) 滤液进入储层后液相圈闭损害

压裂液液相堵塞主要是由于液相圈闭和固相损害造成的。在压裂过程中，压裂液不可避免地进入储层，造成储层损害，从而影响压裂效果。液相圈闭和固相侵入是造成储层损害的主要原因，其中毛细管自吸、黏土矿物运移、碱敏和固相沉积等加剧了液相滞留和孔喉堵塞，减小了孔喉有效渗流，使得储层渗透率下降。储层物性越差，非均质性越强，液相滞留越严重，造成储层损害越严重，返排效果越差，排液困难，导致储层损害。

压裂液液相堵塞损害程度受地层压力降、黏滞力和毛细管力影响，地层压力降越慢，排液压差越大，损害越小；黏滞力与储层孔隙大小、压裂液黏度和流速有关。在致密低渗透油气层压裂改造施工中，毛细管阻力较高，可达1.4MPa，排液困难，可能造成永久性堵塞，严重损害地层。

2) 压裂液引起储层中黏土矿物膨胀和颗粒运移堵塞造成堵塞

压裂液固相堵塞是压裂液对储层造成的一种损害，主要指的是压裂液中稠化剂、降滤失剂等固体颗粒在储层中沉积，堵塞储层的孔隙和裂缝，从而影响流体的流动，降低储层的渗透率。这种堵塞可以通过采取一些措施来减轻或避免。

储层中的黏土矿物的化学性质极其活跃，往往在储层打开后就会与外来流体发生各种物理或化学反应。造成润湿反转、孔隙结构改变、渗透率降低等一系列损害。因此，黏土矿物是造成储层损害的主要因素之一。以黏土矿物的水化膨胀为例，利用不镀膜、水化冷冻后制样方法，对含蒙脱石砂岩进行水化前后对比，水化后比水化前孔隙缩小约25%，可见其对储层的损害程度具有很大的影响。

3) 压裂液与原油乳化对储层造成的损害

在压裂作业中,常常会用到水基压裂液,与储层原油两相互不相溶,原油中有天然的乳化剂,如胶质、沥青质和蜡等具有乳化性能的活性物质。当储层注入水基压裂液时,压裂液的流动具有搅拌作用,会促使其与石油在储层孔隙中流动时就会形成油水乳化液。乳化液黏度比地下原油黏度高 3.2 ~ 3.5 倍,将会导致储层堵塞,这种堵塞作用是乳状液中的分散相在流经地层毛细管喉道的时候产生的贾敏效应叠加而成,使渗流阻力大大增加。引起的储层损害程度主要取决于乳状液黏度和稳定性。

2. 压裂液和支撑剂对支撑裂缝导流能力的损害

这类损害影响了裂缝中的支撑带,表现为支撑剂被压碎,特别是缝内未破胶的压裂液聚合物(包括滤饼和残渣)。它们对裂缝的导流能力极为不利,应当尽量避免或减小这类损害。

1) 压裂液滤饼固相对储层造成的损害

滤饼和裂缝中残渣将损害到裂缝渗透率,降低导流能力,目前国内外大量使用水基压裂液,其中的成胶剂多数是天然植物粉剂,都有一定数量的残渣,这种残渣一是来自胶粉剂中水不溶物,二是破胶不完全所致。冻胶压裂液在裂缝壁上,由于滤失的作用而形成滤饼,在此处聚集了残渣。滤饼和残渣影响流体的通过,导致导流能力受到不同程度的损害。滤饼的存在也将减小裂缝的有效宽度。由于紧靠缝壁的那一层支撑剂基本上被滤饼粘在一起,相邻的那一层支撑剂相对自由,比较松散。因此,导流能力和渗透率下降的机理是由于滤饼沉积在井壁上而减小了支撑裂缝的有效宽度。

滤饼存在的情况下,对储层孔隙喉道起着严重的封堵作用,阻碍了流体的径向流动,因此,压裂液滤饼对储层造成严重损害的同时,又具有降低滤失,阻碍滤失液侵入储层深部,起到减小储层损害程度的作用。

2) 压裂液残渣引起的储层损害

压裂液残渣是压裂液破胶后不溶于水的固体微粒,影响存在双重性:一方面是形成滤饼,阻碍压裂液侵入储层深处,提高了压裂液效率,减轻了储层损害;另一方面是堵塞储层及裂缝内孔喉,增强了乳化液的界面膜厚度,难以破乳,降低储层和裂缝渗透率,损害储层。压裂液残渣含量及性质与压裂液添加剂及配方、温度和时间等因素有关。对于低水不溶物的稠化剂,且在破胶体系(破胶剂及用量)较好时,压裂液残渣含量较低,一般小于 5%;而对于高水不溶物(大于 20%)的稠化剂,若破胶体系选择不当,压裂液残渣含量可大于 20%。残渣对储层与裂缝的损害程度,还与其在破胶液体系中的粒径大小及分布规律有关。

当固体颗粒直径小于储层孔喉直径的 1/3 时，则不能进入油层造成损害。而一般不同渗透性油气藏，岩心孔隙最大孔径均小于 20m，平均孔径小于 10m。因此，压裂液能进入岩心中起损害作用的残渣颗粒是很少的。压裂液对低渗透储层基块孔喉损害主要是滤液引起的损害。压裂液破胶液残渣对支撑裂缝存在一定的损害。破胶水化液表观黏度小于 10mPa·s，表明压裂液破胶后的产物中仍有短链分子或支状分子存在，并吸附于支撑剂和岩石表面，从而降低裂缝导流能力；残渣损害主要是由于残渣颗粒堵塞了裂缝中部分孔隙喉道，导致流动能力的降低。对支撑裂缝导流能力的损害是破胶液和残渣叠加作用的结果。残渣含量越大，损害越严重。

3) 压裂液残渣和破胶不彻底的浓缩物对裂缝导流能力损害

植物胶类压裂液破胶后的残渣，没能进入储层的，就会留在裂缝内对支撑裂缝的导流能力造成损害。由于压裂液滤失，使得聚合物在裂缝内得到高度浓缩和溶解在压裂液里的破胶剂成分流失，两个因素同时发生导致留在裂缝导流能力受到损害。出于对将破胶剂成分保留在裂缝内来破坏聚合物浓缩物的需要，能否将破胶剂包裹在胶囊中成为保持裂缝导流能力的重要因素。压裂液胶囊破胶剂借鉴了医用胶囊的概念出现，把植物胶压裂液常用的过硫酸铵等破胶剂包裹起来使用。因为普通破胶剂的用量太高会使压裂液的黏度过早降低，影响其性能，而使用胶囊破胶剂可以较好解决这一问题，它具有延迟释放功能，可以大剂量使用。其以固体的状态存在不会滤失到储层中而是留在裂缝内或压裂液滤饼里，还可以大大提高裂缝导流能力。

4) 支撑剂破碎、嵌入和回流对裂缝导流能力损害

支撑剂在裂缝中要受到挤压，支撑剂在受到挤压后，可能会发生破碎。支撑剂破碎产生的细小颗粒能堵塞孔隙和通道，会导致导流流动能力降低。此外，当其硬度小于岩石硬度时，支撑砂子将嵌入岩石中。支撑剂对岩石的嵌入而造成有效缝宽的损失，影响了支撑剂的导流能力，从而降低了裂缝的渗透率。支撑剂嵌入产生的碎屑必然会影响裂缝的导流能力。国外实验研究的定量认识表明：由于嵌入引起的储层碎屑使裂缝充填层的导流能力明显受到损害。在闭合应力下，只要5%的储层碎屑就可以使损害区域的导流能力降低到只有初始导流能力的 45%，20%的碎屑将使导流能力降低到只有 27%；在闭合应力下，10%储层碎屑将使嵌入区域中的充填导流能力降低到只有下原始充填导流能力的 18%。在压后的压裂液返排以及采油生产过程中，容易出现支撑剂返排现象。特别是在一些闭合压力不高，结构较疏松的储层。当支撑剂流回到井眼时，裂缝宽度减小，导致充填层的导流能力总体降低，也严重影响到压裂作业处理效果。

3. 暂堵转向剂、井筒工具的残留物对产能的影响

当油层厚度大、非均质性严重时，不管是直井还是水平井，在井筒穿越了不同渗透性的层段后，第一次酸化、酸压、压裂的工作液总是会"欺软怕硬"地往渗透性好的层段走，留下来差油层得不到动用，要让工作液能够去差油层段，就要让其不进入或少进入已经被改造过的层段，把高渗透层暂堵起来，让工作液选择性地进入低渗透层，才能改造差油层。这时就需要暂堵剂或相关可以降解的工具，对于暂堵剂和可降解的工具来说，其暂堵性显得十分必要，即要求其刚入井时具有一定的固体刚性，但在施工结束油气井生产时又要能消失不见允许被堵住的产层生产，如果相关暂堵剂和工具留有残留物，就会对油气层的产能造成损害。

4. 压裂冲击的影响

压裂冲击也称压窜，在页岩/致密油气藏水平井分段压裂过程中，井间压窜现象十分普遍，即压通井和窜通井之间形成了连通的压裂带，造成液体从压通井侵入生产的窜通井。窜通井(即被压窜井)油气产量通常受到严重影响。压裂干扰可能会改变被干扰井的物理状态和经济状况。已知的产量损失原因包括原地应力改变、裂缝闭合、近井支撑剂流失、积液、岩—液反应、沉淀和润湿因素等。还要考虑地质的影响，如局部裂缝及天然裂缝簇等。窜通井储层主要受压通井漏失钻井液、压裂液残渣、压裂液携带缝面脱落岩粉损害，支撑裂缝主要受钻井液固相损害，单层支撑裂缝和无支撑裂缝主要受压裂残渣损害。

四、保护油气层的压裂技术

1. 选择与油气层岩石和流体配伍的压裂液

压裂液是由多种添加剂按一定配比形成的非均质不稳定化学体系。在压裂过程中，压裂液又遇到包括混配、管道中的流动、裂缝中的流动和受热升温、向储层滤失、关井破胶和开井返排等多种扰动环境。常规经典压裂液按照组成不同可以分为水基压裂液、油基压裂液、乳化压裂液、泡沫压裂液和清洁胶束压裂液等。

水基压裂液以水为分散介质，添加各种处理剂，特别是水溶性聚合物，形成具有压裂工艺所需的较强综合性能的工作液。一般具有可流动状态含有添加剂的聚合物水溶液被称为线性胶(或滑溜水压裂液)。而线性胶一旦加入某些化学剂(交联剂)，则会形成具有黏弹性的交联冻胶，交联冻胶具有部分固体性质，但在一定排量和压力下又能流动；油基压裂液是以油为溶剂或分散介质，加入各种添加剂形成的压裂液。现今最普遍采用的油基压裂液是铝磷酸酯与碱的反应产物，典型的为有机脂肪醇与无机非金属氧化物五氧化二

磷生成的磷酸酯均匀混入基油中，用铝酸钠进行交联，可形成磷酸酯铝盐的网状结构，使油成为油冻胶；乳化压裂液水相由植物胶稠化剂和含有表面活性剂的淡水或盐水配制而成，油相可以是原油或柴油。乳化压裂液黏度随着水相中聚合物浓度及油相体积比例增加而增大；泡沫压裂液实际上就是一种液包气乳化液，气泡提供了高黏度和优良的支撑剂携带能力。在施工过程中，保持稳定的泡沫，干度范围极为重要。典型的压裂施工设计达到70%~75%~80%干度的泡沫；清洁胶束压裂液是一类超过临界胶束浓度具有黏弹性的表面活性剂。

根据待压裂的油气层的特点，有针对性地选用压裂液，表6-12列举几例说明。

表6-12 压裂液选择

油气层特点	选用压裂液	添加剂及其他
水敏性油气层	抗盐、抗泥性能好的油基压裂液，泡沫压裂液	防膨剂
低孔低渗油层、返排差的油层	无残渣或低残渣压裂液，滤失量低的压裂液，返排能力强的压裂液	表面活性剂
超深井、储层压力高的油气层	高密度、低摩阻、低失水率的压裂液	加重剂
储层有一定量的出砂风险	选用抑制出砂性能好的压裂液，或用支撑剂封口	
高温油层	耐高温抗剪压裂液，密度大、摩阻低压裂液	满足经济成本要求

2. 选择合理的添加剂

对不同的压裂要求，采用适当的添加剂，表6-13举例说明。在使用添加剂时，应考虑两点：(1)添加剂之间不发生沉淀反应，以避免生成新的沉淀垢堵塞孔喉和裂缝；(2)成本合理。

表6-13 添加剂性能举例

添加剂	性能
pH值调节剂	pH值1.5~14；控制增稠剂水解速度、胶联速度，控制细菌生长
降滤失剂	控制压裂液滤失量；提高砂比；防止水敏性储层、泥岩、页岩黏土的膨胀和迁移
降阻剂	水基压裂液用聚丙烯酰胺瓜尔胶；油基压裂液用脂肪酸皂、线粒高分子聚合物

续表

添加剂	性能
黏土稳定剂	KC1、NH$_4$Cl 为无永久防膨性不耐碱水，建议采用永久防膨性的聚季胺
冻胶稳定剂	5%甲醇； 硫代硫酸钠； 调高 pH 值
破胶剂	淀粉酶、过硫酸铵
防乳、破乳剂	AE169-21 和 HD-13 都>油包水型 （用乙烯胺作引发剂）
防泡及消泡剂	异戊醇； 二硬脂酰乙二胺； 磷酸三丁酯； 烷基硅油； 8812、J350、8001
杀菌剂	甲醛、BS、BE115、硫酸铜

3. 压裂液优化技术

压裂液优化即综合储层地质条件、压裂工艺与压后增产的要求等对单井压裂液实行不同时间段的配方变化，优化实施的步骤是：(1)依据储层温度、压力、岩性、物性、敏感性分析、地下原油性质、储层水类型及矿化度等储层特征，确认选用压裂液类型。(2)在此前提下，结合裂缝模拟技术得到单井施工不同时间段压裂液遇到的温度和剪切速率剖面。(3)将单井施工压裂液分成若干阶段，每个阶段的压裂液浓度和破胶剂浓度各自不同，在施工时将破胶剂阶梯加入。(4)将上述分段配方结果，有时也称"变黏压裂液"，进行实验室性能评价。(5)现场试验应用，再次改进提高直至完成油藏压裂的任务。

4. 合理选择支撑剂

支撑剂的要求：粒径均匀、强度高、杂质含量少、圆球度好。

对于浅层，因闭合压力不大，使用石英砂作支撑剂是行之有效的。在油气层条件下用实验方法确定满足压裂效果的粒径及浓度。深度增加随之闭合压力也增加，石英砂强度逐渐不能适应。研究表明，在高闭合压力下，粒径小的比粒径大的石英砂有较高导流能力，单位面积上浓度高比浓度低的有较高的导流能力。因此，可采用较小粒径的石英砂，多层排列以适应较高闭合压力的油气层压裂。

对于更高闭合压力的油气层，只有采用高强度支撑剂，例如使用陶粒。

近年发展的超级砂，它是在砂子或其他固体颗粒外涂上(或包上)一层塑料，这是一种热固性材料，在油气层温度下固化。这种支撑剂虽在高闭合压力下会破碎，但能防止破碎后所产生的微粒的移动，仍能保持一定的导流能力。

常规经典压裂的现场应用表明，陶粒作为支撑剂无论就几何形状(圆度、球度)或强度都比较理想，而且耐高温(可达200℃)抗化学作用性能好，用于油气层压裂措施可大大减少由于支撑剂性能不好所带来的油气层及支撑裂缝的损害。

但出于成本的考虑和页岩油气对导流能力的需求出发，石英砂代替陶粒的相关工作在页岩油气开发中的应用已经相当广泛。

5. 采用新型压裂液

压裂液对裂缝壁面会产生损害，导致压裂增产的效果大打折扣，表6-14是某油田的具体实验结果。表6-14说明，目前国内用得最多的HPG压裂液存在中偏弱程度的损害，宜根据成本、损害程度等多方面选用适当的压裂液体系。清洁压裂液是发展较快的体系，但对储层仍然存在一定程度的损害。显然，酸性进攻型压裂液则在减轻储层损害上具有相对优势。在页岩油气体积压裂的滑溜水的使用上，大排量对压裂液减阻的需求和大规模加砂对压裂液携砂性能的需求同时需要，但减阻希望压裂液较低黏度而携砂要求压裂液较高黏度似乎是矛盾的，解决这一矛盾的做法往往是同一口井的压裂液在不同阶段的配方有所不同，或者是同一组配方在不同阶段具有不同性质的"变黏滑溜水"。

表6-14 压裂液对裂缝壁面的损害评价

压裂液体系	香豆子瓜尔胶压裂液	魔芋胶压裂液	羟丙基瓜尔胶(HPG)压裂液	清洁压裂液	酸性进攻型压裂液
平均损害率,%	48.56	43.68	31.85	15.63	-1.03~-9.65
岩心数量	16	15	15	15	15
效果评价	中偏弱损害	中偏弱损害	中偏弱损害	弱损害	无损害

注：岩心来源自××油田，井深3285.0m。

6. 可降解的暂堵剂和分段工具

需要压裂酸化用暂堵剂和分段工具要实现真的堵塞，需要高性能全降解高分子材料才能实现相关功能。如果出现暂堵剂难以完全溶于返排流体中的情况，就会引起的油气层损害。暂堵剂分为酸溶性、水溶性和油溶性三类。一般认为，由于酸溶性暂堵剂需要用增加酸化解堵，油溶性暂堵剂只能应用于油井施工，故水溶性暂堵剂以其应用范围更广而成为发展的主流。

水溶性暂堵剂种类繁多，在使用形态上有成颗粒、丝状、胶塞及其混合物，在化学组成上有交联的或非交联的各种合成的或天然高分子聚合物。当前市场上，主流的降解材料基本上被聚乳酸（PLA）、聚对苯二甲酸丁二酸丁二醇酯（PBAT）等在力学性质上可以满足要求的材料所占领，它们被制成各种形状的产品用于纤维状物、压裂堵球、甚至一些可溶解的桥塞等，都有一定的市场规模。但研究表明，完成暂堵后的暂堵剂很难从储层中完全清除，造成的残留可能永久性地降低储层渗透率。一些案例中发现，上述情况可使储层渗透率降低 5%~40%。暂堵剂厂商或研究者提供了各种各样的性能评价方法，但大多数情况下会将其溶解性作为一个配伍性的综合性能来表征，而不是从化学反应上研究其和水的最终反应产物。聚乙醇酸（PGA）树脂具有足够的力学性质，其拉伸强度及弯曲强度较传统工程塑料更好，是一种很好的工程材料，已经被广泛来制作一些高强度的一次性非金属工具，PGA 材料制备的压裂球和桥塞等产品，能达到 70MPa 及以上的承压要求。更重要的是，它具有很好的可降解性。不受矿化度、介质浓度的影响，在纯水中和各种（$NaCl/KCl/CaCl/NaHCO_3/Na_2SO_4$）盐水中的降解速度一致。特别是，PGA 的降解速度不受压裂液中的各种（表面活性剂、杀菌剂）化学助剂影响。

7. 压裂冲击或干扰的防治

压裂冲击或压裂干扰（frac hits）是压裂引发的井间连通事件，当压裂能量从改造井传播到邻井的泄流区或与邻井直接接触时，可能造成产量损失（或产量提高），有时也会造成机械故障。压力升高曾在（距改造井）几十米到几百米外被监测到。尽管这种同层压裂干扰事件不会造成环境问题（因为未出现过裂缝突破饮水层问题），但却会改变井（压裂井或邻井）的产能。在直井中，压裂干扰（裂缝沿优势裂缝面突破）并不常见，但在低渗透储层（如页岩）内完井方式转变为小井距的多级压裂水平井时，这种事件的概率大幅升高。预防压裂干扰的损害可能有两个方面：预防井筒机械损害和预防井产量损害。

当可以对损失原因进行概率排序，并大致估计出造成减产事件的深度（远井或深井）时，防治措施才会非常有效。通过压力不稳定分析、化学剂分析或其他监测手段可以识别损害的类型和部位。压裂井与邻井的连通可能是裂缝—裂缝连通、裂缝—井筒连通或通过天然裂缝连通。每种连通方式会产生不同的压力信号，并且可能产生不同的产量损失机制。通过张开的、充满液体的旧通道（裂缝）的连通可能表现为：瞬间的压力脉冲，压力值接近于压裂井的井底压力，传送速度接近声速，但不会传送很多液体。通过天然裂缝的连通可能表现为：轻缓的压力升高，通过天然裂缝的连通曾绕过了最近的邻井，反而对一定距离外的两口（或多口）井造成干扰。

减少压裂干扰的发生率需要更好地认识裂缝类型（平面缝或复杂缝）、地下易张开通道（如天然裂缝）的位置、更好地控制压裂液进入裂缝不同部位的量和速度。通过均衡进入各射孔簇的液量来降低单个缝长过度延伸，可能会降低压裂干扰的概率。业界已经尝试过许多保护理念，在某些区块取得成功，而在另一些区块则可能完全失败。根据文献资料、会议和口头交流（参见，"被称为压窜、压裂干扰、压裂冲击的 frac hits"，微信公众号，石油工程ETC，2020年6月24日），一个基本的共识是，在压裂前和压裂中对相距300~900m 以内的井应实施加压，当然，加压的时机和大小可能有较大差异。曾试过的方法：（1）压裂期间井继续生产，相关资料较少。支撑剂传送到被干扰井的可能性较高，产液也会提高。（2）短期关井，偶有成功，失败的报道较多。（3）长期关井，更为成功，但难以实施，因为产量损失的代价较高。（4）压井，用水压井，或在水上加压缩气压井（以提高压力）。（5）两井同压，成功率较高。可以连续压裂或同步压裂，但成本较高（如果其他可行，尽量选其他方法）。（6）老井重压，成败皆有，取决于重压的时机。更老的井（过度衰竭和有腐蚀问题）且发生过压裂干扰的井不适合做候选井。（7）邻井压力监测，新井改造时监测邻井的关井压力并采取相应措施。该方法可以验证是否有液体传送。（8）大井距布井，新井采用大井距、射孔簇交错布孔、提高簇间距、降低每段液量和地面排量。每种方法的成功取决于区块的储层特性。

第五节　试油过程保护油气层技术

　　试油是指石油天然气在勘探与开发过程中，针对储层地质特征，采用专用设备、工具和技术措施，诱导储层流体流入井内，并取得流体产量、压力、温度、流体性质、地层参数等资料的工艺技术。试油主要工序有通井、洗井、冲砂、试压、替射孔液、射孔、地层测试或测压、排液求产、压井、储层改造、投产或封闭上返等。试油各道工序都有可能对油气层造成损害，因此，对油气层的保护应该贯穿整个试油工艺过程。由于射孔、防砂和储层改造保护油气层技术已在本章第二节、第三节和第四节中单独进行了叙述，本节以洗井、冲砂、地层测试、排液求产、压井、注水泥塞暂时封闭上返等与油气层有接触，且容易造成油气层损害的工序为主，探讨试油过程对油气层损害和保护油气层的试油技术。

一、试油对油气层的损害分析

　　在试油过程中，不合理的工艺、工序或技术措施都可能导致油气层的损害。其中最常见的损害是井眼周围岩石的渗透率降低，甚至使渗透率完全丧失。另一种常见的损害是造成油气层结构破坏，导致出砂、油气层垮塌，最终使油气层产能降低或无法正常开采，这对发现油气层、认识油气层和开发油气层都带来极其不利的影响。试油作业过程中，除了射孔和储层改造对油气层造成的损害，还有洗井或冲砂、压井、地层测试、排液求产、注水泥塞暂时封闭上返以及试油过程中其他因素对油气层的损害。

1. 洗井或冲砂对油气层的损害

洗井就是从地面向井内泵入洗井液，建立起循环，其目的是：打开油气层前，清洗出井筒内的钻完井液；打开油气层后，清除套管内壁上黏附的稠油、蜡等固体物质或清洗井筒内储层产出的原油、地层水等。洗井方式一般分为正洗井和反洗井。

冲砂就是向井内注入高速液流将砂堵冲散，由循环上返的液流将砂带至地面的工艺措施。对于因井下有沉砂未达到人工井底或未达到要求深度的井，砂面影响正常生产或施工，应进行冲砂。冲砂主要工艺有正冲砂、反冲砂、正反冲砂、旋转冲砂、气化液冲砂、冲管冲砂、连续冲砂、大排量冲砂、捞砂等。

对试油井来讲，在油气层打开前洗井或冲砂，以及洗井或冲砂后又替入了射孔液，洗井或冲砂不能直接对油气层造成损害。但是，当油气层打开后进行洗井或冲砂时，洗井液或冲砂液会直接与油气层接触，可能会对油气层造成损害。特别对于低压油气层，井筒内的洗井液或冲砂液可能倒灌储层，造成油气层损害。

1) 洗井液或冲砂液对油气层可能造成的损害

打开油气层后洗井或冲砂，洗井液或冲砂液进入油气层，可能造成油气层损害有：(1) 洗井液或冲砂液中的固相颗粒可能堵塞储层孔隙，降低储层渗透率；(2) 洗井液或冲砂液与储层黏土矿物接触，引起黏土水化膨胀，使孔隙喉道变窄，降低储层渗透率，甚至堵塞储层孔隙；(3) 洗井液或冲砂液与储层流体不配伍，产生沉淀、乳化，降低储层渗透率，造成油气层损害；(4) 配制洗井液或冲砂液水质不合格，pH 值达不到要求，含有大量微生物等，当油气层打开后，与地层水反应，生成物堵塞油气层。

2) 洗井或冲砂施工参数不当对油气层可能造成的损害

油气层打开后，洗井或冲砂施工参数不当可能造成油气层的损害有：(1) 洗井或冲砂泵压过高使洗井液或冲砂液大量挤入储层或漏入储层；(2) 新井射孔前，由于洗井或冲砂不彻底，当油气层打开后，遗留在井底的钻井液和其他杂质，在井筒液柱压力下可能进入射孔孔眼甚至部分进入储层，造成油气层孔隙堵塞；(3) 配制、存放和拉运洗井液或冲砂液的罐具及罐车不干净，造成油气层损害；(4)多次或频繁洗井、冲砂损害油气层。

2. 压井对油气层的损害

压井是试油气作业常见工序之一。压井是将压井液替入井内，把侵入的储层流体循环出井的作业。常用的压井方式有循环法、挤注法、灌注法等。压井对油气层造成的损害主要有：压井液与储层不配伍、压井液密度不合适、压井液质量不合格和压井方式不合理等因素。

1) 压井液性能对油气层可能造成的损害

压井液性能对油气层可能造成的损害有：(1)压井液性能与储层岩性不配伍，油气层中敏感性矿物与压井液相遇时发生水敏、速敏、酸敏、碱敏等，从而造成油气层孔隙堵塞；(2)压井液性能与储层流体不配伍，会在油气层中发生作用，引起沉淀、乳化反应或促进细菌繁殖，导致渗透率下降；(3)针对某些压井液，压井液固相沉降稳定性差、压井液热稳定性差造成的高温稠化、固化与加重剂沉淀等会埋测试管柱引起其他作业带来油气层损害。

2) 压井液密度过高对油气层的损害

压井液密度过高对油气层的损害有：(1)压井液密度设计不合理，若压井液密度过高，使压井液大量进入油气层或压漏油气层，对油气层造成损害；(2)压井液密度越大，在相同条件下进入储层的压井液就越多，对油气层造成的损害就越大。

3) 压井方式对油气层的损害

在一些特殊情况下，如储层压力较高、循环阀打不开或油管堵塞造成无法循环，只能采用挤注法压井。挤注法压井会使压井液在较大的压差作用下进入储层，过大的压差本身就能够破坏岩石的孔隙结构，加之大量的压井液进入储层，造成油气层的损害。

4) 压井施工设备对油气层的损害

压井施工设备对油气层的损害有：(1)由于压井施工设备能力有限或设备故障等原因，使压井施工不连续、中途停泵，造成压井失败，损害油气层；(2)拉运压井液所用的罐车和配制、存放压井液用的储液罐不干净，混有杂质或其他液体，就可能使一些机械杂质或其他液体随压井液进入储层，造成油气层损害。

5) 频繁压井和长时间压井对油气层的损害

由于压井液密度设计不合理等原因，造成频繁压井、长时间压井，使进入储层压井液液量大，压井液浸泡储层的时间较长，对油气层造成的损害就越大。

3. 地层测试对油气层的损害

地层测试是通过井下测试工具实现开关井操作，由测试工具携带的记录仪记录井下压力、温度变化，从而直接取得或计算出地层和流体的特性参数，达到评价油气藏目的的试油工艺。地层测试对油气层的损害主要有：测试压差不合理造成的油气层损害和测试工作液性能对油气层的损害。

1) 测试压差不合理造成的油气层损害

测试压差是指初始流动压差，其大小可以通过调整液垫高度进行控制。测试压差不合理造成的油气层损害有：(1)测试压差过大可能诱发储层大量出砂，导致工具刺漏或其他各种事故发生，同时造成油气层损害；(2)测试压差过小不利于储层流体产出和诱喷，不利于近井带钻完井损害的消除。

2) 测试工作液性能对油气层的损害

测试工作液一般指压井液和测试液垫，关于压井液对油气层的损害前已述及。测试垫有气垫、液垫和气液混合垫，但最常用的是液垫。测试液垫直接与储层接触，对油气层的损害主要有：(1)测试液垫与储层岩性和流体不配伍，发生水敏、速敏、酸敏、碱敏、沉淀、乳化反应等，从而造成储层孔隙堵塞，导致渗透率下降；(2)未按照设计的液垫密度和高度要求加注测试液垫，导致测试压差偏离设计，造成油气层损害。

4. 自喷井排液求产对油气层的损害

自喷排液求产是完全依靠储层天然能量将流体排出地面的排液方式。当静液柱压力低于储层压力时，在井筒与储层之间就形成了一个指向井筒方向的压力降，不但可以将流体驱入井底，还能将流体从井底举升到地面。自喷井排液求产一般采取油嘴控制放喷的形式，如果工作制度不合理，导致生产压差过大或过小，都能引起油气层的损害。

1) 生产压差过大对油气层的损害

生产压差过大对油气层的损害有：(1)在放喷过程中，采用油嘴直径过大，使生产压差过大，在瞬间可能造成近井地带的岩石结构发生破坏，储层液体携带部分颗粒运移并流向井筒，结果造成射孔孔眼附近的孔隙堵塞、渗透率降低；(2)储层流体流速的大小受生产压差的影响，也就是在一定的油气层条件下，生产压差越大，储层流体流速就越大，对油气层造成的损害就越大；(3)当储层中岩石颗粒胶结较疏松时，若生产压差太大，可能引起储层大量出砂，进而造成储层坍塌，对油气层造成严重损害；(4)对于距离边水或底水较近的油气层，较长时间采用大生产压差进行试油或试采，易较早出现底水锥进现象。

2) 生产压差过小对油气层的损害

生产压差过小对油气层的损害有：(1)在放喷过程中，采用油嘴直径过小，使生产压差过小，不能准确求得储层产能、液性；(2)在放喷过程中，采用油嘴直径过小，使生产压差过小，排液强度低，不利于措施液快速返排，导致措施液返排率降低，影响措施效果；(3)生产压差过小，排液效率低，排液求产时间长，对油气层造成损害。

5. 非自喷井排液求产对油气层的损害

非自喷井排液求产工艺有抽汲、汽化水气举、液氮气举、连续油管+液氮气举、螺杆泵举升、纳维泵举升、水力泵举升、射流泵举升等各种人工举升工艺。非自喷井排液求产对油气层的损害概括为三个方面。

1) 大部分非自喷井排液求产技术都对油气层造成一定的损害

表6-15是我国目前常用的几种非自喷井排液工艺技术适应情况对照表，从表中看出，每种排液方法都有一定的局限性，都有与目前的工作要求不适应的一面，都存在一些需要解决的问题。但从各种排液求产工艺对油气层损害的角度看，大部分非自喷井排液求产技术都对油气层造成一定的损害。

表6-15 国内常用的几种非自喷排液工艺技术适应情况对照表

排液工艺	排液能力	掏空深度, m	储层损害	含气	稠油	连续排液	联作	PVT取样	动液面监测	动迁	费用
抽汲	差	1800	较小	较差	不适用	较差	可	不	不准	方便	低
汽化水气举	强	3000	有	不适用	不适用	差	可	不	不准	方便	较低
液氮气举	强	3000	有	适用	不适用	差	可	不	较准	较方便	较高
连续油管+氮气气举	强	3000	较弱	适用	不适用	差	可	不	较准	较方便	高
螺杆泵举升	较强	1500	有	较差	适用	好	不	不	准确	不便	高
纳维泵举升	较强	1500	无	较差	适用	好	不	不	准确	方便	较低
水力泵举升	强	4000	较小	适用	适用	好	可	可	准确	方便	较高
射流泵举升	强	3000	较小	适用	适用	好	可	可	准确	方便	较高

2) 抽汲排液求产对油气层的损害

抽汲排液求产对油气层的损害主要有：(1) 对于疏松的砂层，如果没有结合油井产能和地质资料，而盲目加大排液强度，扰动储层，使疏松砂层中的粉砂、黏土颗粒及各种胶结物微粒运移，很容易造成储层的出砂或坍塌，从而导致储层发生堵塞，降低渗透率；(2) 抽汲不及时、不连续，排液强度不够，造成部分施工液不能充分返排，过多残留在储层中，形成永久性损害；(3) 抽汲排液由于工作效率低、排液深度较浅、受产出液性限制，使一些进行过措施需要及时排液的井不能获得较好的效果；(4) 禁止对解释为气层、含气油气层、含硫化氢、一氧化碳等有毒有害气体的井及环境敏感地区的井进行抽汲，否则可能导致井喷事故发生，对油气层造成损害。

3）气举排液求产对油气层的损害

无论汽化水气举、液氮气举，还是连续油管+液氮气举排液求产，都对油气层造成一定的损害。（1）汽化水气举排液求产对油气层造成的损害有：注入井内的空气与天然气混合，易发生爆炸，造成井壁垮塌；放喷时卸压太快产生速敏效应；（2）液氮气举排液求产对油气层具有低温、激动、回压损害；（3）氮气和氮气泡沫气举排液求产对油气层造成的损害有：对于气井，一旦举通或气井自喷，井口压力较高，增加井控风险，易发生井喷；（4）气举对储层造成回压，使压井液进入储层，损害油气层。

6. 注水泥塞暂时封闭上返对油气层的损害

探井下部层位试油气获得工业油气流后，需要暂时封闭上返新层，以备试油结束后再打开工业油气层投产。采取注水泥塞暂时封闭上返对油气层的损害有：（1）暂时封闭工业油气层上返新试油气层，采取工艺措施不当；（2）封隔工业油气层时，在夹层比较小的情况下，为了保证水泥塞厚度，需要向产层位置注水泥；（3）封闭漏失严重的工业油气层时，采用灌注法注水泥塞，水泥浆漏失到油气层中；（4）封堵层顶界到水泥面的距离必须比较小，水泥浆在候凝过程中下沉到要封闭的工业油气层。

7. 试油过程中其他因素对油气层的损害

试油过程中其他因素对油气层的损害有：工艺环节设计不合理、作业时间延长、试油工艺和工程参数选择不当。

1）工艺环节设计不合理对油气层的损害

试油工序较多，需要频繁起下管柱，如果各个工序配合不当或者配合不紧凑，甚至出现一个工序完成后，另一个工序还需要等待的现象，就会使油气层长期浸泡在压井液中，这样不但增加了压井液量的用量，而且还对油气层造成较大的损害。

2）作业时间延长对油气层的损害

作业时间延长对油气层的损害有：（1）作业时间延长，油气层的损害程度增加，当工作液与油气层不配伍时，损害的程度随时间的延长而加剧；（2）作业时间延长，影响损害的深度，如压井液随作业时间的延长，滤液侵入量增加，滤液损害的深度加深。

3）试油工艺和工程参数选择对油气层的损害

试油工艺和工程参数选择对油气层的损害有：（1）与地层测试相比，常规试油立足于稳定试井方法来获取产层资料，其工序较多，所需时间长，获取的地层参数少，灵活性差，不利于油气层保护；（2）如前述洗井、冲砂或压井等工程参数设计不当对油气层可能造成损害。

二、保护油气层的试油气技术

在试油气过程中能否减小油气层损害,保护好油气层直接关系到能否发现新油气层,准确预算储量、产能等重要参数。同时在今后的开发上,也关系到如何提高油气采收率,能否提高可动用储量的问题。因此,在试油气过程中采取有效的保护油气层技术,对提高经济效益、保护油气资源具有极其重要的作用。

1. 洗井或冲砂保护油气层技术

洗井或冲砂作业采取的油气层保护措施主要有:采用优质洗井液和冲砂液、采取合理的洗井或冲砂施工工艺和参数。

1) 采用优质洗井液和冲砂液

油气层保护对优质洗井液和冲砂液的要求:(1)洗井液种类有清水、盐水、混气液、油水乳浊液、完井液等,一般根据储层的配伍性和压力情况来具体选择洗井液;(2)严格控制洗井液固相含量,一般要求固相含量不超过0.2%,尽量使用优质无固相洗井液;(3)如为低压产油气层,采用清水洗井或冲砂时,应在清水中加入黏土稳定剂,如 1%~2% KCl、2% $CaCl_2$ 或 8%~10% NaCl,防止黏土膨胀。同时,可加入杀菌剂、防滤失剂、表面活性剂等;(4)严格控制配制洗井液或冲砂液的水质,要求 pH 值 6.5~8.5,固体悬浮物含量小于 2mg/L,铁离子含量小于 0.5mg/L;(5)洗井施工前,如果要取得该井储层流体相关资料,尽量选择与储层流体不发生沉淀或乳化反应的液体进行施工;(6)要求冲砂液具有一定的黏度,以保证其良好的携带能力;(7)在洗井液或冲砂液配制完成后和洗井前都要仔细检查其性能。

2) 采取合理的洗井或冲砂施工工艺和参数

油气层打开后,应采取合理的洗井或冲砂工艺和施工参数保护油气层,具体要求是:(1)采取适当的泵压和排量,在新井射孔前洗井,外径 139.7mm 套管井排量一般控制在 400~500L/min,外径 177.8mm 以上套管井排量大于或等于 700L/min;(2)射孔后洗井,排量适当控制,不得将洗井液挤入储层;(3)新井射孔前,通井管柱上提 2~3m 后进行充分循环洗井,洗井用液量不得少于井筒容积 2 倍,并连续循环两周以上;(4)将井筒内钻完井液、污物、沉砂冲洗干净,达到进出口液性一致,出口机械杂质含量小于 0.02% 为合格;(5)低压漏失储层应加入增黏剂和暂堵剂,并且采取混气等手段降低洗井液或冲砂液密度;(6)稠油井洗井时应加入活性剂或洗油剂,并提高温度,必要时可以采用热油洗井;(7)冲砂前实探砂面深度,要求悬重降低 5~8kN,上提管柱至砂面 3m 以上,开泵循环正常后下放管柱冲砂;(8)冲砂至设计井深后,要保持排量 $25m^3/h$ 连续循环，出口含砂量小于0.2%为合格，准确计量冲出砂量；(9)配制、存放和拉运洗井液或冲砂液的罐具及罐车保持清洁干净；(10)避免多次或频繁洗井、冲砂。

2. 压井对油气层的保护

压井采取的油气层保护措施主要有：采用优质压井液、采取合理的压井方式、密度压井液适当、压井施工设备符合要求。

1) 采用优质压井液

优质压井液可以有效控制井筒内的压力，防止井涌和坍塌现象发生，增强井壁的稳定性。可以防止流体的流失，能够帮助冷却。包括改性钻井液、清水、盐水、聚合物盐水、原油、乳浊液、泡沫压井液等。

油气层保护对优质压井液的要求：(1)压井液种类很多，一般根据储层的配伍性、温度和压力情况来具体选择压井液；(2)在选择压井液时，常规井应首选与储层岩性、矿物成分、流体物性相匹配的压井液；(3)高压井、特殊井应选择高密度无固相压井液，力求使压井液本身对储层的损害降到最低；(4)压井液应能在井下高温、高压环境下保持良好热稳定性与沉降稳定性；(5)压井液具有携带固相颗粒的能力。

2) 采取合理的压井方式和施工参数

油气层保护对压井方式和施工参数的要求：(1)尽量采用连续油管或带压作业设备，采取不压井作业，减少压井液使用量；(2)正常情况下尽量选择循环压井方式，压井液进入储层比较少，造成储层损害的程度也相对轻；(3)不能进行循环又必须挤压井作业的，要把握好挤注量，压井液底界必须控制在距油气层顶界100m以上，防止压井液侵入油气层造成损害；(4)按设计要求准备数量不少于井筒容积1.5倍的优质压井液，进行平衡压井；(5)压井要连续，施工排量不低于500L/min，最高泵压不超过油气层吸水启动压力；(6)压井液返出后，控制进出口排量平衡，至进出口密度差不大于 $0.02g/cm^3$，停泵后5~15min观察出口无溢流；(7)压井后要组织连续施工，尽可能提高施工速度，最大限度地减少压井液对油气层的浸泡时间。

3) 压井液密度适当

油气层保护对压井液密度的要求：(1)获得适当的压井液密度，首先要准确预测储层压力，根据油储压力调节其密度。(2)根据储层静压或者井口压力来计算地层压力系数，由地层压力系数来确定压井液密度。根据标准要求，油水井压井液密度应在压力系数的基础上附加 $0.05~0.1g/cm^3$，气井的压井液密度应在压力系数基础上附加 $0.07~0.15g/cm^3$，含硫井取上限。(3)选择的压井液密度原则，应使其在压井后达到"不喷、不漏、不死"。(4)对层系多、层间差异大、漏失严重的井,应先封堵漏失层后再选择合适的压井液施工,提高压井成功率,以减少压井液对油气层的损害。

4) 符合要求的压井施工设备

油气层保护对压井设备要求:(1)压井施工用的设备,要保持清洁卫生,同一罐具在拉运或存放不同规格型号压井液的时候,要进行彻底的清洗,减少人为因素对储层的损害;(2)压井液密度设计合理,设备能力满足要求并运行良好,保证压井施工连续、提高成功率、缩短压井时间。

3. 地层测试对油气层的保护

地层测试对油气层的保护措施主要有:选择合理的测试压差和性能优良的测试工作液。

1) 测试压差的计算方法

实践证明:射孔负压值计算方法在测试压差选值计算中具有良好的应用效果,不仅满足 DST+PCT 联作工艺中射孔测试负压值计算,而且它适用于常规测试压差的选值计算(具体见本章"保护油气层的射孔完井技术"中"3.合理射孔负压值的确定")。该计算方法特点是:(1)根据产层渗透率,确保射孔孔眼完全清洁,并能除掉周围射孔压实带中的损害物质所需的最小负压差;(2)依据相邻泥岩声波时差,确保射孔孔眼稳定产出,且不出砂所允许最大负压差值。

2) 选择合理的测试压差

测试压差的控制兼顾诱喷、储层物性、钻井液漏失情况及测试管柱允许掏空深度而确定。(1)对高压低渗透储层,测试压差可以相应加大;(2)对高渗裂缝型、大量钻井液漏失层,要适当减小测试压差,以免在较大生产压差下,诱导储层大量出砂,造成颗粒聚集堵塞或导致测试工具和井口节流管汇损坏;(3)一般测试压差确定为 10~25MPa,低渗透层选上限值,高渗透裂缝性或大量漏失钻井液的层选择下限值。

3) 选择性能优良的测试工作液

油气层保护对测试工作液的要求有:(1)测试液垫性能稳定,不与储层流体发生理化反应;(2)调整测试液垫密度和高度可以控制测试压差,因此,要按照液垫密度和高度设计要求加注测试液垫。

4. 自喷井排液求产对油气层的保护

自喷井排液求产技术对油气层保护措施主要有:(1)根据储层地质特征以及预测压力、产量,模拟计算放喷时许用油嘴直径范围;(2)根据实际放喷过程中产量、压力,以及产出液中含砂量变化情况,实时调整油嘴直径,以获得合理的生产压差;(3)系统试井时,一般采用4个不同直径油嘴放喷求产,所选油嘴直径范围不宜过大，能满足录取试井资料即可。

5. 非自喷井排液求产对油气层的保护

非自喷井排液求产技术对油气层保护措施主要有：选择对油气层损害较小的非自喷井排液求产技术、抽汲排液求产对油气层的保护和气举排液求产对油气层的保护。

1) 选择对油气层损害较小的非自喷井排液求产技术

从工艺选择的角度考虑，在条件允许的情况下，尽量选择抽汲、连续油管+液氮气举、射流泵排液技术，这些技术对油气层损害相对较小。

2) 抽汲排液求产对油气层的保护

抽汲排液求产对油气层的保护措施有：(1)对疏松的砂层进行抽汲排液，首先采用比较小的排液强度，根据产出液中含砂情况，再对排液强度进行调整；(2)抽汲排液要及时、连续，排液强度适当，以最大限度提高措施液返排率；(3)采用密封性和耐磨性较好的抽汲胶皮，保持合适的沉没度，尽量提高抽汲效率，缩短抽汲排液求产时间，减少油气层损害。

6. 注水泥塞暂时封闭上返对油气层的保护

注水泥塞暂时封闭上返对油气层的保护措施有：(1)暂时封闭工业油气层上返新试油层，特别是夹层较小时，最好采用桥塞封闭；(2)封隔工业油气层时，如果夹层足够大，可以采取注悬空水泥塞的方式，但不得向产层内挤入水泥；(3)水泥塞厚度一般控制在10m以上，封堵层顶界到水泥面的距离必须大于5m；(4)封隔漏失严重的工业油气层时，一般不采用灌注法注水泥塞；(5)可考虑采取跨隔测试的方式上返。

7. 试油过程中其他因素对油气层的保护

试油过程中其他因素对油气层的保护措施有：优化施工设计、缩短作业和等停时间、优选利于油气层保护的试油工艺、采用多功能一体化试油管柱、搞好试油井控工作防止井喷。

1) 优化施工设计，缩短作业和等停时间

油气井试油过程中，每个工序之间都要提前做好准备工作，优化流程，工序紧密衔接，不同专业队伍密切配合，缩短作业和等停时间，减少油气层损害。

2) 优选利于油气层保护的试油工艺

地层测试可通过多次开关井观察压力变化情况，利用不稳定试井原理来获取产层试油资料，通过资料处理和解释，能获得较多的产能、液性及地层参数资料。试油工艺选择：(1)选择利于油气层保护的试油技术，推广地层测试和射孔测试联作技术，减少入井管柱趟数，可以最大限度地减小对油气层的损害；(2)需要进行测压的常规试油井，建议射孔后及时排液求产，以最早的时间和最快的速度进行测压，减少油气层损害。

3) 采用多功能一体化试油管柱

在试油气过程中，频繁地起下管柱，会导致压井次数增多，对油气层造成损害。因此，应当采用多功能一体化管柱，只下一次管柱就可以完成多道工序。可采用的多功能一体化试油管柱有：(1)油管输送射孔和地层测试联作。此工艺将射孔枪、点火头、激发器等部件接到单封隔器测试管柱的底部，用油管输送至井下。管柱下到待射孔和测试井段后，进行射孔校深、坐好封隔器并打开测试阀，引爆射孔后直接转入正常测试程序。一趟管柱能同时完成射孔、测试、排液等工序。(2)油管输送射孔与压裂联作。此工艺将射孔枪、点火头、激发器等部件接到压裂管柱底部，用油管输送至井下。射孔后即可进行压裂，一趟管柱能同时完成射孔、压裂、排液等工序。(3)压裂测试一体化管柱。压裂—排液—求产一体化管柱，一趟管柱能同时完成测试、压裂、排液等工序，减少压裂准备过程中反复起下油管、反复压井。(4)一趟管柱压裂多层。采用桥塞或封隔器机械封堵工具，逐层分层压裂，实现一趟管柱压裂多层。

4) 搞好试油井控工作，防止井喷对油气层的损害

试油气过程中，井喷会对油气层造成巨大损害，主要是井喷过程中油气水分布出现较大变化，微粒出现大量的移动，造成渗透率下降。防止井喷对油气层损害的措施有：(1)严格执行井控技术标准和规范，在进行地质设计时，要提供准确的地层压力资料；(2)施工作业准备阶段，需要对周边注水井工作情况进行实地考察，必要时协调关闭注水井；(3)遵守安全第一、预防为主的原则，培养员工良好的井控意识；(4)各工序按要求安装井控装备，现场人员能正确操作井控装备，应对溢流、井涌等复杂情况的发生。

第六节 特殊完井保护油气层技术

随着完井技术的发展以及需要，国内外逐步发展形成了新的系列完井技术，在此统称为特殊完井技术。譬如为了实现选择性处理和分段控制，采用了分段完井方法；为了延缓和控制底水锥进/脊进，形成了基于均衡排液完井思想的系列控水方法；为了有效地控制井筒流体流动，减少修井作业，提高油气藏的采收率，目前海洋部分井采用了智能完井方法。特殊完井可以实现

油气层分段改造、控制边底水、流体均衡注入和生产、提高油气藏最终采收率和减少生产过程修井作业等重要作用。因此，对于油气层保护具有重要意义，广义来讲也是一种特殊的保护油气层技术。

一、分段完井技术

分段完井是针对水平井来说的，是对一口井的油气层部位的井底结构进行分段设计，国外也称为选择性完井。分段完井可以分为两大类：第一类是裸眼井内利用封隔器实现分段，根据下入的管柱的类型又分为不同的完井形式。第二类是套管井内采用分段射孔方式实现分段，可以在套管中不下入任何完井工具，也可再在套管射孔井内再下入完井工具，每段的射孔参数和工具结构参数可以进行分别设计。根据完井目的不同，又可以分为分段控水完井、分段压裂完井等。

1. 工艺简介

国外主要的水平井裸眼分段的完井方法如图 6-12 和图 6-13 所示。图 6-12 所示为带套管外封隔器（ECP）及衬管完井方法，若采用这种完井方法进行控水，它的不足之处在于：盲管段的长度有限，仅仅是套管外封隔器的长度，当封堵一个出水层段后，底水将会很快绕过套管外封隔器到另外一个相邻的层段，对于延缓底水的锥进效果不明显。图 6-13 所示为带套管外封隔器及滑套衬管完井方法，用此方法进行控水完井也存在问题：（1）与带套管外封隔器及衬管完井方法的缺点一样，盲管段的长度仅是套管外封隔器的长度，延缓底水锥进效果有限；（2）井下温度高、压力大，地层腐蚀性强，滑套很容易失效，从而影响到油气井的寿命。

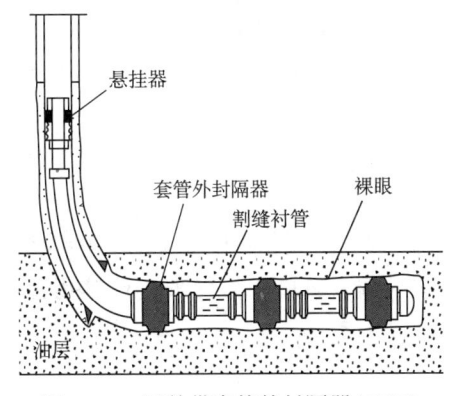

图 6-12 国外带套管外封隔器（ECP）及衬管完井方法示意图

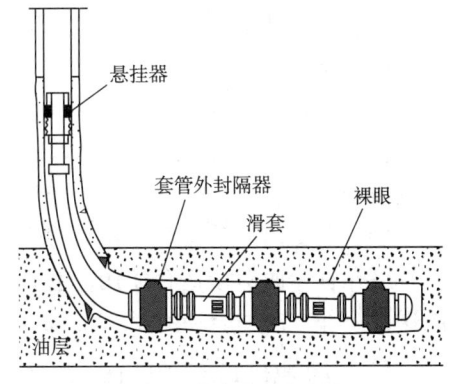

图 6-13 国外带套管外封隔器（ECP）及滑套衬管完井方法示意图

图 6-12 和图 6-13 的两种完井方法是裸眼分段油气层改造的基础，也是目前国外智能完井所采用的基本完井方法。

基于上述完井方法的优缺点，提出了新型带套管外封隔器的打孔管分段堵水完井方法，如图 6-14 所示。图 6-14 显示的是一口长度为 600m 的水平井，使用新型的带套管外封隔器的打孔管分段堵水完井方法，其分段方式为：打孔管（200m）+盲管（100m）（两端各带 1 个 ECP）+打孔管（200m）+盲管（100m）（两端各带 1 个 ECP）+打孔管（200m）。图 6-15 是该种完井方法得到的沿着水平井筒长度上流率的分布示意图。

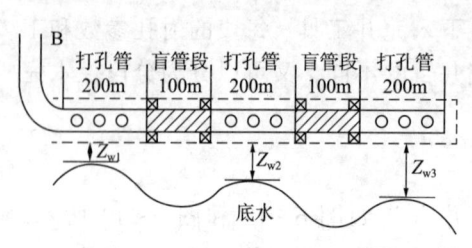

图 6-14　新型带 ECP 的打孔管分段堵水完井方法示意图

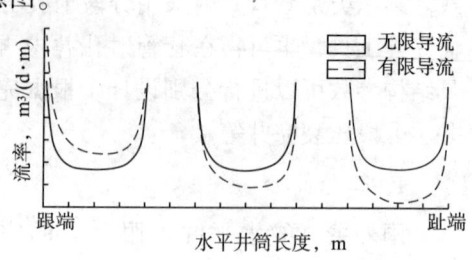

图 6-15　图 6-14 所示完井方法得到的沿水平井筒长度上流率分布示意图

2. 技术优势及在油气层保护方面的作用

新型带 ECP 的打孔管分段完井方法的技术优势及在油气层保护方面的作用有：

（1）水平段中的完井管柱是由经过优化的，长度不相同的盲管、打孔管配合套管外封隔器（ECP）组成，并依靠合理的盲管段长度来延缓底水脊进；盲管段长度很长，当封堵一个出水段以后，底水要经过很长一段时间才能绕到另外一个相邻的水平井层段，而其他剩余生产层段还能够继续生产。

（2）预先就将水平井分成若干段，后期采油过程中，具备对水平井实施机械堵水或化学堵水的功能。

（3）可以将油水层有效分隔开，防止水淹油层，对油层造成水敏损害，影响油气产量。

（4）对于出砂油气藏可采用割缝衬管、绕丝筛管或者高级优质防砂筛管代替打孔管；而对于适合使用衬管完井的油气藏，也可用衬管来代替打孔管，故这种完井方法适合所有类型油气层。

二、均衡排液（控水）完井技术

由于水平井油气层的非均质性、井筒蛇曲、跟趾效应（有限导流）等原因，使沿水平井筒生产和注入流体分布不均匀，从而导致诸如水平井水/气脊进、注水、蒸汽吞吐的效果差等生产问题，为此提出了均衡排液完井。均衡排液完井简单地说就是通过完井的结构分段设计（调整）使得沿水平井筒的流动剖面达到均匀，提高开采效益。这类完井方法有多种，如中心油管完井、ICD 调流筛管完井、分段变参数射孔完井。

1. 中心油管完井

中心油管完井即在水平井完井（筛管、衬管或射孔完井）基础上，向水平井筒（筛管、衬管或射孔完井）中再插入一根小一号的油管，并用封隔器封堵跟端处小直径油管和井眼之间的环空，从而改变井筒内流体流动方向，降低跟端处的大压差，改善水平井流入剖面，从而达到延缓水脊上升的目的。

1) 工艺简介

如图 6-16 是中心油管完井与传统完井沿井筒剖面的生产压差的对比图。传统完井沿井筒剖面的生产压差从趾端到跟端是逐渐增大的，跟端底水和气顶锥进风险最大。而中心油管完井的沿井筒剖面的生产压差从跟趾两端向中

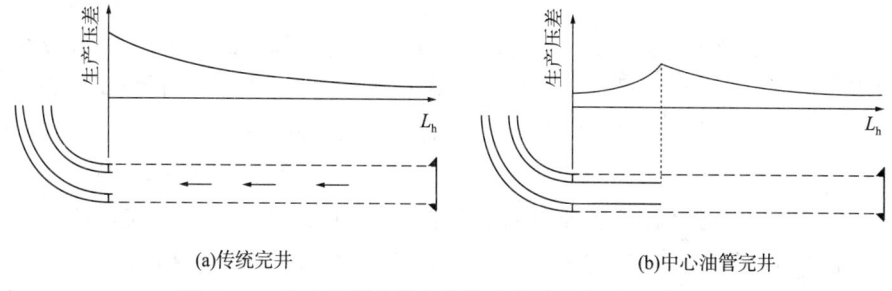

(a)传统完井　　　　　　　(b)中心油管完井

图 6-16　中心油管完井与传统完井的生产压差对比图

心油管管鞋处逐渐增大，且最大值小于不插入中心油管完井的最大值，说明中心油管完井对整个水平井筒的生产压差具有一定的均衡调节作用。

该技术对于均质油藏底水控制简单且实用，但是对于非均质油藏由于水平井段各点的渗透率不同，底水突破层段不一定在跟端，因此在非均质油藏中应小心使用。此方法在中国海油的西江 23-1 油田和中国石化的江汉红花套油田等进行了应用，取得了较好的效果。

2) 技术优势及在油气层保护方面的作用

(1) 中心管完井，向水平井筒中再插入小一号的油管，并用封隔器封堵跟端处小直径油管和井眼之间的环空，从而改变井筒内流体流动方向，降低跟端处的大压差，改善水平井流入剖面，从而达到延缓水脊上升的目的。

(2) 延缓水脊上升，防止油层水淹，造成水敏或水锁损害，影响油气产量。

2. ICD 调流筛管完井

ICD 完井是 20 世纪 90 年代在国外发展起来的一种用于水平井分段液流控制的完井方法。1998 年挪威水电公司在 Troll 海上油田的开采时，首次应用了该项技术。经过多年的发展，ICD 已经衍生出了不同类型的产品，伴随完井工具的进步，特别是管外封隔器、遇油/遇水/遇气封隔器，以及底水油藏水平井控水机制认识的深入，国外已经设计出了多种结构类型的流入控制装置（ICD、AICD），其原理是通过一定的物理结构产生附加阻力压降，从而调整水平井产液剖面。这类完井方式可以很好地延缓水平井突破时间，提高底水油藏的最终采收率。ICD 完井也已成为一种比较成熟的用于水平井完井的方法，普遍应用于各种类型的油气藏。

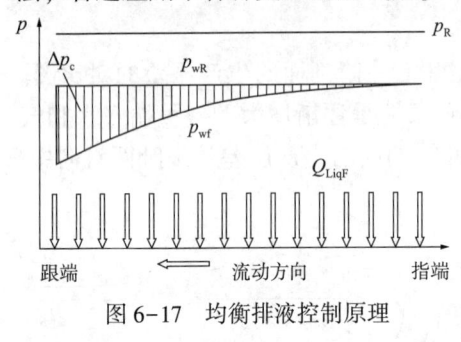

图 6-17　均衡排液控制原理

1）工艺简介

如图 6-17 所示，油藏压力为 p_R，井筒流压为 p_{wf}，井壁处压力 p_{wR}，净生产压差为 Δp_R（油藏压力与井筒砂面的压力差，$\Delta p_R = p_R - p_{wR}$）。通过人为的增加相应的附加压降 Δp_c 来平衡井筒流动压降造成生产压差的不均衡（$p_R = \Delta p_R + \Delta p_c + p_{wf}$），使净生产压差 Δp_R 处处与近似相等，从而实现统一均衡的流率。

冀东油田开发的调流控水筛管，是在目前的精密微孔复合防砂筛管上增加流量调节功能，通过设置不同直径的喷嘴使水平井各段均衡产液，类似于国外的喷嘴型 ICD 结构。胜利油田采用的变密度控流筛管是通过在筛管基管上调节打孔的密度调整原油的渗流阻力，调节各段的生产压差，类似于孔眼型 ICD 结构。该技术先后在胜利油田 30 余口水平井中应用，油井产水率比邻井同期平均下降了 10%，大幅延长了油井无水或低含水采油期，提高了油井的最终采收率并取得了显著的经济效益。塔河油田 TK7221H 井采用 ICD 控水完井进行投产，节约完井成本 10%，并且取得了较好的效果。投产后同时段内的累计产油量大于同期投产的邻井，在邻井产水率达到 100%时，该井产水率还维持在 65%左右。这表明调流控水完井方式具有一定优势。

2）技术优势及在油气层保护方面的作用

（1）很多 ICD 完井成功应用实例表明，ICD 完井具有延缓底水脊进的作用，并且可以用于分段注水和分段蒸汽注入井中调节注入流体剖面，同时均衡的流动剖面可以防止局部高速流冲蚀完井工具。

（2）ICD 有效控水，防止油层水淹，造成水敏或水锁损害，影响油气产量。

3. 分段变参数射孔完井

常规的水平井分段射孔完井是通过优化某一射孔参数(变密度)来实现分段，实践表明这种分段方式效果很差。实践表明：通过综合优化射孔参数，包括射孔深度、射孔位置、射孔密度以及打开段数和打开程度，利用损害带剖面和射孔二者的共同作用实现均衡排液，根据预测的产液剖面来优选不同的射孔方案，取得了比较好的效果。

1) 工艺简介

对于底水油藏，在对水平井射孔参数优化设计时，考虑水平井筒的渗透率的分布，人为地在水平井跟端附近对水平井损害带进行一定程度的避射，不完全射穿损害带，有意增大地层流体向井筒流动的阻力；而对水平井的趾端附近，却人为地设计大的穿深，穿透损害带，减少地层流体向井筒流动的阻力，与此同时，沿着水平井段长度，射孔密度也逐渐增加，实现变孔密。即依靠变穿深、变孔密、沿井筒表皮系数来调节水平井筒的径向流动压差，使沿整个水平井筒的径向流动压差趋于均衡，从而延缓底水在跟端突破，达到整个水平井筒均衡排液。

图 6-18 是相同计算参数下三种不同射孔方式射孔后水平井筒净生产压差(实际井筒生产压差—表皮损害附加压降)与理想裸眼完井水平井井筒净生产压差对比图形。

从图 6-18 可以看出，理想水平井裸眼完井，跟端与趾端的净生产压差差值较大，造成这种差异主要是水平井筒内流体流动摩阻的原因。水平井筒内的流动压力分布不均，呈现趾端高、跟端低，进而水平井筒内的净生产压差出现跟端高于趾端的现象。跟端较大的净生产压差产生较大的流率，底水最先从跟端突破。这是常规水平井射孔完井后的不足之处，也是水平井出现底水从跟段先脊进的主要原因。

2) 技术优势在油气层保护方面的作用

(1) 分段变参数射孔后水平井筒的净生产压差分布曲线较为平缓，说明通过的分段变穿深、变孔密的射孔之后，整个水平井筒内的净生产压差大小趋于均衡，减小了跟端的净生产压差，流率分布均匀，底水不会在跟端率先突破，而是均匀上升，最终达到均衡排液完井，延长无水采油期和无水采收率的目的。

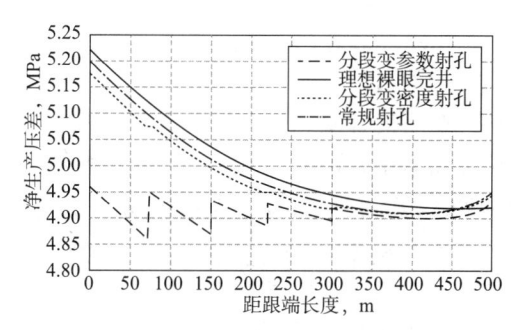

图 6-18 水平井筒净生产压差对比图

（2）常规射孔采用最大的射孔弹穿深与孔密，降低了整个水平井筒的损害程度，但是没有改变水平井筒有效生产压差跟端高、趾端低这一情况，没能有效地调节水平井筒的有效生产压差分布，底水还是会在跟端突破。单一变密度射孔对水平井筒净生产压差的均衡调节幅度相对小，从而延缓底水的效果也将不太明显。

三、智能完井技术

智能完井实际上是一种多功能的系统完井方式，它允许操作者通过远程操作的完井系统来监测、控制和生产原油，这种操作系统在不起出油管的情况下，可以进行连续、实时的油层管理，采集实时的井下压力和温度等参数。

1. 工艺简介

目前，智能完井系统的种类较多，已成功地安装了电动、电动—液压、光学—液压完井系统。智能完井和智能井的主要目标是用最低成本最大限度地提高产量和采收率。

智能完井的主要功能包括：

（1）能有序管理油层、气层、水层，按管理者的意图控制地层—油气层流体的流动；

（2）能自动注水、自动气举；

（3）可实现分层段封隔、选择性分级压裂酸化、重复压裂酸化；

（4）既可分采又可合采；

（5）为实现信息化、智能化、自动化、数字油田奠定基础。

2. 技术优势及在油气层保护方面的作用

（1）智能完井通过油藏分采—合采和利用先进的复杂井结构来增加与提高产量；

（2）用较少的油井数，减少地面装置等方法，来开发资源以降低（CAPEX-capital expenditures）资产投资（综合）成本；

（3）通过减少采油修井减小干扰和通过产液的低含水（减少暴露面积）来降低（OPEX-operations expenditures）作业操作成本；

（4）通过较好的注采作业油藏管理，实现边际油层和边际储量的开发（非智能井则不能开发），充分挖掘油气层的潜力，避免资源的浪费，同时减少了维护运营成本，是最大意义上的保护油气层。

四、可溶筛管清洁完井技术

为应对超深层裂缝型砂岩储层常规完井工艺存在替液不充分、损害井筒等难题，研发了可溶筛管清洁完井新工艺技术，即在产层段配置可溶筛管丢手短节。可溶筛管在完井替液时当油管使用，可替出射孔段下部的高密度压井液，保证替液的井筒清洁；在储层改造和生产期间，可溶筛管经酸液溶解可溶孔塞后当筛管使用，降低流体流动阻力；生产时，可溶筛管当做生产筛管用；丢手时，短节通过压力剪切销钉，可实现分段打捞，具有降低打捞难度和缩短打捞周期的优势。

1. 工艺原理简介

可溶筛管清洁完井新工艺的核心在于在产层段配置可溶筛管丢手短节，以此来消除管鞋下深引起的替液不充分和生产的矛盾。可溶筛管清洁完井管柱结构从下到上依次是：管鞋—打孔筛管—可溶筛管丢手短节球座—压裂滑套完井封隔器—井下安全阀—油管挂。下管柱、换装采油树、替液、坐封封隔器时可溶筛管可溶孔塞是完全密封的，可将可溶筛管作为油管使用，下深至射孔段底界，保证替液的井筒清洁。当需要储层改造、放喷求产时，管柱中注入酸液溶解可溶筛管上的镁铝合金孔，将可溶筛管变成有规律布孔的筛管，提供井筒液体的流动通道。同时在根可溶筛管之间设计一个直联型提拉式丢手接头，通过销钉连接，便于后期修井分段打捞油管柱。管柱工艺要求如下：

（1）对可溶筛管的工艺要求。为保证替液彻底，管鞋和打孔筛管下至射孔段以下。替液时要保证可溶筛管的可溶孔塞处于密封状态，并满足一定的承压能力以应对替液流体流动阻力对可溶孔的强度影响。因可溶筛管要在油基压井液和环空保护液中完成下入、替液等工序，因此要求可溶筛管的可溶孔塞与工作液介质具有一定的配伍性；同时，可溶孔塞应在酸液规定时间内完全溶解，以满足后期储层改造和生产的需要。

（2）对丢手短节的工艺要求。丢手短节是为了方便后期快捷打捞而设计，销钉能否在设计拉力下剪断对工艺实施具有重要影响，需要对销钉在设计拉力下的被剪切能力进行验证。

与射孔段下油管柱相比，可溶筛管柱设计为 16 孔/m，孔径 16mm，显著提高了流体的泄流面积，降低了酸化改造时液体流入地层的阻力和生产时地层流体的流动阻力，酸化后油压、气产量得到明显的提高，同时投产后油压、气产量也更加稳定。相比常规完井工艺管柱结构，可溶筛管清洁完井工艺管柱主要变化在封隔器下部，对管柱承压能力要求较小，带可溶孔塞的可溶筛管能够满足替液等工艺要求，且工艺简单，便于现场操作，该工艺已在库车山前超深层裂缝型砂岩储层高压气井中应用 8 井次，成功率 100%。

2. 技术优势及在油气层保护方面的作用

（1）可溶筛管在完井替液时当油管使用，可替出射孔段下部的高密度压井液，解决替液不充分、损害井筒等难题，保证替液的井筒清洁；

（2）在储层改造和生产期间，可溶筛管经酸液溶解可溶孔塞后当筛管使用，降低流体流动阻力；

（3）生产时，可溶筛管当作生产筛管用；

(4) 丢手时，短节通过压力剪切销钉，可实现分段打捞，具有降低打捞难度和缩短打捞周期的优势。

五、后效射孔技术

后效射孔技术是对常规射孔技术的改进，旨在解决常规射孔存在的诸多问题，如消除射孔压实带损害，恢复改善原始储层渗透性。

1. 工艺原理简介

后效射孔技术核心理念是云雾爆轰，一次点火，分仓作功。作用原理是，通过电缆或油管传输方式随射孔枪送至射孔层段，起爆后聚能射孔弹炸药首先以微妙级的时间在井筒与地层之间形成射孔孔道，与此同时金属射流产生强大的涡流场引力，将后效体曳入射孔孔道内，在局部热作用下，后效体微粒被云雾离子化，瞬间释放出具有一定质量的动能波与应力波，推动物质运动，到达孔道末端的应力波与后进入孔道的应力波相互作用碰撞，产生各个方向的作用应力，以微秒量级瞬间作用于孔道内，造成微裂隙，解除孔道周围常规射孔弹造成的压实带损害，同时孔道末端能量释放产生大量微裂缝，从而有效地改善了油气层的渗透性和导流能力，降低油气流阻力，使油气井得到大幅度增产。

后效射孔技术通过安装在射孔弹上的后效体（图6-19）对孔道、储层实施有效作功。后效射孔技术的成功设计在于对2个能量释放点分仓进行处理，分别作用于不同目标靶向：第一靶向是射孔弹的能量释放点在开垦孔道的同时，由高速射流引起的涡流场引将后效装药的高能粒子拽入孔道内；第二靶向是使这些被云雾化的高能粒子在孔道内聚集、碰撞、相互作用，引起局部灼热点火，很快完成从爆燃到螺旋爆轰的转型。在孔眼周边造出微裂缝，扩大油层泄油通道。后效体为特制的不含爆炸基源的聚合物，能够有效解除射孔孔道压实带，清除射孔孔道堵塞。通过射孔工艺创新，较好地避免了常用射孔技术普遍存在的射孔压实带损害储层、射孔弹能效利用率低等问题。

图6-19 后效体装置

2. 技术优势及在油气层保护方面的作用

相比复合增效射孔，后效射孔技术的优势及在油气层保护方面的作用还主要体现在：

（1）后效体在储层孔道中连环爆轰，在储层中作功，减小射孔枪内环空压。

（2）后效体不属于爆炸品，运输安全性高，还具有运输及时、方便的特点。

（3）由于后效射孔独特的作用方式，在孔内作功的同时，后效体可提高和扩大射孔孔眼的穿深和孔径,解除压实带,增大能量释放波及范围,不影响射孔作业原有指标;同时,破除射孔后的地层压实带,消除了地层损害。

(4)能量利用率高(射孔时,射孔弹先打开地层孔道,随后后效体被拽入并引爆,整个爆炸过程在射孔孔道内完成,所有爆炸能量均作用于地层孔道。

(5)耐温性能优异,对于特殊的高温井(160~280℃),也有很好的适应性。后效射孔技术适用范围广,老油田增产增注、低孔低渗油气田开发、不利于大型压裂的小层开采和配合酸化压裂等措施井的施工,均可应用该技术。

参 考 文 献

[1] 万仁溥,等. 现代完井工程[M]. 北京:石油工业出版社,2007.

[2] 郭洪岩,王清玉. 大庆油田徐深气田开发技术及应用论文集[M]. 北京:石油工业出版社,2007.

[3] 王香增. 低渗透油田开采技术[M]. 北京:石油工业出版社,2012.

[4] 卢拥军. 压裂液对储层的损害及其保护技术[J]. 钻井液与完井液,1995,12(5):8.

[5] 张绍槐. 保护储集层技术[M]. 北京:石油工业出版社,1993.

[6] 温庆志,罗明良. 压裂酸化新技术与损害控制[M]. 东营:中国石油大学出版社,2009.

[7] 蔡卓林,陈冀嵋,李树松. 酸化作业中的储层损害[J]. 西部探矿工程,2006,18(6):2.

[8] 孙金声,许成元,康毅力,等. 致密/页岩油气储层损害机理与保护技术研究进展及发展建议[J]. 石油钻探技术,2020,48(4):10.

[9] 李怀科,鄢捷年,叶艳,等. 保护裂缝性气藏的超低渗透钻井液体系[J]. 石油钻探技术,2008,36(4):3.

[10] 乔纳森 贝拉尔比. 完井设计[M]. 北京:石油工业出版社,2017.

[11] 吴若宁,熊汉桥,岳超先,等. 新型高密度清洁复合盐水完井液[J]. 钻井液与完井液,2018,35(2):5.

[12] 陈建宏. 渤中34-9油田定向井完井液优选研究[J]. 石油化工应用,2021,40(1):104-107.

[13] 唐胜蓝,王茜,张宏强,等. 无固相完井液研究进展[J]. 广州化工,2020,48(6):4.

[14] 李小刚,宋峙潮,宋瑞,等. 泡沫压裂液研究进展与展望[J]. 应用化工,2019,48(2):6.

[15] 李杨,郭建春,王世彬,等. 低损害压裂液研究现状及发展趋势[J]. 现代化工,2018,38(9):4.

[16] 赵文凯,刘永,张成娟,等. 高效泡沫压裂液体系研究与应用[J]. 石油工业技术监督,2023,39(1):32-36.

[17] Luo X, Ren X, Wang S, et al. Experimental Study on Convection Heat-Transfer Characteristics of BCG-CO_2 Fracturing Fluid[J]. Journal of Petroleum Science and Engineering, 2018, 160: 258-266.

[18] Qajar A, Xue Z, Worthen A J, et al. Modeling Fracture Propagation and Cleanup for Dry

Nanoparticle-Stabilizedfoam Fracturing fluids[J]. Journal of Petroleum Science and Engineering, 2016, 146: 210-221.

[19] Jing Z, Feng C, Wang S, et al. Origin of Accelerated and Hindered Sedimentation of Two Particles in Wet Foam[J]. The European Physical Journal E, 2018, 41(3): 32-33.

[20] 唐国旺，刘嘉露，郑承纲，等. 响应面法优化中高温低浓度香豆胶压裂液体系[J]. 油田化学，2017, 34(1): 29-32, 42.

[21] 姜舟，方波，李进升，等. 低聚香豆胶交联凝胶体系[J]. 华东理工大学学报(自然科学版), 2005(5): 553-556, 592.

[22] 余明炎. 甲酸盐钻井液完井液及其应用之研究[J]. 当代化工研究，2016(6): 102-103.

[23] 王荟，张荣，聂明顺，等. HRD弱凝胶钻井完井液研究与应用[J]. 钻井液与完井液, 2008, 25(6): 6-7, 13, 89.

[24] 汪海阁，葛云华，石林. 深井超深井钻完井技术现状、挑战和"十三五"发展方向[J]. 天然气工业, 2017, 37(4): 1-8.

[25] 何旭，等. 储层改造术语释义手册[M]. 北京：石油工业出版社, 2023.

[26] 刘建坤，蒋廷学，吴春方，等. 致密砂岩交替注酸压裂工艺技术[J]. 特种油气藏, 2017, 24(5): 150-155.

[27] 郑新权，王欣，张福祥，等. 国内石英砂支撑剂评价及砂源本地化研究进展与前景展望[J]. 中国石油勘探, 2021, 26(1): 131-137.

[28] Cui Mingyue et al. Case Study of Fracturing Fluid Optimization for MHF in a Low-Permeability Gas-Field in China[R]. SPE 64773, 2000.

[29] 张好林，李根生，黄中伟，等. 水平井冲砂洗井技术进展评述[J]. 石油机械, 2014, 42(3): 92-96, 124.

[30] 崔明月. 压裂暂堵剂需要革命[J]. 石油知识, 2020, (2): 12.

[31] 周福建，袁立山，刘雄飞，等. 暂堵转向压裂关键技术与进展[J]. 石油科学通报, 2022(3): 365-381.

[32] 王彦玲，原琳，任金恒. 转向压裂暂堵剂的研究及应用进展[J]. 科学技术与工程, 2017, 17(32): 196-204.

第七章　开发生产过程保护油气层技术

油气层保护是一项系统工程,在油气田开发过程各项作业中都存在着油气层损害问题。因此,在油气田开发过程中,各项作业中做好油气层保护的研究工作并实施油气层保护技术是十分必要的。然而目前,对油气田开发过程中,保护油气层的重要性还远未被提到战略的高度加以重视。因此,实施油气田开发生产中油气层保护技术,需要站在战略的高度看待其重要性和紧迫性,相关各部门决策者、工程技术人员,应上下齐心,共同努力,将它作为一项技术政策来实施,为油气田可持续高效开发做出积极贡献。

第一节　概　述

一、开发生产过程油气层损害的特点

油气田开发生产过程是油气层发生动态变化的过程。油气层一旦投入开发生产,油气层的压力、温度及其储渗特性都在不断地发生变化。同时,各个作业环节带给油气层的各类入井流体及固相微粒也参与了变化的过程。

这种变化过程主要包括以下几个方面:(1)在油气层的储集空间中,油、气、水不断重新分布。例如,注气、注水引起含水、含气饱和度改变。(2)油气层的储渗空间不断改变。例如,黏土矿物遇淡水发生膨胀,引起储渗空间减少,严重时堵塞孔喉。外来固相微粒或各种垢的堵塞作用,也使储渗空间缩小。(3)岩石润湿性改变或润湿反转。例如,阳离子表面活性剂能改变油层岩石的表面性质。(4)油气层的水动力学场(压力、地应力、天然驱动能量)和温度场不断破坏和不断重新平衡。例如,2008年5月12日的汶川大地震,就使得普光气田很多井的套管发生变形,就是地应力重新分布造成的,这实际是地下水动力学场发生改变的例子。又如,注蒸汽使储层压力、温度升高,改善了油的黏度,使油的相对渗透率增加。但是,由于热蒸汽到地下冷却后可凝析出淡水,很可能会造成水敏损害。

上述多种变化常常表现为固相微粒堵塞、微粒运移、次生矿物沉积、结

垢、乳化堵塞、润湿反转、细菌堵塞、出砂等等多种损害方式。其本质是不断地改变油、气、水的相对渗透率。如果开发生产中措施得当，避免了损害，保护了油气层，就可改善油、气的相对渗透率，可望获得高的采收率。反之，若措施不当，损害了油气层，则可能降低油、气、水的相对渗透率，得到的是一个低的采收率。因此，油气田开发生产中，油气层保护技术的核心是防止油气层的储渗空间的堵塞和缩小，控制油、气、水的分布，使之有利于油气的采出。

开发生产过程中油气层损害的本质是指油层有效渗透率的降低。有效渗透率的降低包括了绝对渗透率的降低和相对渗透率的降低。绝对渗透率的降低主要指岩石储渗空间的改变。引起变化的原因有：外来固相的侵入、水化膨胀、酸敏损害、碱敏损害、微粒运移、结垢、细菌堵塞和应力敏感损害；相对渗透率的降低主要指水相圈闭、贾敏效应、润湿反转和乳化堵塞等引起的。二者损害的最终结果表现为储渗条件的恶化，不利于油气渗流，即有效渗透率降低。

造成损害的本质原因是外来作业流体(含固相微粒)进入油层时，与油层本身固有的岩石和所含流体性质不配伍；或者外部工作条件如压差、温度、作业时间等改变，引起相对渗透率的下降。油气层岩石本身和所含流体的性质是客观存在的，是产生损害的潜在因素，油气田开发生产过程中，其原始状态和性质是不断改变的。因此，在开发生产过程中，对油层岩石和流体的性质，应不断地进行再认识。再分析，必须把着眼点放在"动态"上。而开发生产中，各作业环节的入井流体和各种工作方式是诱发油气层潜在损害的外部因素，是可以人为控制的，它们是实施油气层保护技术的着眼点。

与钻井及完井油气层保护技术相比，开发生产过程中油气层损害具有如下特点：(1)损害周期长。几乎贯穿于油气田开发生产的整个生命期。(2)损害范围宽。涉及油气层的深部，而不仅仅局限于近井地带，即由点(一口井)到面(整个油气层)。(3)更具有复杂性。井的寿命不等，先期损害程度各异，损害类型和程度更为复杂，地面设备多、流程长，工艺措施种类多而复杂，极易造成二次损害。(4)更具叠加性。每一个作业环节都是在前面一系列作业的基础上叠加进行的，加之作业频率比钻井、完井次数高，因此，损害的叠加性强。

二、开发生产中保护油气层技术基本思路

油气田开发生产中保护油气层技术的基本思路，实质上是保护油气层系列技术的具体化。值得强调的是，油气田开发生产中的油气层损害发生在井间、远离井筒的油气层部位，更具叠加性、复杂性和动态性。因此，它的保护技术的基本思路要把着眼点放在"动态"上，即重新认识油气层的现状是该技术的基本出发点。基本思路方框图如图7-1所示。

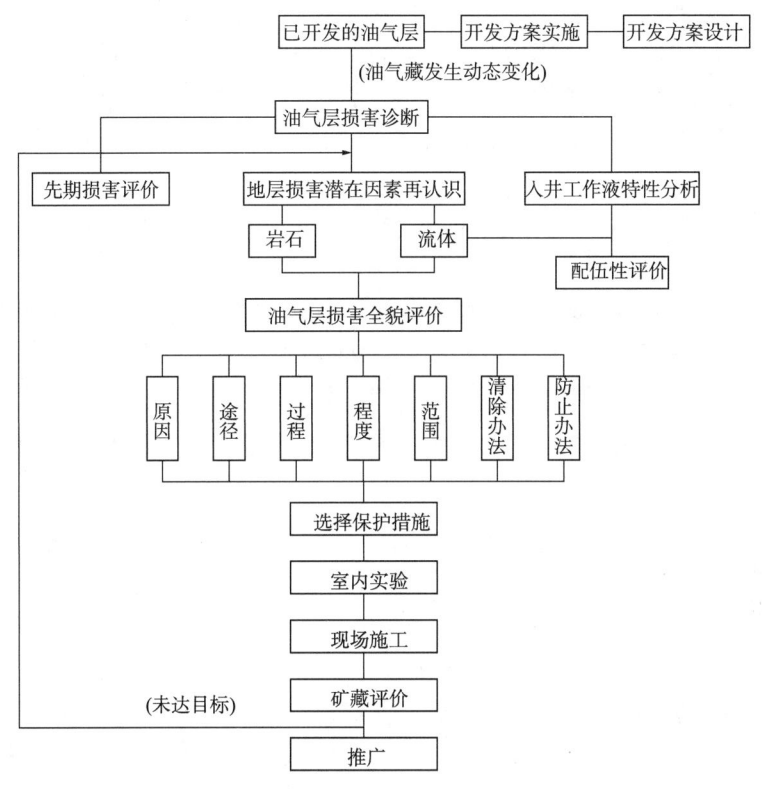

图 7-1 油气田开发生产中保护油气层技术基本思路框图

三、开发生产过程保护油气层的重要性

油气田开发生产中油气层保护技术已越来越被人们重视，这主要是由于我国的油气田大都处于油田开采中、后期，油气田作业的频率比开采初期明显增高，显然，控制各作业环节对油气层的损害，实施油气层保护系列技术，必然是提高作业效率的有效途径之一。同时，石油工业正面向复杂油气藏、特殊油气藏的挑战，这势必面临着投入更多的成本，获得较少产出的难题。正如第一章绪论中所指出的：油气层保护技术本身就是一种保护资源的系统工程，是"增储上产"的重要措施之一。因此，必须进行油气田开发生产中的油气层保护工作。

此外，目前生产实际也亟待油气田开发生产中的保护技术尽快实现系列化、实用化。例如，目前，不少大油田开采进入中、后期，发现油层堵塞严重，有的注水时，使用大功率、大排量，吸水指数不但不增加，反而越来越注不进油层。又如，某油田的一个可采储量 $500 \times 10^4 t$ 的油田，开采一年半，仅采出 $30 \times 10^4 t$，采用不少措施，但效果极差。类似问题不少，这些问题从表面上看，都是生产作业环节的具体技术问题，似乎与保护油气层沾不上边，但核心问题是对目前已经受到损害的对象(油气层)缺乏正确的诊断，或没有切实可行的解除损害的措施，大有束手无策之感。因此，完善、发展油气田开发生产中保护技术是生产实际的需要。

第二节　采油采气过程保护油气层技术

对于采油采气过程，虽然没有外来流体进入油气层，但是，仍然存在着油气层被损害的可能性。造成损害的最直接的原因是工作制度不合理。

一、工作制度不合理造成的油气层损害

采油采气工作制度不合理是指生产压差过大或开采速率过高。其损害可归纳为4个方面。

1. 速敏性、应力敏感性及出砂损害

由于生产压差过大或开采速率过高，第一，微粒开始运移，例如，高岭石、伊利石、微晶石英、微晶长石很容易发生速敏。固相微粒被油气携带，并不断地堵塞储渗空间，损害油气层。第二，因有效应力增大，造成孔喉压缩、裂缝闭合。第三，最严重的情况，使近井壁区井底带岩层结构破坏，胶结强度破坏，发生出砂。油气流在临界流速以上时，增加了产层流体对砂粒的摩擦力、黏滞力和剪切力，加剧砂粒运动。同时，岩石骨架和胶结物的强度受到破坏。

2. 生产井过早出水引起的损害

由于生产压差过大或开采速率过高，发生底水锥进，边水指进，造成生产井过早出水。从渗流的角度考虑，原来的单相流(油)变为两相流(油、水)。油和水由于界面张力，以及与岩石润湿性之间的差异，可能形成乳化水滴，增加油流黏度，降低油、气的有效流动能力。当它们的尺寸大于孔喉尺寸时，就会堵塞孔喉，降低油气的储渗空间，从而使油的相对渗透率降低，油气层受到损害。从盐垢生成的机理角度考虑，当注入水突破时，由于注入水与地层水在近井地带充分混合产生盐垢；而储层压力系统的压力降低，更加剧了这种盐垢的生成，致使油层受到损害。

3. 有机垢和无机垢沉积

油气田一旦投入生产，就有油气从油气层中采出。原有的热动力学和化学平衡被打破，发生两种后果：(1)油气层温度、压力和流体成分的变化，会导致无机垢的产生；(2)由于温度、压力、pH值的变化，使沥青、石蜡从原油中析出，即有机垢产生。结垢是发生在油气层深部的一种难以消除的损害方式。

4. 油层脱气导致油相渗透率降低

当油层压力降到低于饱和压力时，气体不断地从油中析出，油层储渗空间的流体由单相变为油、气两相流动，必然造成油的相对渗透率下降，影响最终采收率。

采气过程中与采油过程损害有相似之处，但也有特殊之处，主要体现在：(1)相圈闭损害严重。采气过程气井见水后，井底积水形成水相圈闭，伴随无机垢沉积，产量锐减；凝析气藏，若井底流压低于露点压力，油相在井筒附近聚集，形成油相圈闭；低压气藏，举升困难，回压过大。(2)高压裂缝性气藏，应力敏感性强。(3)井口形成水合物晶体。(4)若含有腐蚀性气体，井下工具腐蚀严重。(5)深层气层结垢与盐结晶。

二、特殊油气藏开发过程储层损害

1. 页岩气藏开发过程储层损害

页岩气开发广泛采用水平井加多级分段水力压裂技术来提高储层的泄流面积和渗透率，从而提高页岩气产量。页岩气井生产过程复杂问题多、气井产量递减快等问题制约着页岩气开发经济效益。

1) 应力敏感与岩粉堵塞

页岩气压裂液大量滞留储层，压裂液与页岩的物理化学作用可降低页岩裂缝表面强度，使页岩微裂缝更易压缩闭合，强化了页岩的应力敏感性。页岩气层射孔压裂过程中，射孔弹爆炸震动、压裂诱发岩石破裂、支撑剂注入摩擦均可产生页岩粉，这些页岩粉与之前钻井过程中产生而积聚在井筒的页岩粉随着压裂液进入裂缝系统中；在焖井过程中，压裂液与页岩不配伍，也会产生页岩粉；在压裂液返排时，由于裂缝系统内的压力减小，裂缝壁面有效应力增大，容易造成支撑剂嵌入裂缝壁面的现象，从而产生应力敏感和更多的页岩粉，这些岩粉可能堵塞支撑裂缝。

2) 盐结晶损害

页岩油气藏在成藏过程中通过压实排水、生烃消耗和汽化携液作用，消耗了储层大量的原始地层水，使可溶盐滞留在页岩孔隙或天然裂缝中。体积压裂后，压裂液与储层的相互作用，会溶解天然裂缝或孔隙中充填的可溶盐，或与页岩储层高矿化度盐水混合，使压裂后返排液矿化度随返排时间快速上升。如加拿大 Horn Rive 盆地页岩气井返排液矿化度在 40000~70000mg/L 之间，而美国 Marcellus 页岩气井开井返排 90d 后，Cl^- 浓度就高达 170000mg/L。滞留储层的高矿化度压裂液中的水相，会在气藏降压开采过程，以气态形式存在于烃类气体中蒸发。蒸发作用促进了液相中可溶盐析出，盐结晶充填页岩裂缝空间，缩小有效裂缝体积，造成渗透率降低。

3）压窜诱发储层损害

在页岩/致密油气藏水平井分段压裂过程中，井间压窜现象十分普遍，即压通井和窜通井之间形成了连通的压裂带，造成液体从压通井侵入生产的窜通井。窜通井（即被压窜井）油气产量通常受到严重影响。窜通井储层损害来源于压通井漏失钻井液、压裂液残渣、压裂液携带缝面脱落岩粉，支撑裂缝主要受钻井液固相损害，单层支撑裂缝和无支撑裂缝主要受压裂残渣损害[1]。

2. 凝析气藏开发过程储层损害

凝析气藏衰竭开采过程中，近井带动态油气层损害有两种方式：一是储层流体相态变化引起的反凝析现象；二是井筒积液引起的逆流渗吸水锁效应。

1）近井储层反凝析堵塞效应

在凝析气藏衰竭开采过程中，当井底压力降至流体露点压力以下时，受流体相态变化的影响会出现反凝析现象。随着压降漏斗逐渐向储层远处扩展，从井底到气藏外边界可能出现三个区域：一是井底附近储层的凝析油、气两相可同时流动区；二是中间部分的气相可流动而油不可流动区；三是外部的单相气渗流区。通常，凝析气在储层中的流动从单相气开始，由于近井地带压力下降快，凝析油首先在近井储层中析出。当反凝析油饱和度低于临界流动饱和度时，近井储层仍维持单相气体渗流。随着储层远处凝析气向井内流动，在近井储层将不断产生新的反凝析堆积，当反凝析油饱和度达到临界流动饱和度时，近井储层开始形成凝析油、气两相同时流动区。同时，随着压降漏斗向储层远处延伸，储层远处的压力逐渐低于露点压力，而使反凝析区向储层远处扩展，形成中间部分的气相可流动而油相不可流动区。

反凝析油占据多孔介质孔隙表面和充填微小孔隙形成反凝析油饱和度，而使流体流动的有效孔隙空间减少，增加气液渗流阻力，降低了孔隙通道的渗透性，使凝析气井产能下降。凝析气井近井储层反凝析堵塞效应，主要决定于反凝析油饱和度的分布，可通过定容衰竭开采过程中，流体相平衡过程的物质平衡关系来预测。设定容衰竭过程中气、液两相之间的相平衡可在瞬间完成，则衰竭开采过程反凝析饱和度分布规律满足以下流体相平衡物质平衡关系。

2）近井储层逆流渗吸堵塞效应

凝析气藏近井地带油气层存在水锁效应。其机理为：井筒积液在井筒回压和生产层组中低渗透层微毛细管孔隙毛细管压力的作用下，以缓慢的反向渗吸方式渗入储层，从而造成附加的近井储层堵塞，即"水锁"效应。反相渗吸现象会引起近井壁储层含水饱和度增加，导致气相相对渗透率的降低，使气井产能下降。特别是低渗透凝析气藏，因为低渗透气藏储层孔隙尺寸小、毛细管压力大、气体流动空间小、渗流阻力大、压降漏斗更为陡峭，因此反渗吸水锁更严重。此外，反凝析使气油比增加，气体渗流阻力增大，使得井口压力产能递减快，给气井的正常生产和集输带来严重的影响。

3. 致密油气藏开发过程油气层损害

致密油气层损害的表现形式主要有外来固相堵塞、水锁损害、化学结垢、油气层敏感性损害等类型，与其他油气储层并无本质上的不同。但由于致密油气层地质和渗流特征的特殊性，因此，液相侵入所导致的致密油气层损害程度、表现形式与其他类型的油气层不尽相同。

致密油气层孔喉狭窄，毛细管效应非常明显容易产生水锁效应，大大减少了油气层的油、气渗流通道。同时，液相侵入容易诱发各种敏感性损害，特别是黏土水化膨胀所引起的水敏损害。如果油气层中含量较高黏土矿物，易发生水化膨胀和分散，从而进一步导致黏土颗粒的分散运移，堵塞部分孔喉，导致渗透率严重下降。因此，致密油气层在各种作业过程中产生液相侵入往往是导致油气层损害的第一位和最基本的因素。

4. 水平井生产过程油气层损害

水平井生产过程油气层的损害机理有以下几个特点：(1)油气层损害对水平井流动效率和天然气产量有严重影响，在不同渗透率比值下，储层损害对水平井流动效率的影响程度小于垂直井，从产量损失对比看，对水平井的影响大于垂直井，且水平井解除损害的技术措施难度大、成本高；(2)存在水平方向渗透率各向异性时，水平井眼必须垂直于最大渗透率方向，方能达到最高产量，若垂直渗透率各向异性小、水平井段长，储层损害的影响会减弱；(3)水平井产量未达到预定的目标时，除选择井位、水平井设计及钻井工艺诸因素外，油气层损害和垂直渗透率低也可能是重要的因素；(4)水平井相对直井排水难度增加，如果水平井井眼轨迹不合适，排水更加困难，一旦井筒积水，后果很严重。

三、采油采气过程保护油气层技术措施

1. 生产压差及采油采气速度的确定

采用优化设计的方法初步确定生产压差和采油采气速率，并用室内和现场实验对优化方案进行评价，然后推广应用。

根据油气层的储量大小、集中程度、储层能量、压力高低、渗透性、孔隙度、疏松程度、流体黏度、含气区与含水区的范围，以及生产中的垂向、水平向距离，通过试井和试采及数模方案对比，优化得出采油工作制度。然后开展室内和矿场评价，最终确定合理的工作制度。值得强调的是：若新区投产，所采用的基础数据是投产前取得的数据；若老区改造，其数据为改造

前再认识油气层的数据。要充分重视采油过程中损害的"动态"特点。

2. 保持油气层压力开采

保持油气层在饱和压力以上开采，可达到同一产量的油气井维持较高的井底压力，充分延长自喷期，降低生成成本。对于油藏而言，保持地层压力可以延缓或减少原油中溶解气在采油生产中的逸出时间，以及减缓油层的出砂趋势，提高采收率。保持地层压力开采，可避免气相的出现和压力降低引起有机垢及无机垢等损害发生。我国多数油田采用早期注水开发以保持油层压力，这对保护油层是十分有利的措施之一。

3. 针对油气层类型选取预防损害措施

每个油气层岩性和流体都有自身的特点，应采取的预防损害措施也各有不同，因此不能一概而论。例如，当油气层为低渗透或特低渗透时，要尽可能地保持油气层压力开采避免出现多相流，防止相圈闭和乳化油滴的损害。当油气层为中、高渗透的疏松砂岩时，应正确地选择完井方法、防砂措施、合理的生产压差，以减少油气层损害；对于碳酸盐岩油气层，要尽量避免在采油采气过程中产生碳酸钙沉淀，堵塞孔喉。

除了采用合理的生产压差和采油采气速度外，有时可适当地投放添加剂，例如乙胺四醋酸，破坏产生碳酸钙沉淀的平衡条件，防止产生碳酸钙析出。对于中、低渗透的稠油层，要尽可能地预防有机垢，如沥青质、胶质、石蜡从稠油中析出，保持油层压力开采。若技术条件允许，使用热油开采更为有效。

低渗透—致密气藏预防损害措施为：控制凝析气井近井储层反凝析液/水的析出和解除反凝析、反渗吸堵塞是改善凝析气井开采效果的关键。目前采用较多的是循环注气的方法来保持地层压力，但是对于储量较小的凝析气藏，用循环注气的方法不经济。对低渗透—致密凝析气藏，即使采用循环注气，采气井近井储层仍会由于渗流阻力所形成的陡峭的压降漏斗而出现反凝析和反渗吸储层堵塞。

近年来国外许多油田采用单井注干气吞吐的处理方法。它的作用机理主要靠部分蒸发和把凝析油挤往储层较远处来降低近井储层的反凝析油饱和度。但干气难以有效地将反渗吸水推向储层远处，因此只用干气处理气井近井地带的效果并不理想。另外，注二氧化碳也可蒸发反凝析液，图7-2给出了注CO_2降低储层反凝析油的实验结果，由

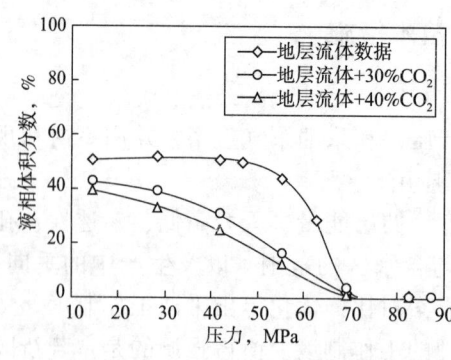

图7-2 注入CO_2对反凝析液相体积的影响

于CO_2易溶于水，因而注CO_2驱替反渗吸水的效果优于干气。

注入丙烷也可有效降低反凝析液饱和度（图7-3），在13.79MPa条件下，当凝析气中加入摩尔分数40%的丙烷时，可以使反凝析液所占烃孔隙空间的相对体积从50%减小到20%，从而可有效减小反凝析油的总体积。由此可以看出丙烷是一种高效的清除反凝析油的溶剂，它能有效提高气井产能。但丙烷难以与水互溶，因此对近井储层的水锁难以有效解除。

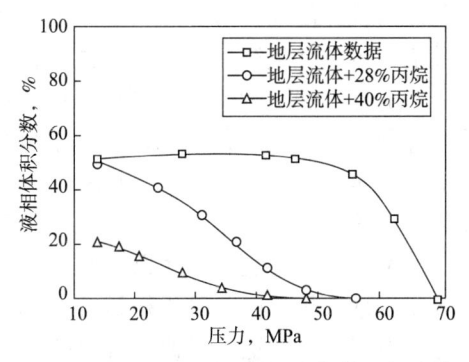

图7-3 注入丙烷对反凝析液相体积的影响

采用甲醇作为注入溶剂来降低反凝析液堵塞，提高气井产能。甲醇是一种易挥发的极性物质，能够与水混合，在凝析液中也能溶解，它可以作为驱替近井眼附近反凝析液/水的一种双效溶剂。

低渗透—致密油气层损害的实质是各作业过程造成油气层渗流通道的各种堵塞，引起油气层渗透率下降。由于低渗透—致密油气层的潜在损害因素远多于中、高渗透油气层，因此同一种类型的油气层损害，对低渗透油气层损害程度远大于中高渗透油气层，同种程度的损害容易使低渗透油气层失去工业价值。低渗透—致密油气层一旦受到损害，渗透率会发生不可逆的降低。因此，低渗透—致密油气藏要在开发全过程的每个作业进行保护，这涉及钻井、完井、射孔、试油、作业等各个环节。

对于凝析气藏而言，还会有凝析油的积液，这同样会损害气体的渗流和气井生产，防止凝析油的聚集也是气层保护的重要方式。对于产水气井，合理的排水采气也是保护气层的措施。

采油采气过程中，尽管没有外来流体诱发油气层潜在损害，但损害仍然存在，主要是生产压差过大、采出速度过高造成的。因此，采油采气过程中油气层保护技术的关键是控制合理的工作制度。

四、储层堵塞损害的解除

当储层发生了堵塞损害，影响正常油气井或注水井生产时，应及时采取解堵措施。根据堵塞原因、堵塞程度、类型，可采取不同的解堵措施。目前常用的消除方法有：

（1）使用表面活性剂浸泡。注入表面活性剂到储层，并用回流帮助浸泡，使油润湿反转复原为水润湿，恢复油层的水相渗透率。向储层注入破乳剂使乳状液破乳，使油、水分散，解除了乳状液的堵塞。目前已有疏油疏水表面活性剂，可以有效解除凝析气藏的水相圈闭和油相圈闭损害。

（2）化学法除垢。目前国内外采用的除垢剂有若干种，不同的无机垢应采用不同的化学除垢剂。无机垢大致可分为三类：一是水溶性垢；二是酸溶性垢；三是化学不活泼的垢。前两类可以使用相应的化学除垢剂来消除水垢。如果储层堵塞为有机垢堵塞，也可采用氧化方法解堵。

（3）物理法除垢。对于既不溶于水、也不溶于酸的无机垢，化学方法难以收到预期效果，因此采用机械方法除垢。常用的消除酸不溶性无机垢的机械方法有爆炸、钻磨、扩眼、补孔等。目前，现代物理方法如水力振荡、循环脉冲、电脉冲振荡、核磁共振、超声波振荡等也开始用于解堵。

第三节　注水过程保护油层技术

注水过程中，由于注入水进入油层，必然与油层的敏感性矿物和油藏流体接触，引发各种损害。为实现注够水、注好水，满足生产配注要求，提高原油采收率，必须采取有针对性的注水保护油层措施。

一、注水过程油层损害分析

1. 注水过程油层潜在损害因素

注水层的渗流通道主要是喉道，喉道是易受损害的部位。与注水损害有关的敏感性矿物分为两类：（1）水敏和盐敏性矿物。这类矿物在注入水矿化度低于或高于地层水矿化度时易产生水化膨胀或分散运移，并引起油层渗透率下降。水敏和盐敏矿物主要有蒙脱石、伊利石/蒙皂石间层矿物、绿泥石/蒙皂石间层矿物和高岭石等。（2）速敏性矿物。这类矿物在一定流速下易发生运移，并堵塞孔喉，并引起油层渗透率下降。速敏性矿物主要有黏土矿物及粒径小于 $37\mu m$ 的各种非黏土矿物，如微晶石英、长石、方解石等。敏感性矿物可能引起油气层损害程度的大小与其产状有关。

油层地层水类型和离子成分也存在着潜在损害。若油层中含有成垢离子（如 Ca^{2+}、Mg^{2+}、Ba^{2+}、Sr^{2+}），当注入水与地层水接触后，造成结垢的可能性增大。

此外，油层中可能含有无水石膏、岩盐等水溶性物质。这些物质持续与注入水接触后，部分或全部溶解或软化，导致原来被包裹的不溶性微粒释放和运移。这些微粒随注入水进入油层孔道，引起堵塞。

2. 注水水质不合格引起的损害

注水水质不合格造成的油层损害不仅涉及近井地带，而且将涉及储层深部。同时由于注水作业期长,注入量大,其损害具有累积效应,损害程度严重,且不易排除,因此,由于注水水质因素引起的油层损害将严重影响储层的吸水能力。

1) 注入水中悬浮固相损害

许多注水井吸水能力下降的主要原因是注入水中悬浮颗粒堵塞引起的。注入水的机械杂质可能来源于回注的产出水中的地层微粒、黏土、悬浮的砂粒,地面水源中的粉砂或碳酸盐沉淀物,细菌或细菌体,注入水中腐蚀产物,注入的混合流体间化学产物或单一流体的化学分解或降解产物。堵塞程度和吸水能力下降速度受悬浮固相浓度、悬浮物颗粒大小、悬浮颗粒注入速度及储层孔喉尺寸分布的影响。经典理论认为,颗粒直径大于储层孔喉直径的1/3将形成桥堵和外部滤饼,直径介于储层孔喉直径1/7~1/3的颗粒将侵入储层深部,形成内部滤饼,而颗粒直径小于1/7储层孔喉直径的将不会造成堵塞。

悬浮颗粒累积堵塞造成的损害是非常严重的,比如对于渗透率200×10^{-3} μm^2的油层,按照石油行业标准规定的水质指标,固相浓度达到$\leqslant 3~5mg/L$($3~5g/m^3$)的标准,但是假如一口井累积注入$10\times10^4 m^3$的水,实际带入储层的固相已经累积达到$300~500kg$。设想一下,$300~500kg$的固相会对储层产生多大的损害。

2) 注入水中微生物损害

通常情况下,注入水中或多或少的含有细菌。注入水中的细菌主要是硫酸盐还原菌(SRB)、腐生菌(TGB)和铁细菌。这些细菌能在地面设备、注水管线、油管、井下注入设备及储层中生长和繁殖,生长的最佳条件是pH值5~9,温度40~70℃。

硫酸盐还原菌能把水中的硫酸根离子还原成二价硫离子,进而生产副产物硫化氢,由此而引起的腐蚀比其他细菌都更为严重。硫酸盐还原菌的活动会产生4种危害:(1)硫酸盐还原菌直接参与腐蚀;(2)细菌产生的H_2S能增加水的腐蚀性;(3)产生的H_2S可能造成碳钢的硫化物脆裂和爆皮;(4)腐蚀反应产生的硫化铁能造成储层堵塞。

腐生菌是一类能够在固体表面上产生黏稠液的细菌。腐生菌既能在咸水中生存,也能在淡水中生存。既能在有氧条件下成活与繁殖,也能在缺氧条件下成活与繁殖。腐生菌从有机物中得到能量,产生黏性物质,其大量的代谢产物可造成堵塞。

铁细菌从氧化二价铁中得到能量,生长过程中能在其周围形成氢氧化铁保护膜。铁细菌在淡水中居多,也可在咸水中生长。虽然它不直接参与腐蚀,但是通过氢氧化铁层下的硫酸盐还原菌的活动,或者由于浓差电池,也能引起腐蚀。铁细菌沉淀出的大量氢氧化铁会对储层造成严重的损害。

显微镜观察细菌单体发现：腐生菌个体较大，长 5~20μm，首尾有吸盘，相连呈长链状，几个链相互缠绕成菌团，腐生菌及其伴生产物进入储层可以堵塞孔喉，造成储层损害。硫酸盐还原菌个体较小，长 1~5μm 杆状，但它具有强烈的腐蚀特征，腐蚀产物 FeS 很容易堵塞储层。因此，在注水过程中必须严格控制腐生菌和硫酸盐还原菌的含量。

3) 产出水回注中油相圈闭损害

随着产出水的不断增多，产出水成为注入水的主要水源。特别在海上油田，随着环境保护的要求越来越严格，采出水的回注成为必须。即使含油量达到水质标准，比如对于渗透率 $200\times10^{-3}\mu m^2$ 的储层，按照石油行业规定的水质指标，含油量达到≤15mg/L（15g/m³）的标准，但是累积的这么多的油珠与注入水一起注入油层后仍然会对注水层造成严重的损害，损害程度取决于油珠浓度、油相在水中的分散性及吸水层初始饱和条件。若目的层原油饱和度低于残余油饱和度，则水中的油珠将被捕集在注入井附近的孔隙介质中，直到达到临界油饱和度为止。此过程会使水相有效渗透率急剧降低（通常 90%以上），尤其是强亲水砂岩或水相渗透率很低的碳酸盐岩储层。随着含有油的水不断注入储层，这种相对渗透率影响层的半径逐渐增大，超过某一时刻，有可能发生吸水能力的大幅度下降。当注水层原油饱和度大于临界饱和度时，则含注入水中油珠引起的水相渗透率减小程度比前一种情形要小得多。

4) 注入水中的游离气相损害

尽管游离气一般在水中的溶解度并不高，但是 CO_2、H_2S 和 O_2 气仍有少量溶解于水中。注水过程中水温逐渐升高，溶解的气体有可能在注入井附近的储层中释放为游离气，形成捕集的临界气饱和度。随着气相饱和度增加和含气区扩大，将可能显著降低注水井的吸水能力。

3. 注入水与油层不配伍性损害

1) 水敏损害

一般来说，注入水与地层水矿化度普遍相差很大，黏土矿物受到环境矿化度的突变冲击易于引起黏土矿物的膨胀/分散/运移（如注清水）或黏土矿物的收缩/剥脱/运移（注海水）损害储层，其损害程度决定于黏土矿物类型、含量、分布、产状及岩石孔喉特征。储层水敏损害往往是十分严重的，难以恢复。

2) 无机垢损害

在注水作业中，经常会形成碳酸盐和硫酸盐两种主要类型的无机垢。碳酸盐垢的形成与注水沿程的温度、压力及 pH 值有关，而硫酸盐垢主要与注入间或注入水与地层水的不相容有关。油田注入水中，清水多为 $NaHCO_3$ 和

Na$_2$SO$_4$ 型，产出水主要有 CaCl$_2$、MgCl$_2$、Na$_2$SO$_4$ 和 NaHCO$_3$ 四种水型，且以 CaCl$_2$ 型居多。在一定条件下，两种水混合后产生 CaCO$_3$ 和 CaSO$_4$ 沉淀，或 BaSO$_4$、SrSO$_4$ 沉淀或兼有之。碳酸盐垢溶于酸，造成的损害可通过酸化来解除。硫酸盐垢不溶于酸，造成的损害用常规方法难以解除。表 7-1 为注水作业引起的油层损害类型。

表 7-1　注水作业引起的油层损害类型

损害类型	原因	后果
水敏	注入水引起黏土水化膨胀	缩小渗流通道、堵塞孔喉、降低渗透率
速敏	注水强度过大或操作不平衡(工作制度不合理)	内部颗粒运移、堵塞孔喉、降低渗透率
悬浮物堵塞	注入水中含有过量的机械杂质、油污、细菌及系统的腐蚀产物	运移、沉积、堵塞孔喉、降低渗透率
结垢	注入水与地层水不配伍产生的无机垢和有机垢	加剧腐蚀、为细菌提供生长繁殖场所、堵塞渗流通道、降低渗透率
腐蚀	由于水质控制不当(包括溶解气和细菌)而引起，腐蚀方式有电化学腐蚀和细菌腐蚀两种	损坏设备、产物堵塞渗流通道

（1）无机垢的形成机理。

结垢是在外来流体与储层流体不配伍时，两者相互作用产生无机沉淀或有机沉淀。这些沉淀吸附在岩石表面成垢、缩小孔喉或随液流运移堵塞流动通道，造成储层严重损害。

储层中常见的无机沉淀有碳酸钙、碳酸锶、硫酸钡、硫酸钙、硫酸锶等。这些沉淀是在外来流体与储层流体不配伍时，或地层水中原有平衡遭到破坏时产生。结垢的形成过程是一个复杂过程，一般可分为下面四步：

第一步，水中的离子结合形成溶解度很小的盐类分子：

$$Ca^{2+} + SO_4^{2-} \longrightarrow CaSO_4$$
$$Ba^{2+} + SO_4^{2-} \longrightarrow BaSO_4$$
$$Ca^{2+} + CO_3^{2-} \longrightarrow CaCO_3$$

第二步，结晶作用，分子结合和排列形成微晶体，然后产生晶粒化过程。

第三步，大量晶体堆积长大，沉积成垢。

第四步，由于不同的条件，形成不同产状的结垢。

（2）碳酸盐结垢机理。

碳酸盐垢[CaCO$_3$，CaMg(CO$_3$)$_2$]是由于钙、镁离子与 CO$_3^{2-}$ 离子或 HCO$_3^-$ 离子结合而生成的，反应式如下：

$$Ca^{2+} + CO_3^{2-} \longrightarrow CaCO_3 \downarrow$$

$$Ca^{2+} + 2HCO_3^- \longrightarrow CaCO_3\downarrow + CO_2\uparrow + H_2O$$
$$Mg^{2+} + 2HCO_3^- \longrightarrow MgCO_3\downarrow + CO_2\uparrow + H_2O$$

碳酸盐垢是油田生产过程中最为常见的一种沉积物。常温下，碳酸钙溶度积为 4.8×10^{-9}。在油井生产过程中，当流体从高压储层流向压力较低的井筒时，CO_2 分压下降，水组分改变，是 $CaCO_3$ 溶度积下降并析出沉淀的主要原因之一。

（3）硫酸盐结垢机理。

油田硫酸盐垢主要是有 $CaSO_4$、$BaSO_4$ 和 $SrSO_4$。硫酸盐从水中沉淀的反应如下：

$$Ca^{2+} + SO_4^{2-} \longrightarrow CaSO_4\downarrow$$
$$Ba^{2+} + SO_4^{2-} \longrightarrow BaSO_4\downarrow$$
$$Br^{2+} + SO_4^{2-} \longrightarrow BrSO_4\downarrow$$

其中以 $CaSO_4$ 最为多见，$CaSO_4$ 垢在 38℃ 以下时生成物主要是石膏 $CaSO_4\cdot 2H_2O$，超过这个温度主要生成硬石膏 $CaSO_4$，有时还伴有半水硫酸钙 $CaSO_4\cdot 1/2H_2O$。地层水中 Ba^{2+} 较 Sr^{2+} 含量高，所以钡垢（重晶石）较锶垢（天青石）常见。

硫酸盐垢形成主要由于两种不相容水的混合，即在富含成垢阳离子的油层中，注入含 SO_4^{2-} 的注入水，致使在油层、近井地带或井筒生成硫酸盐垢。

有时不含 SO_4^{2-} 注入水也可致垢。主要是由于岩石所含石膏的溶解作用，当注入水完全被 $CaSO_4$ 饱和时，条件有改变就可发生石膏垢的沉淀；岩石中硫化物被注入水所含溶解氧化时，可产生 SO_4^{2-}；另外注入水与油藏内封存水混合，封存水中的硫酸盐含量较高，也有可能结垢。

（4）其他无机垢。

除碳酸盐、硫酸盐垢外，还可能存在铁盐、硅盐、岩盐等沉积物。铁盐沉积是由于水中含氧、H_2S、CO_2 与岩石中的铁反应生成铁的化合物，多为还原性铁盐，即二价铁盐。与大气接触后生成三价铁盐。硅垢是以二氧化硅为主的垢，一般含量较少。氯化钠垢一般是在高矿化度卤水油藏中产生，随着温度和压力的变化，NaCl 溶解度降低，能析出 NaCl 沉积。

（5）结垢的影响因素。

储层结垢主要受物理—化学因素的影响，有如下方面：

① 成垢离子浓度。水中盐含量越高，形成垢的可能性就越大。对某一特定的垢，当超过了它在一定温度和 pH 值下的可溶性界限时，垢就沉积下来。当不同水源的两种水混合或所处系统的条件改变，成垢离子发生变化，趋于达到一种新的平衡，于是就产生结垢。

② 水的成分。水中盐含量增加，通常能增大垢的溶解度，这是一种盐效

应。由于在含盐量低的水中，妨碍成垢离子吸附和结合的非成垢离子较少。如对 $CaCO_3$ 来说，它在 200g/L 盐水中溶解度较在高纯水中大 2.5 倍；而 $BaSO_4$，在 120g/L 盐水中溶解度比纯水中大 13 倍。

③ 压力和温度。碳酸钙的溶解度随着温度的升高和 CO_2 的分压降低而减小，后者的影响尤为重要（图 7-4）。但是随温度的上升，CO_2 对 $CaCO_3$ 溶解度的提高影响逐渐减小。

在系统内的任何部位，压力降低都可能产生碳酸钙沉淀。在系统内，有下述反应：

$$Ca^{2+} + 2HCO_3^- \rightleftharpoons CaCO_3 \downarrow + CO_2 \uparrow + H_2O$$

显然，如果系统内压力降低，溶液中 CO_2 减少，促使反应向右进行，导致 $CaCO_3$ 沉淀。

硫酸钙（$CaSO_4 \cdot 2H_2O$）的溶解度随着温度的升高而增大，可是当达到 35~40℃ 以上时，溶解度又随温度的升高而减小；硫酸钙的溶解度随压力升高而增大。

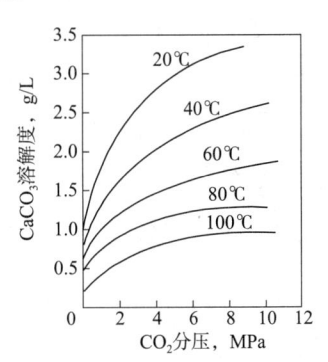

图 7-4 CO_2 分压对 $CaCO_3$ 垢溶解度的影响

硫酸钡的溶解度随温度与压力的升高而增大，因此这类垢常发生在采油井。但温度影响幅度较小，如 25℃ 时，$BaSO_4$ 溶解度 2.3mg/L，温度提高到 94℃，$BaSO_4$ 溶解度仅增加到 3.9mg/L。但在 100℃，$BaSO_4$ 溶解度与 25℃ 相当（图 7-5）。

硫酸锶的溶解度随温度的升高和压力的降低而减小。事实上硫酸钡与硫酸锶常常同时沉淀，使得较难正确预测含有这些混合离子的水的结垢。

④ pH 值。降低 pH 值使溶解度增大，减弱了成垢倾向。这种作用对 $CaCO_3$ 垢的影响非常明显，对硫酸钙次之，对硫酸钡（锶）的影响甚微。

除此之外，结垢还与润湿、黏附、管输状态、结晶过程及油藏因素等有关。

常见垢盐的溶解度及影响见图 7-6 和表 7-2。

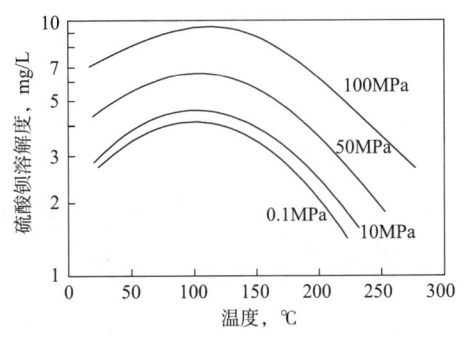

图 7-5 纯水中硫酸钡的溶解度

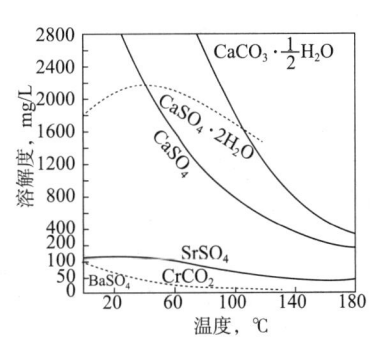

图 7-6 常见盐垢的溶解度

表 7-2 垢盐溶解度的决定因素

因素	$CaCO_3$	$CaSO_4$	$BaSO_4$	$SrSO_4$
温度	√	√	√	√
含盐量	√	√	√	√
压力	√	√	√	√
pH 值	√			
Ca^{2+} 浓度	√	√		
碱度	√			
SO_4^{2-}		√	√	√
Ba^{2+}			√	
Sr^{2+}				√
Mg^{2+}		√		
溶液中 CO_2	√			

注：√表示某因素对盐垢溶解度有较大影响。

表 7-3 为油田常见水垢。

表 7-3 油田常见水垢

名称		化学式	主要影响因素
碳酸钙（碳酸盐）		$CaCO_3$	二氧化碳分压、温度、总溶盐量
硫酸钙	石膏（最常见）	$CaSO_4 \cdot 2H_2O$	压力、温度、总溶盐量
	半水石膏	$CaSO_4 \cdot \frac{1}{2}H_2O$	
	无水石膏	$CaSO_4$	
硫酸钡		$BaSO_4$	温度、总溶盐量
硫酸锶		$SrSO_4$	
铁化合物	碳酸亚铁	$FeCO_3$	腐蚀、溶解气体、pH 值
	硫化亚铁	FeS	
	氢氧化亚铁	$Fe(OH)_2$	
	氢氧化铁	$Fe(OH)_3$	
	氧化铁	Fe_2O_3	

（6）无机垢对储层损害实验评价。

① 硫酸钡垢对储层的损害。某油田注入水中 SO_4^{2-} 含量高达 2375mg/L，油井产出水中 Ba^{2+} 含量高达 936mg/L，在注水过程中极易产生硫酸钡垢，根据水分析资料，配制模拟注入水及模拟地层水。为了消除其他因素的影响，选取 12 块渗透率相近的人造岩心，在 45℃ 条件下，将模拟注入水与某井模拟地层水按 2∶8 比例混合注入岩心，测定岩心的渗透率变化，以验证硫酸钡结

垢对岩心渗透率的影响。其中岩心 1-611 的实验数据见表 7-4。

表 7-4　硫酸钡结垢对岩心渗透率的影响

注入孔隙体积倍数，PV	渗透率，$10^{-3}\mu m^2$	渗透率比值，%	渗透率损害率，%
0	5.276	100	0
2	4.221	80.00	20.00
4	3.926	74.42	25.58
6	3.752	71.11	28.89
8	3.592	68.09	31.91
10	3.446	65.31	34.69

注：岩心编号：1-611，孔隙度：3.76%，气测渗透率：$9.384\times10^{-3}\mu m^2$，注入水与地层水混合比 =2：8，温度：45℃，驱替速度：0.5mL/min。

由实验数据（表 7-4）可知，当驱替倍数为 10PV 时，岩心渗透率损害率为 34.69%。硫酸钡结垢对岩心渗透率的损害中等偏弱，在注水开发过程中要尽量预防硫酸钡垢的产生。

② 硫酸锶垢对储层的损害。某油田注入水中 SO_4^{2-} 含量高达 2375mg/L，油井产出水中 Sr^{2+} 含量高达 2321mg/L，在注水过程中极易产生硫酸锶垢，根据水分析资料，配制模拟注入水及模拟地层水。选取 12 块渗透率为 $10\times10^{-3}\mu m^2$ 的人造岩心，在 45℃条件下，将模拟注入水与油井模拟地层水按 5：5 比例混合注入岩心，测定岩心渗透率变化，以验证硫酸锶结垢对岩心渗透率的影响。其中岩心 2-6 的实验数据见表 7-5。

表 7-5　硫酸锶结垢对 2-6 岩心渗透率的影响

注入孔隙体积倍数，PV	渗透率，$10^{-3}\mu m^2$	渗透率比值，%	渗透率损害率，%
0	6.276	100	0
2	4.791	76.34	23.66
4	3.362	70.18	29.82
6	2.227	66.24	33.76
8	1.406	63.11	36.89
10	0.847	60.27	39.73

注：岩心编号：2-6，孔隙度：3.84%，气测渗透率：$9.367\times10^{-3}\mu m^2$，混合比 =5：5，温度：45℃，驱替速度：0.5mL/min。

由实验数据（表 7-5）可知，当驱替倍数为 10PV 时，岩心渗透率的损害率为 39.73%。硫酸锶结垢对岩心渗透率的损害中等偏弱，在注水开发过程中要尽量预防硫酸锶垢的产生。

3）有机垢损害

油藏在未投入开发之前，地层中的原油以及其中的石蜡和沥青处于平衡状态，通常不会产生石蜡析出和沥青沉积。注水开发时注入水的温度低于油层温度，连续地注入大量冷水使局部储层温度降低到原油浊点以下，导致石蜡和沥青沉淀，堵塞孔喉。

4. 注水井作业管理不善对油层造成的损害

注水井作业质量管理不善引起的油层损害，主要发生在比较敏感的近井地带，它包括：(1)压井液侵入注水层段而造成的损害；(2)酸化措施不当破坏了岩石骨架或生成沉淀物，造成油层的二次损害；(3)注水操作不平衡或注水强度过大，破坏了油层岩石结构而造成的损害；(4)未按规定程序洗井，井筒不清洁，从而使井筒中的污物随注入水侵入油层造成堵塞；(5)注水操作不平衡或排液强度太大，引起储层有效应力增大，产生应力敏感损害；(7)注水作业中为防止腐蚀和结垢、乳化，经常加入缓蚀剂、阻垢剂及破乳剂，回注的产出水中可能含有表面活性剂。这些化学剂趋向于吸附在砂粒和碳酸盐矿物上，引起油气层渗透率降低和润湿性改变(通常使储层更亲油)。

以上几个方面在注水操作过程中是易于发生而又常常被忽视，因此重视并搞好注水井各种作业的质量控制是十分重要的。

二、注水过程保护油层技术措施

控制好注入水水质、采用合理的注水工作制度，搞好注水作业管理是减少注水作业油层损害的技术关键。

1. 建立合理的工作制度

在临界流速下注水。通过速敏实验确定储层的临界流速，根据该流速可以计算出与之相应的注水井的临界注水速度。一般而言，只要控制注水速度在临界流速以下，可以防止速敏损害发生。

此外，控制注水速度、保持注采平衡可以有效地防止水指进或减缓指进、水锥的形成。防止乳化堵塞，提高驱油效率。

注水强度计算：

$$Q/H = (1.83\times10^{-3}Q_cA\phi)/(D_c^2\phi_c) \tag{7-1}$$

$$A = [0.7(\pi dh) + 0.3\pi r(r-h_1^2)^{1/2}]\times SP_c\times S_e \tag{7-2}$$

式中：A 为射孔井单位射开厚度的流动面积，cm^2；Q_c 为实验岩心临界流速 v_c 对应的临界流量，cm^3/min；Q 为某一注水井的临界注水量，m^3/d；D_c 为实验用岩心直径，cm；H 为射开油层厚度，m；d 为射开孔眼直径，cm；r 为射开孔眼半径，cm；h 为射开孔眼圆柱形部长度，cm；h_1^2 为射开孔眼底部锥形部长度，cm；SP_c 为每米射孔数目，孔/m；S_e 为发射率，%；ϕ_c 为岩心孔隙度,%；ϕ 为油层孔隙度,%。

若注水井是裸眼井,则将式中流动面积换算成为裸眼井的流动面积即可。

2. 严格控制注入水水质

减小注入水对储层造成的损害必须从控制注入水的水质入手。水质是指对注入水质量所规定的指标,包括注入水中的矿物盐、有机质和气体的构成与含量以及水中悬浮物含量与粒度分布等。它是储层对外来注入水适应程度的内在要求。

不合格的注入水水质能使注水井吸水能力下降,注水压力升高,油田生产注采失衡,油层亏空加剧,导致原油产量下降。水中腐蚀性气体及微生物对设备、管线的腐蚀不仅增加采油成本,影响正常生产,而且腐蚀产物还会进一步加剧油层堵塞。因此,油田生产对注水水质有以下基本要求：

1) 控制悬浮固体浓度与粒径

以油藏岩石孔隙结构和喉道中值为依据,严格控制水中固相物质的浓度和粒径。特别是对于低渗透层注水,更要严格控制固相物粒径,要求对注入水进行精细过滤处理。

2) 控制腐蚀性介质(溶解氧、CO_2、H_2S)

溶解氧、侵蚀性 CO_2 和硫化氢是腐蚀的根源。控制溶解氧、CO_2 和 H_2S 的含量,就可控制腐蚀的规模与速度。减少腐蚀产物对储层的损害和延长注水管网系统的寿命,降低采油成本。

3) 控制含油量

注入水中 70% 以上是含油污水,含油污水的油—水体系的性质决定了油在水中的分散状态和粒径。油—水—岩石体系中,油的聚集、累积、吸附等将给油层渗透性等带来许多不利影响。

4) 控制细菌含量

硫酸盐还原菌、腐生菌和铁细菌是油田注水危害最严重的菌种。实际注水系统中还含有藻类和其他细菌。

(1) 硫酸盐还原菌(SRB)。这是一种厌氧条件下使硫酸盐还原成硫化物如 H_2S,而有机物质为营养的细菌。最佳生成环境为 pH=7.0~7.5,温度为 20~35℃。在 SRB 存在的条件下,可能出现的不利现象：注入水逐渐变为酸性、硫化氢气味大、水色变黑；多次酸化无效、注水量下降；注水系统中金属管线腐蚀严重,出现瘤状结点和蚀坑；反洗井返出大量黑色水和黑色黏液。SRB 的危害是产生 H_2S 并与铁作用形成 FeS 沉淀和产生黏液物,加剧垢的形成。

(2) 铁细菌。凡是具有以下生理特征的为典型的铁细菌：能在 FeO 形成高铁化合物过程中起催化作用；以利用铁氧化中释放出来的能量来满足其生命的需要；能大量分泌氢氧化铁。铁细菌是多种细菌的总称，属于好氧性细菌或兼性细菌，在含氧量小于 0.5mg/L 的系统也能生长。在铁细菌生长过程中，它们能分泌出大量黏性物质形成菌膜，成为鼻涕状堵塞物，并能形成氧浓差电池引起腐蚀，同时可给 SRB 的繁殖提供局部的厌氧区和促成二价铁氧化成 Fe^{3+}。铁细菌的生长条件：水中含有亚铁，总铁量在 1~6mg/L 的水中，铁细菌旺盛繁殖；水中含有氧和有机物及适宜的温度（最适应温度为 22~25℃）；pH 值呈酸性对其繁殖有利。

(3) 腐生菌(TGB)。这是一类好氧"异养"型的细菌，存在分布较广，在一定条件下它们从有机物中得到能量，生长过程中形成菌膜，产生黏性物质，颜色可能是白色、黑色、红色或褐色，其危害方式与铁细菌大体相同。

5) 控制水垢的形成

无论在管壁上还是在油层中形成水垢都是有害无益的。管壁结垢的危害是设备磨损、腐蚀和阻流；而油层岩石的孔隙及渗流通道结垢会严重影响注水井的吸水能力。

在编制注水工艺方案时，大都参照行业标准，根据油藏具体条件来确定合理、可操作的水质标准；实践表明，对水质的要求应根据油藏孔隙结构、渗透性分级、流体物理化学性质和水源的水型通过实验来确定，行业标准实施不一定能适合所有储层。水质指标也随着油田开发实践在进行调整，水质主要控制指标见表 7-6 和表 7-7(2012 年标准)，甚至有辅助指标，SY/T 5329—2022 仅把悬浮固体含量及粒径、含油量、平均腐蚀速率作为主要控制指标，并降低了要求。

表 7-6 我国石油工业不同时期注水水质标准统计表

指标		《油田开发条例》(1979)	《油田注水设计规定》(1983)	《油田注水系统规定》(1985)	SY/T 5329—2022 要求		
					注入层渗透率 $<0.1\mu m^2$	注入层渗透率 $0.1~0.6\mu m^2$	注入层渗透率 $>0.6\mu m^2$
悬浮固体	浓度，mg/L	<2	<5	2~5	≤1~3	≤3~5	≤5~10
	粒径，μm				≤1~2	≤2~3	≤3~4
含油量，mg/L			<30	<30	≤5~8	≤8~15	≤15~30
溶解氧 mg/L	总矿化度 <5000mg/L	<1.0			<0.5		≤0.5
	总矿化度 >5000mg/L				<0.05		≤0.05

续表

指标	《油田开发条例》(1979)	《油田注水设计规定》(1983)	《油田注水系统规定》(1985)	SY/T 5329—2022 要求		
				注入层渗透率 <0.1μm²	注入层渗透率 0.1~0.6μm²	注入层渗透率 >0.6μm²
平均腐蚀率，mm/a		0.076~0.125		≤0.076		
总铁，mg/L	<0.5	<0.5	<0.5	≤0.5		
游离二氧化碳，mg/L	<0.5			≤10		
硫酸盐还原菌，个/mL	<5		<100	<102		
铁细菌，个/mL	<100					
腐细菌，个/mL	<200		<100	<102	<103	<104
硫化物（S²⁻），mg/L			<10.0	<10.0		
pH 值	6.5~8.5					
膜滤系数（MF）			>15	≥20	≥15	≥10
结垢率，mm/a		<0.5	<0.5			

表 7-7　碎屑岩油藏注水水质指标（SY/T 5329—2022）

注入层空气渗透率，10⁻³μm²			<10	10~50	50~500	500~1500	>1500
水质等级			Ⅰ	Ⅱ	Ⅲ	Ⅳ	Ⅴ
控制指标		悬浮固体，mg/L	≤1.0	≤2.0	≤5.0	≤10.0	≤30.0
		悬浮物颗粒粒径中值，μm	≤1.0	≤1.5	≤3.0	≤4.0	≤5.0
		含油量，mg/L	≤5.0	≤6.0	≤15.0	≤30.0	≤50.0
		平均腐蚀速率，mm/a	≤0.076				
		硫酸盐还原菌 SRB，个/mL	≤10	≤10	≤25	≤25	≤25
		腐细菌 TGB，个/mL	<10²	<10²	<10³	<10⁴	<10⁴
		铁细菌 IB，个/mL	<10²	<10²	<10³	<10⁴	<10⁴

执行上述标准应遵循以下原则：

（1）控制指标优先原则。水质主要控制指标首先应达到要求。在主要控制指标已达到注水要求的前提下，若注水又较顺利，否则应查其原因，并进一步检测指标。

（2）具体油田执行标准原则。各油田应借鉴而不应照搬行业标准，应根据油层的具体特性和生产实际情况，科学制定切合实际的水质标准，并建立注入水水质保障体系。表 7-8 为某油田采用的水质保障体系。

表 7-8 某油田注入水水质保障体系

序号	处理环节	具体内容与技术要求
1	沉降与过滤	水源水经充分沉降后,再进行二级精细过滤,确保悬浮物含量和总含铁量低于过滤前含量并且达标
2	密闭	采用全密闭系统,减少或避免投药时曝氧,沉降罐、大罐等采用封顶隔氧
3	除氧	水源水氧含量很高,油田注入水含氧量严重超标,并且引起其他指标也超标,因此油田注水站必须装备机械除氧装置,并附加化学除氧
4	防腐	保证油田注入水含氧量达标,是减少管线设备腐蚀的一个重要措施;另外,沉降罐等采用涂料及阴极保护技术,管线采用内防腐及投加缓蚀剂等进行防腐
5	防菌与杀菌	采用清洗系统,注入井返排及定期反冲洗过滤器等工艺进行防菌,采用投加化学剂的方法杀菌
6	防垢	投加防垢剂和黏土稳定剂进行防垢和防止储层损害
7	投药及监测	油田注水站应做到:(1)投药前必须进行产品质量检测,不合要求的坚决不用;(2)尽可能减少投药时曝氧;(3)必须先过滤掉溶液中的机械杂质后,方可将药溶液进行精细过滤;(4)药剂使用后必须进行效果监测
8	设备的管理与维修	设备尤其是精细设备的管理与维修必须规范化、标准化,联合站精细过滤后水质变差,就表明精细过滤设备处于不良工作状态
9	水质监测	水质监测是保证注入水达标的主要检测手段,必须规范化、标准化,做到定时监测各主要取样点的各项水质,同时注意取样方法与分析方法的统一规范
10	岗位培训	人员素质是保证注水系统正常运转、注入水水质正常达标的关键,因此上岗人员必须懂得水质标准及其岗位职责

3. 采用黏土控制技术

黏土膨胀、分散、运移等都将引起注水井吸水能力大幅度下降。防止注水过程中的黏土膨胀是注水过程保护油层技术的重要措施之一,适合油层黏土防膨剂的选择是其核心。在注水过程中进行防膨处理,其注入方式有段塞式注入和连续注入。采用周期性加防膨剂的注水段塞可降低成本。

防膨剂的筛选必须经过初选和渗流防膨效果评价。初选是将油层的岩屑粉碎过筛后,称量,等量分析加入有防膨剂的水(或注入用水)中,浸泡一定的时间,对比其前后的质量变化,变化最小的防膨剂为最佳。

渗流防膨效果评价方法:将初选的防膨剂加入注入水中,利用岩心模拟注入实验,测定其渗透率的变化值,如果变化小即初选正确,可用于现场;否则,重新初选,再经流动实验评价。

4. 正确评价和选用各种处理剂

在注水作业中所用的处理剂有防膨剂、破乳剂、杀菌剂、防垢剂、除氧剂等,其中的多种处理剂都具有表面活性。在选用它们时应遵循以下原则:
(1)应严格评价每种处理剂与油层岩石和油层流体的配伍性,防止生成乳状液及沉淀和结垢，损害油层；(2)应严格评价每种处理剂在储层条件下的性能，因为很多处理剂在常温条件下具有较好的性能，但在储层条件下不但起不到应有的作用，反而对油层产生损害；(3)同时使用几种处理剂时，应严格评价处理剂间配伍性，防止生成新的化学沉淀。

5. 推荐采用矿化度梯度注水技术

注入水与地层水矿化度相差太大是引起严重的黏土膨胀、分散、运移的外因，注入水(特别是淡水)矿化度较低，注入储层后，打破了黏土矿物与地层水的相对平衡，黏土矿物受到注入水矿化度的突变冲击导致黏土水化膨胀。大量研究表明，如果将矿化度突变冲击程度减弱，可弱化岩石渗透率的损害。由于各级矿化度间距不大，受到的环境冲击小，即使有少量的黏土矿物水化膨胀、分散、运移，也被该级矿化度的注入水推至远离井壁的地方，并逐渐向前推移。由于分散微粒相对量小，对远离井壁区渗透率影响不大。把这种注入水矿化度从地层水矿化度逐渐降至水源水矿化度的注水方法称为矿化度梯度注水，简称梯度注水。

梯度注水设计主要是矿化度梯度等级和各级注入体积。一般矿化度梯度越小，油层损害程度越弱。应用注入层岩心进行矿化度梯度(用 NaCl 调整注入水矿化度)流动实验，绘制矿化度梯度与渗透率下降的关系曲线。以等损害率为级差设计矿化度梯度级差，且为了注水操作方便，级差数设 6~8 级为宜。各级注入体积应保证 3 倍注水井储层径向流最小半径的体积量。经射孔井有限元的数值模拟研究，大约 60 倍井筒半径(射孔孔眼端点)距离内，遵循三维渗流规律，压力损失大，在此范围以外，基本服从平面径向流、压力损失较小，再往更远处，压力损失小或渗流阻力小，储层渗流速度小，服从线性渗流规律。一般地，取裸眼井筒半径为 0.1m，射孔弹地下穿深 0.25m，注水井储层径向流最小半径 20m 左右。第一倍孔隙体积水量处理三维渗流空间；第二倍孔隙体积水量驱除三维渗流空间内已形成的水化膨胀、分散、运移的黏土微粒；第三倍孔隙体积水量是适应性注入且具有第二倍水量的作用。注入速度和注入压力按正常注水操作。

在实际应用时，可将矿化度梯度注水与黏土防膨段塞注入交替进行或联合进行。此外，可利用螯合多价金属络合物防止黏土水化膨胀或使水化后的黏土凝聚。

6. 推荐采用强磁处理注入水技术

1) 磁场降低了水的表面张力

实验表明，用 120~300mT 的磁场对大庆油田七联合站的注入水进行处理，发现原油与水的界面张力降低了 22.8%，这种现象的延时记忆时间长达

190h以上，表面张力与磁场强度的相关性呈一种非线性的多极值关系，见表7-9。

表7-9 注入水磁化后表面张力的变化

温度 ℃	分类	中七联注入水	磁化后七联注入水		
			120mT	240mT	300mT
20	表面张力，mN/m	55.21	42.67	52.1	51.27
	变化率，%	—	22.8	5	7.5
45	表面张力，mN/m	—	38.7	43.5	43.8
	变化率，%	—	15.1	3.9	3.9

2）磁场抑制腐生菌的生长

经磁场处理后的水中腐生菌的个数明显减少，抑制率高达60%以上，而对硫酸盐还原菌则不起作用（表7-10）。

表7-10 磁场处理对细菌的影响

项目		腐生菌		硫酸盐还原菌	
		试样1	试样2	试样1	试样2
数量 个/mL	处理前	13200	1068	140	140
	处理后	3480	406	140	140
	抑制率，%	73.64	61.99	0	0

3）磁场使注入水中的悬浮颗粒变小

注入水经磁场处理后悬浮物含量和粒径发生了明显变化，磁场处理后的注入水中悬浮颗粒明显减少。

用原子吸收光谱测定注入水发现，磁场处理前后的某些元素含量明显减少，其中铁元素减少了16.5%，钙元素减少了23.1%，B、Si和K元素相对减少了14%（表7-11）。

表7-11 磁场处理前后注入水中元素含量变化   单位：mg/L

项目	B	Si	Fe	Sr	Ca	Ba	K	Mg
处理前	0.0767	8.173	4.29	0.547	42.077	0.00	0.975	26.99
处理后	0.0657	7.898	3.58	0.521	32.535	0.00	0.847	26.13

4）磁处理水有明显的防垢作用

用磁化器在大庆采油三厂北二东四号转油站上进行了防垢试验。该站的掺水温度为80℃，管线内结垢严重，平均每月的结垢厚度达0.6mm。安装磁处理器后，结垢量明显减少。经过18个月的连续观察，管线内壁上基本不结垢，仅有薄薄的一层砂状物，且很容易除去。

5）磁处理油田注入水可以起到净化水质的作用

在油田注入水中有大量腐蚀产物，主要成分是 FeS、Fe_2O_3、$CaCO_3$ 和 $MgCO_3$，在井口安装磁处理器后，有相当一部分水中溶解的铁磁性物质被吸附在内磁场表面，从而减少了对油层的损害。

6）磁处理水可以抑制黏土矿物的膨胀

用刻度法对磁化水抑制黏土矿物膨胀率进行测定结果表明，含有100%蒙脱石的黏土在普通水中膨胀率为123%，在磁化水中膨胀率为107%，磁化水抑制黏土膨胀率为16%。对含量30%蒙脱石的黏土和70%石英砂混合物，普通水的膨胀率为116%，磁化水的膨胀率为111%，磁化水抑制膨胀率为5%。

7）磁场提高了注入水的溶解度

采用天然岩心，研磨成粉末，取 34g 放入用 240mL 处理过的清水浸泡 24h，原子吸收光谱测定浸泡过的水样离子含量，显示经磁处理的水浸泡岩心后总溶解量增加了，但对钙离子的溶解值却相对下降了 27.6%（表 7-12）。

表 7-12　原子吸收光谱法实验数据

离子种类	K^+	Na^+	Ca^{2+}	Mg^{2+}	Fe^{3+}
自来水，mg/L	3.253	246.750	74.820	18.935	2.148
泡黏土的自来水，mg/L	5.453	269.980	96.220	32.525	0.621
泡黏土的磁化自来水，mg/L	5.884	306.00	70.570	33.180	0.842
增加量，mg/L	0.431	36.02	-25.65	1.275	0.221
增加百分比，%	7.9	13.34	-26.7	3.9	35.6

第四节　修井过程保护油气层技术

修井是一项为恢复油气井正常生产所进行的解除故障、完善井眼条件的工作。它是提高单井产量和采收率、挖潜老井潜力、延长生产周期的一项重要措施。修井作业主要包括以下工作：洗井、检泵、冲砂、调参、补孔、打捞、修补套管等。在修井过程中，采用不适当的修井作业工艺和修井液，必然会造成油气层损害，导致油井、气井、水井产量在修井后显著下降。因此，应充分认识、分析修井过程中油气层损害机理、原因和程度，采取适当的保护油气层技术措施，尤其采用适当的保护油气层修井液，是保证修井作业成功的关键与根本。

一、修井过程油气层损害原因

修井作业内容、方式种类繁多，造成的油气层损害原因相应比较复杂，概括而言，修井作业中油气层损害主要是由于不适当的修井液和不适当的修井工艺造成的。

1. 不适当的修井液造成的油气层损害

修井作业中的油气层损害主要是由于修井液入井后与油气层岩石及流体相互作用而造成的，其损害程度和损害类型与油气层特征、修井液类型与特性、修井作业工艺、滤液侵入量和侵入深度等有关。

1) 修井液固相颗粒造成的损害

修井液中的固相颗粒、悬浮物的损害不容忽视，如配修井液的基液中固相颗粒及悬浮物不达标，加重的无机盐纯度不够，运输修井液的罐车及储液罐不干净等。

2) 修井液与油气层岩石不配伍造成的损害

（1）修井液/滤液与油气层矿物不配伍，修井液/滤液侵入储层，破坏了黏土矿物与储层流体之间的平衡，使岩石结构、表面性质发生变化，黏土矿物水化膨胀，微粒分散运移形成堵塞，水敏性强的蒙皂石遇水膨胀体积可达几十倍。

（2）水相圈闭损害。修井液不断侵入油气层，使油气层中的含水饱和度增加，岩石润湿性发生变化，甚至反转，降低油气相渗透率。低孔低渗透—致密油气层水相圈闭（或液相）效应往往是造成油气层损害的最重要原因。

3) 修井液与油气层流体不配伍造成的损害

（1）结垢堵塞造成油气层损害。当修井液与地层水不配伍时，将生成无机盐垢、有机盐垢，堵塞孔喉，造成储层损害。常见的无机盐垢主要有硫酸钙、硫酸钡、硫酸锶、硫酸镁、氢氧化铁等。由于修井液造成储层温度下降、流体酸碱度改变，可形成石蜡、沥青质、胶质等有机垢，堵塞储层。

（2）乳化堵塞造成油气层损害。各种水基修井液/滤液侵入油气层，由于与油气层原油不配伍，油水乳化后形成稳定的油水乳化液，乳化液黏度高，尤其是油包水乳化液黏度更高，流动性差，致使油气层近井地带的渗透率下降，造成油气层损害。

（3）细菌堵塞造成的油气层损害。近井地带具有细菌繁衍发育的良好环境，从而使细菌堵塞油气层成为修井作业中不可忽视的油气层损害现象。由于修井液中往往含有氧气，为腐生菌创造了良好的繁衍繁育条件，加之修井液中含有的有机和无机添加剂，为细菌提供了良好的营养。腐生菌产生的黏液又为硫酸盐还原菌提供了良好的隔氧覆盖层，而硫酸盐还原菌产生的 H_2S 会加剧腐蚀。各类微生物间相互作用还会产生二氧化硫腐生菌、铁细菌和硫细菌等，它们混合在一起形成了难以处理的堵塞物，造成油气层严重损害。

4) 气井修井作业储层损害

低渗透气藏普遍具有低孔隙度、低渗率、孔喉狭小的特点，气、水及少量的油赖以流动的通道很窄，渗流阻力很大，液、固界面及液、气界面的相互作用力很大，使水锁效应和应力敏感性明显增强，并导致油、气、水渗流规律发生变化，使得低渗透气藏损害具有不同于油藏的特殊性。首先，外来工作液中的固相颗粒难以侵入低渗透气层，但液相可侵入气层，而且一旦工作液中的液相侵入气层，就会在井壁周围孔道中形成严重的液相堵塞。其次，与中、高渗透油藏显著的不同点是，低渗透气藏岩石喉道为片状喉道，渗透率应力敏感强，应力的变化造成气藏渗透率下降。

（1）水锁或水相圈闭损害。

在修井和生产等作业过程中，储层侵入并滞留，造成水相饱和度增加，减小油气相对渗透率，低渗透砂岩气藏在各种作业过程中产生水或油相滞留聚集产生的水锁或水相圈闭损害是第一位与最基本的损害因素。

（2）应力敏感性损害。

低渗透气藏具有较强的应力敏感性，应力敏感是由孔隙和喉道被压缩和关闭引起的。应力敏感性还与油气层含水饱和度有关，含水饱和度越高，应力敏感性越强。这是由于水弱化岩石强度，从而增加了应力敏感性。气藏岩石渗透率还具有一定的应力滞后效应，因此应力敏感引起损害不会因应力消失而完全恢复。

2. 修井作业施工不当对油气层的损害

修井作业施工不当对油气层损害主要表现在：

（1）打捞、切割、套管刮削等作业时间长，造成修井液对油气层浸泡时间长；

（2）在钻、磨、洗等修井作业中修井液或洗井液上返速度低或黏度低，造成大量碎屑堵塞井眼或炮眼；

（3）选择修井作业施工参数不当，例如作业压差过大，排量过大，造成大量修井液及滤液侵入油气层，或无控制地放喷，引起油气层产生速敏损害，尤其是低渗透或裂缝性油气层应力敏感损害；

（4）解除油气层堵塞的修井作业过程中措施不当、施工工艺不当或工作液配方不当也会造成油气层损害；

（5）频繁地修井作业，会造成损害叠加效应，严重损害油气层；

（6）修井作业过程中，因作业工具或井筒不清洁造成的油气层损害。

二、保护油气层修井液

1. 优质修井液要求

选择优质修井液是修井作业保护油气层技术的关键。从保护油气层的角度而言，优质修井液既可以完成修井作业任务，又与油气层岩石和流体配伍，对油气层的损害最小。优质修井液应满足下列要求：

（1）与岩石配伍。不造成油气层水敏、盐敏、碱敏等敏感性损害，例如对于水敏储层，通常在修井液配方中添加适合于本油气层的黏土稳定剂（或称防膨剂）。此外，还要防止造成储层润湿反转、水锁等损害的问题，加入防水锁剂、防腐剂、杀菌剂、铁离子稳定剂、破乳剂等。

（2）与储层流体配伍。采用的无机盐加重剂、杀菌剂、黏土稳定剂等与油气层流体配伍性好，无沉淀反应，不形成乳化液，不造成石蜡、沥青的析出等。

（3）合理的密度。依据修井时油气层孔隙压力，在满足井控要求前提下，尽可能降低修井液密度，减少修井液侵入储层造成损害的程度。

（4）低滤失量并可预防井漏。低压高渗透或裂缝储层作业，需要避免修井液或滤液大量侵入油气层，要把暂堵防漏、滤失量控制作为优先考虑因素；对于特殊油气层，如裂缝性油气层、高温高压油气层、高含硫气藏，必须统筹考虑防漏、防喷、防硫化氢、防腐蚀等危险因素，在确保安全的前提下，提高修井液的储层保护性能。

（5）避免外来固相堵塞损害。在满足修井作业情况下，尽可能选择无固相修井液体系，防止固相造成对储层的损害。在配液、运输、储液等过程中，防止黏土、铁锈等外来固相杂质的混入。

（6）系列入井流体相互配伍。如果本次作业前后要应用多种入井液，比如洗井液、射孔液、压裂液、携砂液、压井液等，需要预先分析相互之间配伍性，再优选本次作业修井液的种类和配方。

（7）安全第一。修井液中严禁使用有毒有害、易燃易爆等属于危化品的试剂。

（8）环保、低成本、应用方便。相对钻井来说，修井作业频次高，作业量大，储层保护技术要大规模应用，必须满足这些条件。

因此修井作业前，必须对所在油气层特性、地层流体特性及修井作业工艺进行分析研究，设计出适当的保护油气层修井液配方，并进行室内评价实验，以确保该修井液具有良好油气层保护性能。

2. 常用修井液类型

常用优质修井液有以下体系：

（1）无固相清洁盐水修井液体系。

对于大多数油井来说，防止固相颗粒堵塞、抑制储层黏土矿物水化膨胀就能达到保护储层的效果。因此，采用溶解度大、配伍性好的无机盐或有机盐来配制无固相修井液成为首选。对密度要求不高时，常用氯化钾、氯化钠水溶液，就能满足修井作业需要。如需要更高密度，以甲酸钠、甲酸钾等有机盐进行配制。为避免不溶物、高价金属离子等杂物影响修井液质量，有条件可以先过滤再应用。为降低配制高密度修井液的材料成本，可采用氯化钙、溴化钙等相对价廉的无机盐配制修井液，但需要注意其在高温下的腐蚀性以及和地层流体的配伍性，往往需要采用防腐、阻垢等工艺措施，并在应用前进行相关模拟实验，防止出现井下管柱腐蚀损坏、结垢堵塞等不利后果。

（2）水基表面活性剂修井液体系。

为满足低渗透、高凝油、稠油等复杂油气藏作业井需要，在无固相修井液体系基础上发展了水基表面活性剂修井液，通过表面活性剂的特殊功能来针对性增强保护储层效果。比如，通过降低油水界面张力实现防水锁损害；通过表面润湿洗油作用清除滞留在岩石中的有机物；通过破乳作用防止高黏油水乳化液的堵塞；通过降黏作用促进稠油流动等。此外，采用经过处理的高温油井采出水、电泵液配制表面活性剂修井液，可以提高洗井效率，缩短作业时间，防止修井液温度过低对储层的损害。

（3）屏蔽暂堵防漏修井液体系。

修井作业中常常遇到井漏，加重储层损害、影响作业安全。为此常采用具备屏蔽暂堵防漏功能的修井液，主要有两种类型。

一是采用暂堵剂配制修井液。其中，酸溶性暂堵剂成本低、承压强度高，但是因为作业后常需酸化解堵，应用范围有限；油溶性暂堵剂具备变形封堵、油溶解堵的优点，在低含水油层应用效果较好，但是存在应用范围受软化点限制、高含水储层效果不佳等缺点；淀粉植物及凝胶颗粒等暂堵剂，具备粒径范围大、储层条件下可降解的特点，适合老油田高含水储层作业，但暂堵承压能力有待提高。可根据井况选用一种或者几种暂堵剂复配应用，做到颗粒"大小匹配""软硬协同"，实现"堵得住、解得开"。

二是采用低密度微泡修井液。在含有增黏聚合物、表面活性剂、稳定剂等处理剂的基液中通入氮气，经过强力搅拌形成一种比较稳定的低密度微泡沫流体。以此作为修井液，在中浅层低压油井洗井、冲砂等作业中，可以降低井筒液柱压力，同时利用泡沫体系的黏滞力减缓井漏、避免固相暂堵剂的不利影响。当储层还存在优势渗流通道或洞缝发育时，可以和暂堵剂协同配合应用。在井温较低时，可采用破胶剂促进增黏聚合物降解，提高作业后产量恢复率。

（4）固相加重的高密度修井液体系。

在高压油气井开展修井作业，常需用到密度超过 1.6g/cm^3 的修井液。如果采用无固相盐水体系，要么腐蚀性强，要么成本极高，这时采用固相加重的水基或者油基高密度修井液体系无疑是一个相对可行的办法。这两种体系组成与配制方法与水基钻井液、油基钻井液类似。

高密度修井液一般应用在高温高压深井作业，体系高温稳定性能是首先要考虑的问题。对于油气井地层温度低于160℃时，可采用添加有磺甲基酚醛树脂等抗温性材料配制成的水基修井液体系。为满足更高地层温度的复杂深井作业需求，油基修井液在塔里木、西南等地区的应用日益增多，充分发挥了油基钻井液体系的高温稳定性和强抑制性能。例如塔里木油田克深8号气藏为裂缝性砂岩储层，地层压力高达120MPa，温度170℃左右，为了满足保护储层和长时间修井作业需要，在压井作业中常采用油基钻井液压井。Kes8.A井曾经分三阶段共泵入1.85g/cm³油基钻井液155m³，顺利完成超高压高产气井压井作业，控制了井控风险，保护了储层。

实际上很多修井液是由现场应用的钻完井液改造转化而来。

为满足高温高压深井修井长时间作业的需要，必须在提高修井液体系流变性能和优选加重剂种类等方面采取更多针对性措施，并在应用之前进行严格的模拟实验评价。比如模拟评价修井液在预计修井工期或更长时期的高温稳定性，要求各项性能相对稳定，不发生沉降、分层等现象，以满足安全作业、保护储层的需要。

三、保护油气层的修井工艺措施

1. 选择适当的修井作业工艺和施工参数

修井作业必须在保证油气层不受损害或尽量减少油气层损害的前提下进行，具体而言：

（1）采用适当完井、生产工艺，减少修井作业次数。

（2）优化修井作业程序，缩短修井作业时间，提高修井作业一次成功率，避免多次重复作业。

（3）优选施工参数，如采用适当起下管串速度，避免因压力激动或抽吸造成油气层损害；采用适当的修井液密度，避免因密度过大而造成漏失或大量滤液侵入油气层，采用适当的修井液上返速度和黏度，避免修井作业中碎屑堵塞油气层，采用适当的放喷压差，避免因此造成的油气层应力敏感损害、油层脱气损害等。

2. 推广应用连续油管、带压作业修井技术

常规修井作业总是通过向井内注入压井液来进行的，就不可避免地对油气层造成一定程度的损害。而连续油管和带压作业修井技术，可以在井口带有压力条件下，实现带压、负压或欠平衡作业，不用往井内注入压井液，就能完成起下井内管柱、通井、冲砂、刮垢、射孔、酸化、压裂、套磨铣等作业，避免了外来流体入井，防止修井液损害储层。目前，国内外连续油管和带压作业修井技术及配套装备得到快速发展，可在105MPa以上的高压气井中

实施带压作业。连续油管和带压作业修井技术已经广泛应用于国内外各大油气田,成为油气层保护技术重要发展方向。

3. 防损害采油管柱技术

其防损害原理为:正常抽油生产时多功能洗井阀关闭,当需热洗清蜡时,在一定的压力下多功能洗井阀被打开,由于封隔器隔断了油套环空,洗井液只能从洗井阀进入油管内,在底部单流阀的作用下,从上部油管返出而不会漏入油气层,从而达到防止洗井液漏失、保护储层的目的。针对储层压力低、洗井作业井漏造成储层损害严重的油气井,可应用防损害采油管柱技术。

4. 加强设计管理,提高保护储层效果

安全、高效、优质地完成修井作业,同时保护好储层,精心设计是基础。设计涉及地质、试修工程、油田化学、采油工程等多个专业,设计人员既要具备相关专业的理论知识,又要有一定的现场实践经验,这样编制的设计对作业才具有指导性和可操作性。目前修井设计不规范,在保护储层方面没有形成统一标准格式,需要各油田针对具体情况尽快制定相关技术规范和标准,提高修井作业后保护储层效果。

5. 运用修井作业 QHSE 管理体系

QHSE 是将质量、安全、环境与健康融为一体的全新管理体系。加强工作人员对 QHSE 管理的学习,在修井作业前进行风险分析,预防和控制事故的发生,可以有效地减少人员损害、财产损失和环境污染等问题,同时通过加强技术应用过程的质量控制,提高技术应用效果。

第五节 提高采收率过程保护油层技术

一、稠油热采过程储层损害与保护技术

稠油热采过程中,在高温降黏采油的同时,高温、高压、强碱的蒸汽对油层造成了一定损害,降低了注蒸汽开采的应有的效果。总的来说,蒸汽注入对油层的损害可以分为下面的几个方面:(1)黏土膨胀;(2)矿物的转化、溶解和沉淀;(3)微粒的产生、运移和滞留;(4)沥青质沉淀;(5)润湿性转变;(6)乳化物堵塞。这几方面既有区别,也有联系,它们的共同作用造成了油层渗透率下降。

1. 稠油油藏蒸汽驱或蒸汽吞吐过程储层损害机理

1)黏土矿物膨胀及微粒运移损害

由于注蒸汽开采注入蒸汽液相矿化度大大低于地层水的矿化度,容易造成黏土膨胀,特别是当低于黏土的临界矿化度时,黏土膨胀加剧,渗透率大

大降低；高速注入蒸汽容易造成黏土微粒运移，堵塞喉道，也可能造成渗透率大幅度下降。在高温、高压、强碱的条件下，高岭石、蒙脱石、伊利石、绿泥石等黏土矿物和石英、长石等非黏土矿物会发生转化，形成敏感性矿物，增加油层速敏、水敏、酸敏等潜在敏感性。

2) 油层矿物转化、溶解、沉淀造成的损害

注蒸汽过程中，在热水和蒸汽的相互作用下，常出现蒙脱石和沸石沉淀，蛋白石、高岭石、方解石及其他一些黏土矿物的溶解。矿物的溶解与温度、蒸汽凝析液的强碱性和低离子浓度有关。随着温度和pH值的升高（pH>9），石英和硅质矿物的溶解迅速增加，化学反应最强烈的地方是温度和pH值最高的注入井井筒附近。矿物溶解造成的储层损害有两种形式：一是当储层变冷或饱和热水向储层深部运移并变冷时，溶解的矿物易产生沉淀，造成油层损害；二是可溶矿物中含有不可溶的颗粒，当高温注入水将可溶物质溶解时，非可溶颗粒被释放，随流体流动，在孔喉处成形成架桥或堵塞。

(1) 高温下水岩反应机理。

高温下，储层主要骨架矿物如石英、长石比黏土矿物更为稳定，一般情况下不与外来流体发生反应。但热采时，高温蒸汽及蒸汽冷凝水，其pH值可达12以上。在高温强碱性的蒸汽冷凝水的作用下，黏土及其他矿物如石英、长石将发生溶解、分解及合成反应。其反应强度主要受矿物、流体成分及pH值温度控制。

Hayatdavoudi 实验发现，方解石、高岭石、石英的存在，而且高温下会向蒙脱石和二氧化碳转化。

$$白云石+石英+高岭石+H_2O \longrightarrow Ca，Mg+蒙脱石+方解石+CO_2$$

方解石可接替白云石发生下面的反应：

$$方解石+石英+高岭石 \longrightarrow 蒙脱石+H_2O+CO_2$$

(2) 高岭石。

在碱性条件下高岭石很不稳定。不同pH值、不同温度环境下其反应机理、反应产物不同。当 pH=9 和温度 $T=250℃$ 时，高岭石通过下列反应生成蒙皂石：

$$Me+高岭石+H_4SiO_4 \longrightarrow 蒙皂石+H_2O+H^+ \tag{7-3}$$

在高温（$T=250℃$）、强碱（pH>10）条件下，高岭石形成方沸石。即：

$$Me\ 高岭石+H_4SiO_4 \longrightarrow 方沸石+2H_2O+2H^+ \tag{7-4}$$

其中，Me 代表 Ca^{2+}、Na^+ 等离子。在 200~250℃，蒙皂石的形成与白云石溶解同时进行，其反应方程式如下：

$$\text{高岭石} + \text{白云石} + \text{石英} \longrightarrow \text{蒙皂石} + \text{方解石} + H_2O + CO_2 \tag{7-5}$$

在中性 NaCl 溶液中，高岭石、伊利石和方解石将发生如下反应：

$$\text{高岭石} + \text{方解石} + \text{石英} \longrightarrow \text{蒙皂石} + H_2O + CO_2 \tag{7-6}$$

蒙脱石是水敏性黏土矿物，易发生水化膨胀，在水动力作用下分散运移，堵塞孔喉，降低渗透率。Hayatdavoudi 等实验发现，高温条件下高岭石除转化为水敏性蒙脱石外，还可能通过 4 种反应历程形成管状的埃洛石和碎屑状地开石，这些矿物的形成导致孔隙空间缩小，引起渗透率降低。

(3) 蒙皂石。

在 $NaOH+NaHCO_3$ 介质溶液中，在 $T>350℃$，$pH>11$ 的条件下，当钾长石溶解提供 K^+ 时，蒙皂石转变成伊利石；当石英大量溶解以及加上富 Na^+ 的介质时，蒙皂石转变成方沸石；在 $NaOH+KH_2PO_4$ 介质溶液中，蒙皂石主要转变成伊利石；在 $NaOH+NaHCO_3$ 介质溶液中，当 $T>350℃$ 时，随着 pH 增加，蒙皂石转化为伊/蒙间层矿物，接着生成伊利石，在 $T=350℃$ 时，出现新生矿物水铝石。

(4) 碳酸盐矿物。

向储层注入蒸汽过程中，一方面发生碳酸盐矿物的溶解，另一方面又有新的矿物产生。高岭石在蒸汽温度下的分解与碳酸盐分解相关。实验中及矿场中已监测到 CO_2 产生，稳定同位素数据表明，大量 CO_2 是由于碳酸盐矿物分解所致。岩心驱替实验流出液监测证明，产出液溶解钙的水平仅是产出 CO_2 的 1/10，说明方解石分解所释放出来的钙被消耗于蒙脱石的合成，碳酸盐矿物的存在是使高岭石在油藏中迅速转化为蒙脱石，并伴之以储层损害的先决条件。黏土矿物、高岭石—伊利石—沸石同在酸性水中稳定的高岭石、中性水中稳定的蒙脱石和碱性水中稳定的沸石形成一系列的反应。高岭石接触中性或碱性蒸汽冷凝水时，高岭石分解形成伊利石(蒙脱石)和(或)方解石并释放出酸，产出的酸通过与碳酸盐矿物反应放出 CO_2 而消耗掉：

$$\text{方解石} + 2H^+ \longrightarrow H_2O + Ca^{2+} + CO_2$$

其他盐矿物如长石能够与高岭石分解产生酸反应，但动力学条件有利于碳酸盐反应，如果碳酸盐存在于油藏中，它们将控制酸消耗和相应的 CO_2 释放。

另外，碳酸盐在热采过程中，与硅铝酸盐反应生成沉淀。反应式如下：

$$\text{硅铝酸盐} + \text{碳酸盐} \longrightarrow \text{黏土矿物} + CO_2$$

硅铝酸盐包括长石、高岭石等，碳酸盐包括菱铁矿、灰质岩、白云岩等，产生的黏土矿物为蒙脱石等，它容易对储层造成水敏性损害。此外，CO_2在近井眼地带容易形成碳酸钙沉淀而造成损害。

(5) 微粒石英(SiO_2)。

常温下，二氧化硅的化学性质比较稳定，一般情况下不与外来流体发生反应，其在水中溶解度较低，但是随着温度升高，二氧化硅溶解度会增大；另外，注蒸汽采油过程中，注入到储层的蒸汽冷凝水溶液一般呈碱性，这使二氧化硅的溶解加剧。石英在碱性溶液中具有很强的溶解性，其溶解量随着pH值和温度值升高而增加，当pH<10时，石英的溶解量相对较低（36~440mg/L），当pH=13时，石英溶解急剧增加，其值可以达到480~16200mg/L。无定形二氧化硅由于结构的原因，在水中的溶解度较高，随着温度升高，溶解度增大。二氧化硅在水中溶解反应方程式为：

$$SiO_2 + 2H_2O \longrightarrow Si(OH)_4$$

硅石(SiO_2)在水中的溶解度主要由温度和pH值决定，离子强度和压力是次要的因素。大量硅质溶解后形成H_4SiO_4，与高岭石、蒙脱石形成新矿物，化学反应方程式如式(7-3)至式(7-5)所示。蒸汽注入井附近，注入流体可能已成为石英和其他矿物的饱和状态。随着注入水向储层内的位移、冷却，硅石可沉淀为非晶硅石或石英及产生其他的新矿物。硅石沉淀将影响储集层的特性。

3) 油层碱敏损害

从稠油注蒸汽现场可以知道，尽管锅炉给水的pH值已调为8左右，但锅炉出口的蒸汽液相部分的pH值却高达10~12，呈强碱性。用强酸和强碱进行的实验表明，流动溶液的pH值对油层损害具有重要的影响。注入蒸汽的pH值发生变化是由于油层矿物，例如方解石和菱铁矿的增溶与溶解以及注入的阳离子与黏土表面的可交换阳离子之间的离子交换。因此，在建立渗透率降低程度与pH值之间的关系时，必须考虑与储层接触的溶液的实际pH值和注入pH值之间的差别。

4) 温热效应损害

温度对渗透性损害具有很大的影响。已经表明在当仅使用蒸馏水时，由于应力引起的在颗粒接触处的硅溶解，在高温下会观察到明显的渗透率降低。

5) 沥青质沉积损害

沥青质在油层中造成的损害有三种方式：(1)填积孔隙或在狭窄喉道处形成桥堵；(2)附在岩石表面使润湿性发生反转，导致储层由亲水变为亲油；(3)形成油包水乳状液，增大烃类黏度，降低其流动性。

高倍透射电镜对实验流出液进行鉴定表明,溶液中沥青表现为三种类型:(1)分散状,沥青以分散质点的形式分布在胶体溶液中,质点为球粒状,粒径一般为 1~10μm;(2)凝絮状,沥青胶质凝聚为絮状,常呈现为薄膜状、胶束状、海绵状等多种形状,具有很强的黏结力,常把许多沥青微粒黏结在一起,这些凝絮在溶液中是可以随意流动的;(3)团块状,由沥青微粒聚集形成,多以枝状、网状和团块状等形状产出,其内可包裹岩石微粒,大小多在 10~100μm 以上。

稠油注蒸汽引起的沥青沉积岩心实验结果表明,沥青质在岩心中以三种基本产状赋存:(1)星点状,沉积沥青质以孤立、分散的星点状零星分布于岩心孔隙之中,因其分散且数量极少,对物性损害小,主要在 50~100℃实验岩心中形成。(2)斑块状。沥青质多以较大的斑块、片状或孤岛状等形式赋存,且多与星点状沥青质构成组合,主要在 150~200℃实验岩心中形成。由于斑状较大,有些堵塞了狭窄的孔喉,对岩心物性造成一定的损害。(3)包裹(或网络)状,沉积沥青质作局部连片分布,有些构成网络,填积喉道,包围颗粒;有些直接包裹在颗粒表面,产生润湿性反转,由亲水变为亲油,主要在 250~300℃实验岩心中形成。这类产状不仅堵塞孔喉,而且产生润湿性反转增加渗流阻力,故对岩心物性损害极大。

6) 润湿性变化油层损害

润湿性是控制油水微观分布的重要因素,在很大程度上影响着束缚水饱和度、残余油饱和度、油水相对渗透率以及最终采收率。

Morrow 等(1965)系统地研究了润湿接触角对相对渗透率曲线的影响。当岩石水润湿程度越高,曲线靠近高含水饱和度区;当岩石油润湿程度越高,曲线越靠近高含油饱和度区。润湿角从 180°向 0°变化的过程中,相对渗透率曲线呈现规律性变化,每组油水两相曲线逐渐右移,束缚水饱和度逐渐增加。

热采过程中,在油水两相状态下,当温度由低变高时,相对渗透率曲线右移,含水饱和度增加,残余油饱和度降低,两相流区域变小、变窄。主要原因:一是岩石润湿性亲水性增强;二是油层岩石热膨胀,缩小了孔隙尺寸,使得两相共存区减小。

当油藏使用蒸汽驱时,液相为油相,气相为蒸汽,液、气在孔隙中的分布位置将发生变化:残余油将逐渐直接接触孔壁表面,而气相逐渐位于孔隙中间,从而使得残余油大量增加,影响原油最终采收率。这种润湿性改变可能影响很长时间,也可能随着热水驱替的进行,油相、水相又会逐渐转变润湿性,从而改变位置。强水湿和油湿体系测得的相对渗透率的差别是由于流体分布的不同所致。以强水湿为例,在束缚水饱和度时水存在于小孔隙内,它对油流影响很小。由于水不能明显阻碍油流,故油的有效渗透率相当高,常常接近绝对渗透率。反之，在残余油饱和度下水的有效渗透率则很低，因为一些残余油以油滴形式滞留于大孔隙中心，它有效地降低了水的渗透率。因此，在残余油饱和度下，水的渗透率远小于束缚水饱和度下油的渗透率，对强水湿岩心两者比值小于0.3。在强油湿岩心中，油、水两相流体分布相反。在束缚水饱和度下，由于束缚水阻碍油的流动，油的渗透率变低。在残余油饱和度下，残余油位于小孔隙中，以油膜形式贴附于岩石表面，它对水流影响很小，因此水相渗透率较高。有研究表明，水湿储层被改变成油湿储层后一般可使油相渗透率降低15%~85%，平均降低40%，这将严重影响原油采收率。

7) 乳化物堵塞

在蒸汽驱过程中，水相一般为低矿化度的蒸汽冷却液体，易于原油形成乳化液体，乳化液的表观黏度比没有乳化的原油的表观黏度高10倍以上。在驱替过程中，由于高黏度效应及贾敏效应，使驱替阻力增加，造成捕集高黏度的不可流动相，从而阻碍随后的移动油相、水相，进一步引起乳化，使驱替波及体积减小，原油采收率降低。

2. 稠油热采过程储层保护

综上所述，黏土矿物膨胀、矿物溶解及矿物转化均能造成油层的损害，尤其是发生了物化作用和水热作用。为了减少这些油层损害，需调整和控制注入蒸汽的质量和参数。

(1) 控制蒸汽注入速度。由于黏土矿物的水敏性以及速敏性，故应控制其临界注入速度。

(2) 控制注入蒸汽pH值。应将pH值控制在某一个临界值(实验结果表明，pH值以9为宜)，在此临界值时各种温度下，蒙脱石膨胀率最小，矿物溶解量最小，没有析出新的硅质矿物。

(3) 采用合理的防砂措施。

(4) 提高蒸汽的干度。

(5) 对锅炉排出的蒸汽进行处理，清除机械杂质。

(6) 添加硝酸铵、氯化铵等铵盐，降低pH值和硅的溶解，其添加量与$NaHCO_3$含量成正比。

(7) 添加高温黏土防膨剂。高温矿物的转化，要控制水敏损害的产生，可考虑添加高温黏土防膨剂。

总之，在注蒸汽开采稠油过程中，油层损害是极其复杂的，往往同时出现几种类型损害的综合作用，因而在油层保护措施方面应综合考虑，将油层损害降低到最低程度，达到保护油层的目的。

鉴于注蒸汽开采稠油过程中，不可避免地会发生由于高温蒸汽作用引发的油层损害，在地质条件比较有利的情况下，采用稠油冷采是一种降低损害的可行途径，国内外已经开始进行矿场试验，并部分投入生产运行。

二、化学驱油过程储层损害及保护技术

化学驱以其在理论上的成熟性、经济技术上的可行性，决定了其在未来三次采油中发挥越来越重要的作用，但化学驱引起的油层损害问题也更为突出。

目前，化学驱主要分为聚合物驱、表面活性驱和碱驱三大类，后来又发展出碱—聚合物驱和表面活性剂—聚合物复合驱。因此，化学驱都离不开聚合物。

1. 聚合物引起的油层损害及保护技术

化学驱所用的聚合物目前主要有两种：一种是部分水解聚丙烯酰胺；另一种是黄胞胶生物聚合物。从产品形状来看，前者有干粉、乳状液、胶板和水溶液；后者为干粉和发酵液。干粉易于运输，但如果分散溶解不好易于形成鱼眼而堵塞油层。特别是聚合物干粉颗粒极不均匀，微颗粒太多，极易形成鱼眼。为了防止形成鱼眼，在配制聚合物溶液时要让颗粒均匀分散。一旦形成鱼眼要通过过滤器除去。黄胞胶产品内存在细菌噬体和凝胶也会引起油层堵塞。国外产品多用酶消除堵塞。为防止油层损害在注入前需要严格的质量监督，其过滤比超过1.2~1.5的产品不能使用。

油层中高价铁离子容易与聚合物发生反应形成微凝胶而堵塞储层。实验表明，若水中Fe^{3+}含量小于1mg/L就有堵塞的可能，若Fe^{3+}含量大于1mg/L就可产生明显堵塞使注入压力上升。因此，注入管线及油管应采用内防腐，要防止Fe^{2+}起催化作用，使聚合物化学降解造成黏度损失，还要防止Fe^{3+}微凝胶造成油层损害。在注入水中加入适量的螯合剂，也可以防止微凝胶的形成。

聚合物分子量大，在同样浓度下可产生更高的黏度，因此人们希望采用分子量尽可能高的聚合物以获得最大的黏度。聚合物分子量与岩石的渗透率间存在一定的配伍性。若分子量过高，通过孔隙介质时发生严重的剪切降解，不仅得不到相应的黏度，反而使注入压力上升造成不应该有的能量消耗和油层损害。增大炮眼直径，扩大渗滤面积，选择适宜的聚合物分子量和注入速度是聚合物驱设计中应该注意的问题。

聚丙烯酰胺聚合物存在着盐敏效应，水矿化度越高聚合物的黏度越低。为了增加聚合物的有效黏度，往往采用淡水配制聚合物溶液，并且把有无淡水来源作为能否采用聚丙烯酰胺聚合物驱的重要原因之一。注入淡水可能会加剧油层中水敏矿物造成的损害，这也是聚合物驱设计中应该注意的问题。

为防止油层损害，在正式注入聚合物之前，应该进行单井试注试验，考察注入能力。也可以进行单井吞吐，根据降解选择适宜的分子量。聚合物储罐须为塑料衬里或不锈钢制成，所有注入管线和油管进行内防腐，以减少

Fe^{3+}或加入100mg/L柠檬酸，使形成微凝胶的堵塞减至最小。聚合物溶液要通过5μm的滤器，除掉鱼眼和微凝胶。聚丙烯酰胺为阴离子聚合物，因此在防止微生物降解时，不能采用离子型杀菌剂，防止相互作用造成油层损害。

如果已发现由聚合物堵塞造成的损害。可以注入次氯酸钠溶液解堵。

2. 碱剂引起的油层损害及保护技术

碱水驱和各种复合驱中都要使用碱性化学剂，一方面，与原油中有机酸反应形成天然表面活性剂降低界面张力；另一方面，可降低岩石表面对注入表面活性剂的吸附。化学驱中常用的碱剂为Na_2CO_3、Na_4SiO_3、NaOH。

注入碱剂使pH值升高，改变了岩石表面原来的双电层，由于静电排斥作用，更易使黏土微粒从岩石表面释出和运移，加剧了微粒运移的油层损害。pH值升高，黏土矿物的膨胀性加剧，使水敏性增强。因此，在设计碱水驱时，必须首先进行碱敏评价，以确定该油层是否适合于碱水驱。

在高pH值下，油层内更易结垢。碱剂引起的结垢主要有两种；一种原因是碳酸盐垢，特别是注碳酸钠时。碳酸钠可以与地层水中的钙离子形成碳酸钙沉淀，也可以与油层中黏土矿物进行钠、钙的离子交换形成碳酸钙沉淀。为此，应对油层岩石进行离子交换容量分析，分析沉淀的可能性。最好用结垢预测软件，预测结垢趋势、结垢垢型与结垢量，预先采用防垢措施。

结垢的另一种原因可能是碱溶解矿物造成的，特别是注入强碱NaOH时更为严重。碱与石英、长石和各种黏土矿物都可以反应，使碱损耗，降低了碱的有利作用。碱溶解矿物后，形成的硅、铝等物质会形成新的矿物（如沸石）又沉积下来，堵塞喉道，降低渗透率。碱与石英等反应还会形成高水合的非晶态硅酸盐沉淀，或与碳酸盐形成混合垢堵塞油层。非晶态硅酸盐即使不沉淀，在以后水驱时，由于碱耗在驱替前沿碱浓度下降，pH值降低还会形成无定形的硅凝胶。这在注入原硅酸钠碱剂时就特别明显，美国威明顿油田碱水驱时由于这种原因使油井产量骤减，甚至不能开井生产。

为提高碱驱效果和减少结垢的可能性，注入水最好进行软化处理。特别是在设计中要进行充分的碱敏性评价，以选择合适的碱型。若黏土膨胀，可以用钾碱代替钠碱。

3. 表面活性剂引起的油层损害及保护技术

化学驱中使用的表面活性剂，大多数为石油磺酸盐，属于阴离子型表面活性剂，与一切阳离子表面活性剂和聚合物不配伍。石油磺酸盐与地层水及黏土中的可交换多价阳离子也会形成磺酸钙沉淀。对黏土矿物来讲，无论是注入表面活性剂还是碱剂，由于Ca^{2+}被Na^+交换，都会使黏土的水敏性大大增强。

油水乳状液是化学驱油层损害的主要形式之一。碱剂以及在注水过程中，由于界面扰动，会形成油水的自发乳化或剪切乳化。表面活性剂的存在，或油层中微粒的存在，使乳状液稳定而难以聚并。无论是水包油型还是油包水型乳状液，都会使流体黏度增高，流动阻力增大（碱驱开采重油例外，它是使重油乳化，使乳状液黏度低于重油黏度提高采收率）。乳状液在孔隙介质中移动，会引起喉道内压力不规则的瞬时波动，其结果可促使油层内微粒运移，产生损害。油水乳化有时也是提高采收率的机理之一。如乳化捕集机理就是为了让原油乳化后堵塞高渗透层的大孔道，扩大水的波及体积，此时不应属于油层损害之列，正如注入聚合物，让其地下交联产生凝胶进行调剖一样。

在复合驱中表面活性剂和聚合物在同一溶液、在一定矿化度下（特别是有碱存在时）会产生相分离，形成十分黏稠的表面活性剂富集相。它不仅使原来配制的驱油体系失败，同时也会使有效渗透率降低，引起油层损害。因此，在配方设计中应进行长时间的相态研究（相分离速度很慢，有时需数月才能发现相分离），采取必要措施防止相分离。

三、CO_2 驱过程油层损害和保护技术

CO_2 驱油由于具有较高的采油效率与良好的二氧化碳地质封存作用而受到国内外广泛的重视，目前，国内很多油田也在条件适合的油区进行 CO_2 驱现场试验，并取得了良好的成效。但是对于 CO_2 驱造成的损害的认识和重视程度不够，以致影响了开发经济效益。例如，某油田 CO_2 驱就因气体指进造成十几天后采油井就大量见气，并伴随有大量结垢的惨痛教训。在气驱之前，首先要对注 CO_2 可能造成的损害进行分析和预测，辅之以必要的室内实验，在矿场试验中，采取有针对性的措施，这样才能确保随后的施工顺利进行，减少损害，提高开发的经济效益。

1. CO_2 驱油过程油层损害

CO_2 驱油过程中造成的油层损害包括以下几个方面。

1）石蜡、沥青质沉积

由于 CO_2 的不断抽提作用，难溶的沥青质、石蜡最终沉淀出来，这是 CO_2 高效驱替效率相伴的主要副作用。当注入的 CO_2 与原油接触时，流体特性和平衡条件发生改变，有利于有机固体的沉淀。沥青质、石蜡沉淀，可以改变油藏岩石的湿润性，影响注水动态；它也可引起油层损害和井眼堵塞，处理和净化费用很高。

压力本身对石蜡的溶解度基本上没有影响，但却影响了体系在相图上的位置，进而控制了油气、固相的组成。在较高 CO_2 浓度和高压条件下，除存在富含烃类的液相 L_1 和富含 CO_2 的液相 L_2 外，还有固相 S 出现，这就是沥青

质、石蜡等物质；压力降低后，出现一含 L_1、L_2、S 和气相 V 的多相区；在更低压力下，体系仅存在液—气两相。高压下有固相出现是因为 CO_2 将原油中的轻质和中间组分抽提后，原油溶解沥青质、石蜡的能力下降，这些固体从原油中析出而成为单独一相；当体系压力下降时，富含 CO_2 的液相蒸发，同时 CO_2 抽提烃类物质能力有所下降，一些烃又回到 L_1 中，增加了原油对沥青质、石蜡的溶解能力，固相逐渐消失，L_1 体积相应增大；当完全蒸发为气相时，体系仅存在富含烃类的液相和富含 CO_2 的气相浓度（图7-7）。

CO_2—水的混合物形成的碳酸，相应地与油层岩石的碳酸盐起反应，除了溶解矿物提高渗透率外，弱酸和沥青质含量高的原油接触后能沉淀出焦油状的沥青，所以在现场注气前，应当做一些简单的室内残油与 CO_2 和含碳酸盐的水混合的渗滤实验。近年来，国外在对区块进行注 CO_2 措施前，都要通过电导率的测量、黏度测量、分光光度测定法和重力测量等技术，确定沥青质沉淀作用的开始和沉淀作用的范围。

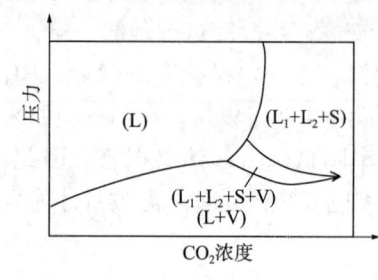

图 7-7 CO_2 驱体系的相图

混相驱过程通过引起储层流体流动和相行为的改变，来改变油层性质。注入气体与原油的混相能引起沥青质在油层中沉淀。通常，注入气体在原油中溶解越多，沉淀问题越严重，从而引起油层产能的损失越大。

2）气侵、气锥引起的油层损害

由于 CO_2 与油层原油存在较大的流度差异，气侵或气油比上升很容易发生。由于过早的气体突破而引起产量下降，气体指进和气锥损害储层的机理类似水锥和水指进。气油比随原油的不断采出及油层压力下降而上升，继续下去气体就成为主要的流体，造成严重油层损害，直到耗尽为止。在多油层中发生气体指进或气锥现象的气体，可能是由于套管漏气、固井质量不好、天然裂缝与气区相连通等原因而形成的。

3）杂质引起的油层损害

CO_2—水段塞交替注入的注入方式，水段塞也是可能引起油层损害的一大因素。黏土膨胀、速敏、注入井井下作业和管理操作不当、多相流动、注入水水质问题等均可对油层造成损害。此外，CO_2 中杂质（气流容易夹带压缩机中的润滑油、柴油、螺纹铅油、铁锈等）进入油层，产生堵塞。CO_2 中夹杂的氧气，进入油层与原油发生氧化作用，致使非溶性烃类沉淀析出。氧气还会使各种细菌繁殖，产生大量堵塞孔道的物质。

4）腐蚀引起的油层损害

CO_2 和水反应生成的碳酸对设备有较大的腐蚀性。其腐蚀物被注入流体带入油层后，造成油层孔隙堵塞。CO_2 的腐蚀作用受多种因素影响，包括 CO_2 分压、温度、含水量、流速、氧、硫化氢、氧化物浓度等参数。室内研究和现场应用表明，CO_2 腐蚀具有如下规律：

（1）水气交替循环注入初期，CO_2 腐蚀性最大。

（2）当 CO_2 分压超过 0.1MPa 时，碳素钢和低合金钢点蚀速率增高。

（3）CO_2 在井筒的流速变化会使腐蚀速率加快，井筒中的铁皮或锈蚀膜是 CO_2 腐蚀作用的产物，这种表层薄膜可起到有限的防护作用，当流速增加时，这种表皮受到破坏；而当流速减慢到停滞状态时，钢管则受到最强烈的侵蚀。因此，一旦流速显著降低，点蚀趋势就增大。

（4）随着温度升高，化学反应速度加快，碳素钢和低合金钢的腐蚀速度随温度升高而加快。

（5）硫化氢和氯化物会加速 CO_2 的腐蚀作用；

（6）产油井下部范围和产气井上部范围 CO_2 损害比较严重。

2. CO_2 驱过程油层保护技术

1）预防有机垢沉积

影响石蜡、沥青质沉淀的外界因素在混相驱过程中比较稳定，难以对油层内部的沉淀过程进行有效抑制，而在井筒附近，外界条件变化较大，是沉淀最易发生的区域，所以目前清除有机垢的措施主要是对井筒进行处理。

（1）机械方法和热力方法。常用的清除沉淀的方法，由于井眼附近的渗流面小，渗流阻力较大，处理前严重制约了产量，而这样的措施往往比较有效，在过去的施工中取得了成功。但是与此相关的费用加上产能降低和设备损害所引起的损失很高，以至于显著影响采油的经济效益，因此开发高效适用的阻垢剂，显得尤为重要。

（2）化学方法。化学抑制剂阻止沥青质、石蜡等沉淀的问题是当前研究的热点，目前最经济适用的阻垢剂基于分散作用(称为分散型抑制剂)，使得即使在絮凝发生后，聚集体体积仍可降低到最小程度。很明显，防止絮凝是防止沉淀的关键。

2）预防气侵或气锥产生

针对气体黏度小、流度大的特点，目前国内外普遍的做法有：(1)注气平衡，均衡油气流动；(2)控制注气和采油速度；(3)调整注采方案，封堵气层。

3）预防杂质引起的油层损害

（1）严格注入气的预处理。用于注入的 CO_2 一定要严格预处理，尽量减少 S 和 O_2 等的存在；另外，注入气要与储层岩石矿物和地层水配伍。

(2) 预防 CO_2 腐蚀产物引起的油层损害。由于流速变化会加速腐蚀，因此，在井下管柱设计中应避免流动方向或直径突然变化，油管接箍必须齐平，井口连接装置亦如此；管材应选高合金钢，井下管柱应采用13%铬马氏体不锈钢，9%铬、1%钼钢，或冷加工双炼不锈钢；采用环氧树脂、塑料材料、改进的聚胺脂和酚醛树脂等涂层防腐。

参 考 文 献

[1] Lu Zili, You Lijun, Kang Yili, et al. Formation Damage Induced by Working Fluids Sequentially Interacting with[J]. Geoenergy Science and Engineering, 2024(233): 212-482.

[2] 游利军, 谢本彬, 杨建, 等. 页岩气井压裂液返排对储层裂缝的损害机理[J]. 天然气工业, 2018, 38(12): 61-69.

[3] 游利军, 王巧智, 康毅力, 等. 压裂液浸润对页岩储层应力敏感性的影响[J]. 油气地质与采收率, 2014, 21(6): 102-106.

[4] Hayatdavoudi, A. Controlling Formation Damage Caused by Kaolinite Clay Minerals: Part II[C]. SPE 39646, 1998: 421-429.

[5] Morrow N R, Harris C C. Capillary Equilibrium in Porous Materials[J]. SPE Joumal. 1965, 5(1): 15-24.

第八章 油气层损害的矿场评价技术

油气层损害的矿场评价是保护油气层系统工程的重要组成部分。使用矿场评价技术可以评判钻井、完井直到油气田开发生产(包括二次采油和三次采油)各项作业过程中油气层的损害程度，评价保护油气层技术在现场实施后的实际效果，分析存在的问题。正确使用矿场评价技术，可以及时发现油气层，准确评价油气层，减少决策失误。此外，还可以利用矿场评价所获得油气层损害程度的信息，及时研究解除损害的技术措施，并可以结合试井分析诊断油气层损害原因，进一步研究完善各项作业中保护油气层技术措施及增产措施。例如某探井，对奥陶系石灰岩进行中途测试，未见油气，而表皮系数高达21.9，说明油气层受到严重损害。完井后采用酸化解堵，可自喷生产，产油11.2m³/d、气66518m³/d，从而发现了一个新的油气田。又如二连盆地某井，中途测试产油量高达120m³/d，表皮系数为-1，钻井完井过程油气层没有受到损害。但完井后试油时，产油量降为14m³/d，表皮系数增为17，反映油层在完井过程中受到了严重损害，有必要改进完井技术措施，减少损害。

矿场评价不同于室内岩心评价。室内岩心评价，分析的受损害情况范围小，难以再现地下的复杂的地质和工程条件。而矿场评价是对油气井原地实际情况进行动态分析，其评价范围大，可反映井筒附近几十米甚至数百米范围内的油气层有效渗透率和损害程度。

第一节 油气层损害测试评价方法及评价指标

油气层损害矿场评价包括试井评价、产量递减分析等，如图8-1所示。

一、油气层损害的试井评价

油气层损害程度可以通过对试井过程中所获得的测试压力曲线的分析，定性或定量地加以确定。

1. 利用地层测试压力曲线定性诊断油气层损害情况

图8-2为典型地层测试压力曲线图，图中曲线A为低压低渗透干层曲线；曲线B为低渗透层曲线；曲线C为能量衰竭层曲线；曲线D_1和D_2为存在损害层曲线；曲线E为高压低渗透层曲线。

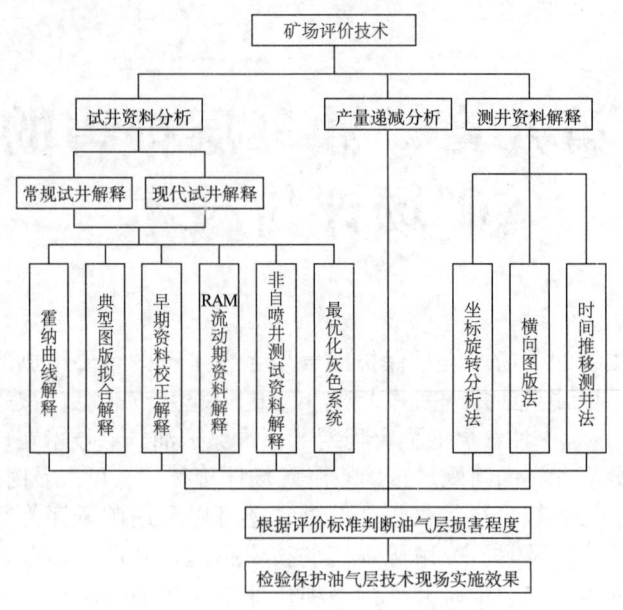

图 8-1　油气层损害矿场评价技术

图 8-3 为存在损害的高渗透层典型 DST 测试曲线，它具有以下特征：

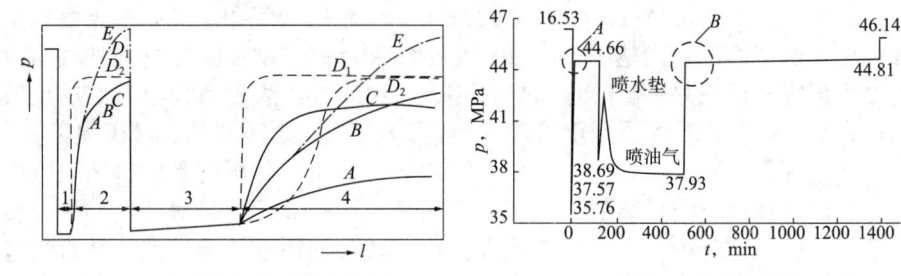

图 8-2　典型地层测试压力曲线
1—初流动期；2—初关井期；3—终流动期；
4—终关井期

图 8-3　油气层损害典型压力曲线

(1) 开井流动压差较大；
(2) 关井压力恢复初期，恢复压力上升速率大，且有明显的转折点(如图标注的 A、B 点)。

依据以上特征可以定性判断油气层损害程度。压力恢复曲线转折点(A、B)处曲线越接近直角，开井流动压差越大，油气层损害越严重。

2. 利用测试资料定量分析油气层损害程度

在勘探开发不同阶段，运用试井分析方法，经过对测试取得的压力、产能、流体物性等资料的分析处理，便可得到表征油气层损害程度的表皮系数(S)、堵塞比(DR)、附加压降(Δp_s)等重要参数及表征油气层特征的其他参数，见表 8-1。

表 8-1 勘探开发不同阶段试井分析可以获得的参数

测试类型		流体性质	产能	地层压力	渗透率	表皮系数	堵塞比	附加压降	边界距离	边界性质	驱动类型	储量	注水前缘	备注
中途测试		√	√	√	√	√	√	√	—	—	—	—	—	测试时间不易过长，控制在 8～24h，避免卡钻
完井试油测试		√	√	√	√	√	√	√	—	√	—	—	—	非自喷井开井阶段自行关井，以保恢复资料质量
开发井测试	油(气)井	√	√	√	√	√	√	√	√	√	√	√	—	气井要完成两次完整的开关井，以保证无阻流量和真实表皮系数求取
	注水井	—	—	√	√	√	√	√	√	√	—	—	√	
作业评价测试		√	√	√	√	√	√	√	√	√	√	√	—	要保证恒量注入

注：表中打"√"的表示能获得的参数。"—"表示不能获得的参数。

— 249 —

使用试井过程所获得的压力曲线进行解释时，在均质油藏单相流动情况下，如测压时间足够长，压力—时间半对数曲线出现直线段（即达到径向流阶段），可用霍纳法求出油气层有效渗透率和表皮系数。但对于某些非均质性、多相流的油气层，达到直线段的时间可长达数月，而实际试井时间只有 3~5d，因此无法使用霍纳法。近十几年，发展了多种现代试井解释方法，图 8-1 中仅列出了其中常用的几种，例如典型曲线拟合法、灰色指数法等。利用试井早期资料，根据油气层情况选用不同解释方法可求油气层参数及损害参数。

二、油气井产量递减曲线分析

油气井的生产动态随着时间的推移而变化，进行油气井产量递减分析对于正确诊断和识别油气层损害是非常有用的。

1. 产量递减动态分析是正确识别油气层损害的重要手段

根据油气田或油气井产量的正常递减规律，当油气田或油气井的年（月）产量递减率过大时，或者是在油气井开采的初期或修井作业后出现产量锐减，都可根据产量递减动态分析来判断是油气层损害，还是油气层能量衰减或水淹造成的。

2. 产量递减分析方法

(1) 产量—时间关系曲线；
(2) 产量—时间半对数关系曲线；
(3) 产量—累计产出量关系曲线；
(4) 产量—累计产出量半对数关系曲线。

图 8-4(a) 是一口井产量—时间的半对数关系曲线，图中表明了产量的正常和异常递减情形，可以用来诊断油气层损害。图 8-4(b) 是某井产量—时间的关系曲线。

(a) 产量与时间半对数关系曲线

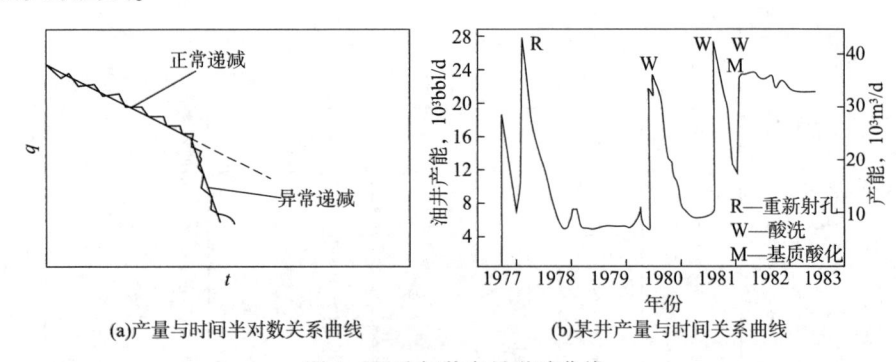

(b) 某井产量与时间关系曲线

图 8-4　油气井产量递减曲线

(5) 规整化产量—物质平衡时间的双对数关系曲线。

以生产过程中的压力、产量等动态数据为依据，基于经典的油气渗流理论，1993 年 Blasingame 和 1998 年 Agarwal 和 Gardner 提出了 Blasingame 产量递减分析方法，可对油气井油气层损害程度及相关参数进行评价。评价的参数主要包括油气层渗透率、表皮系数、井控范围、动态储量、边水推进距离等。下面简单介绍均质油气层圆形封闭边界下，直井（油井）Blasingame 产量递减分析典型图版、曲线诊断分析及实例分析。

1）Blasingame 产量递减典型图版制作

假设外边界封闭的圆形地层中间有一口以恒定产量 q 生产的直井，其井控制半径为 r_e，井底流压为 p_{wf}，地层厚度为 h，原始地层压力为 p_i，井眼半径为 r_w，油层孔隙度为 ϕ，综合压缩系数为 C_t，地层渗透率为 K，流体黏度为 μ，体积系数为 B，距井的距离为 r，生产时间为 t。其定解问题如下：

$$\begin{cases} \dfrac{1}{r}\dfrac{\partial}{\partial r}\left(r\dfrac{\partial p}{\partial r}\right)=\dfrac{\phi\mu C_t}{K}\dfrac{\partial p}{\partial t} \\ p(r,\ 0)=p_i \\ \left(r\dfrac{\partial p}{\partial r}\right)_{r=r_w}=\dfrac{q\mu B}{2\pi Kh} \\ \dfrac{\partial p}{\partial r}\bigg|_{r=r_e}=0 \end{cases} \quad (8-1)$$

式中：q 为油井产量，m^3/d；r_e 为井控制半径，m；r_w 为井眼半径，m；ϕ 为油层孔隙度；p_{wf} 为井底流压，MPa；p_i 为原始地层压力，MPa；h 为地层厚度，m；C_t 为综合压缩系数，MPa^{-1}；K 为地层渗透率，μm^2；μ 为原油黏度，$mPa \cdot s$；B 为原油体积系数；r 为距井筒的距离，m；t 为生产时间，d。

无量纲变量相关定义：

无量纲压力

$$p_D = 2\pi Kh(p_i - p_{wf})/q\mu B$$

无量纲时间

$$t_D = Kt/\phi\mu C_t r_w^2$$

无量纲距离

$$r_D = r/r_w$$

无量纲井控半径

$$r_{eD} = r_e/r_w$$

β 系数

$$\beta = \frac{2}{r_{eD}^2\left(\ln r_{eD} - \frac{3}{4}\right)}$$

无量纲物质平衡拟时间

$$t_{cDd} = \beta t_D$$

将式(8-1)进行无量纲定义和拉氏变换求解可得：

$$\begin{cases} \dfrac{1}{r_D}\dfrac{\partial}{\partial r_D}\left(r_D \dfrac{\partial p_D}{\partial r_D}\right) = \beta \dfrac{\partial p_D}{\partial t_{Dd}} \\ p_D(r_D, 0) = 0 \\ \left(r_D \dfrac{\partial p_D}{\partial r_D}\right)_{r_D=1} = -1 \\ \dfrac{\partial p_D}{\partial r_D}\bigg|_{r_D=r_{eD}} = 0 \end{cases} \quad (8-2)$$

对上述求解得：

$$\bar{p}_D = \frac{1}{s\sqrt{\beta s}}\left[\frac{\dfrac{K_1(r_{eD}\sqrt{\beta s})}{I_1(r_{eD}\sqrt{\beta s})} + \dfrac{K_0(\sqrt{\beta s})}{I_0(\sqrt{\beta s})}}{\dfrac{K_1(\sqrt{\beta s})}{I_0(\sqrt{\beta s})} - \dfrac{I_1(\sqrt{\beta s})}{I_0(\sqrt{\beta s})}\dfrac{K_1(r_{eD}\sqrt{\beta s})}{I_1(r_{eD}\sqrt{\beta s})}}\right] \quad (8-3)$$

式中：K_0 为修正的 0 阶第二类 Bessel 函数；K_1 为修正的 1 阶第二类 Bessel 函数；I_0 为修正的 0 阶第一类 Bessel 函数；I_1 为修正的 1 阶第一类 Bessel 函数；s 为 Laplace 空间时间变量；$\bar{p}_D$ 为 Laplace 空间无量纲压力。

利用式(8-3)，可导出无量纲产量：

$$q_{Dd} = \frac{\ln r_{eD} - \dfrac{1}{2}}{L^{-1}[\bar{p}_D]} \quad (8-4)$$

无量纲产量积分：

$$q_{Ddi} = \frac{1}{t_{cDd}}\int_0^{t_{cDd}} q_{Dd}(\tau)\,d\tau \quad (8-5)$$

无量纲产量积分导数：

$$q_{\text{Ddid}} = -\frac{\mathrm{d}q_{\text{Ddi}}}{\mathrm{d}\ln t_{\text{cDd}}} = -t_{\text{cDd}}\frac{\mathrm{d}q_{\text{Ddi}}}{\mathrm{d}t_{\text{cDd}}} \tag{8-6}$$

根据上述理论,可计算获得定产条件下圆形封闭边界下均质油气层直井 Blasingame 产量递减典型曲线(图 8-5)。

2) Blasingame 产量递减曲线拟合分析步骤

根据单井生产过程的压力、产量等数据和 Blasingame 产量递减典型曲线,其产量递减诊断分析的步骤如下:

(1) 计算物质平衡拟时间。

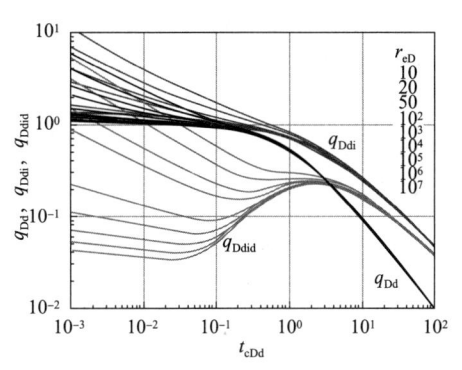

$$t_{\text{c}} = N_{\text{p}}/q \tag{8-7}$$

式中:N_p 为累计产量,m³;q 为日产量,m³。

(2) 计算规整化产量。

$$q/\Delta p = q/p_{\text{i}} - p_{\text{wf}} \tag{8-8}$$

式中:p_i 为原始地层压力,MPa;p_wf 为井底流压,MPa。

(3) 计算规整化累计产量积分。

$$\left(\frac{q}{\Delta p}\right)_{\text{i}} = \frac{1}{t_\text{c}}\int_0^{t_\text{c}} \frac{q}{p_\text{i} - p_\text{wf}} \mathrm{d}\tau \tag{8-9}$$

式中:下标 i 表示积分。

(4) 计算规整化累计产量积分导数

$$\left(\frac{q}{\Delta p}\right)_{\text{id}} = -\frac{\mathrm{d}\left(\frac{q}{\Delta p}\right)}{\mathrm{d}\ln t_\text{c}} = -t_\text{c}\frac{\mathrm{d}\left(\frac{q}{\Delta p}\right)}{\mathrm{d}t_\text{c}} \tag{8-10}$$

式中:下标 i 表示积分;下标 d 表示导数。

(5) 在 lg—lg 双对数图上分别绘制规整化产量、规整化产量积分、规整化产量积分导数与物质平衡拟时间的关系曲线,即 $\frac{q}{\Delta p} \sim t_\text{c}$,$\left(\frac{q}{\Delta p}\right)_\text{i} \sim t_\text{c}$,$\left(\frac{q}{\Delta p}\right)_\text{id} \sim t_\text{c}$。

图 8-5 Blasingame 产量递减典型曲线(用定产解计算)

(6) 使用 Blasingame 产量递减理论典型曲线与上述 3 组曲线进行拟合，使之各组曲线拟合较好。

(7) 根据拟合分析可得到的无量纲井控半径 r_{eD}。

(8) 选择任意一个拟合点，记录实际生产数据点 $(t_c, q/\Delta p)_M$ 以及相应的理论拟合点 $(t_{cDd}, q_{Dd})_M$。在已知油气层厚度、井径、综合压缩系数，则可反求出油气层渗透率，表皮系数，井控半径和储量等参数。

计算渗透率：

$$K = \frac{(q/\Delta p)_M}{q_{Dd}} \frac{\mu B}{2\pi h} \left(\ln r_{eD} - \frac{1}{2} \right) \quad (8-11)$$

计算有效井径：

利用拟合点及步骤(7)中确定的控制半径 r_{eD}，可计算出有效井径 r_{wa}：

$$r_{wa} = \sqrt{\frac{2K/\phi \mu C_t}{(r_{eD}-1)\left(\ln r_{eD} - \frac{1}{2}\right)} \left(\frac{t_c}{t_{cDd}}\right)_M} \quad (8-12)$$

计算表皮系数：

$$S = \ln\left(\frac{r_w}{r_{wa}}\right) \quad (8-13)$$

确定井控半径：

$$r_e = r_{wa} r_{eD} \quad \text{或} \quad r_e = \sqrt{\frac{\frac{B}{C_t}\left(\frac{t_c}{t_{cDd}}\right)_M \left(\frac{q/\Delta p}{q_{Dd}}\right)_M}{\pi h \phi}} \quad (8-14)$$

计算井控储量：

$$N = \frac{1}{C_t}\left(\frac{t_c}{t_{Dd}}\right)_M \left(\frac{q/\Delta p}{q_{Dd}}\right)_M \quad (8-15)$$

3) 实例应用分析

以渤海绥中油田某油井生产数据为例，进行产量递减分析，该井生产动态曲线如图 8-6 所示。原始地层压力为 37.76MPa，地层温度为 125℃，油层有效厚度为 36.7m，孔隙度为 0.163，原始条件下综合压缩系数为 3.55×10^{-4} MPa^{-1}，原始条件下原油体积系数为 1.343。

通过该井实际生产下产量递减曲线与理论曲线进行拟合，结果如图 8-7 所示。根据拟合分析，利用式(8-11)至式(8-15)，诊断评价出相关参数的结果见表 8-2。

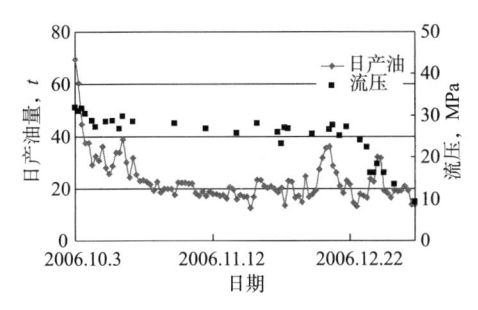

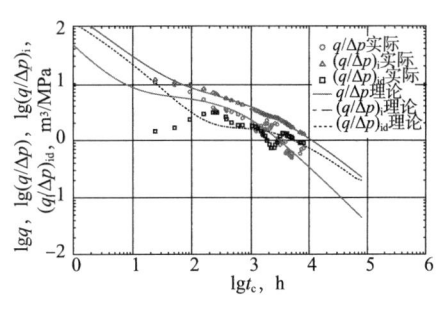

图 8-6 渤海绥中油田某井生产动态曲线

图 8-7 Blasingame 产量递减诊断曲线

表 8-2 渤海绥中油田某油井产量递减分析结果

井筒储集系数 C,m³/MPa	2.51	表皮系数 S	1.17
渗透率 K,μm²	4.04×10⁻³	圆形边界距离 r_e,m	170.14
单井控制储量 N_V,10⁴t	24.13		

注：解释模型：井筒存储（表皮）+均质+圆形（封闭）。

三、油气层损害的评价参数

对于油气层损害矿场评价参数，国内外的研究者提出了 11 个参数来评价油气层损害。下面对目前常用的几种评价参数进行说明。

1. 几种常用的评价参数

1）表皮效应与表皮系数

设想在井筒周围存在一个很小的环状区域。由于种种原因，如钻井完井液的侵入、射孔不完善、酸化、压裂见效等，使这个小环状区域的渗透率与油层渗透率不相同（图 8-8）。因此，当油从周围油层流入井筒时，在这里会产生一个附加压降（图 8-9），这种现象叫做表皮效应。把这个附加压降（Δp_s）无量纲化，得到无量纲附加压降，称为表皮系数，用 S 表示，它表征一口井表皮效应的性质和油气层损害的程度，见式(8-16)。

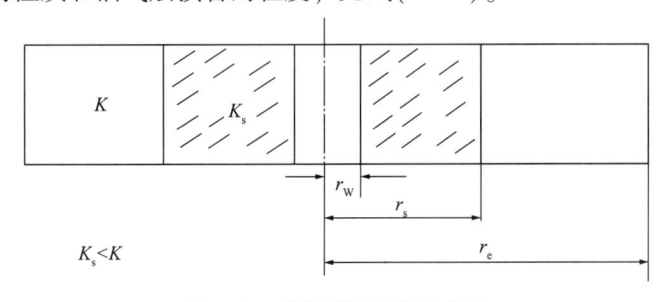

图 8-8 井筒附近损害示意图

$$S = \frac{Kh}{1.842 \times 10^{-3} q\mu B} \Delta p_s \quad (8-16)$$

式中：K 为未损害油层渗透率，μm^2；q 为井地面产量，m^3/d；B 为流体体积系数；h 为油层有效厚度，m；μ 为流体黏度，$mPa \cdot s$。

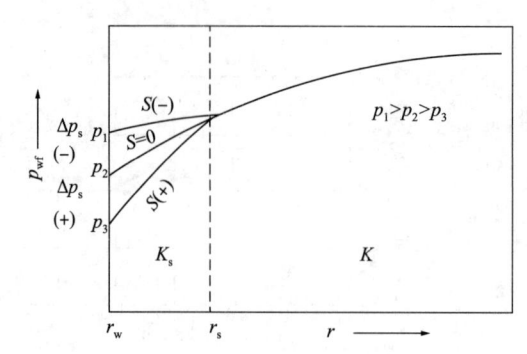

图 8-9 具有附加压降的生产压力剖面

表皮系数的大小表示油气层受损害或改善的程度。

试井求出的表皮系数并不一定是钻井完井或其他井下作业中纯损害引起的表皮系数，它要包含一切引起偏离理想井的各种拟损害，这些拟损害区别于纯损害，称之为拟表皮系数，那么试井测量出的表皮系数称作总表皮系数或视表皮系数。总表皮系数 S_t 为纯损害表皮系数 S_d 与拟表皮系数 $\sum S'$ 之和，即：

$$S_t = S_d + \sum S'$$

纯损害表皮系数由式(8-17)定义：

$$S_d = \left(\frac{K}{K_s} - 1\right) \ln \frac{r_s}{r_w} \quad (8-17)$$

式中：K_s 为损害区油气层渗透率，μm^2；r_s 为损害区半径，m；r_w 为油井半径，m。

拟表皮系数可展开为：

$$\sum S' = S_0 + S_A + S_P + S_{ND} + S_{PF}$$

式中：S_0 为井斜表皮系数；S_A 为油藏形状产生的表皮系数；S_P 为部分打开油气层的表皮系数；S_{ND} 为非达西流产生的表皮系数；S_{PF} 为射孔产生的表皮系数。

2）有效半径

在已知 K、r_w 和 S_d 条件下，用式(8-17)并不能同时求得 r_s 和 K_s。为了解决这个问题，引入井筒有效半径 r_c 的概念，设此半径能使理想（未改变渗透率）井的压降等于实际井（具有表皮效应）的压降。即：

$$\ln \frac{r_e}{r_c} = \ln \frac{r_e}{r_w} + S \quad (8-18)$$

$$r_c = r_w e^{-S} \quad (8-19)$$

式中：r_e 为油气井泄流半径，油气层未受损害时，$r_c=r_w$；受损害时，$r_c<r_w$；改善时，$r_c>r_w$。

3）流动效率和堵塞比

流动效率（FE）的定义为：

$$FE=\frac{p_e-p_{wf}-\Delta p_s}{p_e-p_{wf}}=\frac{\Delta p_a}{\Delta p_t} \qquad (8-20)$$

式中：p_e 为地层静压，MPa；p_{wf} 为井底流动压力，MPa；Δp_a 为实际井的压差，MPa；Δp_t 为理想井的压差，MPa。

从式(8-20)可知，当 $\Delta p_s=0$ 时，FE=1；当 $\Delta p_s<0$ 时，FE>1；若 $\Delta p_s>0$ 时，FE<1。

堵塞比（DR）定义为理论产量 Q_t 与实际产量 Q_a 之比，即：

$$DR=\frac{Q_t}{Q_a}=\frac{J_t}{J_a} \qquad (8-21)$$

式中：J_t 为理论生产指数；J_a 为实际生产指数。

已经证明，堵塞比与流动效率成倒数关系，即

$$DR=\frac{1}{FE} \qquad (8-22)$$

流动效率（FE）和堵塞比（DR）描述了理论产能与实际产能之间的关系，这两个参数在油气层、油气井损害评价中及增产措施设计中有广泛的应用，其定量地反映了油气层、油气井损害程度。

2. 油气层损害的评价标准

1）通用的油气层损害评价标准

油气层损害的评价参数分别是表皮系数、流动效率、井壁阻力系数、完善程度和产率比等。这些参数的物理定义及数学描述虽不相同，但它们的本质是一样的，各参数之间是有相互联系的，其通式为：

$$FE=PE=PR=CR=\frac{1}{DR}=\frac{\Delta p_t}{\Delta p_a}=\frac{(CI)_t}{(CI)_a}=1-DF \qquad (8-23)$$

$$S=C=2.303\lg\frac{r_w}{r_c}=1.15\frac{\Delta p_s}{m}$$

$$=1.151DF \cdot CI=1.151(1-PR) \cdot CI$$

$$=1.151(1-FE) \cdot CI=\cdots \qquad (8-24)$$

式中：C 为井壁阻力系数；S 为表皮系数；r_e 为有效半径，m；CI 为完善指数；PR 为产率比；PF 为完善程度；CR 为条件比；m 为压力恢复直线段斜率，MPa/对数周期；DR 为堵塞比；DF 为损害系数；Δp_s 为附加压降；FE 为流动效率；r_w 为井眼半径，m。

下角 t 代表理想井；a 代表实际井；w 代表井。显然，有了这两个通式，只要已知其中一个参数，则可通过通式求得所需的各种参数。有了这些参数以后就可给出评价油气层损害的评价标准（表8-3）、评价参数（表8-4），并作出损害程度的评价（表8-5）。

表8-3 表皮系数 S 评价标准

油气层类型	损害	未损害	强化
均质油气层	>0	0	<0
裂缝性油气层	>-3	-3	<-3

表8-4 均质油气层评价参数

序号	评定指标	符号	损害	未损害	强化
1	表皮系数	S	>0	0	<0
2	井壁阻力系数	C	>0	0	<0
3	附加压降	Δp_s	>0	0	<0
4	损害系数	DF	>0	0	<0
5	堵塞比	DR	>1	1	<0
6	流动效率	FE	<1	1	<1
7	产率比	PR	<1	1	>1
8	完善程度	PF	<1	1	>1
9	条件比	CR	<1	1	>1
10	完善指数	CI	>8	7	<6
11	有效半径	r_e	<r_w	r_w	>r_w

表8-5 均质油气层损害程度评价标准

损害程度	轻微损害程度	比较严重损害	严重损害
表皮系数 S	0~2	2~10	>10

2) 裂缝性油气层损害评价参数和指标

裂缝性油气层存在裂缝，一旦作业不当就会造成严重损害，并且对油气藏开采都是致命的。因此，必须正确认识裂缝性油气藏的损害机理。研究表明，其损害机理可以归纳为以下几类：(1)固相侵入；(2)化学剂吸附与滞留；(3)黏土矿物损害；(4)结垢；(5)应力敏感损害。这几种损害类型对渗流的影响主要分为两个方面：一是造成裂缝渗流能力的降低，二是导致基块与裂缝之间的窜流能力降低。

对于裂缝—孔隙型或孔隙—裂缝型双重介质，目前常规油气藏的矿场评价标准不能满足油气层保护与评价的需要，因此推荐裂缝性油气层新的评价指标(表 8-6)。

表 8-6 裂缝性双重介质油气层表皮系数评价指标

油气层类型	评价参数	强化	损害	未损害
均质油气层	S	<0	>0	0
裂缝性双重介质油气层	S_f	>-3	-3	<-3
	S_{ma}	<0	>0	0

注：S_f 为裂缝表皮系数；S_{ma} 为基块与裂缝之间窜流表皮系数。

3. 表皮系数的分解

在油气井完成之后，利用上面方法确定的表皮系数是表示油气层是否受到损害的重要参数，但是这个表皮系数并不仅仅反映真实油气层损害的特征，而是各个作业环节、多因素的综合表现。因此研究表皮系数是由哪几部分组成以及怎样计算每一部分的贡献是非常重要的。

1）表皮系数分解的提出

假设油藏是均质的，且具有上下水平的不渗透层，流体是单相，不可压缩，且其压缩系数为常数，流动系统中岩石和流体参数不随压力变化，其流动服从达西定律。不管是现代试井分析，还是常规试井分析方法都是基于以上假设条件得出的。

以上的假设条件是理想化的，在这样条件下得出的表皮系数只能表示这种条件的值，并不能表示地下油气层实际损害情况。而实际油气层情况和井况是十分复杂的，比如射孔、油藏形状、井斜、打开程度不完善、非达西流等。但是在试井解释中并没有考虑这些因素，任何偏离以上假设条件都会产生一个附加的表皮因子，这个表皮因子可能是正，也可能是负，这要看它是限制流体流动还是改善流体流动。因此，目前用试井解释出来的表皮系数是各种因素综合作用的表现。必须对表皮系数进行分解，以便正确认识油气层损害程度。

2）表皮系数分解方法

总表皮系数表达式为：

$$S_t = S_d + S_{PF} + S_{dp} + S_A + S_P + S_\theta + S_{aD} \qquad (8-25)$$

式中：S_d 为钻井污染表皮系数；S_{PF} 为射孔总表皮系数；S_{dp} 为射孔孔眼几何形状的拟表皮系数；S_A 为油藏形状的拟表皮系数；S_P 为部分打开油层拟表皮系数；S_θ 为井斜拟表皮系数；S_{aD} 为非达西拟表皮系数。

其他几个表皮系数的计算如下：

(1) 井斜拟表皮系数 S_θ。

理想井应该是水平地层的垂直井，井斜为零。实际井斜都是大于零，这时油流入井的阻力不同于垂直井，其近似计算公式为：

$$S_\theta = -\left(\frac{\theta'}{41}\right)^{2.06} - \left(\frac{\theta'}{56}\right)^{1.865} \lg\left(\frac{h_D}{100}\right) \quad (0°\leqslant\theta\leqslant 75°) \quad (8-26)$$

其中

$$h_D = \frac{h}{r_w}\sqrt{\frac{K_h}{K_v}}$$

$$\theta' = \arctan\left(\sqrt{\frac{K_v}{K_h}}\tan\theta\right)$$

式中：θ 为井斜角，(°)；θ' 为根据地层各向异性修正的井斜角，(°)；K_h 为地层水平向渗透率，μm^2；K_v 为地层垂向渗透率，μm^2；h 为地层厚度，m；r_w 为井眼半径，m。

(2) 非达西拟表皮系数 S_{aD}。

$$S_{aD} = Dq_o \quad (8-27)$$

式中：D 为非达西常数，d/m^3；q_o 为油井稳定产量，m^3/d。

(3) 部分打开油层拟表皮系数 S_P。

$$S_P = \left(\frac{h}{h_p} - 1\right)\left[\ln\left(\frac{h}{r_w}\right)\left(\frac{K_h}{K_v}\right)^{1/2} - 2\right] \quad (8-28)$$

式中：h_p 为射孔打开的储层厚度，m。

(4) 油藏形状的拟表皮系数 S_A。

$$S_A = 0.5\ln(31.62/C_A) \quad (8-29)$$

式中：C_A 为油藏形状因子，可参考万仁溥编著《采油工程手册》第三章（石油工业出版社，2000 年 8 月）或者其他油藏工程专业书。

(5) 射孔造成拟表皮系数。

射孔造成拟表皮系数的计算有几种方法，以前研究是采用图表的形式给出各种情况下射孔造成的拟表皮系数。在这里，将射孔表皮系数分解水平和垂直，以及井筒和压实带造成的拟表皮系数之和来表达整个射孔过程中造成的拟表皮系数。

① 计算水平方向的拟表皮系数：

$$S_H = \ln\left(\frac{r_w}{r_{we}}\right) \quad (8-30)$$

这里的 r_{we} 为有效井眼半径,其值为:

$$r_{we}(\theta) = \begin{cases} \dfrac{1}{4}L_P & \text{相位角 } \theta = 0° \\ \alpha_\theta(r_w + L_P) & \text{其他} \end{cases}$$

式中:L_P 为射孔孔眼深度,m。
α_θ 的值见表 8-7。

表 8-7 α_θ 的值

射孔相位角,(°)	α_θ	射孔相位角,(°)	α_θ
0(360)	0.25	90	0.726
180	0.5	60	0.813
120	0.648	45	0.86

② 计算井筒造成的拟表皮系数:

$$S_{wb}(\theta) = c_1(\theta)\exp[c_2(\theta)r_{wD}] \tag{8-31}$$

$$r_{wD} = r_w(L_P + r_w)$$

相位角与 $c_1(\theta)$ 和 $c_z(\theta)$ 之间的关系见表 8-8。

表 8-8 相位角与 $c_1(\theta)$ 和 $c_z(\theta)$ 之间的关系

相位角,(°)	$c_1(\theta)$	$c_z(\theta)$	相位角,(°)	$c_1(\theta)$	$c_z(\theta)$
0(360)	1.6×10^{-1}	2.675	90	1.9×10^{-3}	6.155
180	2.6×10^{-2}	4.532	60	3.0×10^{-4}	7.509
120	6.6×10^{-3}	5.320	45	4.6×10^{-5}	8.791

③ 计算垂直方向上的拟表皮系数 S_v:

$$S_v = 10^a h_D^{b-1} r_{PD}^b \tag{8-32}$$

$$a = a_1 \lg r_{PD} + a_2, \quad b = b_1 r_{PD} + b_2$$

$$h_D = \left(\dfrac{h_p}{L_P}\right)\sqrt{\dfrac{K_h}{K_v}}$$

$$r_{PD} = \left(\dfrac{r_p}{2h_p}\right)\left(1 + \sqrt{\dfrac{K_v}{K_h}}\right)$$

式中:r_p 为孔眼半径,m;h_p 为射孔孔眼间距,m;a_1,a_2,b_1 和 b_2 为系数,取值见表 8-9。

表 8-9　垂直方向上拟表皮系数计算方程中系数与相位角关系

射孔相位角, (°)	a_1	a_2	b_1	b_2
0(360)	-2.091	0.0453	5.1313	1.8672
180	-2.025	0.953	3.0373	1.8115
120	-20.18	0.0634	1.6136	1.7770
90	-1.905	0.1038	1.5674	1.6935
60	-1.898	0.1023	1.3654	1.6490
45	-1.788	0.2398	1.1915	1.6392

因此射孔造成总表皮系数为：

$$S_{PF} = S_v + S_h + S_{wb} \tag{8-33}$$

式中：S_v 为射孔垂直方向上的拟表皮系数；S_h 为射孔水平方向的拟表皮系数；S_{wb} 为井筒造成拟表皮系数。

式(8-25)中计算射孔孔眼几何形状的拟表皮系数：

$$S_{dp} = \frac{h_p}{L_p N}\left(\frac{K_h}{K_{dp}} - \frac{K_h}{K_d}\right)\ln\frac{r_{dp}}{r_p} \tag{8-34}$$

$$r_{dp} = 0.0125 + r_p$$

$$K_{dp} = 0.1 K_h$$

式中：N 为射孔孔数；r_{dp} 为压实带厚度，m；K_{dp} 为压实带渗透率，μm^2；K_d 为损害带渗透率，μm^2。

第二节　油气层损害的测井评价

油气层损害测井评价是油气层损害矿场评价的重要组成部分，它与试井评价互为补充。要全面评价油气层损害，应加强试井和测井这两种方法的协调性和配套性。

采用正压钻进过程中，井眼周围的储层将不同程度地受到钻井液滤液和一些固相微粒的侵入，如果这种侵入使储层渗透率减小，则储层受到钻井液的损害。利用测井资料可判断储层是否受到侵入损害，并计算侵入的深度和评价损害深度。

一、钻井液侵入对测井响应的影响

由于钻井液液柱压力与储层孔隙压力不平衡所造成的流体流入或流出油气层，使得井眼附近储层中所含流体性质与原状油气层性质不同。当钻井液柱压力高于地层孔隙压力,钻井液侵入深度取决于岩石的孔隙度和渗透率、钻井液的滤失性能,以及井眼和地层之间的压差。对于给定的钻井液类型,在与其接触的油气层的渗透性和润湿性及压差一定时,孔隙度越小,侵入深度越大。在测井曲线上,显示出探测半径不同的仪器响应值不同,如微电极曲线、深浅电阻率测井曲线和时间推移测井曲线将出现幅度差,井径曲线将显示有缩径。

二、指示钻井液滤液侵入油气层的测井方法

一般地,利用测井资料可判断钻井液滤液的侵入情况,并能计算侵入的深度。造成油气层损害的因素是多方面的,钻井条件和钻井液是重要因素。严重的油气层损害会给测井评价带来很大困难。

1. 时间推移测井资料能反映钻井液滤液侵入

受测井技术发展的制约,时间推移测井,尤其电阻率时间推移测井,曾经作为复杂地层条件下,识别和确定油气层的重要方法和手段而在不少油气田被广泛应用。在裸眼井中用电阻率测井方法,在不同时间进行测井,根据测井曲线数值变化,可分析出钻井液滤液对油气层的波及深度、影响范围,并定性判别油气层损害。

时间推移测井要求采用的测井仪器性能稳定,测量条件一致。否则,时间推移测井资料容易造成假象。图 8-10 是一个时间推移测井实例。图中 3180~3194m 的油气层,微电极曲线有幅度差,前后不同时间测量的 0.45m 和 4m 梯度电极数值有较大变化,感应测井曲线幅度也有较大变化,自然电位有负异常都说明该地层为渗透性储层、并反映出随着时间的推移,钻井液滤液侵入逐渐加深,井壁形成滤饼。

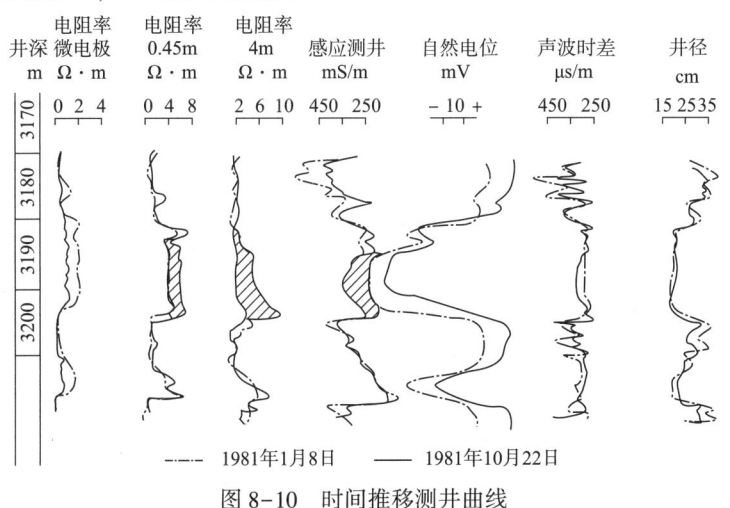

图 8-10 时间推移测井曲线
----- 1981年1月8日　　—— 1981年10月22日

图 8-11 是塔里木油田轮南 57 井钻开油层后 2d 和 20d 两次测量的感应测井曲线。第二次测井油层电阻率降低了 10% 左右，而水层的电阻率升高。

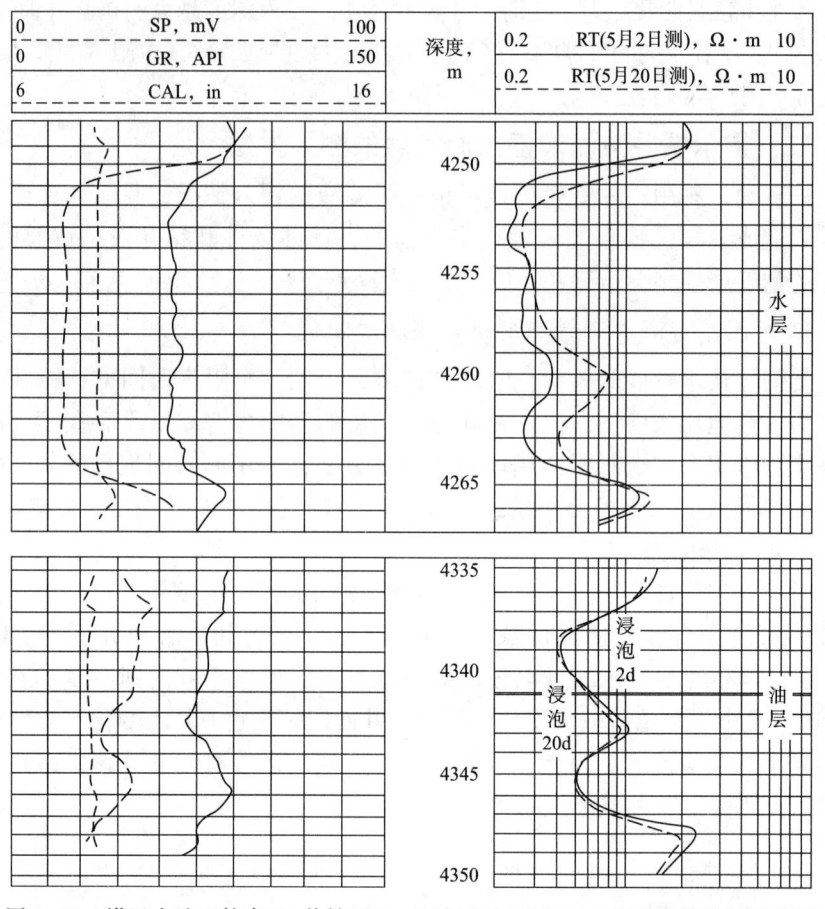

图 8-11　塔里木油田轮南 57 井钻开 I-II 油层后 2d 和 20d 的时间推移测井曲线

图 8-12 是华北油田岔河集岔 31-26 井时间推移测井综合图。第 18 和第 19 层为油层，第 20 和第 21 层为水层。可明显地看到，油层电阻率随时间推移略有降低，水层电阻率则明显增加。这是在钻井液滤液电阻率大于地层水电阻率时，时间推移测井电阻率变化的情况。而当钻井液滤液电阻率低于地层水电阻率时，尤其是饱和盐水钻井液时，地层电阻率则明显降低。

由于裸眼井时间推移测井受卡、阻、垮塌等井下复杂状况带来的高测井风险的影响，因此，随着测井技术的发展，裸眼井时间推移测井数量越来越少。利用不同探测深度的电阻率测井组合，开展钻井液侵入及损害评价研究逐渐发展成为主导性技术，尤其阵列感应高分辨率测井，具有高分辨率、多探测深度的特点，该技术使得在矿场实际钻井条件下更加精细化地认识和分析井周地层损害情况成为了现实。图 8-13 为某储层阵列感应测井曲线，以及基于感应测井曲线分析得到的钻井液侵入深度。

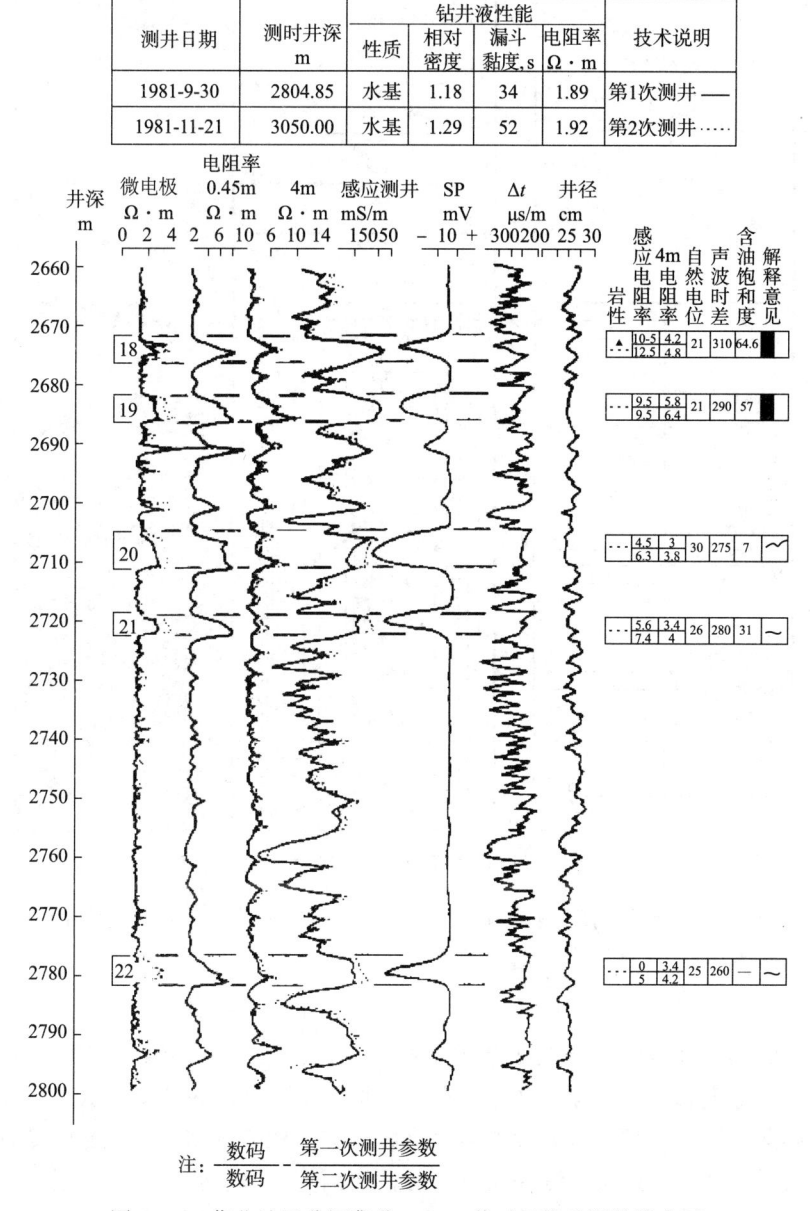

测井日期	测时井深 m	钻井液性能				技术说明
		性质	相对密度	漏斗黏度,s	电阻率 $\Omega \cdot m$	
1981-9-30	2804.85	水基	1.18	34	1.89	第1次测井 ——
1981-11-21	3050.00	水基	1.29	52	1.92	第2次测井 ······

图 8-12 华北油田岔河集岔 31-26 井时间推移测井综合图

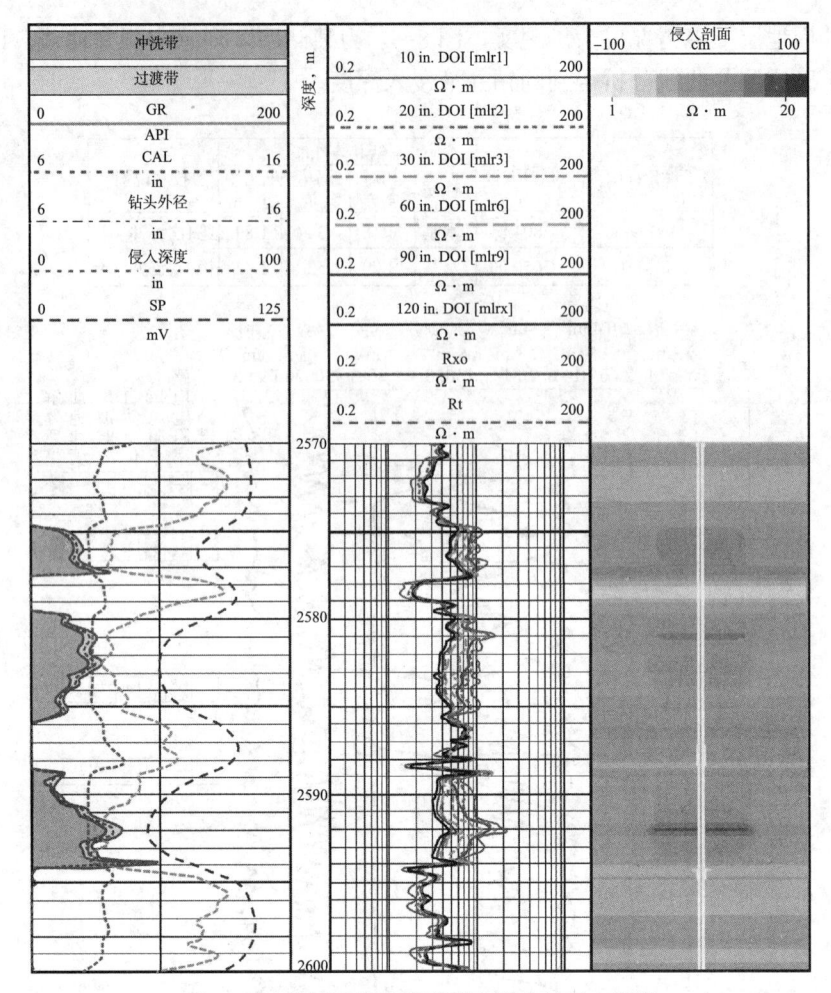

图 8-13 某储层基于阵列感应测井的侵入深度

下面以深、浅双侧向测井和微球形聚焦测井组合为例，简要介绍利用不同探测深度电阻率测井确定钻井液滤液侵入带深度的方法。

2. 深、浅双侧向测井和微球形聚焦测井求侵入带直径

不同的测井方法，其探测范围不相同。深、浅双侧向测井和微球形聚焦测井的探测范围依次是深、中、浅。当油气层受到钻井液滤液侵入时，深、浅双侧向和微球形聚焦测井曲线显示有幅度差。图 8-14 是这种测井实例。图中的 A 层、B 层、C 层，测井曲线有明显的幅度差，说明 A 层、B 层、C 层都是受到钻井液滤液侵入的油气层。侵入带直径可以用经过眼和围岩校正后的深、浅双侧向测井的读值以及微球形聚焦测井读值一起在侵入校正图版图 8-15 上求得。

以图 8-14 中的 A 层为例，说明求侵入带直径 d_i 的过程。已知：井眼半径 $r_w = 4\text{in}$，钻井液电阻率 $R_m = 1\Omega \cdot \text{m}$，A 层的围岩电阻率 $R_s = 100\Omega \cdot \text{m}$。

解：（1）分层取值。A 层厚度 $h = 30\text{ft}$。深、浅双侧向测井电阻率值分别为：$R_{LLD} = 230\Omega \cdot \text{m}$，$R_{LLS} = 80\Omega \cdot \text{m}$，微球形聚集测井电阻率 $R_{MSFL} = 45\Omega \cdot \text{m}$。

（2）井眼和围岩校正。查井眼校正图版，校正系数为 1，免于校正。查围岩校正图版，得校正系数为 $C_d = 1.3$，$C_s = 1.0$，故校正后的深侧向测井电阻率值应为 $1.3 \times 230 = 299\Omega \cdot \text{m}$，浅侧向测井电阻率值免于校正，仍为 $80\Omega \cdot \text{m}$。

（3）求侵入带直径 d_i。令 $R_{MSFL} = R_{XO} = R_i = 45\Omega \cdot \text{m}$（即微球形聚焦测井电阻率值假设为冲洗带电阻率值），那么，$R_{LLD}/R_{XO} = 299/45 = 6.6$，$R_{LLD}/R_{LLS} = 299/80 = 3.74$。在图 8-15 的校正图版上，分别用 6.60 和 3.74 作为纵横坐标，查得交点。该点读值为 $R_t/R_{XO} = 10$，$R_t/R_{LLD} = 1.65$，$d_i = 65\text{in}$。因此 A 层的地层真电阻率值 $R_t = 10 \times R_{XO} = 10 \times 45 = 450\Omega \cdot \text{m}$ 或者 $R_t = 1.65 \times R_{LLD} = 1.65 \times 299 = 493\Omega \cdot \text{m}$，侵入带直径 $d_i = 65\text{in}$。

深、浅双侧向和微球形聚焦测井曲线组合不但能指示储层受到了钻井液液的侵入，而且能定量地求出侵入带直

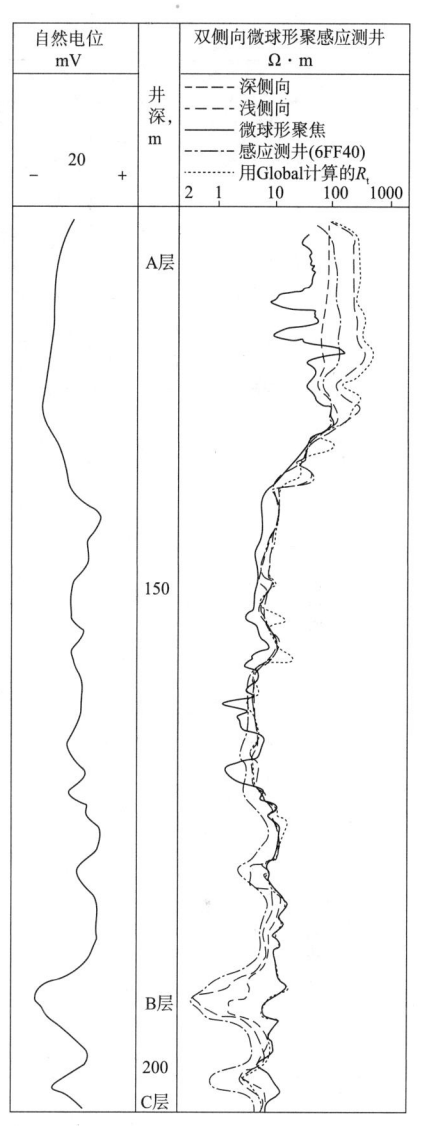

图 8-14 深侧向、浅侧向和微球形聚焦测井曲线

径。深、浅双侧向和微球形聚焦测井曲线组合确定滤液侵入直径是目前普遍采用的常规评价方法。该方法的实施依赖于一系列的图版完成，但仅能提供侵入直径的近似值，且得不到井周地层流体性质的变化规律，从而阻碍了测井评价储层损害深度工作的顺利实施，必须结合其他方法。

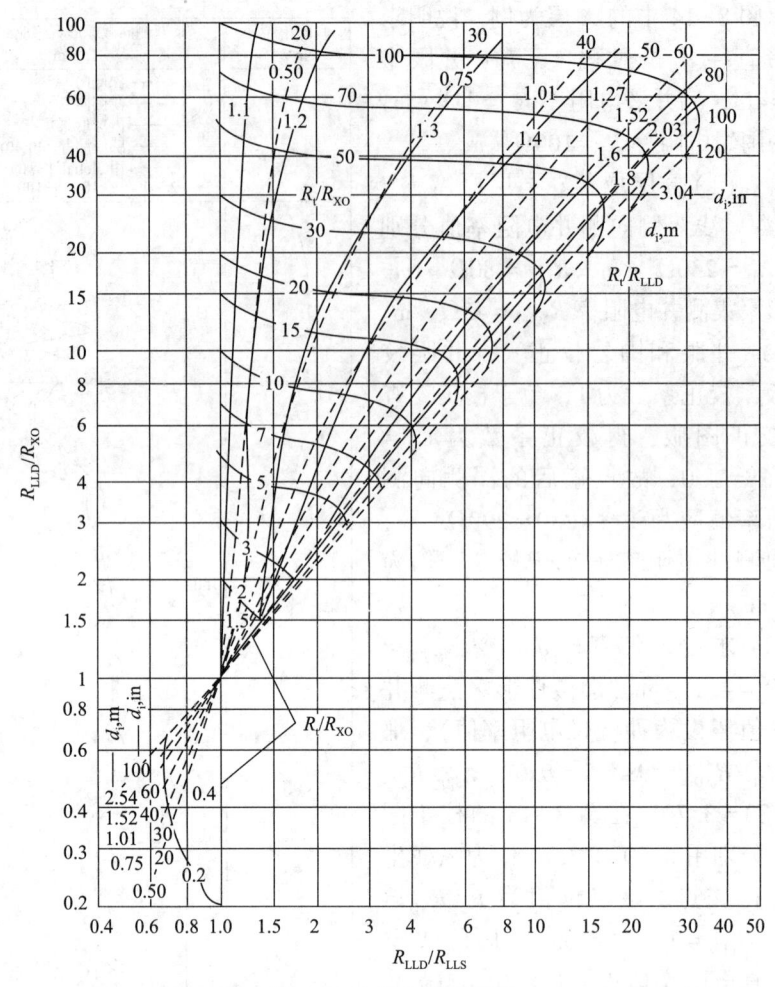

图 8-15 侵入校正图版

三、油气层滤液侵入损害深度评价

1. 钻井液滤液侵入油气层的物理过程

钻井液侵入油气层的过程，就是钻井液固相微粒在井壁附近沉积和滤液在正压差下驱替油气层原始流体的过程，在这个过程中还将同时产生滤液与地层水的混合，以及不同矿化度流体间的离子扩散过程。

孔隙型油气层具有孔径小、孔隙多且分布均匀的特点。根据文献报道，在孔隙型油气层中，若钻井液性能优良，其内滤饼厚度在 3cm 以上，外滤饼厚度在 2cm 以内，而滤液侵入深度可达 1~5m 范围内。

如果忽略内滤饼的形成，钻井液侵入油气层的过程服从达西定律和多相渗流方程，并且侵入量主要取决于滤饼和油气层的渗透率，其次与油气水的黏度和压缩性、液柱与地层的压差、油气层孔隙度、含油饱和度、残余油和水饱和度、毛细管压力特性及相渗特性等因素有关。

滤液侵入油气层，在径向上将形成驱替程度不同的三个带：
（1）井壁附近受到强驱替的冲洗带；
（2）冲洗带外驱替较弱的过渡带；
（3）未驱替的原状油气层。

在滤液侵入油气层，驱替地层原始流体的同时，滤液与地层水之间将产生流体混合及离子扩散过程。混合过程服从单相渗流传质方程，且这一过程仅发生在冲洗带和过渡带内。离子扩散过程是指不同浓度的盐溶液接触时，高浓度一方的盐类离子在渗透压的作用下，向低浓度一方扩散的过程，这一过程服从扩散定律。

2. 钻井液滤液侵入模型

钻进过程中，在正压差作用下，钻井液滤液侵入储层，产生驱替、混合和扩散导致储层径向含水饱和度和矿化度发生变化，可以通过下述数学模型进行定量分析：
（1）流体在多孔隙介质中的渗流；
（2）不同矿化度溶液的对流传质；
（3）不同矿化度溶液间的离子扩散。

因为离子的扩散速率较低，所以离子的扩散过程在钻井液滤液侵入储层时表现不明显，而主要发生在侵入过程结束之后，由于离子扩散总是从浓度高的一方向低的一方且速率极慢，而所研究井均为淡水钻井液钻进，因此，离子扩散过程不会引起径向盐浓度的明显变化。因此，不考虑离子扩散过程对侵入深度的影响。

3. 滤液侵入深度评价：实例分析

A井共处理了4个油气层段，各油气层段主要参数见表8-10，其他参数见表8-11。

表8-10　A井各储层段主要参数

层位	序号	深度 m	ϕ %	S_o %	K $10^{-3}\mu m^2$	压力梯度 MPa/100m	备注
E_3b^4	1	1189.00~1204.00	18	73	70	—	油层
E_3b^5	2	1235.50~1239.00	12	48	7	—	差油层
E_3b^5	3	1245.00~1253.00	15	62	30	—	油层
E_3b^5	4	1291.00~1295.50	15	65	20	0.947	差油层

表 8-11 计算中用到的其他一些参数取值

钻井液参数	密度, g/cm³	电阻率(18℃), Ω·m	滤饼厚度, mm	滤饼渗透率, 10⁻³μm²
井 A	1.19	1.4	0.5~1.0	$10^{-5} \sim 10^{-7}$

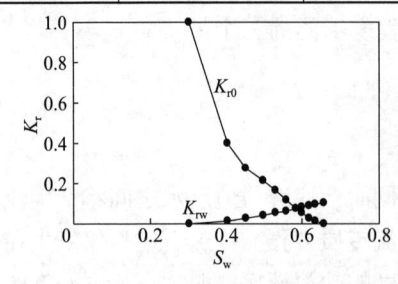

图 8-16 A 井计算用相对渗透率曲线

A 井计算过程中采用了一组相对渗透率曲线,相对渗透率曲线如图 8-16 所示。各油气层段滤液侵入特征如图 8-17 至图 8-20 所示。由图可见,A 井的油气层段 3 和层段 4 侵入较深,其他各井段滤液侵入最大深度均在 1m 以内。

值得指出的是,钻井液滤液侵入井周油气层过程中,可能会对已侵入的区域产生损害,进而影响钻井液滤液向更远距离油气层的侵入规律;另外,尽管钻井液滤液侵入是钻井液对储层产生伤害的必要条件,但钻井液滤液侵入井周地层后是否会导致储层损害以及对储层的损害程度,与敏感性矿物、孔隙结构、地层流体等因素密切相关,当钻井液滤液未对油气层产生损害时,侵入深度就再不能够代表钻井液滤液对储层的伤害深度。

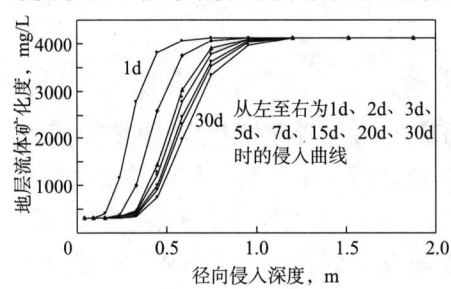

图 8-17 A 井层段 1 滤液侵入深度随时间的变化

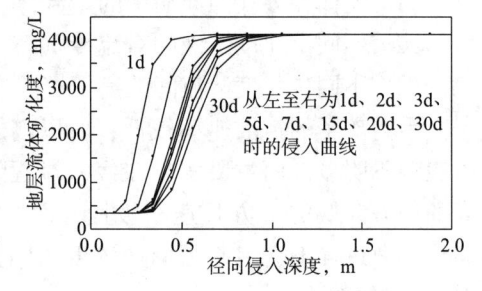

图 8-18 A 井层段 2 滤液侵入深度随时间的变化

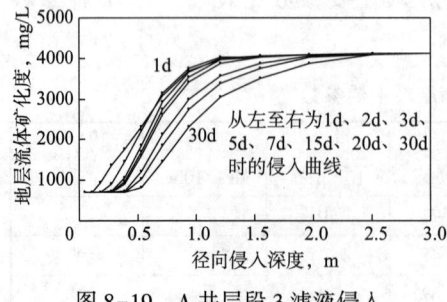

图 8-19 A 井层段 3 滤液侵入深度随时间的变化

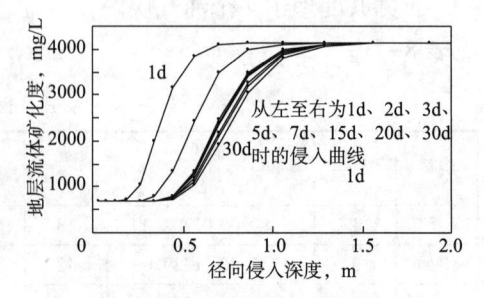

图 8-20 A 井层段 4 滤液侵入深度随时间的变化

四、储层敏感性矿物评价

蒙脱石、伊利石、高岭石等黏土矿物具有较强的化学活性，是储层产生潜在损害的重要敏感性矿物。不同的黏土矿物由于其化学组分、结构以及物理性质的差异，具有不同的测井响应，见表8-12。基于不同黏土矿物测井响应的差异，利用测井资料可以对黏土矿物类型、含量进行评价。

表8-12 常见黏土矿物的测井响应值[1]

指标	蒙脱石	伊利石	高岭石	绿泥石
补偿中子测井值,%	44	30	37	52
补偿密度测井值, g/cm^3	2.12	2.79	2.65	2.77
钾含量测井值(K),%	0~1.5	3.5~8.3	0~0.5	0~0.3
钍含量测井值(Th), mg/kg	0.8~2	10~25	6~19	0~8
铀含量测井值(U), mg/kg	2~7.7	8.7~12.4	1.5~7	17.4~38.2
Th/K	3.7~8.7	1.7~3.5	11~30	10~30

自然伽马能谱测井能够有效地定量计算黏土矿物，相关研究表明：自然伽马能谱中的无铀伽马KTh，钍含量Th，钾含量K与黏土矿物含量的关系较好，如高岭石表现为高Th、高Th/K、低K、低U的特征；蒙脱石表现为低Th、低K、低Th/K、低U的特点；伊利石表现为高Th、高K、低Th/K、中U的测井特征；绿泥石表现为中Th、低K、高Th/K、高U的特征。

利用自然伽马能谱测井进行黏土矿物定量评价常见的方法主要有交会图版法、统计分析法以及人工智能方法，图8-21为某井段的黏土矿物评价结果。

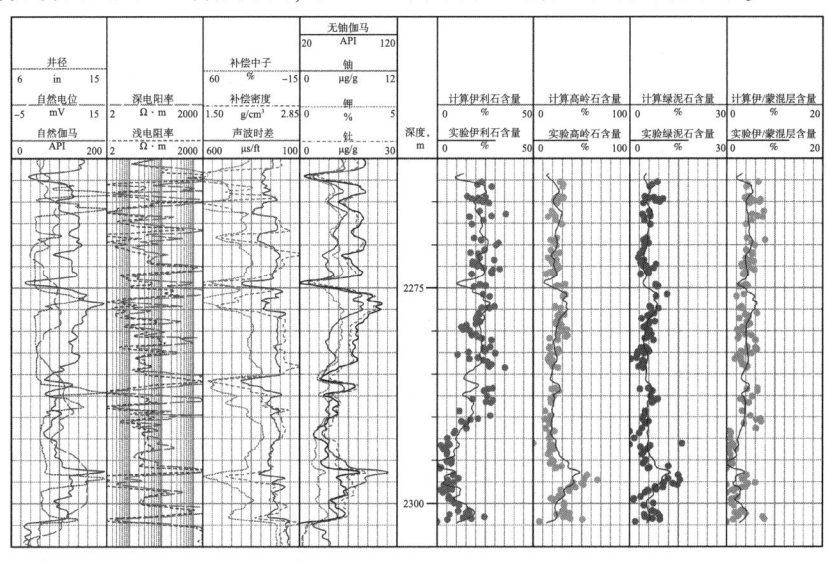

图8-21 基于伽马能谱测井的黏土矿物定量评价

评价黏土等敏感性矿物组成,获取黏土矿物的类型的测井方法,除了自然伽马能谱测井外,还有地层元素测井(ECS)等方法。

敏感性矿物的测井评价结果,为进一步分析、评价储层的潜在损害类型、损害程度奠定了重要基础。

参 考 文 献

[1] 黄隆基. 核测井原理[M]. 东营:中国:石油大学出版社,2000:57-60.
[2] Agarwal R G, Gardner D C, Kleinsteiber S W, et al. Analyzing well production data using combined-type-curve and decline-curve analysis concepte[C]. SPE 4922, 1998:27-30.

第九章 保护储层技术新进展

经过一代一代学者们几十年的持续不断研究,钻完井、改造、开发过程中的储层保护技术不断发展完善。近年来,随着国内外油气资源勘探开发重点转向"深、海、低、非"等类型油气藏,储层保护技术也在不断迭代更新。2018年至今,国内外学者在储层损害新机理、储层保护评价新方法、储层保护新工艺技术和储层保护效果矿场评价等方面开展了进一步的研究,使储层保护体系更加完善,有望进一步提高储层保护措施的针对性和有效性。

第一节 储层损害机理研究新进展

储层损害机理研究是制订合理储层保护措施的必要条件,在本书第五章介绍的物理损害、化学损害、生物损害、热力损害和生产或作业时间损害的基础上,国内外储层保护技术从业者在氧敏损害、工作液顺序接触损害方面开展了实验评价研究,完善了储层敏感性评价、加强了全过程储层保护一体化研究。

一、源—储一体的非常规油气氧敏损害研究

致密气藏、页岩气藏、煤层气藏等非常规油气资源为还原环境下烃源岩层生成的油气滞留或经过短距离运移而聚集成藏,多为源-储一体。这些富含有机质、大量生成油气与排出油气的源-储一体的储层,通常在深水缺氧的还原环境下沉积,这是非常规储层的重要特征。富有机质页岩中普遍含有黄铁矿和绿泥石等还原环境沉积的产物[1]。这些还原环境产物易被氧化,氧化后易导致岩石矿物组分、孔隙结构变化,进而影响储层渗透性。

豆联栋[2]通过开展富有机质页岩与氧化性液体的水岩作用实验,揭示了富有机质页岩与氧化性液体相互作用机理。流体氧化性可用氧化-还原电位(E_h)表征。E_h反映体系的综合氧化-还原能力。当$-200\text{mV} \leqslant E_h < 0\text{mV}$时,溶液呈还原性;当$0\text{mV} \leqslant E_h < 200\text{mV}$时,溶液呈弱还原性;当$200\text{mV} < E_h < 400\text{mV}$时,溶液呈弱氧化性;当$400\text{mV} \leqslant E_h < 650\text{mV}$时,溶液呈氧化性;当$E_h \geqslant 650\text{mV}$时,溶液呈强氧化性。氧化性液体能氧化溶蚀富有机质页岩中的黄铁矿、绿泥石和有机质等还原性物质,并产生H^+进一步溶蚀碳酸盐矿物,

使得矿物发生选择性溶蚀，溶液中离子浓度增加，形成溶蚀孔缝，并产生Fe_2O_3、$Fe(OH)_3$、菱铁矿（$FeCO_3$）、二水石膏（$CaSO_4 \cdot 2H_2O$）、$MgSO_4$和$BaSO_4$等化学沉淀固相微粒和页岩岩屑固相微粒，且非水溶性固相微粒的粒径为0.3~200mm，对页岩储层具有潜在的堵塞作用。

通过建立富有机质页岩氧敏损益比模型，开展数值模拟分析证明，彭水地区龙马溪组富有机质页岩储层氧敏性精细评价实验，裂缝岩样渗透率变化率为20.2%~60.1%，氧敏性为弱至中等偏强；工业评价实验中裂缝岩样渗透率变化率为51.6%~66.7%，氧敏性为中等偏强，发生氧敏损害的临界E_h值为475mV。

二、钻井液—压裂液顺序接触造成的储层损害机理研究

钻井液、压裂液等顺序工作液接触页岩储层对页岩油气产出的影响和引发的储层损害与常规储层有差异，主要表现为：

（1）页岩储层致密、渗透率更低，造成对页岩储层损害可能更加敏感；

（2）页岩储层初始含水饱和度更低，吸水能力极强，有可能加重水相圈闭损害；

（3）压裂后外来流体与储层的接触范围大、时间长，因页岩储层毛细管力极强，且页岩油气产出过程涉及气体解吸、扩散、渗流和液体渗吸等多过程、多机理，使得流动关系复杂，可能产生微粒运移堵塞渗流通道；

（4）页岩储层压力更大、温度更高，可能导致一系列损害问题更加严重。

与常规油气藏相比，页岩储层损害表现出"以损害储层裂缝为主，多阶段不断深化损害"的特点。页岩储层在钻完井阶段自吸工作液产生新的裂缝或使原有裂缝扩展延伸，使大量工作液漏失进入储层近井地带，造成一系列储层损害。水力压裂后，近井损害带被压穿，压裂液进入储层更远端，损害表现为钻完井液与压裂液共同作用。生产开发后，随着储层压力的下降和裂缝表面力学强度的弱化，裂缝应力敏感程度加剧，储层渗透率大幅下降。

经研究，入井流体长时间接触并侵入页岩储层是钻完井液漏失的主要原因。杨斌[3]研究页岩基块与裂缝工作液自吸侵入深度并提出了侵入深度的预测公式：

$$S(t) = \xi_{ft}\rho dw h_f(t) + 2\xi_m \rho \phi d \xi_f h_f(t) h_m(t) + \frac{1}{4}\xi_m \rho \phi \pi d^2 h_m(t)$$

其中

$$h_f(t) = \frac{\alpha}{\beta}\left[1 + W(-e^{-1-\beta^2 t/\alpha})\right]$$

$$h_m(t) = \sqrt{\frac{\delta(p_\pi + p_c)(r^2 + 4rl_{s,t})}{4\tau\mu(r)}}\sqrt{t}$$

式中：ρ 为自吸流体密度，g/cm³；g 为重力加速度，m/s²；h 为流体自吸距离对时间的导数；$S(t)$ 为总自吸质量，g；$h_m(t)$、$h_f(t)$ 为裂缝和基块中流体的自吸距离，cm；ϕ 为基块纳米级孔隙的孔隙度；ξ_f 为裂缝中自吸流体波及区的充满系数；p_π 为由页岩半渗透膜效应产生的渗透压，MPa；$l_{s,t}$ 为纳米级孔隙壁面上流体流动的边界滑移距离，nm；$\mu(r)$ 为流体黏度，受纳米级孔隙限域效应的作用，流体黏度是孔隙半径的函数，mPa·s；下角标 f、m 为页岩的裂缝和基块纳米级孔隙。

此外，页岩油气藏在经历钻完井、增产、开发等施工过程的不同类型入井工作液顺序接触后，储层损害呈现出加剧态势。页岩裂缝面与不同工作液长时间接触后，岩石表面力学强度会降低，导致支撑剂嵌入裂缝面，裂缝开度减小甚至闭合，使储层渗透率极大降低。

三、工作液顺序接触后的页岩裂缝应力敏感损害

页岩储层钻完井以及增产改造过程中，裂缝面与钻井液、压裂液中的水相作用后，缝面岩石的强度、硬度等力学性能出现显著降低，导致页岩长期蠕变，压裂液携带的支撑剂会更加容易嵌入裂缝面，导致人工裂缝导流能力急剧下降，诱发严重的裂缝应力敏感损害[4]。通过将天然页岩岩心人工造缝后，在裂缝端面人工铺砂，然后分别使用钻井液滤液+压裂液浸泡铺砂后的裂缝岩心，测定裂缝面的压入硬度和弹性模量。实验结果显示，裂缝面接触钻井液+压裂液后压入硬度降低20%~45%，弹性模量降低10%~34%，如图9-1所示。

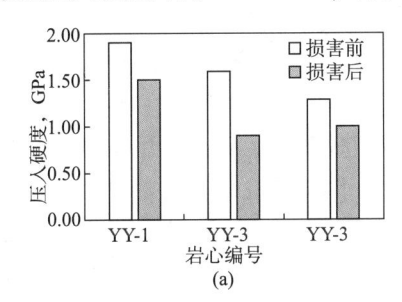

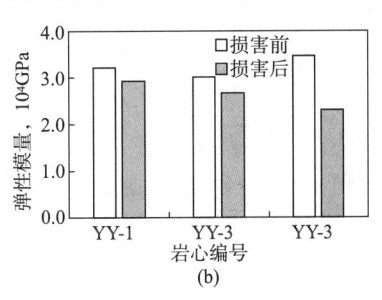

图9-1 页岩裂缝面接触钻井液+压裂液损害后压入硬度(a)和弹性模量(b)降低程度

以某页岩油区块储层页岩裂缝在钻井液和压裂液顺序接触损害的实验测试为例，页岩裂缝样在经历钻井液滤液和压裂液顺序接触损害后，应力敏感程度依次加深(表9-1)，表明应力敏感损害对页岩裂缝导流能力有不可忽略的消极影响。

表9-1 某页岩油区块裂缝岩样应力敏感损害结果

岩心编号	实验条件	应力敏感系数	应力敏感程度
1	人工铺砂裂缝	0.55	中等
2	原样	0.46	中等

续表

岩心编号	实验条件	应力敏感系数	应力敏感程度
3	人工铺砂裂缝	0.96	强
4	钻井液滤液损害	0.91	强
5	人工铺砂裂缝	1.61	极强
6	钻井液滤液损害+压裂液损害	1.24	极强

第二节 储层保护评价方法研究新进展

入井工作流体储层保护效果评价方法的储层还原条件越高，得到的实验数据对现场储层保护措施制订的支撑作用越大。本书第三章已经介绍了储层敏感性、工作液储层保护效果等评价方法，基本满足现场储层保护方案措施的需求。但是为了进一步提高储层保护评价方法的仿真程度，国内外学者进行了采用筒状岩心、非均质组合岩心和新型全尺寸岩心，开展储层保护评价方法研究，并将基于核磁共振的岩心成像技术引入储层保护评价，储层保护评价方法得到了进一步的优化完善。

一、基于圆筒状天然岩心的储层损害评价方法

在钻井液设计与开发实验评价过程中，通常保持温度和压力恒定，在静态条件下测定钻井液对砂盘、陶瓷环和滤纸等多孔介质的滤失实验，用于量化钻井液对储层的潜在损害程度。在实际井筒条件下，储层温度和压力变化会影响钻井液的侵蚀剖面，从而影响地层渗透率。此外，由于动态条件下流体入侵更为严重，因此有必要进行动态钻井液侵入实验。此外，砂盘、陶瓷环和滤纸虽然可以评价钻井液的滤失特性，但无法说明岩石岩性、物性等变化对钻井液滤失量和储层损害程度造成的影响为了将尽可能多的因素纳入钻井液侵入导致的储层损害程度分析中来，Ezeakacha 等[5]将不同岩性的天然岩石制成圆筒状，然后进行了不同温度下、静态/动态滤失量与滤饼渗透率评价。

实验过程中，钻井液侵入方式是因变量，岩性类型、孔喉直径和温度为自变量，并且每个自变量都设计了高、低两个水平，以评估不同水平自变量与因变量的相互作用。为了考察不同岩性特征对钻井液滤失量和储层损害程度的影响，选择了 4 种不同岩性和物性的岩心。其中密歇根灰色砂岩和长石灰色砂岩由沉积和物理风化过程产生的大量长石和石英组成，孔隙度高且连通性好，渗透率分别为 $105\times10^{-3}\,\mu m^2$ 和 $350\times10^{-3}\,\mu m^2$；印第安纳石灰岩和奥斯汀白垩岩主要由方解石组成，属于碳酸盐岩，孔隙结构和晶粒为晶体状或颗粒状，受化石碎片的化学溶解和再结晶影响，印第安纳石灰岩天然孔缝发

育，渗透率较高，为 70mD，奥斯汀白垩岩孔缝欠发育，渗透率较低，为 3mD。4 种岩心的孔渗参数见表 9-2。

表 9-2　不同类型岩石的物性参数

岩心类型	储层	应力敏感系数	应力敏感程度
长石灰砂岩	Kipton	105	17.65
密歇根灰砂岩	NA	350	19.44
印第安纳石灰岩	Bedford	70	16.21
奥斯汀白垩岩	Edwards Plateau	3	31.99

将 4 种天然岩心加工成图 9-2 所示的中空圆筒状，模拟井筒，将钻井液在不同温度和压力下注入岩心筒中，测量注入前后岩心筒的渗透率变化以及注入过程中的滤失量。

图 9-2　不同类型岩石制备的井筒状岩心

利用实验得到的数据，Ezeakacha 等对不同温度、不同岩心条件下钻井液滤失量随时间的变化曲线以及滤饼渗透率随时间的变化曲线等进行了分析，通过瞬间滤失量、稳态滤失量以及滤饼的初期渗透率和平稳渗透率可分析钻井液的屏蔽暂堵能力。

二、模拟储层非均质性的钻井液损害评价方法

钻完井液储层损害评价过程中使用的岩心直井通常有 2.5cm、3.8cm 和 10cm 等几种类型，受岩心尺寸限制，岩心渗透率通常具有较高的均质性。然而实际钻进过程中，若储层段较长，不同井深处的地层渗透率通常具有一定的非均质性。现用的储层损害评价方法多依据 SY/T 6540—2021《钻井液完井液损害油层室内评价方法》，暂未规定非均质储层损害评价方法。针对这一情况，有学者已经搭建了非均质储层损害评价方法，可以量化评价钻完井液对储层基质、裂缝以及基质—裂缝系统的损害程度，为非均质储层保护方案的制定提供理论依据。

王双威等[6]使用现有的仪器设备搭建了基质岩心和裂缝岩心的串联模型和并联模型，如图 9-3 所示。其中串联模型能够评价钻井液侵入储层裂缝以后，在井底正压差和岩石毛细管力作用下，钻井液液相通过裂缝面侵入致密基质的作用。

(a)串联模型

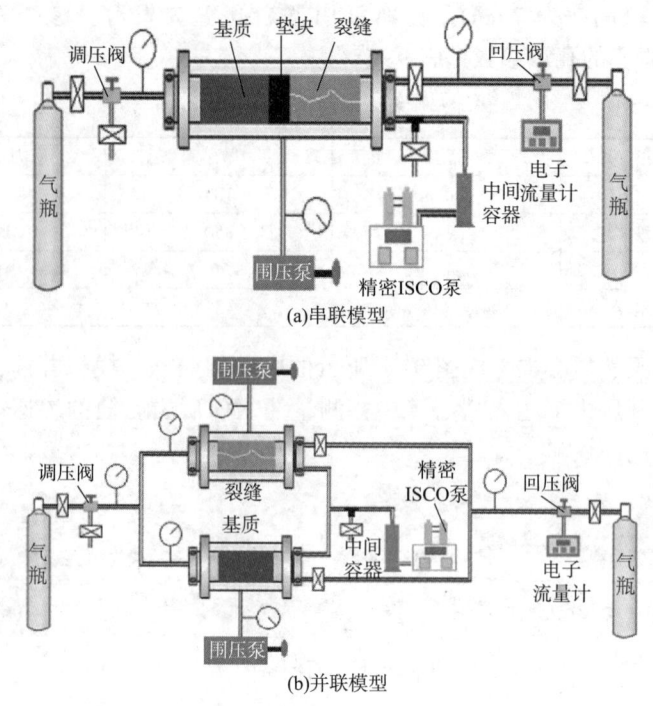

(b)并联模型

图 9-3 裂缝基质双重介质储层损害评价模型

实验步骤：

（1）分别将基质岩心和裂缝岩心建立初始含水饱和度。

（2）2MPa回压条件下，分别测定裂缝岩心和基质岩心的正向气体渗透率，以及将岩心串联/并联后的正向气体渗透率。其中串联模型以裂缝岩心为进口端，基质岩心为出口端，裂缝岩心和基质岩心之间需加装不锈钢垫块，以保证经裂缝岩心侵入的钻井液能够均匀地与基质岩心端面接触。

（3）在不同污染压差下，使用钻井液反向静态污染岩心串联/并联模型120min。

（4）首先评价2MPa回压条件下，钻完井液污染后岩心串联/并联后的正向气体渗透率，然后分别测定2MPa回压条件下，裂缝岩心和基质岩心污染后的气体渗透率。

康毅力等建立了工作液对储层基块岩心—微小尺度裂缝—中大尺度裂缝串联钻井液损害与基块岩心—微小尺度裂缝—中大尺度裂缝并联钻井液损害程度评价方法，模拟了多尺度裂缝性储层钻井液损害与油气产出过程，准确评价了基块工作液损害程度、不同尺度裂缝损害程度与整体多尺度裂缝储层损害程度。实验仪器采用高温高压多功能水平井损害评价仪（图9-4），该仪器有3个短岩心夹持器，可以进行基块岩心—微小尺度裂缝—中大尺度裂缝并联工作液动态损害实验与渗透率测试；还有1个长岩心夹持器，可以进行基块岩心—微小尺度裂缝—中大尺度裂缝串联工作液动态损害实验与渗透率测试。

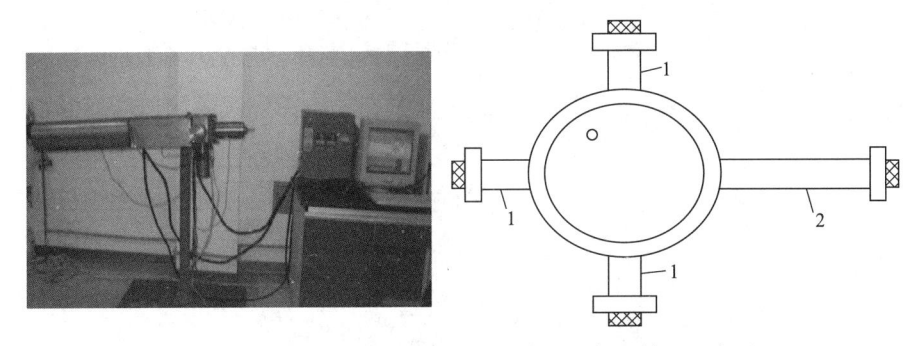

图 9-4　高温高压多功能水平井损害评价仪夹持器示意图
1—短岩心夹持器；2—长岩心夹持器

实验步骤：

(1) 从未见宏观裂缝的储层岩块沿平行层理面钻取岩心柱塞6块，烘干，标记为 A、B、C、D、E、F。

(2) 将步骤(1)中的岩心柱塞 B 和 E 沿中心轴线方向切割，造贯穿裂缝模拟微小尺度裂缝，将步骤(1)中的岩心柱塞 C 和 F 沿中心轴线方向切割，造贯穿裂缝并垫钢丝网撑开裂缝，模拟中大尺度裂缝，步骤(1)中的岩心柱塞 A 和 D 不做处理。

(3) 选一端作为入口段，测定步骤(2)中岩心柱塞 A、B、C、D、E 和 F 损害前渗透率 K_{A0}、K_{B0}、K_{C0}；将步骤(2)中岩心柱塞 D、E 和 F 串联，测定损害前渗透率 K_{DEF0}；

(4) 将步骤(3)中的岩心柱塞 A、B 和 C 并联放入不同短夹持器中，模拟工作条件反向循环待评价工作液；

(5) 对步骤(4)中的岩心柱塞以一定的返排压差正向驱替一定时间，直至流量稳定。

(6) 正向测定步骤(5)中的岩心柱塞 A、B 和 C 损害后渗透率 K_{A1}、K_{B1} 和 K_{C1}。

(7) 将步骤(3)中的串联岩心柱塞 D—E—F 放入长岩心夹持器中，模拟工作条件反向循环待评价工作液。

(8) 对步骤(7)中的串联岩心柱塞 D—E—F 以一定的返排压差正向驱替一定时间，直至流量稳定。

(9) 正向测定步骤(8)中的串联岩心柱塞 D—E—F 损害后渗透率 K_{DEF1}。

(10) 将步骤(3)(6)(9)中测得的 K_{A0}、K_{B0}、K_{C0}、K_{DEF0}、K_{A1}、K_{B1}、K_{C1}

和 K_{DEF1} 数据代入如下方程，即可求得多尺度裂缝整体工作液损害程度、不同尺度裂缝、基块工作液损害程度：

$$R_M = \frac{K_{DEF0} - K_{DEF1}}{K_{DEF0}}$$

$$R_A = \frac{K_{A0} - K_{A1}}{K_{A0}}$$

$$R_B = \frac{K_{B0} - K_{B1}}{K_{B0}}$$

$$R_C = \frac{K_{C0} - K_{C1}}{K_{C0}}$$

式中：R_M 为多尺度裂缝岩心柱塞整体工作液损害程度；R_A 为基块损害程度；R_B 为微小尺度裂缝损害程度；R_C 为中大尺度裂缝损害程度；K_{A0} 为损害前基块渗透率，$10^{-3} \mu m^2$；K_{B0} 为损害前微小尺度裂缝渗透率，$10^{-3} \mu m^2$；K_{C0} 为损害前中大尺度裂缝岩心渗透率，$10^{-3} \mu m^2$；K_{DEF0} 为损害前串联多尺度裂缝岩心渗透率，$10^{-3} \mu m^2$；K_{A1} 为损害后基块渗透率，$10^{-3} \mu m^2$；K_{B1} 为损害后微小尺度裂缝渗透率，$10^{-3} \mu m^2$；K_{C1} 为损害前中大尺度裂缝岩心渗透率，$10^{-3} \mu m^2$；K_{DEF1} 为损害后串联多尺度裂缝岩心渗透率，$10^{-3} \mu m^2$。

三、全直径岩心工作液损害评价

1. 工作原理

岩心损害评价实验虽然能够评价工作液对岩心损害的程度，但由于没有模拟储层条件（包括工作液井筒流动、地应力和储层温度等），评价结果与储层条件的损害程度相差甚远。全直径岩心工作液损害评价的特点在于：考虑了工作液和模拟地层流体径向流动，能够模拟井筒和井周应力环境，同时能够模拟多种流体协同损害对油气井产能的影响。该损害评价示意图如图9-5所示，采用全直径岩心非贯通式钻孔模拟井眼和井周附近地层，通过调节不同阀门的开闭模拟工作液损害过程和油气井生产过程。相对于常规岩心实验评价结果，由于可以模拟井下实际工况（温度、压力、地应力），可靠性更高。

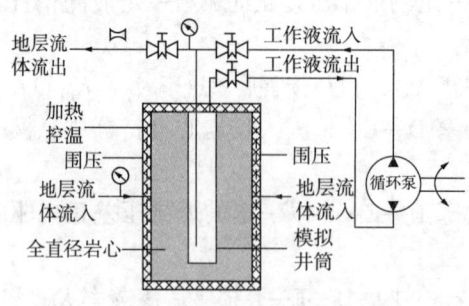

图9-5 全直径岩心工作液损害示意图

2. 实例评价

采用西南石油大学研发的"SWPU UBD Ⅱ型高温高压钻完井多功能模拟评价系统"开展模拟井筒—储层条件的储层损害评价，旨在最大程度模拟地应力、温度和井筒流动条件。该装置由高温高压全直径岩心夹持器系统、围压/轴压系统、控温系统、气相驱替系统、渗透率测量系统、声波测量系统、天平测量系统、工作液循环系统、形变采集系统、数据采集和控制系统组成。通过模拟储层温度（0~150℃）、地应力（0~120MPa）、井筒流动（0~60MPa）以及储层压力（0~90MPa），能够开展直井/水平井钻完井与改造过程单一流体或系列工作液对全直径岩样的损害评价实验。图9-6为川西致密砂岩岩样测试的径向流工作液损害评价结果，钻井液损害后产气量降低了45%，完井液损害后产气量又降低了9%，压裂液作用后产

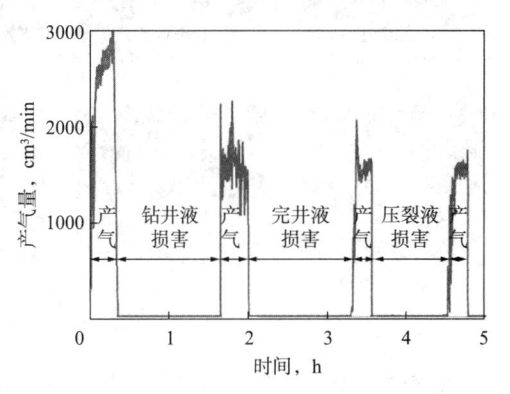

图9-6 径向流工作液损害评价实例

量降低了4%，即全直径岩心经过钻井液、完井液和压裂液的叠加损害后，产气量降低了58%。

四、基于核磁共振岩心成像技术的储层损害评价方法

核磁共振技术（NMR）具备无损、无害的特点，可直接反映岩石孔隙流体分布，并间接反映岩石孔隙结构变化，在岩石物理测试、孔隙结构表征和孔隙流体识别等方面具有突出优势[8]。低场核磁共振目前主要有两种分析手段，即核磁共振弛豫谱（Nuclear Magnetic Resonance Spectrums，NMRS）和核磁共振成像（Magnetic Resonance Imaging，MRI）。在弛豫谱中，T_1、T_2谱的谱参数计算和谱线形态、趋势变化是应用重点，而时变扩散系数常用于流体识别、扩散弛豫研究和孔隙介质微观结构的理论分析。利用核磁共振（NMR）成像技术可以对比岩心在流体损害储层岩心前后的T_2信号变化（图9-7和图9-8），据此计算流体损害前后的岩心孔隙度和渗透

图9-7 岩心核磁共振仪

率变化，对于储层岩心敏感性评价实验具有重要借鉴意义。实验流程为：(1) 岩心、流体准备；(2)饱和地层水后进行 T_2 扫描；(3)驱替流体；(4)驱替地层水后进行 T_2 扫描。

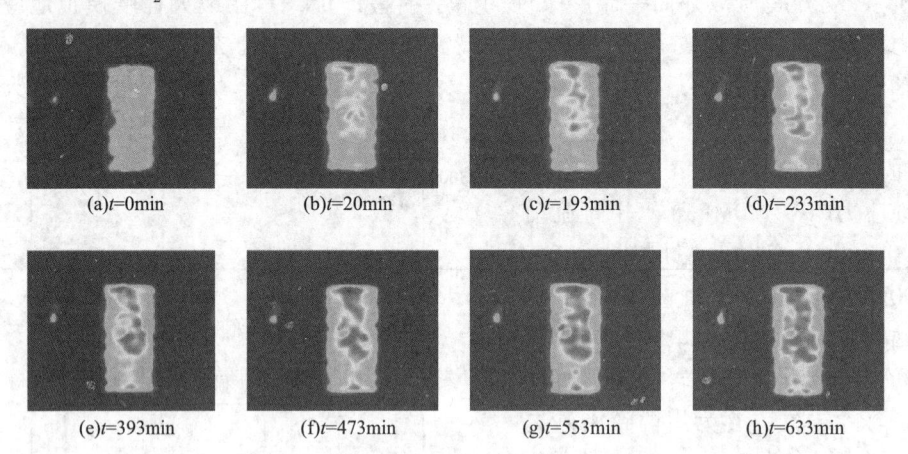

(a)t=0min　　(b)t=20min　　(c)t=193min　　(d)t=233min

(e)t=393min　　(f)t=473min　　(g)t=553min　　(h)t=633min

图 9-8　核磁共振岩心成像技术观察甲烷吸附量随时间的变化过程

实验结果参照 SY/T 6490—2014《岩样核磁共振参数实验室测量规范》，对储层岩心的孔隙度 φ 和渗透率 K 进行定量计算，有：

$$K_2 = C_{s2} \cdot \left(\frac{\phi_{nmr}}{100}\right)^m \cdot T_{2g}^n \tag{9-1}$$

式中：K 为核磁渗透率，$10^{-3} \mu m^2$；C_s 为模型参数（由相应地区的岩样实验测量数据统计分析求得）；C 为利用饱和水岩样的核磁孔隙度以及由 T 截止值法求得的束缚水体积和可动水体积计算渗透率。

$$\phi_{nmr} = \sum_i \frac{m_i}{M_b} \frac{S_b}{s} \frac{G_b}{g} \frac{V_b}{V} \times 100\% \tag{9-2}$$

式中：m_i 为岩样第 i 个 T_2 分量的核磁共振 T_2 谱幅度；M_b 为标准样品 T_2 谱的总幅度；S_b 为标准样品在 NMR 数据采集时的扫描次数；S 为岩样在 NMR 数据采集时的扫描次数；G_b 为标准样品在 NMR 数据采集时的接收增益；g 为岩样在 NMR 数据采集时的接收增益；V_b 为标准样品总含水量，cm^3；V 为岩样的体积，cm^3。

通常情况下，在低渗透、特低渗透储层中核磁共振弛豫时间 T_2<10ms 为小孔喉；T_2 = 10~100ms 为中孔喉；T_2>100ms 为大孔喉。除此之外，NMR 方法与气测结果类似，但数据往往偏低，但更加精确。

第三节 保护储层新技术与新工艺

新技术与新工艺是实现持续提升各类储层保护效果目标的核心手段,也是广大科研人员关注的重点。近年来,众多储层保护新工艺新技术百花齐放,并取得了一定的现场应用效果,为储层保护技术持续发展奠定了良好基础。本节摘取近年来储层保护钻井液完井液技术、防漏堵漏技术、钻井技术、增产技术和储层损害基础技术方面的部分研究成果,供各位读者参考借鉴。

一、保护储层的新型钻井完井修井液技术

1. 高孔高渗储层免破胶钻井完井液

无固相/无土相弱凝胶钻井液具有固相含量低、动/静态携岩能力强等技术优势,但是通常需要使用化学破胶技术解除聚合物滤饼,恢复油气通道渗透率。针对这一问题,赵欣等[9]研发了一种选用易返排解堵,甚至自降解解堵的聚合物处理剂,并优化了屏蔽暂堵剂配方和钻井液抑制性,形成了高孔高渗储层钻井完井液体系,配方为:除钙镁海水+0.8%改性黄胞胶 MOVIS+2%淀粉降滤失剂 STA+2%聚胺抑制剂 SDJA+8%NaCl+1.5%聚合醇 GLX(使用碳酸钙加重至 1.12g/cm³)。

钻井完井液常温中压滤失量小于 5mL,高温高压滤失量为 14.8mL,降滤失效果优良,可有效控制滤液侵入储层。两个储层岩样在钻井完井液中的回收率分别达到 87.33%和 92.02%,能够抑制黏土水化膨胀、分散,可以避免钻完井过程中的储层损害及井壁失稳。在 90℃、7MPa 下,钻井完井液对渗透率为 5000mD 的砂盘的滤失量为 22.1mL,封堵能力较强,能够减少滤液侵入储层。将钻井完井液进行常温中压滤失得到的滤饼烘干称重后,置于海上油气田裸眼完井使用的隐形酸完井液中,在 90℃下静置 8h 后滤饼清除率可达 88%以上,具有良好的酸溶降解能力。深水储层岩心经该钻井完井液污染后直接返排解堵的渗透率恢复值达到 83%以上,突破压力约 0.018MPa;贝雷天然岩心直接返排解堵的渗透率恢复值为 74.5%~92.24%,突破压力介于 0.0169~0.0405MPa。继续使用隐形酸完井液酸化后,深水储层岩心的渗透率恢复值达到 86.19%以上,贝雷天然砂岩岩心的渗透率恢复值达到 89%以上,钻井完井液与隐形酸完井液作业对储层损害程度很小。该体系在南海地区高渗透砂岩气田现场试验 4 井次,产量均高于配产,表明该钻井完井液储层保护效果优良,实现了免破胶作业,简化了完井工序,节约了完井作业时间。

2. 基于纳米纤维素增黏剂的高密度钙基储层保护钻井液

使用高密度盐水配制钻井液,降低加重剂的用量,可以显著降低钻完井液对储层造成的固相颗粒堵塞损害。甲酸钾、甲酸钠以及甲酸铯等一价有机盐钻井液的体系已经成熟,但是二价钙基钻井液中游离水的含量更低,

并且二价阳离子对聚合物类钻井液处理剂具有更强的络合沉降作用,从而流变性、封堵性能更加难以调控。针对这种情况,Jay P. Deville 等[10]优选了一种能够在钙基钻井液中发挥强效增黏作用的可降解纤维素类增黏剂。与常规黄胞胶相比,可降解纤维素类增黏剂在盐水钻井液中的 600r/min 读数更低,而 6r/min 和 3r/min 读数比加入黄胞胶高出 5~10 倍,见表 9-3。

表 9-3 $CaBr_2$ 储层钻井液性能

性能参数			指标值				
盐浓度,lb/bbl			13.1				
增黏剂	类型	黄胞胶		葡聚糖		纳米纤维素	
	浓度,lb/bbl	1		1		1	
		热滚前	热滚后	热滚前	热滚后	热滚前	热滚后
120℉ 流变性	Φ_{600}	123	123	96	114	97	108
	Φ_{300}	77	77	63	74	70	78
	Φ_{200}	59	57	48	58	60	66
	Φ_{100}	36	35	32	39	46	51
	Φ_6	4	3	5	6	24	25
	Φ_3	3		4	4	21	22
塑性黏度,mPa·s		46	46	33	40	27	30
动切力,lbf/100ft²		31	31	30	34	43	48
初切,lbf/100ft²		1		4	4	25	25
终切,lbf/100ft²		4	3	7	7	37	34
常温中压滤失量,mL			1.0		16		1.8

此外,还对比了加入纳米纤维素和黄胞胶的盐水聚合物对储层的损害程度。单纯的黄胞胶氯化钠盐水对岩心的损害率为 100%,虽然在标准盐水钻井液中的损害程度不会如此之高,但是也说明了黄胞胶对储层具有较大的损害能力。在氯化钠盐水中加入相同浓度的纳米纤维素时,损害率仅有 12%,见表 9-4。此外,在纤维素酶的作用下,纳米纤维素可能比黄胞胶更容易降解[11]。在溴化钙盐水中加入纳米纤维素后,岩心渗透率完全没有受到损害。

表 9-4 简化钻井液配方储层损害程度评价结果

项目			数值			
盐(NaCl)浓度,lb/gal			9.0			14.2
增黏剂	类型	黄胞胶	纳米纤维素	纳米纤维素	纳米纤维素
	浓度,lb/bbl	1	1	3	1
初始渗透率,$10^{-3}\mu m^2$		217	150	227	242
最终渗透率,$10^{-3}\mu m^2$		0	132	155	259
渗透率恢复值,%		0	88	68	>100

3. 储层钻井完井一体化工作液

海上油气田主要采用水平井裸眼完井或筛管完井方式，为满足储层保护要求，目前主要采用弱凝胶钻井液与破胶处理相结合的工序，作业繁琐，成本较高，并且破胶处理可能增加储层二次损害风险。针对上述问题，许洁等[12]基于 D_{90} 经验规则与膜屏蔽原理，引入低剪切速率黏度设计，通过暂堵剂的镶嵌、成膜作用在储层孔隙入口构造单向屏蔽环，利用生产负压差自动解堵，实现直接返排解堵的目标。

形成的储层钻井完井一体化工作液的单向屏蔽环结构，由刚性镶嵌粒子与软渗透柔性粒子协同构成，其中刚性粒子采用 D_{90} 规则优化镶嵌粒子粒径，便于镶嵌在孔隙入口，而柔性粒子渗透聚结成膜。由于两类暂堵粒子均未进入储层内部，若存在一定负压差，单向封堵可自动解除。

体系抗温130℃，能够抗15%岩屑或15%海水污染，防膨率达到91.42%，其滚动回收率第一次与第二次实验数据分别为93.2%和90.4%，能够满足钻进过程中的抗温、抗污染以及井壁稳定需求。钻井完井液体系污染岩心后，直接返排时，突破压力为0.464MPa，渗透率恢复值达到90.91%，而采用酸溶解堵后再返排，突破压力为0.415MPa，渗透率恢复值达到95.22%。直接返排和酸化解堵后返排的突破压力和渗透了恢复值比较接近，说明钻井完井一体化工作液的直接返排解堵效果与酸溶解堵效果相当，能够有效保护储层。

钻井完井一体化工作液在海上A气田现场应用3井次，钻完井施工顺利，在钻完进尺后，经砾石充填工序直接下入生产管柱进行试气。现场数据显示，试采产量超过配产2倍，说明体系储层保护效果较好；同时平均完井时间减少约9h，直接费用下降逾60万元。

4. 高性能重油油藏储层保护水基钻井液

在水基钻井液中，常规方法是通过提高滤液黏度降低滤失量，使用架桥颗粒提高滤饼致密程度，提高钻井液与地层流体和岩石的配伍性防止润湿反转、黏土膨胀和乳化液堵塞等方式提高储层保护效果。但是重油油藏的储层损害具有一定的特殊性。研究表明，当较重的油接触到含有不同类型表面活性剂的钻井液滤液时，可能在多孔介质中形成具有热力学稳定的微乳液，对油气资源的流动形成较大阻力，降低油藏渗透率。

某重油油藏储层岩性为石灰岩和页岩互层，水化分散能力强，易井壁失稳，已钻井多采用油基钻井液维持井壁稳定。Mojtaba Kalhor Mohammadi 等[13]通过分析地质特征、储层损害机理等，设计了一种高性能储层保护水基钻井液。根据API 13B标准，在120℉时使用OFITE 800型黏度计测量钻井液的流变特性，钻井液配方见表9-5，钻井液性能见表9-6。制备的钻井液在250℉

下热滚16h，测定钻井液的抗温能力。

表9-5 高性能储层保护水基钻井液配方

钻井液配方	说明	应用/机理
钻井液基液	水	基液
	氯化钠	加量8.80~9.0lb/gal
	氯化钾	页岩稳定剂
	氢氧化钠	调整pH值至9.5
	生石灰	将硬度控制在500mg/L以下
	聚合物增黏剂	调整流型
	聚合物降滤失剂	将常温中压滤失量控制在4mL/30min以下
屏蔽暂堵剂	级配碳酸钙	架桥，根据储层孔隙直径分布情况选择
稳定剂	流变性稳定剂	井底条件下保持钻井液流变性稳定
	抗高温降滤失剂	高温高压滤失量≤10mL/30min
降低钻井液侵入提高储层保护效果处理剂	水基钻井液用乳化剂	堵塞储层孔隙

表9-6 高性能储层保护水基钻井液室内性能

120℉温度下流变性测试结果			热滚前室温性能	150℉热滚16h后性能
密度		单位	1.06	1.06
旋转黏度计读数	Φ_{600}	mPa·s	63	62
	Φ_{300}	mPa·s	41	41
	Φ_{200}	mPa·s	32	31
	Φ_{100}	mPa·s	20	30
	Φ_{6}	mPa·s	5	5
	Φ_{3}	mPa·s	4	4
PV		mPa·s	22	21
YP		lbf/100ft²	19	20
初切		lbf/100ft²	4	4
终切		lbf/100ft²	5	6
pH值		—	9.8	9.9
常温中压滤失量		mL/30min	N/A	4.2
滤饼厚度		in/32	N/A	1/32
250℉500psi的高温高压滤失量		mL/30min	N/A	13.6

使用膨润土含量为65%的岩屑模拟井下岩屑，并评价了钻井液在250℉、16h的滚动回收率。实验结果显示，岩屑高温热滚后的滚动回收率为87.7%，扫描电子显微镜研究显示，黏土表面覆有一层石膏层，封堵了页岩孔隙，减缓了岩石的水化分散，如图9-9和图9-10所示。

图 9-9 污染前蒙脱石黏土矿物在扫描电镜下的成像图片

图 9-10 污染后蒙脱石黏土矿物在扫描电镜下的成像图片

高性能储层保护水基钻井液在重油油藏现场试验 1 井次，钻井液密度为 8.8lb/gal，通过加入极配碳酸钙提高钻井液屏蔽暂堵能力，加入聚合物增黏剂优化屈服值、RPM6 和 RPM3，提高钻井液的井眼清洁能力。在正常钻井作业期间，常温中压滤失量控制在 3mL/30min 以下，pH 值保持在 9.0~9.7 之间，以尽量减少聚合物降解并中和从储层侵入钻井液中的 H_2S 气体，降低钻柱的腐蚀速率。与附近区块使用油基钻井液的井相比，起下钻时间接近，平均单井漏失量从 325bbl 降低至 25bbl，大部分井段井径扩大率相近，个别井段水基钻井液优于油基钻井液。此外试验井未经酸化改造，测试产量为 900bbl/d，而油基钻井液完钻井酸化改造前无产能，改造后平均单井产能为 600bbl/d。近井筒压降也从 1900psi 大幅降至 200psi。使用油基钻井液井的产能指数平均为 0.3bbl/(d·psi)；而使用高性能重油油藏储层保护水基钻井液井，生产指数为 12.3bbl/(d·psi)，产能指数提高了 12bbl/(d·psi)。现场试验数据证明，高性能储层保护水基钻井液的流变性、井壁稳定性与油基钻井液基本相当，并且具有优异的屏蔽暂堵能力和储层保护效果。

5. 抗高温高密度反渗透钻井液

反渗透钻井液体系是一种新型类油基钻井液体系，是在常规水基钻井液体系的基础上，借鉴油基钻井液的活度平衡和微乳液封堵机理，通过引入膏盐、纳微米封堵剂和键合水技术，使水基钻井液具有类似油基钻井液的反渗透功能（图 9-11），从而减少钻井液滤液侵入储层，实现提高储层保护和井壁稳定效果。

佘运虎[14]优选了大分子包被

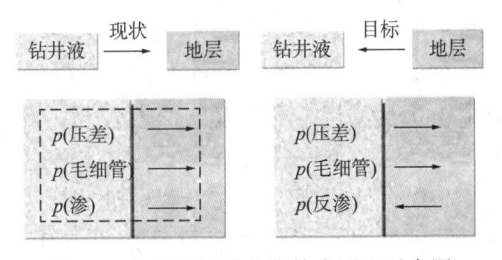

图 9-11 反渗透钻井液技术原理示意图

剂、降滤失剂，优化形成了抗温性能达到150℃，2.00g/cm³密度的反渗透钻井液体系，室温低压滤失量小于3.0mL，高温高压滤失量在10.0mL以内，能够在1.2%CaCl₂或1.2%MgCl₂或10%钻屑粉污染下，维持性能稳定。

抗高温高密度反渗透钻井液在东海区域S4井现场应用1井次，实钻过程中屑齿痕清晰，形状完整，棱角分明，边缘无水化迹象，说明在整个钻井过程中，反渗透钻井液均保持良好的抑制性能。反渗透钻井液以1.51g/cm³密度钻至4140m时，模拟单根气22.3%，提密度至1.55g/cm³，起钻取心，取心长度18m，收获率100%，岩心截面干净，未见反渗透钻井液及滤液侵入(图9-12)，显示出高密度反渗透钻井液能够高效封堵储层孔隙，具有优良的储层保护性能。

图9-12 取心截面

6. 水基钻井液用热塑性树脂屏蔽暂堵剂

级配碳酸钙是常用的可酸溶储层保护剂，但是碳酸钙的使用浓度通常需要达到3%~5%，造成钻井液的密度升高，需要对钻井液性能进行调整后才能维持密度不变。为了简化储层保护剂的使用工艺，Sergey等[15]研发了一种能够显著改善滤饼质量，提高屏蔽暂堵效率且密度与钻井液基浆密度相近的可酸溶暂堵剂，可以在不增加钻井液密度的前提下，根据需要调整储层保护剂加入浓度。

研发的屏蔽暂堵剂为一种热塑性树脂，密度为0.95~0.98g/cm³，可以加工成粒径20~200μm的颗粒状产品，软化点控制在60~100℃。当地层温度超过产品软化点后，树脂颗粒可发生变形进入地层孔隙，完成屏蔽暂堵，当温度低于软化点后，可恢复为颗粒状，避免堵塞振动筛。室温下，暂堵剂完全溶解于柴油的时间为82min，80℃条件下完全溶解于柴油的时间为5min。该产品常温和高温条件下都不溶于盐酸和氢氧化钠溶液，能够在钻井液和酸化压裂液中维持稳定。配伍性评价证明，在生物聚合物钻井液中添加油溶性屏蔽暂堵剂后，钻井液流变性能能够维持稳定，并且常温中压滤失量降低了1.2mL(22%)，砂盘高温高压滤失量降低7.2mL(55%)，扭矩从5.65N/m降低至4.65N/m，具有良好的润滑作用。此外，屏蔽暂堵剂在钻井液循环过程中，不会在井下钻具表面发生黏附，而造成有效含量损失。

2019年，萨莫特洛尔斯科耶油田使用智能屏蔽暂堵剂开展现场试验3井次，钻进过程中未发生事故复杂，完井下套管顺利，并且完井周期降低了20%，试验井产能高于定产，证实了油溶性暂堵剂可以作为碳酸钙的替代品，在保证储层保护效果的同时，避免对钻井液密度造成明显影响。

二、保护储层的新型防漏堵漏技术

1. 可酸溶固化堵漏材料

张浩等[16]根据裂缝性储层保护堵漏剂的技术需求，研发了一种可酸溶固化堵漏材料。材料基浆密度为 1.32g/cm³，通过添加密度调节剂可使浆液的密度在 0.8~2.4g/cm³ 之间任意调整。材料浆液的初始稠度在 10 Bc 以下，且随着温度和压力的增加，稠度均可保持在稳定状态。当材料浆液开始稠化时，稠度表现为急剧增大至完全稠化，即实现了"直角稠化"，稠化过程中会放出热量(稠化时温度升高)。堵漏浆体系能够抗 10%钻井液浆污染，污染后堵漏材料浆液也可以实现直角稠化，如图 9-13 所示。

堵漏浆体系对缝宽为 2.0mm、4.0mm 和 6.0mm 裂缝，堵漏材料固化后形成的封堵带承压能力均可达 20MPa，滤失量均为 0mL，对于 8.0mm 裂缝，堵漏材料固化后形成的封堵带承压能力可达 18MPa。固结体在 15%盐酸中浸泡 7h 后，酸溶率可达 100%。岩心裂缝封堵带的溶解情况评价显示，浸泡 110min 后，裂缝内封堵带可完全溶解。酸蚀后的裂缝壁面无固结体残留，可以有效保护储层裂缝渗透率。此外，堵漏材料固化后形成的固结体属于一种多孔介质，孔隙度为 21%，渗透率可达 $0.81 \times 10^{-3} \mu m^2$，在压差作用下可以允许酸液流动，为后期酸溶解除创造有利条件，可以实现高效酸溶的目标，如图 9-14 所示。

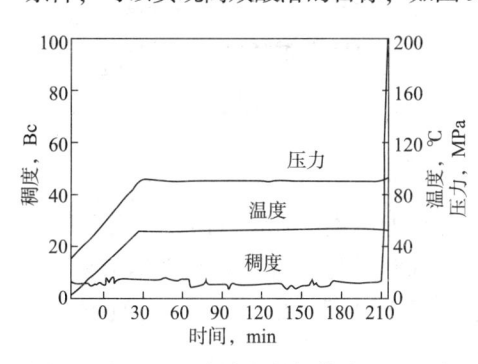

图 9-13 90℃配方堵漏材料浆液 10%盐水污染后的稠化性能

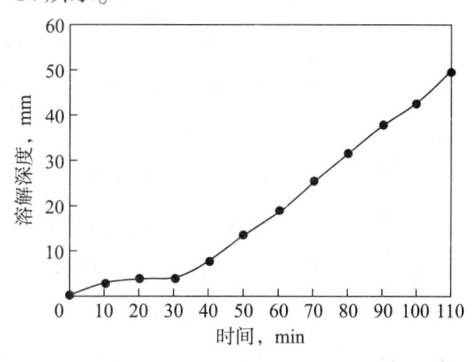

图 9-14 盐酸溶解深度随浸泡时间的变化(缝宽 2.0mm)

2. 裂缝储层高效可降解凝胶堵漏体系

碳酸盐岩储层、致密裂缝砂岩储层以及部分页岩油气储层因裂缝、溶洞发育，易发生漏失复杂，对于裂缝性漏失，常采用聚合物凝胶体系进行堵漏。由于聚合物凝胶相互交联形成三维笼状结构的黏弹体，具有较强的可变形性，不受漏失通道的限制；通过挤压变形进入裂缝和孔洞空间，滞留在漏层位置；通过在漏层位置发生固化反应或者体膨胀作用形成封堵层，具有堵漏浆密度低、成胶时间可调节、堵漏浆控制滤失能力强的优点，可以成功封堵住上述漏层。

但常规聚合物堵漏剂不可降解，会对储层造成损害。针对此问题，刘书杰等[17]研发了一种具有较高强度的可降解凝胶堵漏体系。该体系以甲基硼酸、甲基膦酸和氢氧化钠为原料，研发动态共价硼酸酯键交联剂，然后将其与聚乙烯醇、黄胞胶等在可控时间内发生物理化学交联反应，形成具有较高强度的可降解凝胶堵漏体系；该体系在60~110℃条件下，通过调节交联剂的加量可将凝胶堵漏体系的成胶时间控制在65~108min。该体系对宽度为1.0mm裂缝的承压能力可达7.2MPa，当缝宽增至2.0mm时，承压能力略有降低；对于3.0mm和3.5mm的裂缝，承压能力降至6.5MPa和5.8MPa，依然具有较好的承压能力。

该凝胶体系具有良好的抗钻井液、地层水、储层油气流体等成分的污染能力。凝胶体系与钻井液1∶1混合并在80℃下老化24h后，依然具有较好的成型效果，弹性模量约9kPa。80℃条件下，已经凝固的凝胶堵漏塞与地层水、油充分接触48h后，弹性特征及力学性能仍处于较高水平（图9-15）。

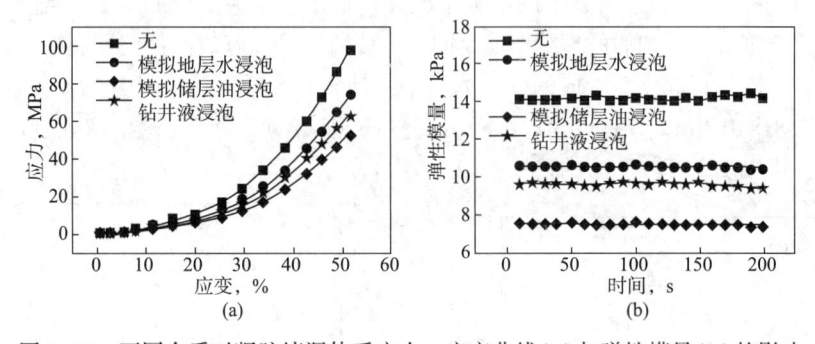

图9-15 不同介质对凝胶堵漏体系应力—应变曲线(a)与弹性模量(b)的影响

凝胶堵漏塞对pH敏感，裂缝储层完井作业结束后，可以通过注入弱酸实现解堵，实现裂缝性油气储层堵漏过程中的储层保护。在pH值为4.0的6%过硫酸钾溶液中，第6.1h时观察到凝胶已完全破裂（图9-16），且破胶后残液黏度可低至30mPa·s，易返排出地层。

此外，该凝胶体系具有良好的剪切稀释性、可泵入性和抗钻井液、地层水、储层油气流体等成分的污染能力。对于裂缝宽度大于1mm的岩心，渗透率恢复率可达88%以上；而裂缝宽度为0.75mm的岩心，渗透率恢复率为84.53%，具有良好的储层保护效果。

3. 环氧树脂自降解堵漏剂

魏安超等[18]基于环氧树脂材料自降解机理分析，在双酚A环氧树脂中加入环链固化剂和胺类改性剂，研制了一种新型环氧树脂自降解堵漏剂。环氧

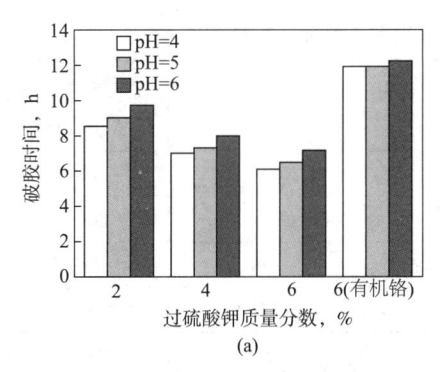

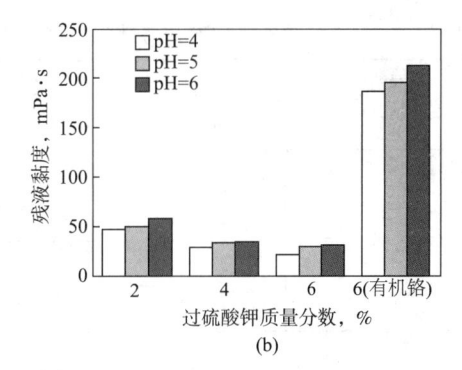

图 9-16 凝胶堵漏在不同 pH 值条件下的破胶时间(a)和破胶后残液黏度(b)

树脂自降解堵漏剂具有良好的降解性能，pH=7 时，在 100~140℃温度下最终降解率均能达到 90%以上，120℃下 96h 降解率大于 95%，在 pH 值为 11 的条件下，自降解堵漏剂 72h 降解率达到 95%以上，且通过调整改性剂加量可实现降解速率可调，使其匹配施工时间窗口，如图 9-17 和图 9-18 所示。

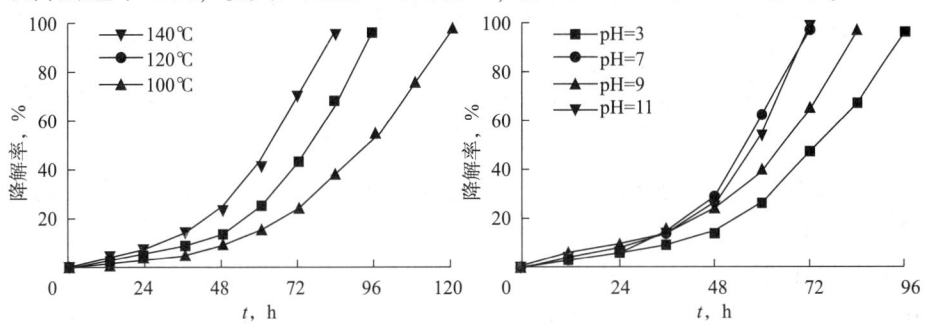

图 9-17 降解率随时间的变化关系　　图 9-18 pH 值对自降解材料降解率的影响

同时自降解堵漏剂在 15MPa 下破碎率为 4.6%，在 30 MPa 下抗压破碎率仅为 6.2%(表 9-7)，抗压强度高于常用的石灰石、石英等堵漏材料。通过选择合适的粒度级配自降解堵漏剂能够有效封堵 0.5~4.0mm 之间的裂缝，针对 4.0mm×3.0mm 裂缝，封堵层突破压力达 9.8MPa(表 9-8)，仍具有较好的裂缝封堵效果。

表 9-7 不同堵漏材料的抗压破碎率及弹性模量

堵漏 材料	抗压破碎率,%		弹性模量，GPa
	15MPa	30MPa	
石灰石	22.6	36.7	20.0~50.0
石英	14.2	27.6	30.0~65.0
核桃壳	0.3	1.6	10.0~15.0
橡胶	1.3	2.7	0.1~5.0
自降解材料	4.6	6.2	20

表 9-8 8%自降解堵漏剂实验浆对长裂缝封堵性能的影响

自降解堵漏剂 %	裂缝开度 mm×mm	封堵突破压力 MPa	漏失量 mL	封堵有效区域位置, cm
8	1.0×0.5	12	9	封门
	2.0×1.0	11.2	24	26~46
	3.0×2.0	10.5	38	38~62
	4.0×3.0	9.8	76	45~71

针对裂缝性花岗岩岩心，自降解堵漏钻井液具有良好的裂缝封堵及储层保护效果，初始裂缝封堵率达98.1%，自降解后4h后渗透率回复率达到57.7%，在返排驱替8d后渗透率恢复率达99.1%，储层保护效果良好，如图9-19所示。

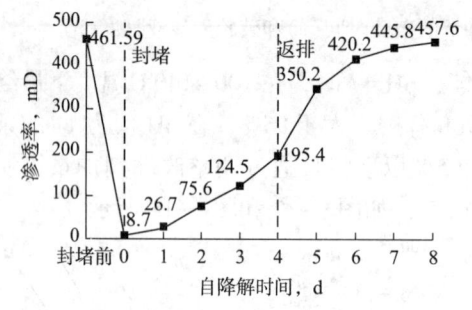

图 9-19 花岗岩岩心封堵及返排渗透率测试

三、保护储层的新型径向钻孔技术

套管内径向钻孔技术(图9-20)可有效解决低渗透油藏、边际油藏、近水油藏开采难度大、成本高、作业时间长、采收率低，近井带污染、储层损害导致油层通道堵塞，注水井注水没有方向性、注水效果差以及某些井无法实施压裂增产措施等问题。喷射流体可以选择为储层保护钻井流体和酸液等储层改造流体，降低径向钻孔过程中发生的储层损害问题。

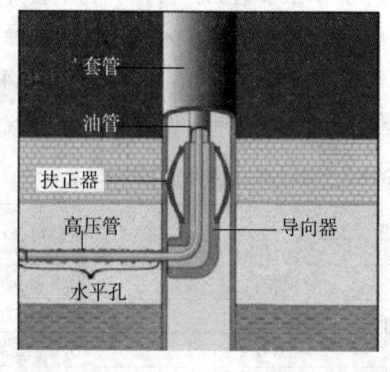

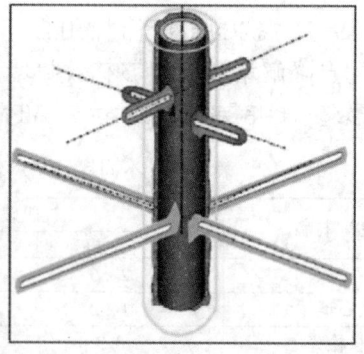

图 9-20 径向钻孔技术示意图

Ahmad Kh. AI-Jasmi 等[19]评价了径向钻孔技术提高水淹油藏采收率效果。通过明确水淹层的精确位置，利用径向钻孔技术在高残余油饱和度井段开窗钻孔后，测试了产能情况。现场试验结果显示，油井采出液含水率从100%降低至26%，并且稳产了两年以上（图9-21）。

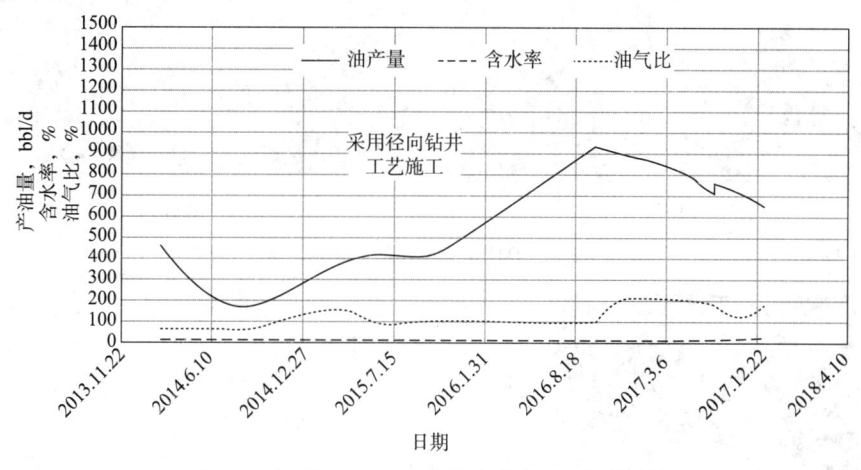

图 9-21 A 井的生产曲线

四、保护储层的新型增产技术

1. 致密白云岩形成蚓孔并去除沉淀损害的化学增产剂

常规的增产技术（如酸化增产）对提高包括致密白云岩在内的非常规储层产能非常有限，诺利昂公司（Nouryon）的 Moghaddam 等[20]提出了一种高效的化学增产剂 DTPA-K5，通过蚓孔机制和基于沉淀的损害清除技术来提高致密白云岩储层产量。

这种处理技术的主要机理是通过缓慢的岩石溶解来扩大孔隙/孔喉，还可以对受重晶石垢损害的白云岩进行解堵处理。结果表明，即使存在原生方解石或白云石矿物，也能去除重晶石垢。

本研究建立的硫酸钡垢损害岩心程度评价实验流程为：用浓度为 1.3mol/kg 的 $BaCl_2$ 水溶液抽真空饱和干燥岩心样品，在 70℃下放置 24h；然后用浓度为 1.3mol/kg 的 Na_2SO_4 溶液饱和岩心样品。根据要求的损害程度，岩心样品与 Na_2SO_4 溶液接触的时间从 6h 到 24h 不等，硫酸钡将在岩心孔隙中沉积，模拟重晶石垢损害的形成。

之后，使用化学增产剂 DTPA-K5 对白云岩岩心进行室内实验，增产剂浓度为 12%，注入速度为 0.08mL/min，注入量为 7 倍孔隙体积，图 9-22 显示了岩心在处理前后的入口和出口的端面。如红色箭头所示，入口明显出现了蚓孔。但是，岩心出口处没有蚓孔的迹象。岩心柱塞的渗透率从 $0.030×10^{-3}$

μm^2 提高到 $0.062\times10^{-3}\mu m^2$，渗透率提高了 100% 以上。这种渗透性的改善可能与蚓孔的产生有关。对岩心进行了 CT 扫描，结果显示岩心的前半部分出现了一个分支蚓孔，如图 9-23 所示。

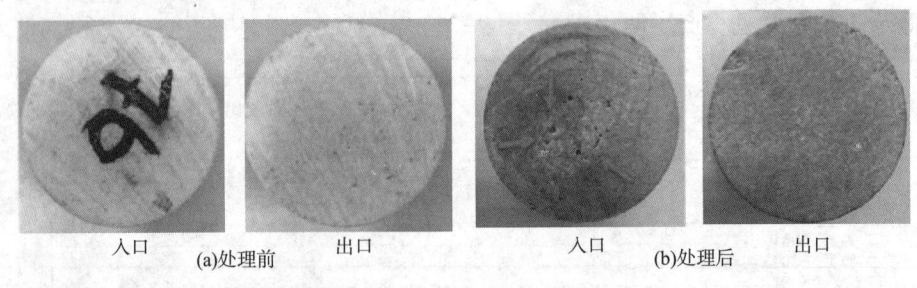

图 9-22 岩心在 59℃下用 12%的 DTPA-K5 处理之前和之后的岩心样品的入口和出口

图 9-23 在 0.08mL/min 速率下注入 7PV 浓度为 12%的 DTPA-K5 后岩心 CT 扫描图像

在确认岩心内部形成部分蚓孔后，研究人员进行了第二阶段处理，以评估注入盐酸等快速反应酸是否有助于延长蚓孔，提高岩心渗透率。实验过程中，岩心入口端面可发现明显的端面溶解现象（图 9-24），导致注入压差不断增加。驱替 6 个孔隙体积的盐酸后实验停止，最终渗透率为 $0.065\times10^{-3}\mu m^2$。实验证明，盐酸在岩心入口处立即发生反应，而岩心的后续部位则未发生反应。因此使用盐酸等传统酸化处理方法，即使酸的浓度很低，也会导致岩面溶解，不适合处理这种特别致密的地层。化学增产剂 DTPA-K5 与其他处理剂的协同增效还需要开展进一步的研究。

图 9-24 岩心在 59℃下用 7.5%的盐酸处理之后的入口和出口

2. 使用相对渗透率调节剂控水增产技术

油田采出液含水率高会导致成本增加、废水处理排放、管道结构、管道腐蚀等生产问题。Scaled Solutions 公司的 Ike Mokogwu 等[21]筛选和评价了使用相对渗透率调节剂控制油田含水率的效果。实验过程中，首先使用原油对砂岩岩心饱和，然后用相对渗透率调节剂驱替岩心，然后驱替地层水，以评价相对渗透率调节剂对水相的选择性封堵能力。实验结果证明，流速 $5cm^3/min$ 时，注入 2PV 浓度为 5% 的 RPM A 后，驱替压力从 11.5psi 提高至 1200psi 以上，水相渗透性从 $50.4 \times 10^{-3} \mu m^2$ 大幅下降到 $0.13 \times 10^{-3} \mu m^2$，表明该产品具有降低现场采出液含水率的潜力。

原油开采实际工况要求相对渗透率调节剂 RPM A 不仅能够降低采出液含水率，还不能对油相渗透率造成显著影响，导致油井产量降低。因此，Ike Mokogwu 等[21]评价了 RPM A 的注入，对油相渗透率的影响。实验过程中，首先分别使用 100% 水、水：油 = 80：20 混合液、水：油 = 50：50 混合液、水：油 = 20：80 混合液和 100% 原油驱替岩心，以建立含水饱和度并测定原油初始渗透率；然后驱替 RPM A 处理岩心，之后使用 100% 原油驱替岩心，测定处理后原油渗透率。除此之外，在结束原油驱替后，又使用油：水 = 80：20 的混合液驱替岩心，验证此时 RPM A 是否仍具有控水效果。实验结果显示，RPM A 处理岩心后，注入 45PV 原油后，油相驱替压力平稳，处理后原油渗透率为 $255 \times 10^{-3} \mu m^2$，对比处理前的渗透率 $428 \times 10^{-3} \mu m^2$ 恢复了 68%（图 9-25），RPM A 对储层的损害程度在可以接受的范围之内。后续的混合流体驱替过程中，驱替压力急剧上升，说明相对渗透率调节剂不仅与孔隙中捕获的水反应，而且与"游离"水反应，持续发挥控水能力。

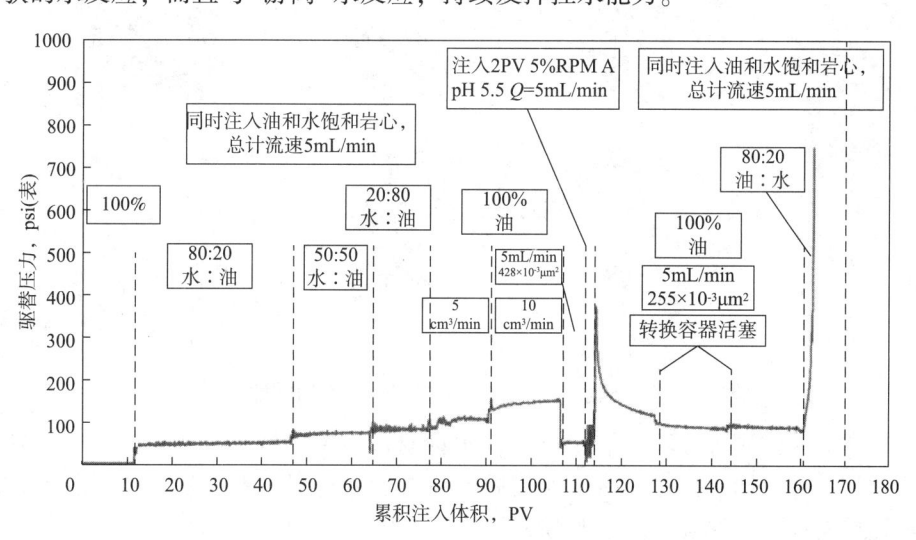

图 9-25 在残余水饱和度下应用相对渗透率调节剂 RPM A 期间的压差对时间的曲线

3. 一步法去除储层有机沉积物和无机垢的微乳液增产技术

为了高效解除近井地带的有机沉淀物和无机垢堵塞，贝克休斯的 Lirio Quintero 等[22]通过筛选一系列表面活性剂、水或盐水、有机溶剂的组合开发出特殊功能微乳液，还使用其他添加剂，例如共溶剂和酸来改善配方的性能和稳定性。通过开展微乳液对有机沉淀物的清除、界面张力、润湿性改变、破乳和溶垢等方面的评价，表明该技术能有效地使油井产量恢复到预期水平。这种增产工艺可以使储层岩石表面为水润湿状态，防止和消除由原位乳液或污泥形成引起的储层损害，并可与不同的酸结合，部分清除有机沉积物和无机垢。

通过优化表面活性剂、溶剂和其他添加剂的加入比例，可制备出如图 9-26(a)所示的澄清、均匀、透明和稳定的单相微乳液。新开发的微乳液的界面张力可以达到 10^{-2} mN/m 级别，能快速溶解和分散有机沉积物，并能解除由乳液和污泥形成引起的堵塞。将含有有机沉积物放入微乳液中，在一定温度下，观察沉积物在微乳液中的分散情况。图 9-26(b)(c)分别显示了富含沥青质和富含链烷烃含量的两种代表性固体。如所观察到的，微乳液能够有效地溶解和(或)分散不同的固体沉积物[参见图 9-26(d)(e)]。将样品倒入玻璃培养皿中观察可以看出，微乳液中的有机沉积物分散得非常松散[参见图 9-26(f)(g)]。此外，在微乳液处理有机沉淀后，乳液黏度未显著增加。

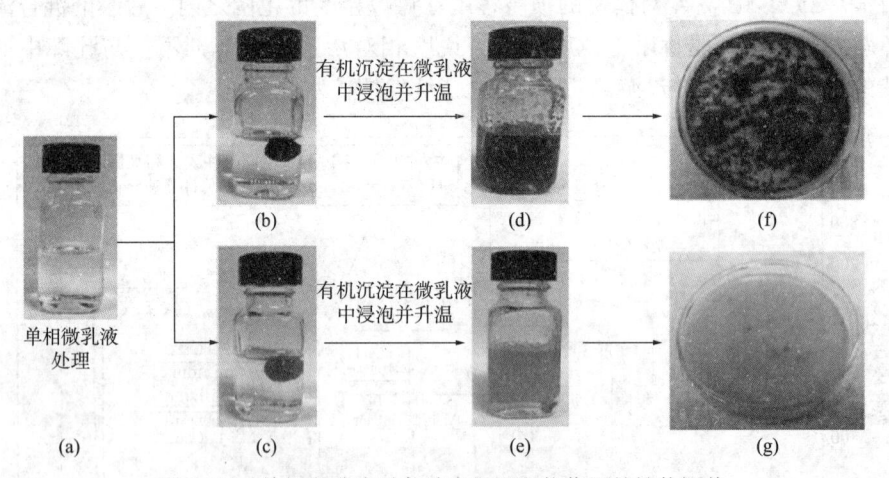

图 9-26 单相微乳液对各种有机沉积物作用的性能评价

在向井筒注入微乳液解除有机沉积物的过程中，微乳液不应该在井下发生聚积，导致储层损害。为了评估微乳液在近井地层中形成油包水乳状液堵塞储层的风险，评价了原油与新开发的微乳液处理液之间的相容性。将微乳液和22℃ API 的原油以 1∶1 的比例混合，置于带刻度的量筒中，然后充分摇晃，使两种液体充分混合，然后观察两相的分层情况。实验结果显示，静置不到30min后，两种液体实现了流体的完全分离，证实了新开发的微乳液不会与储层原油或污泥产生乳状液引发储层损害。

进一步评价了单相微乳液与各种酸联合使用时，对有机和无机沉积物一步法清除的效率。向原油中加入酸可形成如图9-27(a)所示的乳液和酸油泥，这种副作用会造成地层堵塞。加入微乳液后，可观察到两相的完全分离[图9-27(b)]，酸(例如盐酸、甲酸、乙酸、磷酸、乙醇酸或酸共混物)变成微乳液的水相成分。无机垢变成水润湿的，并且酸可以和没有被有机物覆盖的无机垢高效反应。

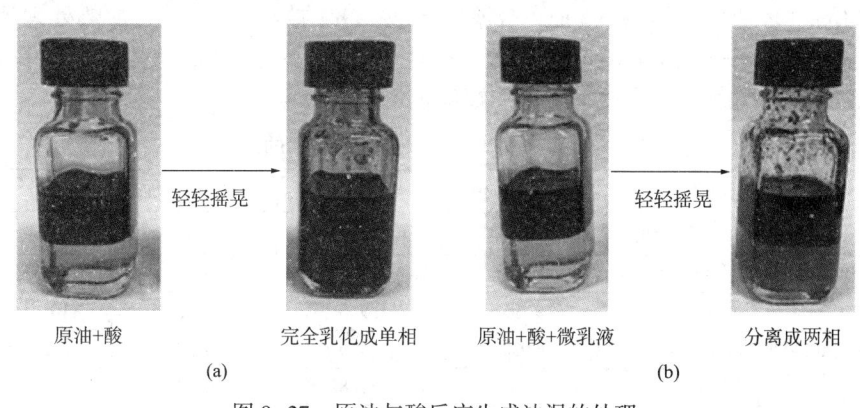

原油+酸 → 轻轻摇晃 → 完全乳化成单相
(a)

原油+酸+微乳液 → 轻轻摇晃 → 分离成两相
(b)

图9-27 原油与酸反应生成油泥的处理

上述微乳液配方在美国俄克拉何马州的老油田进行了一步法处理有机沉积物和无机垢的现场试验。该油田1995年开始采用三次采油方法开采，近年来多口油井因近井地带堵塞，产量大幅度下降。为了提高产量，在一些油井进行了酸化作业。但是由于地层存在不稳定的沥青质、石蜡沉积和结垢沉积等多种损害机制，导致酸化处理增油有效期短。分析认为，由于无机垢表面被有机物裹覆，导致酸化效果显著降低，因此需要同时处理有机沉淀和无机垢，才能取得更好的增产效果。在6口井开展了注入酸混溶微乳液解堵施工，开井生产后油气产量不断增加，6周后原油产量增加了380t，天然气产量增加了$10\times10^4 m^3$。根据产量增加量，增产费用回收期为28d。

五、新型储层损害解除技术

1. 微波加热法解除储层相圈闭损害实验研究

地层加热技术(FHT)可使黏土脱水、提高近井筒地层渗透率，并可通过注入热气加热井筒周围地层来清除液相圈闭损害。FHT采用的是传统的加热方式，即利用岩石和气体的热传导和对流来加热地层。由于气体的热容量有限，而岩石的热传导速度较慢，因此整个加热过程缓慢且热损耗较高。与传统加热方式相比，微波加热不需要热传导、热对流和热辐射，而是利用微波的能量特征，对物体进行加热，热损耗低，可以对物体的内部和外部同时加热，大部分微波能被电介质吸收并转化为热能，因此可以对更深处的地层进行加热，能够完全覆盖液相圈闭损害区域。

实验证明，采用功率为650W，频率为2450Hz的微波加热装置，可以使蒙脱石等含有结晶水的矿物脱水，由于吸水膨胀黏土的收缩，黏土矿物形成的晶面嵌布厚度有变薄的趋势。上述微观结构的变化有利于拓宽流道，提高岩石的渗透性。微波加热不会对不含水的矿物产生影响，不会导致储层岩石结构的显著变化。对在3%KCl溶液中自吸72h的岩心进行微波加热处理后，岩心的氮气渗透率恢复值可提高到干燥岩心的102%~150%（表9-9）。并且，岩心的渗透率越低，渗透率上升的幅度也就越大[23]。

表9-9 微波加热对含水岩心渗透率的影响

岩心样品	加热前 K_{g0}, $10^{-3}\mu m^2$	饱和3%KCl并气驱后 K_{g1}, $10^{-3}\mu m^2$	K_{g1}/K_{g0}, %	微波加热3min后 K_{g2}, $10^{-3}\mu m^2$	K_{g2}/K_{g0}, %
MWA01	8.77	8.10	92.4	9.50	108.3
MWA02	10.60	9.50	89.6	11.25	106.1
MWA03	7.94	6.67	84.0	8.13	102.4
MWA04	5.80	4.80	82.8	6.01	103.6
MWA05	11.03	10.30	93.4	12.27	111.2
MWA06	8.82	7.68	87.1	10.11	114.6
MWA07	7.20	5.66	78.6	7.40	102.8
MWA08	0.04	0.03	75.0	0.06	150.0

注：K_{g0}—岩心初始气体渗透率；K_{g1}—饱和3%KCl并气驱后岩心气体渗透率；K_{g2}—微波加热3min后岩心气体渗透率。

2. 酶对钻井液滤饼中聚合物降解的研究与应用

Siddiqui和Nasr-El-Din[23]研究了特殊的酶对钻井液中的黄胞胶、纤维素、淀粉等成分的降解能力。使用的酶可导致聚合物取代基的α-1,2或β-1,4糖苷键，以及主链的β-1,4链降级或断裂，从而降低聚合物的黏度，打散滤饼的致密结构，降低返排压力。室内实验过程中，使用聚合物钻井液污染低渗透率砂岩后，首先使用pH值为4的7%KCl盐水清洗岩心污染端滤饼，然后使用优选的酶溶液清洗滤饼，之后评价了不同处理方式下的渗透率恢复值。实验结果证明，使用酶处理后，岩心的渗透率恢复值提高3.1%~10.5%，岩心的初始渗透率越高，渗透率恢复值提高的幅度越大。

3. 重晶石解堵增产技术研究

不论水基高密度钻井液还是油基高密度钻井液，都会形成以加重剂为主要成分的重晶石滤饼[25]。由于重晶石在各种无机酸、有机酸中的溶解度都很小,很难通过后续的酸化作业解除重晶石滤饼的堵塞。正因如此,解除重晶石滤饼对储层的潜在损害,对于提高油气井产量至关重要。

重晶石螯合解堵技术中所使用的螯合剂是氨基多羧酸类螯合剂,它包含一个或多个氮基和多个羧酸基团,氮基位于该分子的中心,羧酸基则分布在外侧与溶液中的阳离子螯合,最终形成稳定的络合物。对于在水中难溶型的无机盐,在合适的介质环境下,通过螯合剂对金属离子的强离子螯合作用,可以极大地增加盐的溶解度,即螯合剂对无机盐的增溶作用。

韦仲进等[26]认为,螯合解堵剂的性能影响因素主要包括以下几个方面:

(1)螯合剂浓度。并非螯合剂浓度越高,其对重晶石的螯合溶解能力就越强,浓度过高甚至会降低溶解效果[27]。Bageri 等[28]的实验研究表明,如果用 DTPA 作为重晶石解堵剂,其最佳溶液浓度推荐为 20% 左右。

(2)催化剂。仅仅是螯合剂对重晶石的螯合溶解作用还不够高,即使是最好的 DTPA,溶解率也不到 60%。有研究[29-30]指出,如果加入草酸、氟化物、二硫酸盐、柠檬酸盐、硫代硫酸盐、硝基乙酸酯、巯基乙酸酯、羟乙酸酯醋酸铵和甲酸盐等作为螯合溶解催化剂,在最佳条件下,则可以提高溶解率 5%~10%,其中尤以草酸、甲酸盐和氟化物的催化效果最为明显。

(3)碱性催化剂。重晶石螯合解堵剂在高 pH 值环境下才能发挥出良好的螯合溶解能力。因为在高 pH 环境下形成的钡盐螯合物 Ba-DTPA^{3-} 的稳定常数更高,另外,螯合剂中的碱性物质促进了低溶解度的 $BaSO_4$ 向高溶解度 $BaCO_3$ 的转化,从 $BaCO_3$ 电离出来的 Ba 更容易形成螯合物,或者也可以更容易地用后置酸将 $BaCO_3$ 溶解掉,从而实现快速溶解重晶石的目的。

(4)温度。温度的变化会改变络合反应稳定常数的大小,当温度较低时,稳定常数较小,螯合剂分子不能有效络合溶液中的钡离子,当温度增加到一定程度时,络合稳定常数增大,传质速率增加,加速络合反应进行,从而加速硫酸钡的溶解,但稳定常数不会无限增大,在达到一定的高温后,螯合剂溶解硫酸钡的能力的增幅也会变小。

(5)聚合物溶蚀剂。重晶石颗粒表面一般会被水溶性聚合物处理剂、表面活性剂、润滑剂等包裹,形成一层有利于重晶石悬浮稳定的有机物包膜。在溶蚀重晶石滤饼时,为增大重晶石与解堵剂的接触面,必然首先要溶蚀重晶石颗粒表面的有机包覆膜。例如,可使用二步法(AB 双剂)解除重晶石堵塞,即首先用氧化剂或酶来溶蚀掉重晶石颗粒表面的有机包覆膜,再用螯合解堵剂就可以在减少浸泡时间、减少螯合剂用量的情况下,快速溶蚀掉重晶石。

(6)地层岩石基质的影响。地层基质岩石矿物中的金属离子对螯合型重晶石溶解剂的溶钡效率有重要影响。在碳酸盐岩地层中，随着解堵浸泡时间的延长，碳酸岩基质岩石中或者介质溶液中共存的 Ca^{2+} 和 Mg^{2+} 会夺取螯合剂，置换出重晶石螯合物中的 Ba^{2+}，有可能会形成次生钡盐沉淀物析出，这必然在宏观上表现为大大降低了螯合解堵剂溶解重晶石的能力和效率。

需要说明的是，优选重晶石螯合解堵剂还须综合考虑螯合剂的环境友好性、腐蚀性和螯合解毒造成的二次储层损害。

4. 改性纳米颗粒润湿调控技术降低凝析气藏凝析损害研究

在凝析气储层的生产过程中，井底压力可能会降至露点压力以下，使得液态凝析油或水从气相中分离，形成凝析现象。由于近井地带压力降最大，所以凝析出的液相会在近井地带积聚，导致气体渗透率降低，从而造成凝析气和凝析油产量的损失。对近井地带进行岩石表面化学改性，是减缓凝析损害程度的有效手段之一。目前，多使用含氟的表面活性剂对岩石表面改性，使岩石表面达到中性润湿，减小凝析出液相的返排压力。最近的一个研究方向是利用表面改性纳米粒子和含氟纳米流体系统来改变岩石表面的润湿性。

Mohammed Sayed 等[31]以直径分别为 85nm、135nm、180nm 和 375nm 的二氧化硅颗粒为溶质，全氟硅烷为表面修饰剂，醇类为悬浮剂，氢氧化铵为催化剂，制备了平均直径分别为 382.5nm±3.45nm 和 402.1nm±4.85nm 的改性纳米颗粒润湿剂。接触接测量结果显示，水在改性纳米粒子浸泡后的玻璃和岩心上的接触角分别为 120.17°±17.3°和 148.47°±20.2°，葵烷在改性纳米粒子浸泡后的玻璃和岩心上的接触角分别为 45.07°±0.3°和 51.14°±21.3°。改性纳米颗粒润湿剂具有低表面张力特性，能够改变岩石表面润湿性，如图 9-28 所示。

	在处理过的玻璃表面的接触角	在处理过的砂岩表面的接触角
水	120.17°±17.3°	148.47°±20.2°
葵烷	45.07°±0.3°	51.14°±21.3°

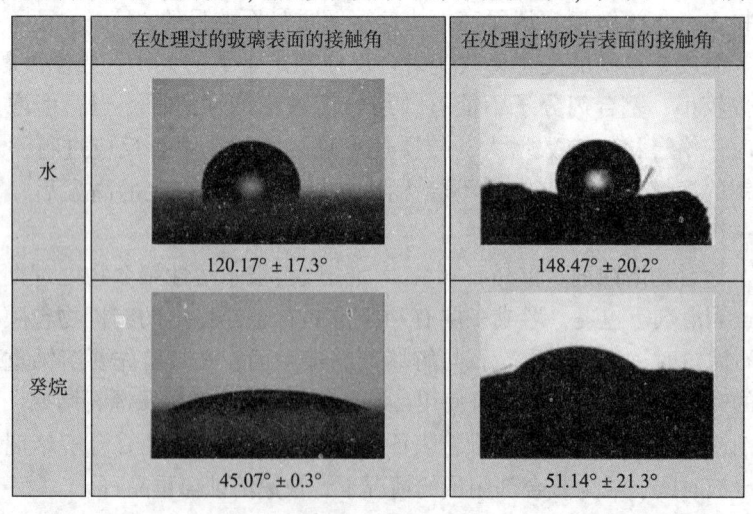

图 9-28　水和葵烷在处理过的玻璃和砂岩表面上的接触角测量结果

纳米颗粒大小对润湿性改变具有一定的影响。用平均粒径为 135nm 和 180nm 的不同纳米粒子溶液处理了两个样品。图 9-29 中的图像捕捉到了接触角随时间的减小，用 180nm 纳米粒子处理过的砂岩的液滴浸入率高于 135nm 纳米粒子处理过的砂岩。

通过实验，评价了新型表面改性纳米粒子在改善气体和液体相对渗透率方面的效率。温度为 300°F 条件下的岩心驱替实验证明，使用质量分数 0.65‰ 改性纳米颗粒的丁二醇溶液驱替岩心前，凝析气驱替压力降约为 48psi，处理后压差降为 34.4psi，气体和液体凝析油的相对渗透率提高了 1.4 倍。当纳米粒子溶液的浓度为 1.3%（质量分数）时，相同条件下处理前后的驱替压差从 43psi 升高至 1400psi，纳米粒子对岩心造成了严重的损害，（图 9-30）。说明高浓度纳米粒子在驱替过程中发生了团聚现象，对岩心造成了堵塞。改性纳米粒子只有在较低浓度下，才能发挥良好的储层保护效果。

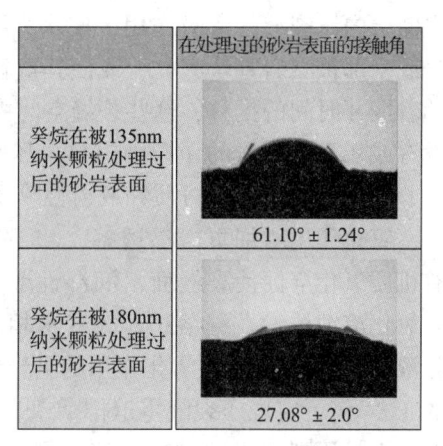

图 9-29 用 135nm 和 180nm 颗粒处理过的砂岩表面癸烷接触角测量结果

图 9-30 纳米颗粒在岩心表面的沉积情况

5. 页岩储层压裂液零返排—氧化致裂保缝技术

页岩储层体积压裂需要向注入非常大体积的压裂液（8400~101400m³），所以，虽然压裂液的返排率低，但是返排出来的工业废水量非常大。水力压裂作业完成后，压裂液在页岩基块和裂缝表面处形成水相圈闭堵塞，阻碍了天然气的流动，同时，由于流体—岩石之间的反应而引起的黏土膨胀和运移又进一步降低了致密砂岩气藏的渗透率。因此，压裂液的快速、完全返排对于致密砂岩储层至关重要，要想提高产气量，提高压裂液返排率是开发致密砂岩气的关键。页岩气开发一直沿用着这一思路，力求获得更高的页岩气产量。页岩气产量与压裂液返排率之间并没有一定的相关性。很多现场实例显示，低返排率反而能够获得较高的页岩气产量。

页岩气层压裂液零返排的思路是：通过促进页

岩储层内压裂液的渗吸作用，使水力裂缝和天然裂缝中的压裂液的液相大部分或全部被页岩基块吸收，或使其重新分布到裂缝附近的页岩基块中。因此，随着焖井时间的推移，这些裂缝空间内的压裂液越来越少。当压裂井投产时，没有或者只有少量的压裂液返排。压裂液中的固相颗粒，如可溶性金属阳离子、固体悬浮物、有机质和放射性物质等则全部滞留在页岩储层中[32]。

氧化作用增加页岩渗透率[33]，显著地提高了富有机质页岩的渗吸能力。有机质氧化溶蚀使裂缝面水润湿性增强，水与黏土矿物接触面增大，同时页岩氧化溶蚀诱发孔缝溶扩，改变水相渗吸路径，进一步促进渗吸，并促进氧化液的扩散分布[34]。氧化作用的页岩储层范围内溶蚀后孔隙体积提高为原来的3.84倍，实现压裂液零返排[35-36]。

大量压裂液进入储层，使得裂缝面附近含水饱和度较高；返排过程中，随未支撑裂缝开度的减小和返排压差的逐渐降低，部分水相滞留裂缝表面，易造成水相圈闭损害；氧化液能有效增加压裂液渗吸深度，从而缓解水相圈闭损害。氧化溶蚀裂缝缝面，产生溶蚀孔缝，增加缝面粗糙度，弱化应力敏感裂缝闭合损害[37]。

第四节 保护储层效果矿场评价新技术

常规的储层保护效果矿场评价技术通常需要开展中途测试、完井测压等专门的施工流程，测试成本高，且不利于缩短钻完井和建产周期，导致目前大部分钻完井过程中无法取全评价参数，推广受限。针对这一瓶颈问题，有学者在利用测井数据、分布式光纤检测和人工智能评价储层措施的实际效果方面开展了研究与现场试验。上述技术有望在常规钻完井或生产过程中开展，无须单独施工作业，具有良好的推广应用前景。

一、油气层损害测井评价的新方法

1. 利用核磁共振测井评价滤饼厚度与孔隙度的新方法

Adebayo等[38]通过室内试验模拟核磁共振测井得到的近井区域、侵入区域与远井区域的弛豫时间，基于实验数据认识到侵入区域与近井区域累计孔隙度—弛豫时间曲线之间的差异对滤饼厚度、滤饼孔隙度具有较好指示，侵入区域与远井区域累计孔隙度—弛豫时间之间的差异对油气损害具有较好指示，并拟合了滤饼厚度、孔隙度与油气储层损害的关系曲线，该关系曲线可以为井下核磁共振测井评价滤饼的厚度、孔隙度以及油气层损害提供校准依据(图9-31)。

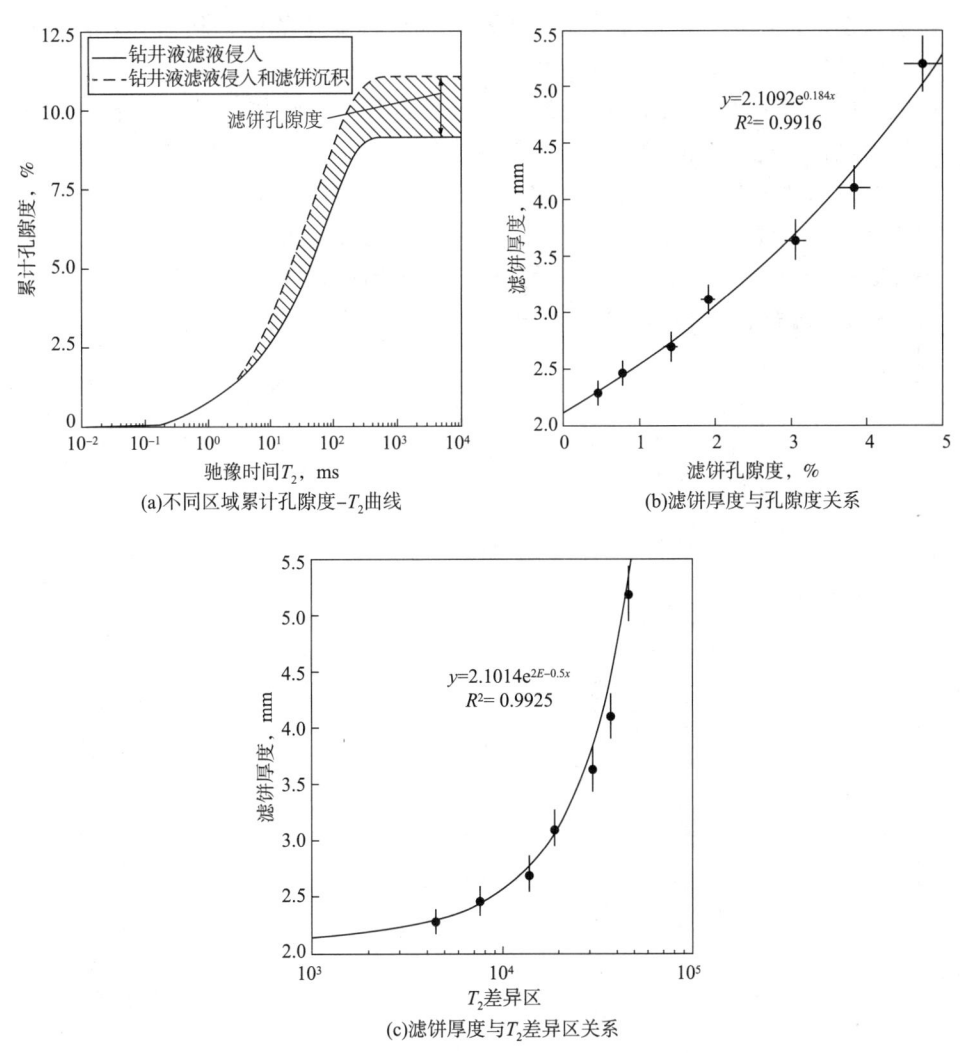

图 9-31 基于测井的储层损害程度评价

2. 油气层损害程度评价

通过测井信息评价储层渗透率,可以实现油气层损害程度的评价。目前渗透率测井评价主要方法有:基于孔渗关系的渗透率评价方法、基于核磁共振测井的渗透率评价方法和基于斯通利波的渗透率评价方法。

渗透率与储层孔隙结构密切相关,核磁共振测井测得的横向弛豫时间 T_2 谱对储层孔径等孔隙结构特征有较好的响应,利用 T_2 谱可以较好地估算地层渗透率。因此,一方面,通过实验建立渗透率与 T_2 平均值或 T_2 截止值的关系模型,利用不同时间的核磁共振测井信息计算相应的储层渗透率,与储层初始渗透率进行对比，可以评价储层在不同时间的损害程度，即通过核磁测井的时间推移技术可评价储层损害程度；另一方面，可将岩心的压汞、孔渗物性实验所得渗透率视为储层的初始渗透性，将其与核磁共振测井计算得到的渗透率进行对比，评价储层的损害程度[39-40]。

此外，通过对储层岩心开展矿物组成、孔隙结构、孔隙度、渗透率等储层物性实验，声波、电阻率、密度等测井岩石物理相关实验，以及岩心动态损害室内评价实验，建立基于多元回归统计的储层损害测井评价模型、基于人工智能的储层损害测井评价模型，可以对储层损害程度进行评价，如图9-32所示。

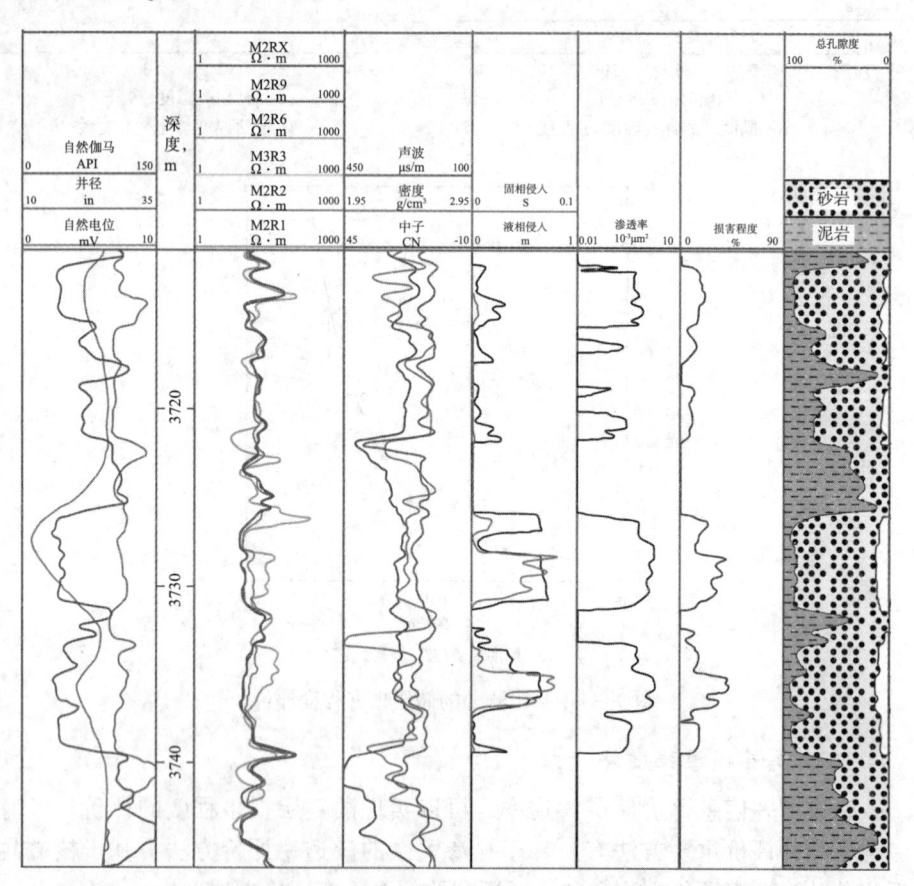

图9-32 基于测井的储层损害程度评价

3. 综合电缆地层测试和常规测井的地层损害评价新方法

Ibrahim Mabrou[41]提出一种利用电缆地层测试器（Wireline Formation Tester, WFT）和常规测井获得地层渗透率、压力数据计算评价地层损害的新方法。

该方法通过受钻井液侵入影响最小的电缆地层测试器(WFT)数据计算第一渗透率。为了确定钻井液侵入程度对数据质量的影响，计算了压差，即井筒中钻井液产生的压力与 WFT 测量的地层压力之间的差值。使用该压差数据，定义截止值，并且从初始储层渗透率计算中忽略在该截止值以上获得的任何 WFT 测量。然后将 WFT 数据聚类为不同的水力流动单元(Hydraulic Flow Units，HFU)，并推导出每组水力流动单元 HFU 的孔隙度—渗透率转换方程。为了将这些方程应用于测井孔隙度，利用基于索引和概率化自组织映射(Indexed and Probabilized Self Organized Map，IPSOM)等机器学习的聚类方法对测井数据进行聚类。然后将孔隙度—渗透率转换方程应用于测井曲线簇，并计算储层初始渗透率。推导出了地层损害和钻井中使用的钻井液压力过平衡之间的数学关系，如式(9-3)、式(9-4)所示。将该关系与井数据一起使用，可计算出将产生最大允许过平衡压力的钻井液相对密度，从而为避免地层损害提供指导。

$$\Delta K = \frac{K - K_S}{K} \tag{9-3}$$

$$PR = \frac{\Delta K}{K} = 23.859\ln\Delta p - 127.28 \tag{9-4}$$

式中：ΔK 为由于地层损害导致的渗透率降低，$10^{-3}\mu m^2$；K_S 为通过 WFT 测量的损害区域的渗透率，$10^{-3}\mu m^2$；K 为计算的原始储层渗透率，$10^{-3}\mu m^2$。

值得注意的是，该研究是基于砂岩油层的开展，由于黏土含量、黏土类型、钻井液性能、储层流体等因素的不同，该研究得到的经验关系不再适用；可以遵循相同的工作流程，建立相适应的关系方法。

二、分布式光纤监测技术

分布式光纤监测技术(图 9-33)是一种利用光纤作为传输介质和传感器来实时监测和识别物理量的技术。它基于光纤的特性，通过测量光信号在光纤中传播的变化来获取环境信息。这项技术的工作原理是将光纤布置在需要监测的区域中，当外界物理量(如温度、压力、形变等)发生变化时，会对光纤中的光信号产生影响。通过对光信号的传输特性进行分析，可以从中提取出物理量的相关信息。利用分布式光纤监测技术可实现储层流动能力参数及油气井注采剖面解释等[42]。

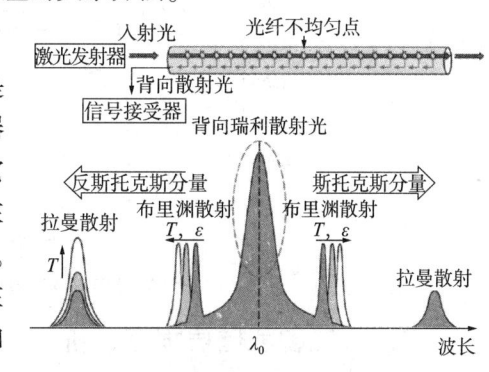

图 9-33 分布式传感光纤监测原理示意图

实际应用过程中，可以使用分布式光纤监测油气井生产过程中的温度变化，通过建立瞬态温度分析正演模型反演拟合确定储层渗透率、表皮系数、产出剖面等特征参数[43]。

例如，XX1井为鄂尔多斯盆地某低渗透气藏的一口压裂水平井，水平段为1000m，共实施9段压裂，井口监测的日产气量约为16281m³，日产水量约为4.3m³。首先，对工作制度的温度数据做预处理，通过温度测试曲线可以看出XX1井9段压裂共有15处温度曲线显示有差异，说明压开了15个层段。其次，代入XX1井目的层储层参数和气藏参数，利用建立的分布式光纤温度解释模型处理得到正演的温度曲线及各层流量数据，通过储层参数和气藏参数不断迭代更新，当正演的温度拟合曲线和原始温度曲线基本上变化特征一致时（图9-34），即可反演得到储层渗透率、表皮系数、产出剖面等参数。

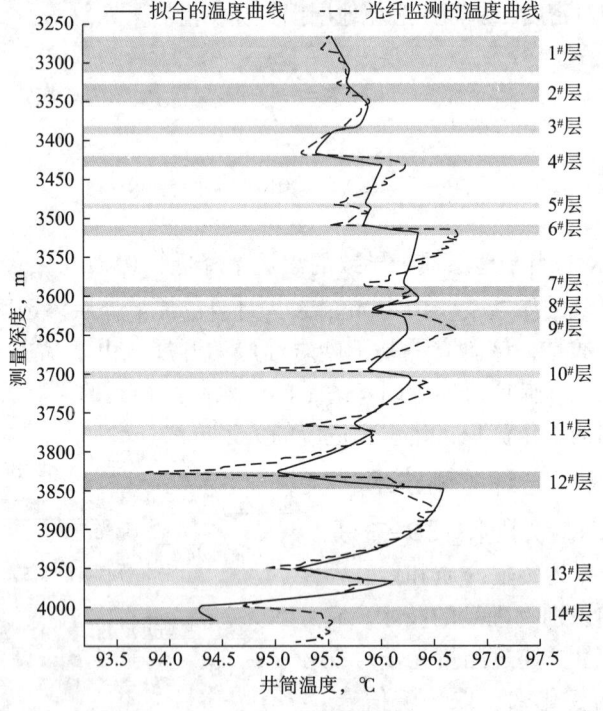

图9-34 XX1井温度拟合曲线

三、人工智能储层损害评价

自20世纪90年代以来，人们开始运用人工智能方法诊断和预测储层损害。由于其在分析和处理大量且复杂的不确定性因素，识别和解决非数值、不完善、模糊甚至是多义的问题上具有独特优势，可以避免复杂的数学模型的求解和假设条件引起的误差。随着人工智能再次掀起的热潮，基于人工智能方法诊断和预测储层损害方法逐渐发展。

1. 常见的人工智能方法

常见的人工智能方法如支持向量机、神经网络（人工神经网络、卷积神经网络、递归神经网络、长短期记忆网络等）、粒子群算法、蚁群算法等。不同方法缺点对比见表9-10。

表9-10　人工智能机器学习算法的优缺点对比

算法名称	优点	缺点	应用效果
支持向量机	①无须提前假设函数的类型和形式；②满足结构风险最小化函数，提高了多变量非线性回归问题的效率；③能够通过高级优化算法有效克服局部最优或不收敛问题；④适应数据样本少、数据粗糙、数据波动性大等特点，大大提高泛化能力	支持向量机理论基础较为复杂，且参数控制难度大，编程过程中的参数选择常常根据经验来确定，还没有形成统一的参数确定标准	适合小样本预测，应用较多
人工神经网络	①分类准；②并行分布处理能力强、学习能力强；③有较强的容错能力以及鲁棒性；④能充分逼近复杂的非线性关系，有联想记忆的功能。	①神经网络需要很多的参数，如网络拓扑结构、权值和阈值的初始值；②不能对输出结果进行说明，对结果的可信度以及可接受程度有影响；③学习时间长	对于小样本预测，效果没有SVM好
蚁群算法	①并行计算；②正反馈算法；③搜索速度快	①搜寻的过程中出现盲目性；②陷入局部较好解的机率加大，容易出现算法停止	全局寻优效果一般
粒子群算法	①搜索速度快、效率高，算法简单，适合于实值型处理；②需要调整的参数较少，结构简单，易于工程实现	①对于离散的优化问题处理不佳容易陷入局部最优；②参数控制难度大	全局寻优效果好

2. 人工智能储层损害评价步骤

储层损害进行识别、诊断、评价和预测是一个多信息融合和不确定性决策理论应用的分析技术。该技术以储层多源信息构成储层类型识别的样本空间，以储层损害所有可能类型构成目标类型论域，利用证据合成规则进行多层次空间信息融合，以置信区间作为各类可能损害的智能诊断和决策的依据，建立储层损害诊断和保护智能决策系统[45]。该技术更加有效地利用储层及储层损害多源信息，准确判断储层损害成因及损害程度，使油气储层保护技术及时准确和系统地得到应用。

储层损害诊断决策支持系统具体应用于油水井储层损害评价时，采用如下方法和步骤：

（1）根据取心井或经专家解释并得到实际生产验证的储层资料，建立各类损害储层学习样本集，利用该样本集对各类智能决策支持模型进行训练，将训练完成后的各种决策支持模型添加进决策方法库和模型库。

（2）从系统数据库中调用该井相关的地质数据和开发数据，以及专家定性认识，形成诊断特征指标向量。

（3）当定量测试数据可满足诊断模型所需特征指标时，采用基于神经网络的判别决策模型对储层是否已受到损害进行判别；若融合专家知识和经验，可采用模糊神经网络或模糊综合评判模型对储层是否已受到损害进行判别。

（4）若储层已受到损害，则采用模糊神经网络或模糊综合评判模型或其他人工智能方法对储层损害类型进行判别，确定储层损害的具体类型。

（5）针对储层损害的具体情况，采用基于进化计算的决策模型或模糊综合评判模型对损害储层改善措施方案进行优选。

（6）方案实施，同时将案例添加到知识库。

（7）对已有案例进行分析，形成储层潜在损害预防子系统的知识库。

（8）进行储层潜在损害预防与保护措施选择，保护措施实施。

3. 人工智能储层损害评价发展趋势

在人工智能（AI）领域，储层损害评价也逐渐应用了相关技术。人工智能在储层损害评价领域的发展趋势包括数据驱动方法、多模态数据融合、自动化和实时监测、多尺度和多层次建模，以及增强学习和优化等。这些趋势将为储层损害评价提供更准确、高效和可靠的解决方案[46]。

（1）数据驱动方法：随着数据采集和存储技术的进步，储层损害评价中获得的大量数据可以用于训练和优化AI模型。数据驱动方法包括使用机器学习和深度学习模型对储层性质、流体行为和损害特征进行建模和预测。

（2）多模态数据融合：储层损害评价通常涉及不同类型的数据，如地震数据、岩心数据、测井数据等。将这些多模态数据进行融合和联合分析，可以提高评价准确性。人工智能可以帮助实现多模态数据的融合，并从中提取更全面的信息。

（3）自动化和实时监测：借助人工智能的自动化和实时监测能力，可以实现对储层损害的快速检测和实时预警。通过机器学习和监督学习算法，可以识别和分类各种储层损害类型，并提供即时的反馈和决策支持。

（4）多尺度和多层次建模：储层损害评价通常需要考虑不同尺度和层次的信息。传统方法往往难以综合这些信息进行全面评估。人工智能技术可以用于构建多尺度和多层次的储层损害模型，从而更好地理解和预测储层的损害特征。

（5）增强学习和优化：人工智能中的增强学习和优化算法可以通过与模拟器或仿真模型的交互，找到最优的决策方案，以最小化储层损害并最大化开发效益。

参 考 文 献

［1］游利军，杨鹏飞，崔佳，等．页岩气层氧化改造的可行性［J］．油气地质与采收率，2017，24（6）：79-85.

［2］豆联栋．富有机质页岩储层的氧敏性及实验评价方法研究［D］．成都：西南石油大学，2019.

［3］杨斌．水相自吸诱发页岩裂缝起裂扩展行为研究［D］．成都：西南石油大学，2018.

［4］孙金生，许成元，康毅力，等．页岩储层钻井液—压裂液复合损害机理及保护对策［J］．石油勘探与开发，2024：51（2）：380-388.

［5］C. P. Ezeakacha, S. Salehi, A. Ghalambor, et al. Investigating Impact of Rock Type and Lithology on Mud Invasion and Formation Damage［C］．The SPE International Conference and Exhibition on Formation Damage Control, February 7－9, 2018.

［6］王双威，张洁，赵志良，等．钻完井液损害裂缝—基质交互影响机制研究［C］．2021年全国钻井液完井液学组工作会议暨技术交流研讨会，2021，9：648-653.

［7］康毅力，游利军，陈一健，等．高温高压多功能水平井损害评价仪［P］．中国，CN201363142Y. 2009-12-16.

［8］王琨，周航宇，赖杰，等．核磁共振技术在岩石物理与孔隙结构表征中的应用［J］．仪器仪表学报，2020，41（2）：101-114.

［9］赵欣，耿麒，邱正松，等．深水高孔高渗储层免破胶钻井完井液技术［J］．天然气工业，2021，41（4）：107-113.

［10］Jay P. Deville, Halliburton, Ayten Rady. Nanocellulose as a New Degradable Suspension Additive for High-Density Calcium Brines［C］．The SPE International Conference and Exhibition on Formation Damage Control held in Lafayette, Louisiana, USA, 19－21 February 2020.

［11］Brannon H., Tion-Joe-Pin R., et al. Enzyme Breaker Technologies: A Decade of Improved Well Stimulation［C］．The SPE Annual Technical Conference and Exhibition, Denver, Colorado, USA, October 5-8, 2003.

［12］许洁，许林，李习文，等．新型储层钻井完井一体化工作液设计及性能评价［J］．钻井液与完井液，2023，40（2）：184-192.

［13］Mojtaba Kalhor Mohammadi, Koroush Tahmasbi Nowtarki, Ali Ghalambor. Successful Application of Non-Damaging Drill-In-Fluids Proves Oil Production Improvement in Heavy Oil

Reservoirs[C]. The SPE International Conference and Exhibition on Formation Damage Control held in Lafayette, Louisiana, USA, 19-21 February, 2020.

[14] 佘运虎. 反渗透钻井液在东海高压井的优化与应用[J]. 石油化工应用, 2023, 42(8): 24-28.

[15] Sergey Viktorovich, Pavel Mikhalovich Nikitin, Denis Aleksandrovich, et al. Smart Bridging Agent - Prevents Formation Damage and Removed with Formation Fluid[C]. The SPE Russian Petroleum Technology Conference originally scheduled to be held in Moscow, Russia, 12-14 October, 2020.

[16] 张浩, 佘继平, 杨洋, 等. 可酸溶固化堵漏材料的封堵及储层保护性能[J]. 油田化学, 2020, 37(4): 581-586.

[17] 刘书杰, 徐一龙, 宋丽芳, 等. 超深水裂缝储层钻井堵漏高效降解凝胶体系[J]. 油田化学, 2023, 40(2): 198-204.

[18] 魏安超, 刘书杰, 蒋东雷, 等. 裂缝性储层环氧树脂自降解堵漏剂的制备与评价[J]. 钻井液与完井液, 2023, 40(2): 163-168.

[19] AI-Jasmi, Ali Alsabee, Ahmad Al-Awad, et al. Improving Well Productivity in North Kuwait Well by Optimizing Radial Drilling Procedures[C]. The SPE International Conference and Exhibition on Formation Damage Control held in Lafayette, Louisiana, USA, 7-9 February, 2018.

[20] Moghaddam, Rasoul, Van Doorn, et al. An Efficient Chemical Treatment to Tackle Low Productivity of Challenging Tight Dolomite: Wormholing and Remediation of Scale-Based Damage[C]. The SPE International Conference and Exhibition on Formation Damage Control, Lafayette, Louisiana, USA, February, 2022.

[21] Ike Mokogwu, Paul Hammonds, Gordon Michael Graham. Evaluation and Optimisation of Relative Permeability Modifiers for Water Control in Mature Wells[C]. The SPE International Conference and Exhibition on Formation Damage Control, Lafayette, Louisiana, USA, February, 2022.

[22] Lirio Quintero, Mary Jane Felipe, Kyle Miller, et al. Microemulsions Increase Well Productivity by Removing Organic Deposits and Inorganic Scale in One Step[C]. The SPE International Conference and Exhibition on Formation Damage Control, Lafayette, Louisiana, USA, February, 2018.

[23] Li G, Meng Y F, Tang H M. Clean up water blocking in gas reservoirs by microwave heating: laboratory studies[C]. SPE 101072, 2006.

[24] M. A. Siddiqui, H. A. Nasr-El-Din. Evaluation of special enzymes as a means to remove formation damage induced by drill-in fluids in horizontal gas wells in tight reservoirs[J]. SPE PRODUCTIOM & OPERATIONS, 2005, 20 (03): 177 - 184.

[25] BAGERI B S, ALMAJED A A, ALMUTAIRI S H, et al. Evaluation of filter cake mineralogy in extended reach and maximum reservoir contact wells in sandstone reservoirs[C]. SPE 163519, 2013.

[26] 韦仲进，周风山，徐同台．重晶石滤饼堵塞机理与螯合解堵决策技术论评[J]．钻井液与完井液，2020，37(6)：685-693．

[27] Tariq Almubarak, Jun Hong Ng, Hisham Nasr-El-Din. Oilfield scale removal by chelating agents: An aminopolycarboxylic acids review[C]. The SPE Western Regional Meeting, April 23-27, 2017.

[28] BAGERI B S, MAHMOUD M, ABDULRAHEEM A, et al. Single stage filter cake removal of barite weighted water based drilling fluid[J]. Journal of Petroleum Science and Engineering, 2017, 149: 476-484.

[29] 付美龙．DTPA 溶解硫酸钡垢的实验研究[J]．钻采工艺，1999，22(1)：61-62．

[30] 常启新，李娟，苏克松，等．DTPA 清除油田钡锶垢的影响因素研究[J]．石油化工腐蚀与防护，2009，26(1)：28-30．

[31] Mohammed Sayed, Feng Liang, Hooisweng Ow, et al. Novel Surface Modified Nanoparticles for Mitigation of Condensate and Water Blockage in Gas Reservoirs[C]. The SPE International Conference and Exhibition on Formation Damage Control held in Lafayette, Louisiana, USA, 7-9 February, 2018.

[32] You L, Zhang N, Kang Y, et al. Zero Flowback Rate of Hydraulic Fracturing Fluid in Shale Gas Reservoirs: Concept, Feasibility, and Significance[J]. Energy & Fuels, 2021, 35: 5671-5682.

[33] 游利军，周洋，康毅力，等．氧化性入井液对富有机质页岩渗透率的影响[J]．油气藏评价与开发，2020，10(1)：56－63．

[34] 程秋洋，游利军，康毅力，等．氧化溶蚀作用对页岩水相自吸的影响[J]．油气地质与采收率，2020，27(4)：94－103．

[35] 游利军，徐洁明，康毅力，等．考虑氧化作用的富有机质页岩吸附水量[J]．西南石油大学学报(自然科学版)，2019，41(06)：106-116

[36] Zhang N, You L, Kang Y, et al. The investigation into oxidative method to realize zero flowback rate of hydraulic fracturing fluid in shale gas reservoir[J]. Journal of Petroleum Science and Engineering, 2022, 209: 1－10.

[37] 游利军，程秋洋，康毅力，等．氧化液作用下富有机质页岩裂缝应力敏感性[J]．油气地质与采收率，2018，25(4)：79－85．

[38] Adebayo Abdulrauf Rasheed, Ba Geri Badr S., Al-Jaberi Jaber B., et al. A calibration method for estimating mudcake thickness and porosity using NMR data[J]. Journal of Petroleum Science and Engineering, 2020, 195: 107582.

[39] 范宜仁，王小龙，巫振观，等．考虑地层伤害影响的钻井液侵入模拟研究[J]．测井技术，2018，42(04)：383-389．

[40] 张东川．储层污染损害测井评价方法研究[D]．成都：西南石油大学，2016．

[41] Ibrahim Mabrouk. Quantifying Formation Damage Due to Drilling Through Constructing Electro-Facies Model from WFT Data and Suite of Well Logs[C]. SPE Annual Technical Conference and Exhibition, 2020.

[42] 马国旗,曹丹平,尹教建,等.分布式声传感井中地震信号检测数值模拟方法[J].石油地球物理勘探,2020,55(2):311-320.

[43] 李星君,刘奎,隋微波.气井非稳态生产条件下伤害表皮温度表征[J].天然气与石油,2015,33(02):73-77+12-13.

[44] Bird R B., Stewart W E., Lightfoot E N. Transport phenomena[M]. Chichester:Wiley,2002.

[45] 李福军.基于智能计算的油气储层损害诊断决策支持系统[D].哈尔滨:哈尔滨工程大学,2005.

[46] 杨兆中,高晨轩,李小刚,等.人工智能在储层损害诊断及预测中的应用与展望[J].石油化工应用,2019,38(8):1-5.